Georg Erwin Thaller

Qualitätsoptimierung der Software-Entwicklung

Zielorientiertes Software Development

Herausgegeben von Stephen Fedtke

Die Reihe bietet Programmierern, Projektleitern, DV-Managern und der Geschäftsleitung wegweisendes Fachwissen.

Die Autoren dieser Reihe sind ausschließlich erfahrene Spezialisten. Der Leser erhält daher gezieltes Know-how aus erster Hand. Die Zielsetzung umfaßt:

- → Entwicklungs- und Einführungskosten von Software reduzieren

- → Zukunftsweisende Strategien für die Gestaltung der Datenverarbeitung bereitstellen

- → Zeit- und kostenintensive Schulungen verzichtbar werden lassen

- → effiziente Lösungswege für Probleme in allen Phasen des Software-Life-Cycles aufzeigen

- → durch gezielte Tips und Hinweise Anwendern einen Erfahrungs- und Wissensvorsprung sichern

Ohne Wenn und Aber kommen die Autoren zur Sache. Das Resultat: praktische Wegweiser von Profis für Profis. Für diejenigen, die heute anpacken, was morgen bereits Vorteile bringen wird.

Vieweg

Georg Erwin Thaller

Qualitätsoptimierung der Software-Entwicklung

Das Capability Maturity Model (CMM)

ISBN-13: 978-3-322-84930-4   e-ISBN-13: 978-3-322-84929-8
DOI: 10.1007/978-3-322-84929-8

Inhaltsverzeichnis

Abschnitt V: Ausblick

Anhänge

Vorwort

Obwohl seit den sechziger Jahren, als die Software-Entwicklung erstmals als Ingenieurdisziplin begriffen wurde, Fortschritte in bezug auf die Programme gemacht wurden, ist die gegenwärtige Situation dieser Branche dennoch nicht befriedigend. Der Einsatz der Software in allen Bereichen menschlichen Lebens und der Umfang der Programme führen zu einer unzumutbar großen Zahl von Fehlern in der ausgelieferten Software. Erste Unfälle mit tödlichem Ausgang sind bereits bekannt geworden.

Die hergebrachte Methode zur Qualitätssicherung bei der Software ist das Testen. Diese Phase des Entwicklungsprozesses wird oft aus Zeitgründen sträflich vernachlässigt oder in ihrer Bedeutung vom Management überhaupt nicht erkannt. Selbst bei fortschrittlichen Unternehmen, die Software vor der Freigabe äußerst gründlich testen, verbleibt eine gewisse Zahl von Restfehlern in den Programmen. Da Software in unserer Zeit zunehmend als Kontroll- und Steuersystem in technischen Geräten wie Autos und Flugzeugen, in Kernkraftwerken und Raffinerien eingesetzt wird, können Fehler in der Software katastrophale Folgen haben.

Garantien zur Qualität der Software, Haftung für deren einwandfreies Arbeiten und Schadensersatz bei Mängeln, obwohl bei sonstigen technischen Industriegütern die Regel, sind bei Software völlig unüblich. Wenn allerdings große wirtschaftliche Schäden oder sogar der Verlust menschlichen Lebens drohen, sollten wir uns sehr genau überlegen, welches Unternehmen wir mit der Erstellung von Software betrauen wollen. Bisher gab es in dieser Richtung leider wenig Auswahlkriterien.

Hier bietet Watts Humphrey mit seinem *Capability Maturity Model* (CMM) einen Ausweg an. Das CMM ist ein fünfstufiges Modell, das einen Wachstumspfad aus dem Chaos schlecht kontrollierter Projekte zeigt. Dabei ist für jedes Unternehmen durch eine Bewertung der gegenwärtigen Situation seiner Entwicklung der Einstieg möglich. Das Capability Maturity Model kann auch als Mittel der strategischen Planung verstanden werden.

Mein Buch wendet sich an *Professionals*, also an alle, die mit Software ihr Geld verdienen. In erster Linie sind natürlich die Manager der Software-Industrie angesprochen, denn das CMM wird seinen Einfluß auf die Branche nicht verfehlen. Darüber hinaus will ich alle Verantwortlichen in den Unternehmen ansprechen, die mit der EDV beschäftigt sind. Schließlich dürfte das Material zu den Bereichen Software-Entwicklung, Qualitätssicherung, Konfigurations- und Projektmanagement für alle Fachleute dieser Bereiche interessant sein. Nicht zuletzt bietet das Buch für alle Programmierer eine Fülle von Anregungen.

Dieses Buch ist auch für die Studenten der Fächer Informatik und der Betriebswirtschaft sowie ihre Professoren von Interesse, denn es berücksichtigt die neuesten Entwicklungen aus den USA. Durch das umfangreiche Literaturverzeichnis ist auch weiteren Studien Tür und Tor geöffnet.

Nach der Einleitung gehe ich im ersten Kapitel detailliert auf die Disziplinen ein, die bei der Erstellung von Software beteiligt sind: Die Entwicklung, die Testgruppe, die Qualitätssicherung und nicht zuletzt das Projektmanagement. Der Erfolg japanischer Hersteller wird untersucht, und nicht zuletzt die Lehren, die wir in Deutschland daraus ziehen sollten. Schließlich wird das *Capability Maturity Model* im Überblick vorgestellt, und die notwendigen Schritte zur Einführung im Unternehmen werden diskutiert.

In Kapitel 3 und 4 stelle ich das CMM im Detail vorgestellt, wobei der notwendige Bezug zur Praxis nie verlorengeht. Im letzten Kapitel wage ich einen Blick in die Zukunft, in der das CMM hoffentlich eine große Rolle spielen wird.

Der Text ist durch eine ganze Reihe von Zitaten, Fallbeispielen, Tabellen und Grafiken aufgelockert, um den anspruchsvollen Leser technischer Literatur bei der Stange zu halten. Ein Glossar im Anhang erleichtert den Einstieg, und eine ganze Reihe von Fragebögen kann in der täglichen Praxis eine Hilfe sein.

Es bleibt mir nur, Ihnen bei der Lektüre dieses Buches viel Spaß zu wünschen, und möge Ihnen beim Einsatz des *Capability Maturity Models* der erwünschte Erfolg in reichem Maße beschieden sein.

Nürnberg, im Februar 1993   · Georg Erwin Thaller

Acknowledgements

Mit dem *Capability Maturity Model* beschäftigte ich mich zum ersten Mal in der Form eines Artikels in der *Computerwoche*, der im März 1992 erschienen ist. Das Interesse der Leserschaft an dem Thema war recht groß, und das überzeugte mich davon, daß ich dieses Buch schreiben sollte.

Der Vieweg-Verlag in Wiesbaden hat das Thema aufgegriffen, und so ist in recht kurzer Zeit ein Buch daraus entstanden. Ich bedanke mich bei Herrn Stephen Fedtke, dem Herausgeber der Reihe, und den Mitarbeitern des Verlages für die sachliche und vertrauensvolle Zusammenarbeit.

Nicht vergessen will ich an dieser Stelle meinen Vorgesetzten, der meine Arbeit zur Qualitätssicherung der Software über die Belange des eigenen Unternehmens hinaus immer gefördert hat. Schließlich danke ich meiner Familie und meinen Freunden für ihr Verständnis, denn sie haben in den letzten Monaten sicher recht wenig meiner knappen Zeit bekommen.

Nürnberg, im Februar 1993 Georg Erwin Thaller

Abschnitt

Software in der modernen Industriegesellschaft

1.1 Die Bedeutung der Software

Lassen Sie mich mit einer kleinen Geschichte aus der nicht allzu fernen Vergangenheit der Datenverarbeitung beginnen. Sie ereignete sich zu jener Zeit, als Programme noch in der Form von Lochkarten abgespeichert wurden.

Eine wichtige Position beim Bau des Prototyps eines Flugzeugs nimmt der WEIGHT ENGINEER ein. Seine Aufgabe ist es, alle Komponenten und Teile, von der kleinsten Schraube bis zum vollständigen Triebwerk, auf die Einhaltung des Gewichts hin zu überwachen. Bei der Software tat er sich schwer. Die Programmierer hatten ihm wiederholt versichert, daß Software nichts wiege. Aber der Ingenieur blieb skeptisch, diese Aussage widersprach seiner Erfahrung.

Eines Tages kam er nun dazu, als einer der Programmierer in einem großen Stapel Lochkarten herumsuchte. "Jetzt habe ich dich endlich erwischt", stellte er triumphierend fest. "Ich nehme jetzt diesen Kasten mit Lochkarten und gehe damit zur Waage", kündigte er an.

Der Programmierer nickte lächelnd. "Das kannst du gerne machen", stimmte er bereitwillig zu und hielt eine Lochkarte gegen das Licht. "Es ist bloß so: Die Software ist in den Löchern."

In der Tat wiegt Software nichts, setzt jedoch eine ganze Menge in Bewegung, darunter nicht nur moderne Verkehrsflugzeuge. Sehen wir uns einige typische Anwendungen kurz an: Die Raumsonde Magellan umkreist Stunde um Stunde und Tag um Tag den Planeten Venus. Ihr neuentwickeltes Radarsystem überstreicht die Oberfläche unseres Nachbarplaneten im Sonnensystem, der irdischen Wissenschaftlern lange Zeit Rätsel aufgab. Die gewonnenen Daten werden gespeichert und von Zeit zu Zeit zur Bodenstation auf der Erde übermittelt. In Amerika werden die Daten aufbereitet, und schließlich entsteht eine Karte des Planeten Venus. Mächtige Vulkane tauchen auf, von denen wir bisher nichts wußten.

Das Gewicht von Software — und was sie bewirken kann.

Im Supermarkt tippt die Dame an der Kasse die Preise der Waren ein. Manche der Gegenstände in Ihrem Einkaufskorb sind bereits mit einem Strichcode gekennzeichnet, der nur noch mit einem Scanner gelesen werden muß. Während in der elektronischen Kasse der Wert der gekauften Lebensmittel aufsummiert wird, sind gleichzeitig auch andere Programme aktiv. Die verkauften Waren werden vom Bestand abgebucht und in der Datei für zukünftige Bestellungen gespeichert. Zusätzlich läuft für einen Lieferanten ein Programm mit, das die Wirksamkeit seiner Werbung testet. Dieser Laden ist nämlich ein Testmarkt für neue Produkte.

Was haben diese Beispiele aus den verschiedensten Bereichen menschlichen Lebens gemeinsam? — In beiden Fällen kommen moderne Computer oder Mikroprozessoren zum Einsatz, die durch Software gesteuert sind. Ohne Software wäre die Raumsonde im Orbit der Venus nicht in der Lage, die gesammelten Daten im richtigen Augenblick zur Erde zu senden. Ohne ausgetüfteltes Computerprogramm wären im Laden in Ihrer Nachbarschaft kaum die richtigen Waren termingerecht vorrätig.

Mikroprozessoren dringen selbst in Bereiche ein, an die noch vor wenigen Jahren kaum jemand gedacht hatte. Selbst scheinbar gesättigte Märkte bieten noch Raum für Wachstum.

1.2 Eine Basisinnovation: Der Mikroprozessor

To see a world of sand ...
Hold infinity in the palm of your hand ...
William Blake.

Alle paar Jahrzehnte gibt es eine Erfindung, die ganze Industriezweige verändert und erhebliche Auswirkungen auf die menschliche Gesellschaft hat: Eine Basisinnovation. Die Erfindung des elektrischen Generators und des Telefons würde ich hier einreihen wollen. Auch die Erfindung der Dampfmaschine, die Eisenbahn und das Flugzeug fallen uns sofort ein. Zwar gab es bereits vor der Erfindung des Mikroprozessors Computer, jedoch fehlte diesen Maschinen allen noch etwas, um sich wirklich auf breiter Front durchsetzen zu können.

Zu nennen wäre hier Charles Babbage in England, der in der ersten Hälfte des neunzehnten Jahrhunderts zunächst seine *Difference Engine* schuf. Später folgten weitere Entwürfe mathematischer Maschinen, die jedoch alle darunter litten, daß sie nicht funktionierten. Das lag weniger daran, daß Babbages Ideen Hirngespinste waren, sondern am mechanischen Aufbau der Rechner. Die vom Erfinder geforderten Toleranzen waren mit den damals zur Verfügung stehenden Werkzeugen einfach nicht zu erreichen.

Probleme bei der Realisierung.

Trotzdem legte Babbage die Grundlagen für moderne Computer. Er benutzte Lochkarten zur Dateneingabe, eine bei mechanischen Webstühlen eingesetzte Methode. Er wandte die nach seinem Landsmann und Zeitgenossen George Boole benannte Form der Mathematik, die Boolesche Algebra, an. Das Zahlensystem wurde auf das für Maschinen ungleich besser als für Menschen geeignete binäre Zahlensystem reduziert, in dem es nur die Ziffern Null und Eins gibt. Zwar werden dadurch die Zahlen ziemlich lang, aber das spielt für eine Maschine keine Rolle, und eine Umsetzung bei der Ein- und Ausgabe ist mit recht einfachen Mitteln möglich.

Doch zurück zum Mikroprozessor. Im Jahr 1936 heuerte der Leiter des Forschungslabors *Bell Laboratories* der amerikanischen Telephongesellschaft *AT&T* einen jungen Wissenschaftler namens William Shockley an. Dieser Forscher hatte die Arbeit mit Vakuumröhren bald leid und wandte sich Halbleitern zu. Nach jahrelangen Versuchen mit verschiedenen Materialien kam im Dezember 1947 der lang ersehnte Erfolg: Der Transistor war geboren. Zunächst wurde in den Labors mit dem Halbleiter Germanium gearbeitet, denn die Unreinheiten in diesem Material waren leichter zu kontrollieren als bei Silizium. In den Jahren darauf änderte sich das allmählich. Heute ist Silizium der fast ausschließlich eingesetzte Rohstoff für die Chips. Und woraus gewinnt man Silizium? — Aus Sand, einem auf diesem Planeten im Überfluß vorhandenen Rohstoff.

Von der Röhre zum Halbleiter.

Die *Bell Laboratories* stellten ihr Wissen über den Transistor der amerikanischen Industrie zur Verfügung, ohne Geld für das Patent zu verlangen. Nur ausländische Firmen wurden zur Kasse gebeten. William Shockley ging in den folgenden Jahren nach Kalifornien und gründete sein eigenes Unternehmen, um die Erfindung zu nutzen. Noch fehlte jedoch der Schritt vom einzelnen Transistor zu integrierten Schaltkreisen mit Tausenden von Transistoren. Hier ist der Name Jack Kilby zu nennen. Im Jahr 1958 gelang es ihm in Texas, einen Transistor, einen Kondensator und drei Widerstände in einer Schaltung zu realisieren. Diese Schaltung aus fünf Elementen war in der Lage, Gleichstrom in Wechselstrom umzuwandeln und umgekehrt. Obwohl Jack Kilbys integrierte Schaltung funktionierte, war sie für eine Serienfertigung kaum geeignet. Erst Bob Noyce bei *INTEL* fand eine praktikable Methode, integrierte Schaltkreise in Serien herzustellen.

Der erste Mikroprozessor von *INTEL*, der sich auf breiter Front durchsetzte, war der Typ *4004*. Bald darauf folgte der *8080*, und heutzutage sind die direkten Nachfolger in dieser Familie, *INTEL*s Prozessoren *80386* und der leistungsfähigere *i486* in aller Munde. Doch nicht nur Prozessoren waren gefragt, Speicherbausteine gehören ebenfalls zu einem Computer. Auch hier entstanden die ersten Bausteine im Silicon Valley, doch die Ingenieure fanden Speicher weit weniger aufregend als die im Design wesentlich anspruchsvolleren CPUs mit ihrer komplizierten Schaltungslogik. Im Laufe der Jahre wurden in Amerika immer weniger Dynamic Random Access Memories (*DRAMs*) produziert. Die japanischen Wettbewerber dagegen fertigten in großen Stückzahlen und zu einem Preis, bei dem die amerikanische Konkurrenz bald nicht mehr mithalten konnte.

Die ersten Mikroprozessoren.

Nun mögen Sie mit Recht fragen, was das alles mit dem *Capability Maturity Model* für Software zu tun hat. Die Geschichte hat natürlich einen kleinen Haken. Chips, so leistungsfähig sie immer sein mögen, sind ungefähr so nützlich wie ein

Buch mit lauter leeren Seiten. Erst die Programme machen daraus eine für Menschen nützliche Sache.

So wie ein neugeborenes Kind Jahre braucht, um sich in der menschlichen Gesellschaft zu orientieren und sich in seiner Umwelt vernünftig einzuordnen, muß ein Prozessor richtig programmiert werden, um eine nützliche Aufgabe erfüllen zu können. Und gerade da liegt die Crux: Software ist in erster Linie ein Produkt menschlichen Geistes und daher fehleranfällig.

Nun wäre das nicht so schlimm, wenn wir noch in den Anfangszeiten der EDV leben würden. Man brauchte damals kaum Sicherheitsvorkehrungen zu treffen, denn ein Unbefugter wäre kaum in der Lage gewesen, den Rechner zu starten. Das gesamte Betriebssystem des Rechners *ZUSE Z25* paßte auf einen Lochstreifen von weniger als fünf Zentimetern Länge. Inzwischen hat sich das Bild gewandelt. Fast unmerklich sind Computer in alle Lebensbereiche eingedrungen, und in ihrem Gefolge die fehleranfällige Software. Das hat Folgen, die uns erst allmählich in ihrer vollen Tragweite bewußt werden. Lassen Sie uns deshalb einige dieser Fälle an ausgewählten Beispielen untersuchen.

1.3   Risiken und Gefahren

You can fool all the people some of the time,
and some of the people all the time,
but you cannot fool all the people all the time.
                                        Abraham Lincoln.

Während die Mahnung vom Finanzamt, nun doch endlich die fälligen fünfzig
Pfennig der noch ausstehenden Einkommensteuer zu bezahlen, beim Empfänger
je nach Temperament und Laune ein leises Schmunzeln oder einen Fluch über
diese ungeliebte Behörde auslöst — eine Katastrophe ist diese unsinnige Programmierung des Computers keinesfalls. Zwar mag man fragen, was eine solche
Mahnung soll: Das Porto kostet eine Mark, und allein das Erstellen eines Briefes
darf man heutzutage mit fünfzig Mark ansetzen. Noch dazu sind Computer
ziemlich hartnäckig: Sie schicken solche Mahnungen Monat für Monat.

Geschichten dieser Art gibt es zu Dutzenden. Sie reichen vom Einberufungs-
befehl für Frauen bis zu Rentenüberweisungen an Verstorbene. Doch leider sind
die Fehler in der Programmierung nicht immer harmlos. Oft treten erhebliche
Schäden auf, finanzielle Verluste in beträchtlicher Höhe müssen verkraftet
werden, und auch Menschenleben sind gefährdet. Lassen Sie uns diese Gefahren
und Risiken der Reihe nach betrachten.

1.3.1   Der ganz gewöhnliche Programmierfehler

Weinberg's Law
If builders built buildings the way programmers write programs,
then the first woodpecker that came along would destroy civilization.
                                        Aus Murphy's Computer Law.

Es reicht von den Fällen, wo der Verlust eher gering ist, bis zu ganz massiven
finanziellen Einbußen für die beteiligten Unternehmen. Wir sollten auch bedenken, daß zum Beispiel das Telefonsystem für manche Firmen so wichtig geworden ist, daß ohne funktionierendes Telefon kein Betrieb möglich ist. Denken Sie
etwa an Reisebüros. Doch sehen wir uns ein paar Fälle an.

Fall 1.1: Freifahrscheine für den Nahverkehr [09]

Im Sommer 1991 fanden clevere Jugendliche heraus, wie man den Fahrkarten-
automaten des Münchner Verkehrsverbundes mittels Eingabe von 20 Pfennig eine
Streifenkarte für immerhin 15 Mark entlocken konnte. Der Trick funktionierte nur
deshalb, weil der Automat falsch programmiert worden war.

Fall 1.2: Dominoeffekt [11]

Im Dezember 1989 installierte die größte amerikanische Telephongesellschaft,
AT&T, ein neues und verbessertes Programm zur Vermittlung von Ferngesprä-
chen in ihren Fernmeldeämtern. Am 15. Januar des folgenden Jahres signalisierte
eine der Vermittlungsstellen einen Ausnahmezustand, sandte eine Nachricht an
benachbarte Fernmeldeämter, daß keine weiteren Gespräche angenommen
werden konnten und ging anschließend in den Initialisierungszustand. Nach
einiger Zeit ging der Computer der Vermittlungsstelle wieder ans Netz.

Eine zweite Vermittlungsstelle im Netz von *AT&T* empfing die
Nachricht von dem ersten Fehler und versuchte, sich selbst neu zu
starten. Während dieser Initialisierungsphase wurde eine zweite
Nachricht von der ersten Vermittlungsstelle empfangen. Dieses
Signal konnte jedoch aufgrund eines Fehlers in der Software nicht
richtig verarbeitet werden. Der Rechner der Vermittlungsstelle
signalisierte seinen benachbarten Fernmeldeämtern einen Ausnahmezustand, sandte eine Nachricht an diese Vermittlungsämter,
daß derzeit keine weiteren Telefongespräche angenommen
werden konnten und ging anschließend in den Initialisierungszustand zurück. Nach einiger Zeit ging die Vermittlungsstelle
wieder in Betrieb.

**Ein Fehler auf
Wanderschaft.**

Obwohl der Rechner des Fernmeldeamts nach einiger Zeit wieder in Betrieb ging,
pflanzte sich der Fehler im Netz der Telefonvermittlungen fort. Das Telefonnetz
von *AT&T* im Norden der USA brach weitgehend zusammen. Dies gerade zu
einer Zeit, als die Firma in großformatigen Anzeigen auf die besondere Zuverlässigkeit ihres Telefonservices hinwies!

Wie später eruiert wurde, trat der Fehler immer dann auf, wenn innerhalb von
weniger als vier Sekunden eine weitere Nachricht in der Vermittlung eintraf.
Letztlich wurde der Ausfall des Telefonnetzes auf einen Fehler in dem verwendeten Programm, das in C geschrieben war, zurückverfolgt. Der Quellcode enthielt

eine BREAK-Anweisung in einer IF-Abfrage, die wiederum Teil eines SWITCH-Statements war.

Fachleute gehen davon aus, daß verteilte Systeme wegen der damit einhergehenden Redundanz sicherer sind als zentralisierte Systeme. Dieses Argument ist in der Regel auch richtig. Wir sollten aber im Auge behalten, daß verbundene verteilte Systeme auch ein Potential zur Ausbreitung von Fehlern haben und allein aus diesem Grund ausfallen können. Ein fehlerhaftes Programm wird nicht dadurch besser, daß es auf Hunderten von Computern installiert ist.

Einige Programmierer haben auch argumentiert, daß der Fehler nicht allein ein Software-Problem war, sondern auf Systemebene angesiedelt werden muß. Dem kann ich nur zustimmen. Zwei kleine Fehler in Subsystemen weiten sich oft zu einem katastrophalen Fehler auf Systemebene aus. Doch nun zurück in den Weltraum. Alle Satelliten, Raumsonden und bemannten Flugkörper sind in hohem Maße von Computern und Software abhängig.

Fall 1.3: Schnittstellenprobleme [12]

Im März 1990 planten die beiden stark im Weltraum engagierten Organisationen *NASA* und *INTELSAT* eine Rettungsaktion für den im erdnahen Raum auf einer sinnlosen Bahn kreisenden Kommunikationssatelliten *Intelsat 6*. Dieser Flugkörper hat einen Wert von 157 Millionen Dollar.

Gestartet wurde der Satellit am 14. März 1990 mit einer *Titan 3*-Rakete der Firma *Martin Marietta*. Die Ingenieure von *Martin Marietta* konnten den Fehler auf einen Entwurfsfehler in der Verkabelung der Trennungselektronik zwischen Satellit und Trägerrakete zurückverfolgen.

Folgendes war passiert: Das kommerzielle *Titan 3*-Trägersystem benutzt dieselbe Verkabelung, ob nun ein oder zwei Raumflugkörper bei einem Start in den Weltraum geschossen werden. Es gibt eine Haltevorrichtung, die sowohl für die vordere als auch die hintere Nutzlast im Laderaum der Trägerrakete gebaut wurde. Dazu gehört Elektronik, die für die vordere bzw. hintere Nutzlast separat ausgebildet ist. Das Signal zum Ausstoß der Nutzlast wird dabei durch den Computer der *Titan 3* gegeben.

Während eines früheren Fluges mit der *Titan 3* hatte dieses Verfahren einwandfrei funktioniert.

Als die *INTELSAT*-Mission geplant wurde, schrieben die Programmierer von *Martin Marietta* die Software so, daß das Kommando zum Ausstoß der Nutzlast an die Elektronik gesandt wird, die für den vorderen Satelliten im Laderaum der *Titan 3* zuständig ist.

Die für die Hardware zuständigen Ingenieure entschieden allerdings später, daß bei nur einer Nutzlast die Elektronik, die für die hintere Nutzlast im Laderaum zuständig war, zum Ausstoß des Satelliten benutzt werden soll. Das teilten sie ihren Kollegen von der Software-Seite des Hauses leider nicht mit.

Als nach dem Start der *Titan 3* die Nutzlast ausgestoßen werden sollte, sandte die Software im Computer der Rakete zwar das richtige Signal zum Ausstoß des Fernmeldesatelliten. Da Software und Elektronik aber nicht zusammenpaßten, lief dieses Signal ins Leere und kam niemals an der richtigen Stelle an. Der Satellit blieb in der Trägerrakete.

Doch nicht nur die westliche Supermacht ist betroffen, auch die Sowjetunion hatte ihre Probleme. Während in der Zeit des kalten Krieges selbst ganz offensichtliche Pannen totgeschwiegen wurden und über ihre Ursache im Westen nichts bekannt wurde, lüftet sich nun langsam der Schleier. Hier ein Fall aus der unbemannten Raumfahrt.

Fall 1.4: Russische Raumsonde zerstört [15]

Im Jahr 1988 wird die russische Raumsonde *Phobos I* auf ihrem Weg zum Mars zerstört. Was war die Ursache dieses kostspieligen Verlustes?

Bereits relativ kurze Zeit nach dem Start gab ein Techniker des Bedienungspersonals in der sowjetischen Kontrollstation ein falsches Kommando ein. Ganz konkret vertippte er sich, wodurch ein einziger Buchstabe in dem Kommando fehlte. Durch schieres Pech führte das dazu, daß die russische Raumsonde auf dem Weg zum roten Planeten in den Testmode schaltete. Dieser Betriebszustand war eigentlich nur für Tests am Boden vorgesehen gewesen. *Phobos I* begann zu taumeln und konnte nicht mehr funktionsfähig gemacht werden.

Da muß man sich natürlich fragen, wie gut die Schnittstelle zum menschlichen Benutzer ist, wenn ein so kleiner Fehler bereits solche Auswirkungen haben kann. Wer würde sich nicht einmal vertippen? — Der Techniker wurde in dem Fall nicht nach Sibirien verbannt, ist allerdings nicht mehr in seiner früheren Position tätig. Trotzdem scheint mir das die falsche Reaktion zu sein. Beim Entwurf von Computerprogrammen muß mit menschlichen Fehlern gerechnet werden, und daher sind entsprechende Vorkehrungen gegen falsche Eingaben zu treffen. Doch nicht nur im fernen Weltraum geht wertvolles Gerät verloren, auch auf der Erde selbst entstehen Verluste.

1.3.2 Kriminalität in neuem Gewand

Der Bankraub neuen Stils findet nicht mehr mit Maske und Pistole statt, sondern eher mittels Telefon und Terminal. Nach Angaben des amerikanischen *FBI* beträgt die Beute beim traditionellen Bankraub inzwischen nur noch zehntausend Dollar, während bei Unterschlagung und Betrug mit Hilfe des Computers eine durchschnittliche Schadenshöhe von 19 000 Dollar angegeben wird [16]. Leider werden viele derartiger Fälle in der breiten Öffentlichkeit niemals bekannt, weil die geschädigten Banken oder Versicherungen um ihr Image bei den Kunden bangen. Deshalb hier ein weiterer Fall aus den USA, der aber durchaus bis nach Europa reicht.

Fall 1.5: Das Geld liegt auf der Bank [17]

Mark Rifkin, ein Programmierer aus Kalifornien, war 32 Jahre alt, als er die Chance seines Lebens sah. Er arbeitete zu der Zeit für ein Software-Haus, das den Auftrag erhalten hatte, das Computersystem der *Pacific National Bank* in Los Angeles auf Vordermann zu bringen. Um die Arbeitsabläufe im Detail kennenzulernen und Verbesserungsvorschläge ausarbeiten zu können, mußte er auch den Raum betreten, in dem das nationale und internationale Geldgeschäft der Bank abgewickelt wurde. Die *Pacific National Bank* war an das Überweisungsnetz *FEDWIRE* angeschlossen, das damals von 435 Banken in den USA benutzt wurde. In diesem Netz wurden im Jahr 1978 täglich vier Milliarden Dollar bewegt.

Die Sache mit dem Codewort.
Mark Rifkin unterhielt sich mit den Angestellten, die für die Überweisungen zuständig waren. Er wußte bald, wie dieses Geschäft mittels Terminals abgewickelt wurde und welche Schutzvorkehrungen getroffen worden waren. In der Abteilung eingehende Aufträge zur Überweisung von Geld wurden nur dann ausgeführt, wenn der Anrufer das täglich wechselnde Codewort nannte. Der Einfachheit halber notierten die Angestellten sich dieses Codewort auf kleinen Zetteln, die sie an die Pinwand oder ihre Terminals klebten.

Am Mittwoch, dem 25. Oktober 1978, stattete Mark Riffkin dem Datenübertragungsraum zum letzten Mal einen Besuch ab. Er merkte sich das gültige Codewort, plauderte mit den Angestellten und schrieb sich dabei einige Kontonummern auf. Nachmittags ging Mark in eine Telefonzelle vor der Bank, ließ sich mit dem Datenübertragungsraum verbinden und gab sich dort als Mitarbeiter der Auslandsabteilung der *Pacific National* aus. Er ordnete die Überweisung von 10,2 Millionen Dollar auf ein Konto der *Irving Trust Company* in New York an. Er nannte das richtige Codewort, doch war die von ihm angegebene Kontonummer nicht mehr gültig. Er reagierte geistesgegenwärtig, entschuldigte sich für sein Versehen und versprach, gleich zurückzurufen. Dann ließ er sich mit der Auslandsabteilung verbinden, nannte dort die alte, nicht mehr gültige Kontonummer der Bank in New York und bat um die neue Kontonummer. Da er die alte Kontonummer wußte, gab man ihm ohne Mißtrauen die geänderte neue Kontonummer des Instituts in New York. Damit brachte er anschließend die Überweisung in Gang. In New York wurde die geraubte Summe weisungsgemäß auf das Konto eines Bankhauses in Zürich gutgeschrieben.

Mark Riffkin wurde für ein paar Tage der meistgesuchte Mann in den USA. Am 6. November 1978 wurde er schließlich festgenommen.

Doch nicht nur geldgierige Verbrecher attackieren Computersysteme, auch Jugendliche und computerbegeisterte Hacker stellen ihre Fachkenntnisse manchmal in den Dienst der falschen Sache. Hier ein Fall, der in jüngster Zeit in Deutschland für beträchtliches Aufsehen sorgte.

Fall 1.6: Die Hacker aus Hannover

Die Entdeckung dieses dreisten Einbruchs in Computer der westlichen Welt verdanken wir Clifford Stoll aus Kalifornien. Er beschreibt seine aufregende Jagd nach den Hackern in seinem Buch *The Cuckoo's Egg* [18,19,20]. Er war damals Systemverwalter am Forschungszentrum Lawrence Berkeley Laboratatory (*LBL*). Das Rechenzentrum stellt seine Dienstleistungen den verschiedenen Instituten an der Universität zur Verfügung. Bei der Abrechnung der Kosten fiel Cliff Stoll ein Fehler auf, der ganze 75 Cents betrug. Als er der Sache auf den Grund ging, war die Folgerung unausweichlich: Ein Hacker tummelte sich in seinem System.

Die Spur des Hackers zu finden war schwierig. Er kam über das Netzwerk *INTERNET*, an dem Berkeley wie Hunderte anderer Forschungsstätten hing, doch wie sollte ihn Cliff Stoll unter der Vielzahl von legitimen Benutzern in seinem System finden?

Es begann eine Jagd durch die Datennetze Amerikas und der Welt, die nach Jahren in Hannover enden sollte. Cliff war mehr als einmal frustriert. Die Hilfe durch die Behörden war unzureichend, und im wesentlichen interessierte sich nur der amerikanische Geheimdienst für seine Arbeit. Besonders in Europa wurde die

Verfolgung des Hackers zunehmend schwierig, da die veraltete Analogtechnik eine Verfolgung des Anrufs sehr zeitaufwendig machte.

Eine Falle wird konstruiert.   Als Cliff Stoll bereits aufgeben wollte, hatte seine Freundin eine Idee: Sie mußten dem Hacker eine Falle stellen. Cliff bereitete eine Datei vor, in die er Begriffe wie *SDI*, *nuklear*, *ICBM*, *KH-11*, *NORAD* und andere Kürzel aus dem Arsenal des kalten Kriegs einflocht. Diese Sammlung an und für sich weniger wichtiger Memos war ziemlich lang, doch der Hacker biß an. Er kopierte die vollständige Datei über das Netz auf seinen Rechner zu Hause. Was Cliff Stolls unbekannter Gegner nicht wußte: In dem Material war eine Adresse in Berkeley enthalten. Wer mehr wissen wollte, möchte doch bitteschön einen Brief schreiben. Dann würde er per Post weiteres Material enthalten.

Monate später traf an der angegebenen Adresse in Kalifornien tatsächlich ein Schreiben mit der Bitte um weitere Dokumente ein. Der Absender war eine Firma in Pittsburgh, hinter sich ein gewisser Laszlo J. Balogh verbarg. Die amerikanischen Behörden verdächtigten ihn, Agent eines Geheimdienstes des Ostblocks zu sein. Bisher hatten sie ihm das allerdings nicht schlüssig nachweisen können. Doch der Kreis hatte sich geschlossen. Es ging nicht um harmlose Hacker im jugendlichen Alter, die nur herumspielten. Es steckte weit mehr hinter den Versuchen, über internationale Datennetze in amerikanische Computer des Militärs einzubrechen.

Wenn man untersucht, warum die Hacker aus Hannover mit ihren Einbrüchen in Dutzenden Computern der westlichen Welt so erfolgreich waren, stößt man neben der Sorglosigkeit der Benutzer immer wieder auf eine gemeinsame Komponente: Fehler im Betriebssystem oder in Werkzeugen, die von den Hackern geschickt genutzt werden. Im Test der Systemsoftware sind somit Fehler beim Hersteller nicht entdeckt worden. Zwar verkünden das die Vertreiber der Software aus verständlichen Gründen nicht in großformatigen Anzeigen, doch wird durch solche in Hackerkreisen weit verbreiteten Informationen der Einstieg in fremde Rechner und der Zugriff auf ihre schützenswerten Datenbestände erst ermöglicht. Der letzte Fall zeigt nicht nur Dutzende von Einbrüchen in Computer mit sensiblen Datenbeständen, sondern weist auch darauf hin, daß diese Computer und die Programme und Daten in ihren Massenspeichern ungenügend gesichert sind. Es bleibt zu fragen: Wurde über dem rasanten Wachstumstempo der Computerbranche die Sicherheit dieser Systeme sträflich vernachlässigt?

1.3.3 Die vernachlässigte Sicherheit

Sicherheit in der Computerbranche geht in zwei Richtungen: SECURITY und SAFETY. Wir im deutschen Sprachraum haben dafür leider nur ein Wort, deshalb muß ich die beiden englischen Begriffe zur Verdeutlichung heranziehen.

Sicherheit im Sinne von SECURITY meint die Sicherheit von Computern, Programmen und gespeicherten Daten gegen Verfälschung und Zerstörung. Im Sinne von SAFETY bedeutet Sicherheit andererseits die Gewähr, daß durch Software menschliches Leben nicht gefährdet wird. Leider müssen wir in unserer Zeit davon ausgehen, daß beide Ziele im Zusammenhang mit Computern und Software nicht ohne weiteres zu gewährleisten sind. Da Software in allen Bereichen menschlicher Aktivitäten anzutreffen ist, sind auch die bewaffneten Streitkräfte nicht ausgenommen. Die Politik des Pentagon während der Zeit des kalten Krieges war es geradezu, die Unterlegenheit bei der Zahl der Waffensysteme und Mannschaften durch bessere Technik auszugleichen. Diese Rechnung ist aufgegangen, wie der Golfkrieg eindeutig beweist. Trotzdem hat die Sache einen Haken. Solche komplizierten Systeme sind nicht frei von Fehlern, und manchmal hängt das Schicksal der Menschheit am seidenen Faden. Hierzu das nächste Beispiel.

Fall 1.7: Welt am Draht [21]

Am 3. Juni 1980 wird um 2:26 Uhr Ortszeit im strategischen Luftkommando (*SAC*) der USA Alarm ausgelöst. Nach den Informationen von *NORAD*, der Kommandozentrale der Streitkräfte der Vereinigten Staaten von Amerika, befinden sich zwei von einem Unterseeboot abgeschossene Raketen im Anflug auf die USA. Auf Nachfrage ist NORAD nicht in der Lage, die Information zu bestätigen, obwohl sie von deren Computer stammt. Der diensthabende Offizier im strategischen Luftkommando beordert die Besatzungen der B-52-Bomber in ihre Startpositionen. Sollte der vermutete russische Raketenangriff ernst sein, müßten die Bomber der USA noch vor dem Einschlag der feindlichen Raketen starten.

Kurz darauf zeigen die Bildschirme im *SAC*-Hauptquartier keine feindlichen Raketen mehr an. Der Alarmzustand wird beendet. Wenige Minuten später allerdings werden erneut russische Raketen im Anflug auf die USA gemeldet, diesmal landgestützte Raketen. Abermals ein paar Minuten später meldet *NORAD* erneut den Abschuß feindlicher Raketen von U-Booten der Gegenseite.

Der diensthabende Offizier im Pentagon berät sich mit anderen Dienststellen. Der Kommandeur von *NORAD* entscheidet schließlich, daß keine reale Gefahr besteht. Die inzwischen in Honolulu gestarteten Bomber der US Air Force werden zurückgerufen.

Kleine Ursache — große Wirkung.

Die Falschalarme werden selbstverständlich untersucht. Als Schwachstelle im System stellt sich ein fehlerhaftes Chip heraus. Kostenpunkt: 46 Cents. Dieser elektronische Baustein sitzt im sogenannten Multiplexer, der die Meldungen von NORAD ständig an die verschiedenen Einsatzzentralen der Streitkräfte weiterleitet. Die Formate der Meldungen sind standardisiert und so gestaltet, daß im Ernstfall an die entsprechende Stelle in der Nachricht nur die Zahl der angreifenden feindlichen Flugkörper eingesetzt werden muß. Durch den Ausfall des Chips wurde anstelle der in der Nachricht ursprünglich vorhandenen Null eine zwei gesendet. Aus keiner Rakete wurden also zwei feindliche Flugkörper.

Doch auch im zivilen Bereich sind durch Fehler in Computerprogrammen bereits Menschen ums Leben gekommen. Hierzu zwei Fälle aus den Vereinigten Staaten von Amerika.

Fall 1.8: Was lange währt ... [22]

Die Berechnung der Zeit stellt für Computer immer wieder ein Problem dar. In einem Krankenhaus in Washington, DC, brach am 19. September 1989 das Betriebssystem eines Rechners zusammen. Das war genau $32\,768 = 2^{15}$ plus einen Tag nach dem 1. Januar 1900, dem Startzeitpunkt für die interne Uhr dieses Computers.

Die Zeit ist endlich.

Andere Computer mögen anders programmiert sein, doch verborgene Zeitbomben lauern überall. Das Feld *time of year* unter Ada endet mit dem Jahr 2099, und für *MS-DOS* läuft die Uhr am 1. Januar 2048 ab.

Die falsche Uhrzeit hat jedoch auch bereits zu einem Unfall mit Todesfolge geführt: In Colorado Springs in den USA empfing ein Computer, der wiederum eine Ampelanlage steuerte, das Zeitsignal der Atomuhr in Boulder in Colorado nicht richtig. Dadurch kam die Zeitsteuerung des Computers und der Ampel durcheinander.

Von zwei Schulkindern, die gerade an der besagten Ampel die Straße überqueren wollten, wurde eines in dem Unfall getötet, und das zweite Kind wurde verletzt.

Fall 1.9: Tödliche Dosis [23]

Mitte der achtziger Jahre wurde eine in Kanada gebaute Maschine, die *Therac-25*, im Gesundheitswesen der USA zur Strahlenbehandlung krebskranker Patienten eingesetzt. Im März 1986 fühlte ein Patient in Tyler im amerikanischen Bundesstaat Texas plötzlich ein schmerzhaftes Brennen, während er sich einer Behandlung unterzog, bei der eine *Therac-25* der kanadischen Firma *Atomic Energy of Canada Limited* (AECL) eingesetzt wurde. Normalerweise ist diese Therapie schmerzlos. Das Personal der Klinik vermutete zunächst einen elektrischen Schlag, da Spezialisten keinen Fehler an dem Gerät feststellen konnten.

Die eingeleiteten Untersuchungen ergaben, daß die Ursache des Fehlers in der Software der *Therac-25* lag: Bei einer zwar unsinnigen, nichtsdestoweniger jedoch möglichen Eingabe von Kommandos durch den Bediener des medizinischen Gerätes, konnte die *Therac-25* in einen Zustand kommen, der den Patienten einer unzulässig hohen Strahlendosis aussetzte. *Befehlsfolge mit tödlicher Wirkung.*

Wir haben also bereits den Punkt erreicht, an dem durch fehlerhafte Programme Menschen sterben mußten. Noch ist kein Unfall bekannt geworden, bei dem sehr viele Menschenleben zu beklagen waren. Doch denken Sie einmal an moderne Verkehrsflugzeuge.

Brian Perry, der Leiter der Britischen Luftfahrtbehörde, stellte im Zusammenhang mit der Einführung des *Airbus* fest [25]: "Wir sind nicht in der Lage, vollständig zu verifizieren, daß die Software des *A-320 Airbus* keine Fehler enthält. Das ist unbefriedigend, aber eine Tatsache."

Nun bleibt zu fragen, wie das *Capability Maturity Model* ins Bild paßt. Lassen Sie uns dazu noch einmal kurz darstellen, worum es sich handelt.

1.4   Die Rolle des Capability Maturity Models

Wie der Name schon sagt, handelt es sich um ein Modell, also um ein Abbild der Wirklichkeit. So wie die britische Admiralität von allen ihren geplanten Schiffen zunächst Modelle fertigen ließ, um sich ein räumliches Bild vom fertigen Kriegsschiff machen zu können, stellt auch das *Capability Maturity Model* zunächst ein vergröbertes Bild des Software-Entwicklungsprozesses dar. Trotzdem sollten wir den Wert von Modellen nicht gering schätzen. Wieviele Fehler und Unzulänglichkeiten sind bereits an Modellen bei geringen Kosten für die Fehlerbeseitigung erkannt worden? — Die Erstellung von Computerprogrammen ist teuer, und jede Methode zur Fehlererkennung und Verbesserung dieses Prozesses sollte begrüßt werden.

Außer der bereits vorher angesprochenen Fehleranfälligkeit von Software und den daraus entstehenden Folgen für die Wirtschaft und für menschliches Leben ist noch ein weiterer Trend zu beobachten, der mir Sorge macht. Software wird immer größer, umfangreicher und komplexer. Sehen wir uns dazu die folgende Tabelle an:

Projekt	Codeumfang (LOC)
Benchmark-Paket am *Johnson Space Center* zur Überprüfung von Ada Compilern	4 000
Software für den Abschuß von Torpedos im Besitz der Australischen Marine	15 000
Software für die Steuerung von Kurzstreckenraketen	20 000
Fehlertolerantes verteiltes Betriebssystem	21 538
Textverarbeitungsprogramm in Ada	38 732
Simulator für die amerikanische Air Force zur Modellbildung von Flugabwehrraketen	40 000
SHIP 2000, ein Software-System für die schwedische Marine	55 000
Ada Cross Compiler für den *Z80*-Mikroprozessor	80 000
Static Analyser, Werkzeug zur Analyse von Ada Source Code in einer *VAX/VMS*-Umgebung	200 000
Bahnverfolgung von Satelliten für die NASA	220 000

Fortsetzung auf der nächsten Seite

Projekt	Codeumfang (LOC)
Graphical Kernel System (*GKS*), Ada binding	242 580
Sprachübersetzer von COBOL und FORTRAN in Ada	338 000
PRIMARY AVIONICS SYSTEM SOFTWARE (PASS), das Navigations- und Steuerungssystem für die amerikanische Raumfähre	500 000
Software zur automatischen Steuerung eines Stahlwalzwerks in den USA (*Weirton Steel*)	500 000
Software zur Flugkontrolle des Luftraumes über Spanien	800 000
Flugkontrollsoftware für die amerikanische Behörde zur Luftüberwachung (*FAA*)	1 000 000
STANFINS-R, ein Buchhaltungssystem für die amerikanische Armee	1 800 000
Software für den Advanced Tactical Fighter der US Air Force	5 000 000

Tab. 1.1　Größe von Computerprogrammen.

Während früher Programme mit ein paar tausend Programmzeilen eher die Regel waren, werden in unserem Jahrzehnt diese kleinen Programme eher die Ausnahme bilden. Zwar sind große Programme im Prinzip nicht fehleranfälliger als kleinere, jedoch ist eine hohe Anzahl von Restfehlern zu erwarten. Auch ein gründlich getestetes Programm kann immer noch Restfehler in der Größenordnung von 0,1 bis 0,3 Prozent enthalten.

Ein Restrisiko bleibt.

Ohne an dieser Stelle im einzelnen auf die Berechnung eingehen zu wollen, kann man doch einmal eine kleine Tabelle aufstellen, der Durchschnittswerte zugrundeliegen sollen.

Dabei wollen wir annehmen, daß nur zehn Prozent der Restfehler wirklich ernsthafte Fehler sind, die zu *deadlocks* und Programmabstürzen führen würden, also zu katastrophalen Fehlern. Man sollte diese kleinen Betrachtungen nicht geringschätzen. Allzu oft bewegen wir uns mit der Software in einem Bereich, den wir nicht vollkommen verstehen, und gerade solche Situationen können zu kostenträchtigen Fehlern führen, manchmal leider auch zum Verlust von Menschenleben.

Softwarefehler mit unterschiedlichem Risiko.

Zeilen Quellcode [LOC]	Aufwand in Mann-monaten (MM)	Projektdauer in Monaten	Schwerwiegende Restfehler
5 000	18	8	0,5 - 1,5
20 000	85	14	2 - 6
50 000	240	20	5 - 15
100 000	521	27	10 - 30
300 000	1 784	43	30 - 90
500 000	3 162	53	50 - 150
1 000 000	6 872	72	100 - 300

Tab. 1.2 Projektgröße und Restfehler.

Selbst bei Computerprogrammen mit einem relativ bescheidenen Codeumfang von 20 000 LOC können bei der Verwendung herkömmlicher Methoden ein paar Restfehler übersehen werden, die später zu schweren Unfällen führen können. Bei größeren Programmen ist das Risiko ungleich größer.

Jetzt ein Vergleich zwischen der amerikanischen Software-Industrie und dem japanischen Wettbewerber. Das Inselreich im Pazifik ist nicht nur bei Autos, Fernsehern und Videorecordern außergewöhnlich erfolgreich, die Japaner setzen ihr in den letzten Jahrzehnten erworbenes Wissen zur Qualitätssicherung auch im Bereich der Software konsequent und ohne Kompromisse ein. Hier ein paar Zahlen, die das eindrucksvoll belegen:

	Amerikanische Software	Japanische Software
Fehlerrate pro 1000 LOC	50	40
Effizienz des Testens vor der Auslieferung in Prozent	90	95
Restfehler im ausgelieferten Produkt per 1000 LOC	5	2

Tab. 1.3 Vergleich der kommerziellen Software in den USA und Japan [111].

Sie mögen einwenden: Die amerikanische Raumfähre fliegt doch! Das ist zwar ein Argument, aber es ist ungefähr so stichhaltig wie die Geschichte vom hundertjährigen Raucher, der sich angeblich noch immer bester Gesundheit erfreut. Auch beim Bau von Kernkraftwerken haben uns die Fachleute mit vielen Gutachten jahrelang glauben machen wollen, ein Unfall wie in Tschernobyl würde mit größter Wahrscheinlichkeit niemals eintreten. Die Wirklichkeit hat solche Rechnungen schnell widerlegt. Doch zurück zu unserem Space Shuttle. Es fliegt zwar, aber die amerikanische Raumfähre ist kaum jemals mit demselben Programm geflogen. Außerdem geriet die Software beim Absturz der Raumfähre *Challenger* sofort in Verdacht, für den Unfall verantwortlich zu sein. Angesichts der oben genannten Zahlen sollte uns das nicht wundern.

Das *Capability Maturity Model* kann uns in dieser Situation in zweierlei Hinsicht nützlich sein. Würden Sie ein Auto kaufen, ohne sich vorher über den Wagen, seine Schwächen und möglichen Nachteile informiert zu haben? Würden Sie überhaupt bei einem Unternehmen kaufen, wenn Sie von der Zuverlässigkeit und Sicherheit der angebotenen Autos nicht überzeugt sind?

Leider ist das bei Software oft der Fall. Es werden Aufträge an Firmen vergeben, deren Ruf von "zweifelhaft" bis "nicht vorhanden" reicht. Es ist weder eine ausreichende Kapitaldecke vorhanden, noch will der Hersteller der Software für die Fehlerfreiheit seines Produkts auch nur die kleinste Haftung übernehmen. Jegliche Gewährleistung, wie sie sonst in der Wirtschaft üblich ist, wird per Vertrag konsequent ausgeschlossen.

In dieser betrüblichen Situation kann ein Modell, das es uns erlaubt, einen Anbieter für ein Software-Projekt einzuordnen und *Ein Maßstab zur Qualitätsbeurteilung.* zu bewerten, nur nützlich sein. Schließlich wollen wir die Spreu vom Weizen trennen, und das *Capability Maturity Model* gibt uns dazu einen Maßstab in die Hand.

Ein zweiter Gesichtspunkt kommt hinzu. Wenn Sie für eine Organisation verantwortlich sind, die Software erstellt, wollen Sie ihre Entwicklung nicht einordnen können? — Natürlich werden Ihnen manche Leute im Management versichern, daß schon "alles in Ordnung" ist. Vielleicht gibt es ein paar kleinere Probleme, aber im Grunde hat das Management alles fest im Griff. Genügt Ihnen das? Ist diese qualitative Aussage genug? Ist es angesichts der möglichen Folgen einer verstärkten Produkthaftung nicht unbedingt angebracht, der Sache auf den Grund zu gehen und wirklich Punkt für Punkt festzuschreiben, wo Ihre eigene Organisation steht?

Nun wird nicht immer alles in Ordnung sein, doch das *Capability Maturity Model* bietet auch einen Weg zur Verbesserung, und das ist vielleicht der wichtigste Punkt: Der Software-Entwicklungsprozeß kann Schritt für Schritt und Jahr für Jahr verbessert werden, und jede Verbesserung sollte auch dazu führen, daß das Risiko bei Software-Projekten sinkt. Gehen wir diesen Weg allerdings nicht, bleibt die Folgerung unausweichlich: Wir werden immer größere Computerprogramme bekommen, mit mehr Fehlern und einem Risiko, das bald nicht mehr tragbar ist.

Da zum Einsatz von Software angesichts der wirtschaftlichen Zwänge keine Alternative offensteht, bleibt uns nur ein Weg: Der Software-Entwicklungsprozeß ist ständig und in täglicher Arbeit zu verbessern. Dazu bildet das *Capability Maturity Model* einen erfolgversprechenden Ansatz.

Abschnitt

II

Die Software-Entwicklung und das Capability Maturity Model

2.1 Am Anfang war das Chaos

Wer den Hafen nicht kennt, zu dem er segeln will,
für den ist kein Wind ein günstiger.
Seneca.

Die erste Ebene des *Capability Maturity Models* für Software hat Watts Humphrey in typisch amerikanischer Höflichkeit *INITIAL* genannt. Nun, nach der griechischen Mythologie stand am Anfang das Chaos. Leider scheinen viele der Organisationen, die Software herstellen, diesen Zustand nie zu verlassen. Das ist angesichts der zuvor aufgezeigten Gefahren und Risiken nicht vertretbar. Doch betrachten wir einige Charakteristiken solcher Gruppen und Firmen näher.

Generell fällt auf, daß die Entwicklung der Software nicht in organisierter und geplanter Weise geschieht. In anderen Worten, ein Management der Software-Erstellung ist nicht vorhanden. Es fehlt auch eine Vorstellung darüber, wie der Entwicklungsprozeß überhaupt gestaltet sein soll, noch ist dazu eine Dokumentation oder ein Plan vorhanden. Entscheidungen werden oft nur getroffen, um die dringendsten Probleme anzupacken und sich über den Tag zu retten. Mehr als eine Woche im voraus kann man in einer solchen Organisation sowieso kaum planen, denn dann ist unweigerlich mit der nächsten Katastrophe zu rechnen. Am leichtesten erkennt man derartige Organisationen an ihrer fehlenden Termintreue. Software wird nie zum zugesagten Zeitpunkt fertig. Wird trotzdem ein Programm abgeliefert, so erfüllt es in den seltensten Fällen die Erwartungen des Kunden oder Benutzers. Viele Projekte scheitern vollständig, und die Software wird folglich nicht eingesetzt.

Das Top Management solcher Firmen ist in den wenigsten Fällen mit Software groß geworden und weiß in der Regel nicht, wo die kritischen Punkte liegen und was man tolerieren kann. Es fehlt offensichtlich an eigener Erfahrung und Augenmaß. Diese Situation führt in vielen Fällen dazu, daß der große Retter, Guru oder Zar gesucht wird, der alle Probleme lösen soll. Erfahrene Programmierer meiden solche Organisationen, denn sie haben das alles schon einmal erlebt. Diejenigen, die bleiben, sind entweder nicht mobil oder haben im stillen längst gekündigt. Hier eine Fallstudie zu einem derartigen Projekt:

Fall 2.1: Nur noch ein paar kleine Erweiterungen [45]

Ein Review Team besucht einen Auftragnehmer im militärischen Bereich, der ein größeres Software-Projekt im Auftrag des amerikanischen Department of Defense (*DoD*) bearbeitet. Der Zweck des Reviews ist es, zu beurteilen, ob eine reelle Chance besteht, das Projekt innerhalb eines überschaubaren Zeitraums zu beenden. Nach langen Diskussionen kommt die Gruppe zu dem Schluß, daß ein rudimentäres System trotz der vorhandenen Probleme innerhalb der nächsten Monate ausgeliefert werden könnte. Die Vertreter des Auftragnehmers räumen ein, daß einige Funktionen noch fehlen würden. Das wäre aber im Grunde kein großes Problem, behauptet das Management des Auftragnehmers. Ein detaillierter Plan für den Rest der Projekttätigkeiten wird bei dem Review nicht vorgelegt.

Die Reviewer vom *DoD* berichten daraufhin, daß das Projekt aus technischer Sicht in einigermaßen gutem Zustand sei, daß der Zeitplan aber wohl nicht eingehalten werden könne. Das bei dem Review vorliegende Material hatte die Reviewer vom *DoD* davon überzeugt, daß der Auftragnehmer technisch kompetent war. Sie nahmen an, daß der Auftragnehmer die Software mit ein paar Monaten Verspätung abliefern würde.

Später überprüfte einer der Reviewer weiterhin den Projektfortschritt. Immer, wenn er beim Auftragnehmer anrief, war die Software "beinahe fertig". Monate später stellte sich heraus, daß es sich bei den noch fehlenden Funktionen um 250 000 LOC handelte!

Leider ist dieses Beispiel kein Einzelfall. Der Umfang des Projektes wird in der Regel unterschätzt, und später scheut man sich, die eigene Fehlprognose einzugestehen. Das gilt gegenüber dem eigenen Management und erst recht gegenüber dem Kunden. Es werden oft Dinge versprochen, die in jeder anderen Disziplin sofort als reine "Sprücheklopferei" entlarvt werden würden. Es läuft nun einmal kein menschliches Wesen die hundert Meter in fünf Sekunden, und jedes Programm braucht zur Entwicklung eine gewisse Zeit. Es ist auch nicht möglich, einfach durch mehr Mitarbeiter den Prozeß beliebig zu beschleunigen. Der Zusammenhang zwischen Aufwand und Zeitplan ist relativ starr. Daran läßt sich nichts ändern. Leider scheuen sich manche Manager in der Softwareentwicklung, entschieden zu widersprechen, wenn man das Unmögliche von ihnen fordert. Dabei wären sie durchaus in einer starken Position. Gescheiterte Software-Projekte gibt es zuhauf, und wer auf die Einhaltung unmöglicher Termine besteht, soll das doch erst einmal vormachen!

Auch das Anheuern von Gurus und vermeintlichen Alleskönnern löst das Problem nicht. Zwar sind derartige Programmierer oder kleine Gruppen fähiger Leute zunächst oft erfolgreich. Das Management läßt sie arbeiten und kümmert sich um nichts weiter. Geht aber dann trotzdem etwas schief, kann man gleich das ganze Projekt abschreiben. Der große Macher hatte alles nur im Kopf. Dokumentationen sind in solchen Fällen meist nicht vorhanden, und mit dem Guru verschwindet jegliches gesammelte Know-how über das Projekt. Zurück auf Feld "Start", heißt da die Devise. Wenn die Firma um etwas reicher ist, dann allenfalls um eine Erfahrung.

Gefahr durch verselbständigte Gurus.

Nachgewiesene Erfolge gestandener Programmierer bei kleineren Projekten garantieren keinesfalls den Erfolg im nächsten Projekt. Kleine Programme sind leichter zu organisieren und zu planen als große und komplexe Entwicklungsvorhaben. Denken Sie nur an die Schnittstellen: Zwei Programmierer haben eine Schnittstelle, bei dreien sind es zwei Interfaces, bei vieren sechs und bei fünf Mitgliedern eines Teams bereits zehn. Das steigt nun überproportional an, und mit jeder Schnittstelle steigt das Risiko von Mißverständnissen und Fehlern im Design.

Wir hatten bereits gesagt, daß Software in erster Linie ein Produkt des menschlichen Geistes ist. Als solche stößt Software an Grenzen: Was der einzelne Programmierer überblicken kann, ist begrenzt. Seine Fachkenntnisse beziehen sich nur auf ein Gebiet, und über ein benachbartes Feld weiß er oder sie oft wenig oder gar nichts. Es ist nur zu leicht, falsche Annahmen zu treffen. Selbst Dokumente sind in verschiedener Weise interpretierbar und führen daher zu Fehlern.

Die Anforderungen an die Software, selbst wenn sie ursprünglich einmal festgeschrieben wurden, ändern sich mit der Zeit. Änderungen fließen in vielen Organisationen völlig unkontrolliert in Programme ein, was zu Problemen an anderer Stelle führt. Oft ist man nicht einmal sicher, welche Version des Programms ein Kunde gerade besitzt. Manchmal ist der ausgelieferte Code nicht einmal rekonstruierbar. Der Test der Software wird in vielen Fällen völlig vernachlässigt oder nur unzureichend durchgeführt. Die Integration mit dem Zielsystem kommt zu kurz oder fällt dem Ablieferungstermin zum Opfer. Leider ist Software nun einmal ein Produkt, bei dem sich Mängel nicht sofort zeigen. Bei einem Auto würden fehlende Räder, nicht funktionierende Bremsen oder ein zerrissener Bezug beim Sitz sofort auffallen. Bei einem Computerprogramm dagegen sind diese Mängel erst dann sichtbar, wenn ein umfangreicher Abnahmetest gefahren wird, und selbst da mögen noch einige Mängel durchgehen.

Persönliche
Opfer statt
geplanten
Vorgehens.

Nun will ich keinesfalls behaupten, daß Organisationen auf der Ebene 1 grundsätzlich immer fehlerhafte Programme abliefern müssen. Es gibt durchaus Beispiele, die das Gegenteil zu beweisen scheinen. Bei Software begrenzten Umfangs sind fähige Programmierer oder kleine Teams exzellenter Fachleute durchaus in der Lage, funktionsfähige Programme herzustellen. Die Ursache des Erfolgs liegt jedoch nicht in einem geplanten Prozeß, sondern geht zurück auf die heroischen Anstrengungen einzelner Programmierer. Überstunden und Nachtarbeit sind in solchen Organisationen eher die Regel als die Ausnahme. Vernachlässigte Partner, Krisen in der Ehe, Scheidungen und entfremdete Kinder sind ein Preis, der im Privatleben zu zahlen ist. Ist es das, was wir wollen?

Die Geschäftsleitung solcher Firmen muß sich fragen lassen, ob sie es sich überhaupt noch leisten kann, einzelne Mitarbeiter zu verlieren. Würde der tägliche Betrieb nicht zusammenbrechen, wenn sie das Unternehmen verlassen?

Selbst wenn ein Projekt mit Erfolg durchgezogen wurde, bedeutet das nicht automatisch, daß der Erfolg des nächsten Projekts gesichert ist. Wenn der Prozeß nicht definiert ist, kann der Verlust einzelner Mitarbeiter oder eines Teams immer dazu führen, daß das nächste Projekt scheitern wird. Solange der Bauplan für den Erfolg nur in den Köpfen der Mitarbeiter existiert, hat die Organisation nichts in der Hand, um den Prozeß mit Aussicht auf Erfolg erneut zu starten.

Unterschiedliche Schwierigkeitsgrade
von Branche zu
Branche.

Wir sollten uns auch davor hüten, einzelne Branchen miteinander zu vergleichen. Die Organisation, die ein Programm in COBOL für einen Versicherungskonzern mit 80 000 LOC erfolgreich abgeliefert hat, wird vielleicht bei einem Projekt für einen Verkehrsleitrechner mit nur 17 000 Zeilen Quellcode scheitern. Das kann daran liegen, daß die Verhältnisse zu verschieden sind. Das COBOL-Programm wurde auf einer stabilen Maschine, einem Mainframe von IBM, entwickelt. Das Betriebssystem, der Zugriff auf Datenbanken und die Rechnerleistung stellten kein großes Problem dar.

Die Software für den Verkehrsleitrechner dagegen soll Echtzeit-fähig sein, die Anforderungen an Rechenzeit und Speicherbedarf sind sehr restriktiv, der verwendete Compiler ist neu, Host und Target Computer sind verschiedene Systeme, und noch dazu stellt die Testbarkeit ein unerwartetes Problem dar. Da die Software trotzdem getestet werden muß, werden aus den ursprünglich erwarteten

17 000 LOC am Ende der Entwicklungszeit vielleicht insgesamt 45 000 LOC, wenn man alle Testprogramme mitrechnet.

Was offensichtlich nötig ist, sind eine systematische Vorgehensweise und eine klare Definition des Entwicklungsprozesses für Software. Im einzelnen sind folgende Tätigkeiten unverzichtbar:

- **Projektmanagement** für Software: Die Arbeit muß in ihrem Umfang geschätzt und geplant werden, und die einzelnen Schritte zur Erstellung der Software müssen überwacht werden.

- Alle Änderungen in der Software müssen in nachvollziehbarer Weise geschehen. Das bedeutet mit anderen Worten: **Konfigurationskontrolle** ist unbedingt notwendig.

- Es muß durch eine von der Software-Entwicklung unabhängige Instanz bestätigt werden, daß abgelieferte Produkte den Vorgaben entsprechen und der Prozeß sich innerhalb der gesetzten Grenzen hält. Diese Forderung läuft auf eine **Qualitätssicherung** hinaus.

Die geforderten Maßnahmen können nur dann greifen, wenn sich alle Mitarbeiter einer Organisation ihrer Verantwortung bewußt sind und das Management alle Aktionen uneingeschränkt unterstützt, die zur Verbesserung der Situation notwendig sind. Der Weg aus dem Chaos verlangt Disziplin und das Befolgen von Regeln.

Bevor wir uns ansehen, wie uns das *Capability Maturity Model* auf unserem Weg zum Erfolg helfen kann, muß auf die Qualitätssicherung im allgemeinen eingegangen werden. Auf dem Gebiet der Qualitätssicherung wurden in den Jahren nach dem Krieg beachtliche Erfolge erzielt, insbesondere von den Japanern. Doch die Wurzeln des beispiellosen japanischen Erfolgs auf den Weltmärkten wurden viel früher gelegt, nämlich im Amerika der dreißiger Jahre.

2.2   Der Fortschritt im Bereich der Qualitätssicherung

Das Fach Qualitätssicherung hat sich im Laufe der Jahrzehnte von einer kaum beachteten Disziplin am Rande der Industriegesellschaft zu einem Faktor entwikkelt, der kaufentscheidend sein kann. Bei vergleichbarem Preis wird sich der Kunde natürlich für das Produkt mit der höheren Qualität entscheiden. Doch wie begann das alles? Wer hat die entscheidenden Beiträge geleistet, um diese Fortschritte überhaupt zu ermöglichen?

2.2.1   Statistische Qualitätskontrolle: Ein militärisches Geheimnis

It is personalities,
  not principles that move the age.
      Oscar Wilde.

Ein Name, der untrennbar mit statistischer Prozeßkontrolle — auf englisch Statistical Process Control (*SPC*) — verbunden bleiben wird, ist W. Edwards Deming. Dieser Mann, dessen Rat heute in den Vorstandsetagen der wichtigsten Konzerne auf der ganzen Welt gefragt ist, stammt aus bescheidenen Verhältnissen. Doch ihn zeichnete der Geist der Pioniere aus: Harte Arbeit, Wißbegier und die Fähigkeit, immer wieder dazuzulernen. Deming, Jahrgang 1900, wurde geprägt durch seine Erfahrungen in der amerikanischen Industrie der zwanziger und dreißiger Jahre. Das war die Zeit, als der Taylorismus und REFA-Methoden als erstrebenswerte Mittel zur Steigerung der industriellen Produktion galten.

Bekannt wurde Deming zunächst durch die Anwendung statistischer Methoden als geeignetes Mittel, um die Qualität der Produkte zu steigern. Seine Erkenntnis ist im Grunde einfach: Jeder Produktionsprozeß ist mit einer Variation behaftet. Dies ist unvermeidlich, doch die Verkleinerung der Bandbreite der Variation ist absolut notwendig, um die Produktqualität einzuhalten oder zu steigern.

Lassen Sie mich diese Variationen im Produktionsprozeß mit einem kleinen Beispiel aus Japan belegen.

Fall 2.2: Auf der Suche nach den Ursachen [30]

In den siebziger und achtziger Jahren wurden amerikanische Top Manager immer nervöser. Zunächst hatte man den Erfolg der Japaner auf dem heimischen Markt den niedrigeren Lohnkosten zugeschrieben. Doch auch als die Personalkosten in Tokio mit denen in Detroit durchaus vergleichbar waren, hielt der Erfolg der japanischen Automobilindustrie an. Was steckte nur dahinter? Was war das Geheimnis des japanischen Erfolges?

Im Jahr 1980 unternahm Larry Sullivan, ein Manager bei *Ford*, mit einer Reihe von Kollegen eine Reise nach Japan. Bei einem Hersteller von Feuerzeugen stieß er auf eine Gruppe von Arbeitern, die um eine ellenlange Kontrollkarte herumstanden. Zuerst dachte Sullivan, die Produktion wäre zusammengebrochen oder die Kunden der Firma würden die Feuerzeuge wegen schwerer Mängel kartonweise zurückschicken. Doch dem war nicht so. Als er sich die Unterlagen genauer anschaute, wurde ihm bewußt, daß das fragliche mechanische Teil sich nicht nur innerhalb der geforderten Spezifikationen hielt, sondern sich sogar im unteren Drittel des zulässigen Toleranzbereichs bewegte. Was wollen die Japaner da eigentlich, dachte sich der Manager.

Zweck der Sitzung war es, das Teil weiter zu verbessern und die Ausreißer zu vermindern. Die Kontrollkarte reichte einundzwanzig Monate zurück. In diesem Zeitraum war der Herstellungsprozeß viermal außer Kontrolle geraten. Die Arbeiter versuchten nun, die Ursache für diese Pannen zu finden und dachten über Abhilfemaßnahmen nach. Schließlich kamen sie zu den folgenden Ergebnissen:

♦ Zunächst war der Prozeß außer Kontrolle geraten, weil ein Werkzeug ausgeleiert war. Die Arbeiter erklärten das Problem und schlugen als Abhilfe ihrem Management vor, das Werkzeug in Zukunft alle vier Monate auszutauschen, anstatt wie bisher alle acht Monate.

♦ Als zweites Problem betrachteten die Arbeiter einen losen Bolzen an dem hergestellten Teil selbst: als Verbesserung wurde ein Re-Design vorgeschlagen.

♦ Als dritte Ursache für die mangelhafte Qualität wurde der von einem Zulieferer bezogene Stahl erkannt. Dieser Mangel würde ein Gespräch mit dem Lieferanten notwendig machen, um für Abhilfe zu sorgen.

Lassen Sie es mich wiederholen: Das Teil lag innerhalb der geforderten Werte, und in vielen Firmen wäre diese kleine Versammlung der Arbeiter als reine Zeitverschwendung betrachtet worden. Doch kommen wir zurück zu den unvermeidlichen Variationen im Produktionsprozeß: Leider gibt es zwei grundsätzlich verschiedene Ursachen. Die eine ist einfach Materialermüdung oder Verschleiß, im obigen Fall das Ausleiern eines Werkzeugs. Solche Ausreißer können geortet und ihre Ursache beseitigt werden, wenn man durch eine geeignete statistische Methode den Prozeß ständig verfolgt.

Eine zweite Gruppe von Fehlern ist anderer Natur. Sie liegen außerhalb des betrachteten Systems, und keine Maßnahme im Produktionsprozeß selbst kann diese Probleme beseitigen. Ein nicht fertigungsgerechtes Design kann durch eine Verbesserung im Prozeß kaum oder nur durch kostspielige Maßnahmen beseitigt werden. Billiger wird in vielen Fällen ein neuer oder geänderter Entwurf sein. Auch die Qualität des Rohmaterials liegt außerhalb des Prozesses und ist daher nicht direkt beeinflußbar, schon gar nicht durch die Arbeiter in der Fertigung. In der Tat erfordert jede Maßnahme zur Verbesserung im zweiten und dritten Fall eine Aktion des zuständigen Managements, womit wir einen weiteren Eckstein von Demings Philosophie gefunden haben: Das Management ist immer verantwortlich.

Deming entwickelte in den dreißiger Jahren seine statistischen Methoden, beruhend auf den Arbeiten seines Mentors Walter Shewhart. Der Deming Cycle enthält im wesentlichen diese vier Schritte:

1. Planen Sie das Produkt mit Hilfe der Marktforscher, und entwickeln Sie es (**plan**).

2. Fertigen Sie das Produkt, und analysieren Sie es anschließend (**do**).

3. Verkaufen Sie Ihr Produkt, und überprüfen Sie dessen Qualität (**check**).

4. Bringen Sie in Erfahrung, wie das breite Publikum Ihr Produkt bewertet. Ziehen Sie dazu sowohl Käufer als auch solche potentielle Kunden in Ihre Befragung mit ein, die Ihr Erzeugnis bisher nicht gekauft haben (**action**).

Demings Ansichten standen im Gegensatz zur vorherrschenden Strömung in den dreißiger Jahren. Die Entwicklung wurde klein geschrieben, Massenproduktion zu niedrigsten Kosten stand im Vordergrund, und anschließend hieß die Devise: "verkaufen, verkaufen und nochmals verkaufen".

Als sich der Kriegseintritt Amerikas an der Seite der Alliierten abzuzeichnen begann, zog die Regierung in Washington Experten vieler Fachrichtungen zusammen. Demings Ruf als Statistiker war bereits gefestigt, und die Anwendung seiner Methoden für die Kriegsproduktion der amerikanischen Armee war so erfolgreich, daß statistische Qualitätskontrolle in den vierziger Jahren fast als militärisches Geheimnis galt.

Leider vergaß Amerika Deming dann für eine Weile. Der Krieg war gewonnen, die amerikanischen Soldaten strömten von den Schlachtfeldern des Zweiten Weltkrieges zurück in ihre Heimat. Sie hatten die Taschen voller Geld. Das wollten sie nun ausgeben. Im Krieg war dazu wenig Gelegenheit gewesen. Ein Amerikaner hat einmal gesagt, Detroit hätte nach dem Krieg auch ein Auto mit drei Rädern anbieten können, das Vehikel wäre trotzdem verkauft worden. Die Nachfrage war einfach da, auf Qualität achtete niemand besonders.

Anders in dem Inselreich jenseits des Pazifiks: Japan war militärisch geschlagen, gedemüdigt und in der Hand seines Feindes, der eine geradezu unheimliche Waffe besaß: die Atombombe. Der militärische Oberbefehlshaber der Besatzungsmacht, General Douglas MacArthur, lud eine Reihe von Experten nach Japan ein, um der fast vollständig zum Erliegen gekommenen Wirtschaft auf die Beine zu helfen. Japans Manager hörten die Botschaft Demings: Er versprach ihnen, daß sie Amerika schlagen könnten, und zwar auf ökonomischem Gebiet. Alles, was sie dazu tun mußten, war seiner Lehre zu folgen: Statistische Prozeßkontrolle, ständige Verbesserung des Produktionsprozesses und verantwortliches Handeln durch das Management des Unternehmens.

Während die traditionelle Methode in Amerika *INSPECTION* als Teil der Funktion Quality Control war, hat Deming auch hier einen Wandel im Denken bewirkt. Test und Aussortieren am Ende des Produktionsprozesses ist zwar oft notwendig, allerdings auf die Dauer wenig befriedigend. Viel besser ist es selbstverständlich, die Ursachen für fehlerhafte Produkte bereits in ihrer Entstehung zu erkennen und auszumerzen. Hierauf zielt Demings Lehre. In dem Maß, wie seine Methoden in alle Bereiche der Produktion einziehen, können die Prüfungen am Ende des Prozesses zurückgenommen und in ihrem Umfang reduziert werden.

Fehler in möglichst frühem Stadium vermeiden.

Daß Deming erfolgreich war, läßt sich inzwischen selbst von amerikanischen Managern nicht mehr bestreiten. Es gibt auch harte Zahlen, selbst wenn solche Daten oftmals im Vorstand eines Automobilkonzerns unter Verschluß gehalten werden. General Yates [34] stellte dazu im Jahr 1990 fest: "Die amerikanischen Autohersteller begannen damit, die Qualität ihrer Produkte zu erhöhen, als die Defekte pro Wagen bei 7 bis 8 lagen. Die Japaner hatten zu der Zeit eine Kennzahl von 3. Inzwischen sind die amerikanischen Hersteller bei 1,75 angelangt, die japanische Konkurrenz liegt jedoch bereits bei 1,3."

Demings Lehre ist also nicht nur eine schöne Philosophie, ihre Anwendung läßt sich in Marktanteile und damit in Gewinn und Verlust umrechnen. Während nach dem Krieg *General Motors*, der größte Automobilkonzern der Welt, einen Anteil von fünfzig Prozent des heimischen Marktes hielt, hat sich dieser Marktanteil zu Beginn der neunziger Jahre fast halbiert. *Chrysler* kämpft erneut ums Überleben, während die japanischen Hersteller ihre Fabriken längst in das Herzland Amerikas verlagert haben. Nun ja, der Prophet gilt nichts im eigenen Lande ...

Diese Aussage gilt auch für J. M. Juran [32,33], der ähnlich wie Deming in den USA in den fünfziger und sechziger Jahren auf wenig Interesse stieß. 1954 wurde Dr. Juran nach Japan eingeladen, um vor der einflußreichen Vereinigung der Organisation von Wissenschaftlern und Ingenieuren (*JUSE*) ein Seminar zur Qualitätskontrolle zu halten. Seine Botschaft wurde von den Managern der japanischen Industrie begierig aufgenommen. Daß die Botschaft weiter getragen wurde, zeigt unter anderem die Tatsache, daß der japanische Rundfunk 1956 im Rahmen seines Weiterbildungsprogramms einen Kurs zur Qualitätssicherung für Meister anbot.

Doch zurück zur Software: Zweifellos gibt es eine Reihe von Unterschieden zwischen Hardware und Software. Wir wollen das keinesfalls wegdiskutieren. Doch eines sollte uns aus Demings Gedankengut in Erinnerung bleiben: Die Betonung des *Prozesses* als Schlüssel zur dauerhaften und anhaltenden Verbesserung der Qualität.

2.2.2 *KAIZEN*: Kontinuierliche Verbesserung

Gentlemen, our job is to manage change.
If we fail, we must change management.
Chairman of a large multinational
at executive committee meeting.

KAIZEN bedeutet im Klartext einfach Verbesserung. Darüber hinaus zielt das Konzept auf kontinuierliche und andauernde Verbesserungen im persönlichen Leben, im sozialen Umfeld und besonders bei der Arbeit. *KAIZEN* zielt auf alle Kräfte eines Unternehmens, die Manager und Angestellten wie die Arbeiter.

Die japanische Methode: Schritt für Schritt

Masaaki Imai weist in seinem Buch zu *KAIZEN* [35] auf einen wesentlichen Unterschied im Vorgehen zwischen japanischen und amerikanischen Unternehmen hin. Westliche Firmen führen Änderungen in großen Schritten ein, während ihre japanischen Kontrahenden auf den Weltmärkten eher Schritt für Schritt vorwärts gehen. Diese Beobachtung ist sicherlich richtig. Denken Sie nur an Schlagworte wie Computer Aided Design (*CAD*), Computer Aided Manufacturing (*CAM*) oder Lean Production.

Die Einführung solch neuer Technologien bringt große Umwälzungen im Unternehmen mit sich, wobei wir bedenken sollten, daß die meisten Menschen eine tief sitzende Abneigung gegen Veränderungen besitzen. Gleichzeitig bietet die Einführung neuer Methoden für einzelne Mitarbeiter und Manager der Organisation die Chance zur Profilierung, zur Mehrung des Einflusses und zum beruflichen Aufstieg. Nun kann es aber durchaus sein, daß in einer Zeit langsamen Wachstums viele kleine Verbesserungen im Prozeß unter Einbeziehung aller Mitarbeiter ein viel erfolgversprechenderes Konzept sind. In rasch wachsenden und expandierenden Märkten, wie wir es zu Zeiten des Wirtschaftswunders in der deutschen Nachkriegszeit erlebt haben, mag der Einsatz neuer und kostensparender Techniken die bessere Methode sein. Hier ein Vergleich der beiden Verfahren:

	KAIZEN	Neue Techniken, Innovationen
1. Effekt	Langfristig und dauerhaft, aber nicht spektakulär	Kurzfristig und dramatisch
2. Einführung	Schritt für Schritt	Große Schritte
3. Zeitraum	Kontinuierlich und schrittweise	auf einen Schlag
4. Änderung	Graduell und kontinuierlich	Abrupt und gewaltsam
5. Beteiligung der Mitarbeiter	alle	wenige Auserwählte
6. Ansatz	Einbeziehung des Kollektivs und der Gruppe, es wird das System betrachtet	Individuum ist der Handelnde, es bringt die Ideen ein und leitet die Einführung
7. Vorgehen	Wartung und Verbesserung	Zerstören der alten Anlagen und Installieren der neuen Maschinen
8. Initialzündung	Konventionelle Technik und state-of-the-art	Technische Neuerungen (high tech), Innovationen, neue Theorien
9. Anforderungen	Bescheidene Investitionen, aber ständige Anstrengungen der Mitarbeiter	Große Investitionen, Kosten für die Wartung sind gering
10. Orientierung	Mitarbeiter ("Peopleware")	Technologie

Fortsetzung auf der nächsten Seite

	KAIZEN	**Neue Techniken, Innovationen**
11. Beurteilungskriterien	Analyse des Prozesses, um bessere Resultate zu erzielen	höherer Gewinn
12. Vorteil	besser für langsam wachsende Wirtschaft	besser für schnell wachsende Wirtschaft

Tab. 2.1   Vergleich zwischen KAIZEN und Innovationen.

Wir sollten uns nichts vormachen: Auch in der japanischen Automobilindustrie kommen moderne Industrieroboter zum Einsatz, sogar weit mehr als in deutschen Fabriken [01]. Jedoch war die Vorgehensweise etwas anders: Von Arbeitsplatzverlust durch den Einsatz von Handhabungsmaschinen war in Japan nie die Rede, was eine Abwehrhaltung der betroffenen Arbeiter gegen diese Maschinen von vornherein ausschloß. Außerdem wurden die Kinderkrankheiten dieser komplizierten Automaten über Jahre hinweg notiert und anschließend in enger Zusammenarbeit mit den Herstellern beseitigt, in sich wieder eine Verbesserung und damit *KAIZEN*. In Amerika dagegen wurden die ersten Roboter, unvollkommen, wie sie zu der Zeit nun einmal waren, vom Käufer einfach zurückgeschickt und nicht für die Produktion von Autos verwendet. Inzwischen gingen die Arbeiter in Japan daran, dieselben Maschinen ihrer amerikanischen Lieferanten Tag für Tag und Jahr für Jahr zu verbessern. *KAIZEN* muß sich also nicht auf LOW TECH beschränken.

Im übrigen ist Verbesserung ein Schritt jeder Maßnahme in der Qualitätssicherung und paßt daher vollkommen ins Konzept. Denn nach dem Erkennen eines Fehlers und dem Finden der Ursache schließt sich immer eine Korrektur an, eben eine Verbesserung. Während Fehler eher ein negatives Image haben, für Verbesserungen ist einfach jeder zu haben.

Der japanische Erfolg hat sicher viele Gründe. Einer davon ist gewiß die Geschlossenheit der japanischen Gesellschaft, die auf der einen Seite immer die alten Traditionen hoch hält, aber andererseits im Laufe der Geschichte auch immer wieder zum Wandel bereit war, wenn sich das als notwendig erwies. Einen guten Einblick in die japanische Mentalität bietet Peter Taskers Buch "Inside Japan" [36]. Wir sollten in diesem Zusammenhang nicht vergessen, daß Detroits Automobilkonzerne die Gehälter und sonstigen Vergünstigungen des Top Managements während der vergangenen Jahrzehnte ständig erhöht haben. Dies ging mit einem großen Verlust an Marktanteil gegenüber den japanischen Produzenten auf dem heimischen Markt einher. Die Vergütungen japanischer Manager dagegen sind im internationalen Vergleich bescheiden, und in Krisenzeiten kürzt das Management die eigenen Gehälter zuerst [36,37,38].

Neben der unbestreitbaren Tüchtigkeit der japanischen Menschen haben auch externe Faktoren den Erfolg weiter gefördert, als da wären:

♦ Verteuerungen der Rohstoffe wie Rohöl,

♦ Überkapazitäten in Produktionsanlagen,

♦ verschärfter Wettbewerb zwischen Anbietern in gesättigten Märkten,

♦ erhöhte Forderungen der Verbraucher,

♦ schnelle Produktzyklen und damit kürzere Zeiten für die Entwicklung,

♦ die Notwendigkeit, den *break even point* zu senken.

Es kann durchaus sein, daß in unserer Zeit der schwindenden Ressourcen, einem zunehmenden Umweltbewußtsein und einem immer kritischer werdenden Verbraucher die Methode der kontinuierlichen Verbesserungen wieder an Boden gewinnt. Die Zeit der großen Wachstumsschübe nach dem Weltkrieg ist vorbei, und in den modernen Industriegesellschaften ist die Nachfrage für viele Güter eher moderat. Dies könnte zu einem Umdenken bei der Produktion von Konsumgütern führen, hin zu mehr Umweltfreundlichkeit und der Wiederverwendung von Rohstoffen. Solche Forderungen verlangen nicht unbedingt innovative technische Lösungen, sondern einen sorgfältig durchdachten Prozeß von der Konstruktion bis zur Verschrottung und Wiederverwendung.

2.2.3　Japans Aufstieg: Preiswürdigkeit und Qualität

Der Erfolg der japanischen Anbieter auf den Weltmärkten zeigt sich neben der Automobilindustrie vor allem bei Komsumelektronik wie Fernsehern, Videorecordern und Camcordern, aber auch in der Computerindustrie. In der Tat hat die japanische Industrie den amerikanischen Konzernen, die schließlich in ihren Labors und Fabriken einen erheblichen Vorsprung in bezug auf das Know-how hatten, im Laufe der siebziger und achtziger Jahre stetig Marktanteile abgenommen. Das Automobil, der Fernseher und der Transistor sind schließlich amerikanische Erfindungen, oder sie wurden zumindest in den USA zu Massengütern für eine breite Schicht von Konsumenten. Den stetigen Verlust an Marktanteil in der Elektronik zeigt die folgende Tabelle eindrucksvoll:

1976			1987		
Hersteller	**Heimat in**	**Umsatz Mill. $**	**Hersteller**	**Heimat in**	**Umsatz Mill. $**
1	*Texas Instruments*	USA	655	*NEC*	Japan	2 613
2	*MOTOROLA*	USA	462	*TOSHIBA*	Japan	2 257
3	*NEC*	Japan	314	*Hitachi*	Japan	2 157
4	*FAIRCHILD*	USA	307	*MOTOROLA*	USA	2 025
5	*Hitachi*	Japan	267	*Texas Instruments*	USA	1 752
6	*Philips*	Holland	266	*NATIONAL/FAIRCHILD*	USA	1 427
7	*NATIONAL*	USA	249	*FUJITSU*	Japan	1 362
8	*TOSHIBA*	Japan	236	*Philips/Signetics*	Holland	1 361
9	*MATSUSHITA*	Japan	177	*MATSUSHITA*	Japan	1 176
10	*RCA*	USA	174	*Mitsubishi*	Japan	1 123

Tab. 2.2   Verlust der Marktführerschaft amerikanischer Hersteller.

Nur *Texas Instruments* und *Motorola* aus den USA sowie der niederländische *Philips*-Konzern können also mit den japanischen Giganten noch mithalten. Bekannte Namen wie *INTEL* und *IBM* tauchen in der Tabelle auf den ersten Plätzen nicht mehr auf. Dabei zögert man bereits, *Texas Instruments* als amerikanische Firma zu bezeichnen. Es ist ein echter Multinational mit Fertigungsstätten in Japan, Frankreich und Deutschland.

Was hat es den japanischen Konkurrenten nun ermöglicht, die amerikanischen Produzenten wie *INTEL*, *Texas Instruments* und *Motorola* in wenigen Jahrzehnten auf so vielen Märkten zu schlagen, daß bestimmte integrierte Schaltungen wie DRAMs (Dynamic Random Access Memories) in den USA gar nicht mehr produziert werden?

Die besonderen Anforderungen bei der Herstellung von Chips.

Bei Chips kommt im Vergleich mit der Autoindustrie ein weiterer Faktor hinzu, die Ausbeute [06]. Integrierte Schaltungen werden in einem komplizierten, mehrstufigen Prozeß in Reinräumen produziert. Diese Fertigungsstätten haben manchmal eher das Aussehen eines Operationssaals als das der herkömmlichen, eher "schmuddligen" Fabrik. Wer Halbleiter bearbeitet, bewegt sich im Mikronbereich. Dort ist absolute Sauberkeit einfach notwendig. Ein paar Staubteilchen, die auf den Wafer fallen, können ein ganzes Fertigungslos unbrauchbar machen. Die japanischen Produzenten erreichen in ihren Reinräumen 80 bis 85 Prozent Ausbeute, ihre amerikanischen Wettbewerber nur 55 Prozent.

Diese bessere Ausbeute bei der Produktion läßt sich direkt in Gewinn und Verlust umrechnen. Nehmen wir einmal an, ein Speicherbaustein kostet einen japanischen Hersteller acht Dollar in der Produktion. Hat die amerikanische Konkurrenz nur eine Ausbeute von 55 Prozent gegenüber 85 Prozent, erhöht sich der Preis pro Chip bereits auf $10,82. Und solche Speicherbausteine werden zu Tausenden verkauft. Wir finden sie in jedem Computer, Drucker, in allen Faxgeräten und in der Elektronik jeder Festplatte.

Gelegentlich wird behauptet, Maßnahmen zur Qualitätssicherung würden nur Geld kosten und nichts bringen. Gerade der japanische Erfolg beweist das Gegenteil. Selbstverständlich muß zunächst investiert werden, um das Bewußtsein für die Qualität im Unternehmen zu wecken und zur Maxime des täglichen Handelns zu machen. Doch gegen die erzielbaren Erfolge sind das relativ bescheidene Beträge. Japan hat den westlichen Industrienationen vorgemacht, wie man mit preisgünstigen Produkten hoher Qualität die Weltmärkte erobern kann, zuerst bei Autos und dann in der Elektronik. Können es sich die Unternehmen in der Bundesrepublik Deutschland leisten, weniger zu tun?

2.2.4 Die Unterschiede zwischen Hardware und Software

Gewaltige Erfolge lassen sich also erzielen, wenn man den Fertigungsprozeß optimieren kann. Doch können wir Hardware und Software so einfach vergleichen? Gibt es da nicht ein paar Unterschiede?

Der augenfälligste Unterschied zwischen Hardware und Software ist wohl, daß es bei Software eigentlich keine Produktion im herkömmlichen Sinne gibt. Das Kopieren eines Computerprogramms auf eine große Zahl von Datenträgern stellt die eigentliche Produktion dar. Dieser Vorgang bereitet in der Regel keinerlei Probleme und kann so überwacht werden, daß Fehler beim Kopieren fast vollständig ausgeschlossen werden. Folglich ist der Prozeß, der uns bei Software interessieren wird, die Entwicklung. Nur durch Untersuchung dieses komplexen Prozesses können wir hoffen, Verbesserungen zu erreichen.

Ein weiterer Unterschied liegt in den Eigenschaften der Software selbst. Bei Software ist eine Kopie mit dem Original genau identisch, und es existiert keinerlei Unterschied. Die beiden Images sind Byte für Byte und Bit für Bit identisch, und das muß auch so sein. Als ein nicht greifbares Produkt altert Software nicht, das heißt sie ist keinerlei Verschleiß unterworfen. Ein einmal erstelltes Programm muß auch nach zehn oder zwanzig Jahren Lagerzeit unverändert laufen. Das bedeutet andererseits nicht, daß der Datenträger, auf dem die Software gespeichert wird, nicht altern kann. Durch die Veränderung des Datenträgers kann das Programm unter Umständen zerstört werden. Doch da handelt es sich bereits wieder um Hardware. Am besten verdeutlicht man sich die unterschiedlichen Mechanismen bei der Alterung mit einem Bild.

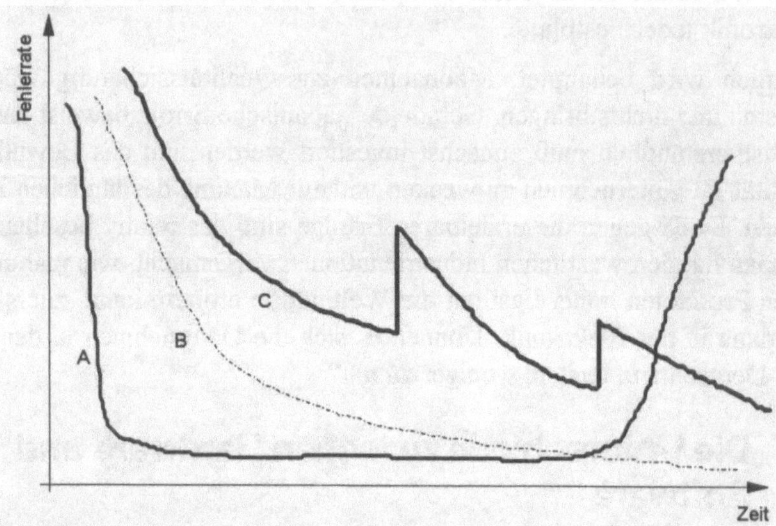

Abb. 2.1   Fehlermechanismen bei Hardware und Software. Linie A beschreibt den Verlauf bei Elektronik, B den Verlauf für Software im Idealfall, C den Verlauf für Software unter realen Bedingungen.

Der Verlauf der Fehlerrate bei Software.

Während bei der Elektronik in der Anfangszeit einige Bauteile ausfallen, sinkt die Fehlerrate später rasch. Sie bleibt für lange Jahre konstant, bis durch die materialbedingte Alterung wieder ein Anstieg zu verzeichnen ist. Anders bei der Software: Die Fehlerrate sinkt kontinuierlich und nähert sich nach Jahren des Betriebs dem Nullpunkt.

In der Praxis wird es jedoch häufig so sein, daß nach einiger Zeit ein neues Release ausgeliefert wird. Dadurch steigt anfänglich die Fehlerrate wieder an, da mit den erweiterten Funktionen erneut Fehler auftreten. Später fällt jedoch die Fehlerrate wieder ab, wodurch eine Art Sägezahn-Kurve entsteht. Nehmen die Änderungen an der Software jedoch überhand, kann eine neue Version eines Programms durchaus eine höhere Fehlerrate aufweisen als ein älteres Programm.

Software kennt auch keine Ersatzteile. Funktioniert eine bestimmte Funktion des Programms nicht wie gewünscht, muß immer das gesamte Programm ausgetauscht werden. Ein Auto ist da viel klarer in Subsysteme gegliedert. Ist ein Reifen kaputt, wird eben nur dieses eine Teil ersetzt oder ausgewechselt.

Schließlich sind bei Software Original und Kopie vollkommen identisch. Deming hat von der Variation in der Fertigung gesprochen. Keine zwei Industriegüter sind vollkommen identisch, mag der Unterschied nach außen hin auch nicht sichtbar sein. Nicht so bei Software: Zwei Kopien eines Programms sind wirklich Bit für Bit identisch, und sie müssen es sogar sein.

Wenn auch nicht zu leugnende Unterschiede bestehen, wird man bei Hardware und Software in der praktischen Arbeit im Bereich der Qualitätssicherung oft zu ähnlichen Lösungen kommen.

2.2.5 Crosby: Quality is free

Lassen Sie uns auf dem Weg zum *Capability Maturity Model* noch das Werk eines Mannes betrachten, der einen wesentlichen Beitrag zur Qualitätssicherung geleistet hat: Philip B. Crosby. Kein Titel eines Buches ist je so gründlich mißverstanden worden wie "Quality is free" [40]. Viele Manager schlossen daraus: Qualität ist umsonst, also müssen wir nichts dafür tun!

Nun, das hat Crosby bestimmt nicht gemeint. Sein Gedankengang war ganz anders. Die Qualitätskosten entstehen dadurch, daß ein Produkt nicht frei von Fehlern ist und daher nachgearbeitet werden muß, daß Fehler unter Einsatz des Kundendienstes im Feld ausgebessert werden müssen oder durch die Bearbeitung von Reklamationen erhebliche Kapazitäten in der Verwaltung gebunden werden.

Nicht zu vergessen sind auch Rückrufaktionen und Imageverluste. Ein unzufriedener Kunde kauft das nächste Mal wahrscheinlich bei der Konkurrenz, und vielleicht erzählt er seine schlechten Erfahrungen mit einem bestimmten Produkt sogar seinen Freunden. Dadurch multipliziert sich der Schaden für das Unternehmen rasch. Noch größere Verluste können natürlich entstehen, wenn eine solche "Story" von der Presse aufgegriffen wird.

Crosby beziffert den Umfang der Qualitätskosten mit maximal 20 und minimal 2,5 Prozent. Wolfgang Junghans nennt in der QZ [44] acht bis dreißig Prozent des Umsatzes. Das sind erschreckend hohe Zahlen. Ich bin überzeugt davon, daß die weitaus meisten Unternehmen in Deutschland nicht einmal wissen, wie hoch die genaue Zahl für ihr Unternehmen liegt.

Crosby argumentiert, daß die Qualitätskosten im Grunde nicht entstehen müssen. Wären wir nur in der Lage, ein fehlerfreies Produkt zu fertigen, würden sie bis gegen Null zurückgehen. Daß dies nicht ohne einen gewissen Aufwand erreicht werden kann, ist eigentlich für jeden vernünftigen Manager einsichtig. Qualität ist zwar frei, aber ebenso wie Luft, Wasser und andere Ressourcen doch nicht ganz umsonst. Wir müssen etwas tun, um Produkte mit null Fehlern herstellen zu können. Das ist die Aufgabe der gesamten Organisation unter der verantwortlichen Führung des Managements, und nicht zuletzt der Qualitätssicherung.

Was Crosby in seinem Buch auch vorschlägt, um Schritt für Schritt von einer Organisation mit zwanzig Prozent Ausschuß zu nahezu perfekten Verhältnissen mit 2,5 Prozent Qualitätskosten zu kommen, ist ein fünfstufiges Modell. Dieses Modell legt für jede Stufe bestimmte Aktionen fest und gibt damit eine Handlungsanweisung für die Einführung im Unternehmen. Wie Watts Humphrey das Modell von Crosby modifiziert hat, werden wir im nächsten Kapitel sehen.

2.2.6 Die Projektion des Modells auf die Software-Entwicklung

In the new economy, human invention increasingly makes physical resources obsolete... Even as we explore the most advanced reaches of science, we're returning to the age-old wisdom of our culture...In the beginning was the spirit, and it was from this spirit that the material abundance of creation issued forth.

> *Ronald Reagan in einer Rede an der Universität von Moskau.*

Wenn wir uns im folgenden Humphreys Modell ansehen, werden wir bald feststellen, daß jeder der zuvor erwähnten Autoren etwas zu dem Modell beigetragen hat: Von Deming stammt die Betonung des Prozesses als der Schlüssel zur Verbesserung. Außerdem hat er deutlich gemacht, daß ohne das Mitwirken und die volle Unterstützung des Managements Fortschritte nur in sehr begrenztem Umfang möglich sind. Von Japan lernen wir die kleinen Schritte, die doch in der Summe eine große Verbesserung bewirken. Außerdem beweist der japanische Erfolg auf den Weltmärkten, daß Qualität, Produktivität und niedere Kosten keine Gegensätze sind, sondern sich ganz im Gegenteil als komplementäre Ziele darstellen. Crosby schließlich steuert sein fünfstufiges Modell bei, das Watts Humphrey von der Hardware in die Welt der Software übertragen hat. Humphrey hat es auch geschafft, die Software-Qualitätssicherung, die in den letzten Jahren eigentlich immer etwas im Abseits stand, wieder vollständig in das Gebäude der Qualitätssicherung zu integrieren.

Der Stand der Software-Industrie. Wir werden später erfahren, daß die Ebenen 4 und 5 des *Capability Maturity Models* noch nicht vollständig definiert sind. Das muß nicht unbedingt ein Nachteil sein. Verglichen mit der Automobilindustrie befindet sich die Software in den wilden Zwanziger Jahren. Denken Sie daran, wieviele Anbieter sich damals auf dem amerikanischen Markt tummelten: *Cadillac, Pontiac* und *Chevrolet* sind nur einige der Hersteller, die mir auf Anhieb einfallen. Doch wir brauchen gar nicht bis nach Amerika zu blicken, es gibt im eigenen Lande Beispiele genug: *Borgward, NSU, Audi* und *Glas* waren alles selbständige Unternehmen, bis der Markt eine Korrektur erzwang.

Eine ähnliche Entwicklung ist für die in der Software-Erstellung tätigen Firmen zu erwarten. Nur wer sich anpaßt und seine Produkte den Anforderungen des Marktes entsprechend entwickelt, wird auf Dauer überleben.

Doch werfen wir nun einen Blick auf das *Capability Maturity Model*. Ich habe es mit voller Absicht in der Form einer Pyramide gezeichnet: Jede Ebene ruht auf der darunter liegenden Plattform, und das Überspringen einer Ebene auf dem Weg nach oben ist nicht möglich. Vielmehr beruhen die Prozesse und Haupttätigkeitsbereiche jeder Stufe darauf, daß in der vorhergehenden Ebene des Modells in beträchtlichem Umfang Vorarbeit geleistet wurde. Jede Stufe des Modells ist mit bestimmten Attributen belegt, und der Prozeß der Software-Erstellung ist bis ins Detail definiert worden.

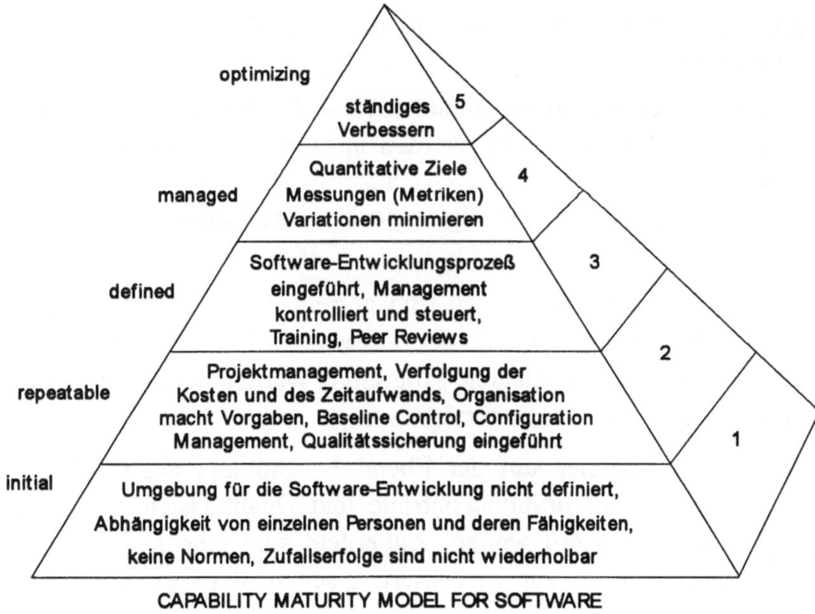

Abb. 2.2   Das Capability Maturity Model im Überblick.

Betrachten wir nun die einzelnen Ebenen der Pyramide im Überblick. Auf der Stufe INITIAL herrscht weitgehend Chaos. Es gibt keine definierte Vorgehensweise bei der Software-Erstellung, weder Kostenschätzungen noch einen Projektplan. Werkzeuge sind nicht vorhanden oder kommen nur sporadisch zum Einsatz. Änderungen in der Software werden nicht dokumentiert und unterliegen keinerlei Kontrolle. Das Management versteht wenig von Software und mischt sich selten ein. Organisationen dieser Art werfen im Krisenfall alles über Bord, was sie bisher über einen organisierten Entwicklungsprozeß gelernt haben, und fallen in ihre alten Gewohnheiten zurück. Es handelt sich im Grunde weniger um Software-Entwicklung als um simples Schreiben von Programmen.

In Organisationen der Ebene 1 kann es vorkommen, daß Software, die funktioniert, nicht rekonstruiert werden kann, weil keine Aufzeichnungen über die eingebrachten Änderungen vorhanden sind. Dazu das folgende Beispiel:

Fall 2.3: Pyrrhussieg

Die Ingenieure einer amerikanischen Firma arbeiten fieberhaft daran, eine neu entwickelte Mittelstreckenrakete so zu verbessern, daß ein erneuter Test durchgeführt werden kann. Der letzte Test war ein vollkommener Mißerfolg. Der Kunde, das Pentagon, droht damit, das Projekt zu beenden, wenn nicht bald sichtbare Erfolge zu verzeichnen sind.

Die Rakete wird — wie könnte es anders sein — durch Software gesteuert. Um das Ziel möglichst genau zu treffen, werden in rascher Folge eine ganze Reihe von von Modifikationen des Programms ausprobiert. Der abschließende Test verläuft zur Zufriedenheit aller Beteiligten positiv. Die Rakete trifft diesmal voll ins Ziel.

Doch da haben sich die Beteiligten zu früh gefreut. Es ist im Nachhinein nicht mehr feststellbar, mit welcher Version der Software wirklich geflogen wurde. Die Rakete selbst, und mit ihr das geladene Programm, wurden bei dem so erfolgreich abgeschlossenen Test vollkommen zerstört.

Ebene 1.	Organisationen auf der Ebene 1 benötigen ein Projektmanagement, Konfigurationskontrolle und Qualitätssicherung, wenn sie sich verbessern wollen. Außerdem sind eine aktive Beteiligung und der Wille zur Verbesserung seitens der Geschäftsleitung notwendig.
Ebene 2.	Die Ebene 2, die von Humphrey mit dem Attribut REPEATABLE belegt wurde, zeichnet sich gegenüber der Stufe 1 seines

Modells vor allem dadurch aus, daß ein einmal erzielter Erfolg wiederholbar ist. Während Organisationen der Stufe 1 nämlich durchaus Zufallstreffer erzielen können, fällt alles in sich zusammen, wenn die beteiligten "Macher" oder der "große Zampano" das Unternehmen verläßt. Auf Ebene 2 hingegen existiert bereits ein rudimentärer Prozeß zur Software-Erstellung, und die Abhängigkeit von einzelnen Personen ist deutlich vermindert.

Pläne, Zeit- und Kostenschätzungen werden von Organisationen auf dieser Ebene des *Capability Maturity Models* in der Regel eingehalten. Das liegt jedoch zum großen Teil darin begründet, daß es sich immer wieder um vergleichbare Projekte handelt. Eine Reihe von Störgrößen kann alle bisherigen Erfolge zunichte machen. Da wären zu nennen:

◆ Die Einführung neuer Werkzeuge: Wenn die Einführung neuer Tools nicht mit großer Sorgfalt geplant und durchgeführt wird, kann sich die Entwicklungsumgebung so verändern, daß die bisherige Geschäftsgrundlage wegfällt und der Prozeß erneut außer Kontrolle gerät.

◆ Große Änderungen in der Organisation können sich ebenfalls negativ auswirken, etwa der Weggang eines fähigen Projektleiters oder eine Veränderung in der Geschäftsleitung. Eine Fluktuation erheblichen Ausmaßes würde ich gleichfalls als gefährlich für den Erfolg betrachten. Der Einsatz eines unverhältnismäßig großen Anteils an fremden Mitarbeitern am Projekt kann gleichfalls dazu führen, daß ein geregelter Prozeß außer Kontrolle gerät oder sich nicht einpendelt.

◆ Wenn eine Organisation auf der Ebene 2 des Modells in ein völlig neues Gebiet einsteigt, verändert sich oft das Umfeld der Software-Entwicklung so gewaltig, daß der Prozeß außer Kontrolle geraten kann. Stellen Sie sich zum Beispiel vor, ein kleines Unternehmen der Software-Industrie war im Bereich der kommunalen Verwaltung für Krankenhäuser ziemlich erfolgreich. Nun hat es die Ausschreibung zur Steuerung der Verkehrsleitrechner für eine Kreisstadt mit 20 000 Einwohnern gewonnen. Das ist ein völlig neues Gebiet, und die Anforderungen an diese Art von Software sind bei weitem schwieriger zu erfüllen. Das Risiko wächst ebenfalls: Im Extremfall zeigt so eine Verkehrsampel für alle Straßen Grün an!

Eine weitere Schwierigkeit bei Unternehmen dieser Art kann auftauchen, wenn die Organisation zu schnell wächst. Ein Programm mit 200 000 LOC verlangt eine ganz andere Organisation der Mitarbeiter und der Support-Funktionen als Software in der Größenordnung von 20 000 LOC.

Wollen Unternehmen der Ebene 2 auf Ebene 3 aufsteigen, ist das geeignete Instrument dazu eine Gruppe von Mitarbeitern, die sich speziell dieser Aufgabe widmen, nämlich die PROCESS ENHANCEMENT GROUP. Weiterhin wird es notwendig werden, den Software-Entwicklungsprozeß formell zu definieren und festzuschreiben. Dazu gehören auch geeignete Methoden.

Ebene 3. Ebene 3 des *Capability Maturity Models* schließlich nennt sich DEFINED. Eine Organisation dieser Art ruht auf festen Fundamenten. Der Prozeß ist etabliert, er wird von den Mitarbeitern und dem Management unterstützt. Im Fall einer Krise denkt niemand daran, bewährte Vorgehensweisen einfach über Bord zu werfen und in schlechte Gewohnheiten zurückzufallen.

Obwohl der definierte Prozeß eine solide Ausgangsbasis für weitere Verbesserungen bildet, gibt es doch auf dieser Ebene weiterhin nur qualitative Aussagen. Zwar funktioniert alles ziemlich gut, uns fehlen jedoch die Zahlen, um den Prozeß einordnen und um weitere Maßnahmen anhand konkreter Meßwerte vorschlagen zu können. Es ist in Organisationen dieser Art auch schwer, zwei Projekte miteinander zu vergleichen: Uns fehlen dazu konkrete Zahlen.

Der Weg von Ebene 3 zum nächsthöheren Plateau führt folglich über Metriken. Dazu wird es notwendig, eine Reihe vorher definierter Meßwerte im Software-Entwicklungsprozeß zu definieren und zu erfassen. Wir werden später ausführlich auf Metriken oder Qualitätsindikatoren eingehen.

Ebene 4. Ebene 4 verlangt nach Investitionen, denn Messungen am Prozeß sind mit Kosten verbunden. Doch wie sagt bereits Tom DeMarco: "What you can't measure, you can't control." Wenn das Management einer Firma seine Aufgabe ernst nimmt und nicht mehr bereit ist, sich mit oft recht vagen Aussagen zufrieden zu geben, führt kein Weg an solchen Investitionen in eine Meßkampagne vorbei. Allerdings muß ich bereits an dieser Stelle warnen: Blindwütige Datenerfassung führt zu nichts.

Ebene 5. Ebene 5, an der Spitze unserer Pyramide, ruht bereits auf einem soliden Fundament der Erfolge. Da das Management seine Entscheidungen nunmehr durch Zahlen, Statistiken und Schaubilder abstützen kann, ist eine gezielte Einflußnahme auf den Prozeß der Software-Erstellung möglich. Annahmen und Schätzungen sind auf dieser Ebene weitgehend verschwunden, und Prozeßkontrolle im Sinne des Wortes wird erstmals möglich. Erfolge und auch der gelegentliche Ausrutscher bei neuen Methoden oder Werkzeugen lassen sich mit Zahlen belegen. Das Management operiert nicht länger im Dunkeln, sondern kann seine Entscheidungen rational begründen.

Wenn die letzte Aussage so manchen alten Hasen in der EDV-Branche wie Zukunftsmusik erscheint, kann ich dem nur zustimmen. Es dürfte nicht ganz leicht sein, einen Software-Entwicklungsprozeß auf diese Ebene zu transformieren. Trotzdem, angesichts der aufgezeigten Probleme mit der Software sollten wir uns auf den Weg machen.

2.3　Das *Capability Maturity Model* als Instrument der strategischen Planung

It is easy to take over from those who have not thought ahead.
Li Quan in 'The Art of War'

Das *CMM* stellt ein fünfstufiges Prozeßmodell dar, und daher bietet es einen Wachstumspfad für alle Organisationen an, die Software herstellen. Wer allerdings damit zufrieden ist, einfach in den Tag hinein zu leben und mit allen Schwächen der bisherigen Verfahren bei der Software-Entwicklung weiterzumachen, dem ist wirklich nicht zu helfen. Wer dagegen fragt, wo seine Organisation in fünf oder zehn Jahren sein wird, wie sich der Markt entwickeln wird, was die Konkurrenz wohl noch "so alles im Köcher hat" und ob man da langfristig mithalten kann, der ist mit strategischer Planung schon eher auf dem richtigen Weg. Wer heute noch gute Gewinne macht, das Unternehmen aber auf härtere Zeiten vorbereiten und wettbewerbsfähig bleiben will, der ist hier ebenfalls richtig. Auch derjenige Manager, der die Wettbewerber langfristig überholen will, sollte sich die dazu richtige Strategie überlegen. Doch was ist strategische Planung eigentlich?

Strategische Planung [49] hat das Ziel, langfristig Vorteile für das eigene Unternehmen zu realisieren. Es beruht auf den folgenden fünf Grundüberlegungen:

1. Wer sich aktiv mit der Zukunft befaßt, hat Vorteile gegenüber demjenigen, der nur reagiert, sich im Grunde also passiv verhält. Wer weit vorausdenkt und dabei verschiedene Optionen ins Kalkül einbezieht, ist der Überlegene.

2. Ähnlich wie das Militär früher Schlachten im Sandkasten geplant hat, schützt sich der vorausplanende Manager vor Überraschungen. Tritt eine Entwicklung dann tatsächlich ein, ist man im Grunde nicht überrascht und kann

schnell reagieren. Heute heißen die Sandkastenspiele der Militärs übrigens WAR GAMES und finden im Simulator statt.

3. Strategische Planung bedeutet für das Unternehmen, daß es in eine bestimmte Richtung geht und damit als Organisation ein klares Ziel hat. Das kann einen nicht zu unterschätzenden Faktor für die Motivation der Mitarbeiter darstellen.

4. Im Sinne der Corporate Identity und einer definierten Vision zur Rolle des Unternehmens in der Zukunft kann strategische Planung einen wichtigen Beitrag zur Erreichung der Unternehmensziele leisten.

5. Durch strategische Planung kann das Unternehmen nach außen hin Profil gewinnen. Es kann dadurch Mitbewerbern mit verschwommenem Profil und einer nicht durchdachten Produktpalette überlegen sein.

Daß strategische Planung durchaus mit Erfolg angewandt werden kann, dafür legen einige Multinationals beachtlicher Größe Zeugnis ab: Denken Sie nur an *General Motors* (*GM*) und *IBM*. Obwohl diese Kolosse heute mit Schwierigkeiten zu kämpfen haben, so ist ihr Aufstieg doch ein Beweis für die Überlegenheit strategischer Planung. *GM* ließ in den Zwanziger und Dreißiger Jahren unseres Jahrhunderts die Konkurrenten reihenweise hinter sich. Ganze Werke wurden in den Konzern eingegliedert, und *Ford* blieb ewiger Zweiter. *IBM*, ursprünglich nicht mehr als der Hersteller mechanischer Sortiermaschinen für Lochkarten, entwickelte sich nach dem Zweiten Weltkrieg zum weltweit führenden Computerhersteller. Dabei hatte die Konkurrenz einen gewaltigen Entwicklungsvorsprung. Doch das Management von *IBM* hatte das Selbstvertrauen, den Mut und die Weitsicht, sich in diesen zukunftsträchtigen Markt zu drängen und ihn für sich zu reklamieren.

Strategische Planung zahlt sich somit auch in finanzieller Hinsicht aus, nicht nur in Form des Imagegewinns für das Unternehmen. Wenn die Konkurrenz nur zwei oder drei Jahre hinter der eigenen Entwicklung herhinkt, kann der Hersteller während dieser Zeit den Preis diktieren.

Der Markt für Software und Computer ist so international wie kaum ein zweiter, und nationale Grenzen spielen keine wesentliche Rolle mehr. Selbst herkömmliche Methoden der Abschottung nationaler Märkte wirken kaum noch: Die Software, die über globale Netzwerke verschickt wird, ist zollfrei. Sie wäre in dem Datenstrom auch schwerlich herauszufiltern.

Das *Capability Maturity Model* kann folglich als Instrument des strategischen Managements eingesetzt werden, um ein Unternehmen auf die Herausforderungen der Zukunft vorzubereiten. Da das Modell sehr detailliert ausgearbeitet wurde und mit seinem fünfstufigen Wachstumspfad für alle Organisationen einen passenden Einstiegspunkt bildet, ist eine Adaption auf die Verhältnisse des eigenen Betriebs ohne Schwierigkeiten möglich. Bevor wir uns die notwendigen Schritte zur Einführung des *CMM* ansehen, sollten wir uns der bisherigen kurzen Geschichte der Software-Entwicklung zuwenden. Was ist bisher erreicht worden?

2.4 Die Ansätze zur Verbesserung des Software-Entwicklungsprozesses

Robert E. Lee's Truce
Judgement comes from experience,
experience comes from poor judgement.
Aus Murphy's Computer Law.

In den sechziger Jahren wurden verantwortliche Fachleute mit den gelieferten Programmen zunehmend unzufriedener. Die Programme waren wenig strukturiert, schlecht dokumentiert und kaum wartbar. Der Entstehungsprozeß war kaum mehr als handwerkliche Einzelfertigung. Die Bestrebungen gingen dahin, die Software-Entwicklung zunehmend als eine Ingenieurdisziplin zu betrachten. Ein neuer Begriff war geboren: Software Engineering.

Eines der wesentlichen Ergebnisse aus dieser Zeit ist das Phasenmodell. Es ist eigentlich einleuchtend, daß man bei einer Entwicklungszeit von mehreren Jahren als Kunde oder Auftraggeber nicht so lange warten will, bis endlich ein Produkt abgeliefert wird. Es ist auch nicht notwendig, denn der Entwicklungsprozeß läßt sich relativ leicht in voneinander abgrenzbare Phasen gliedern.

2.4.1 Das Phasenmodell

I have but one lamp by which my feet are guided and that is the lamp of
experience. I know of no way of judging of the future but by the past.
Patrick Henry

Das klassische Modell der Software-Entwicklung ist das Wasserfall-Modell. Es gliedert sich in die folgenden Phasen:

- System-Entwurf,

- Requirements Analysis oder Erstellen des Lastenheftes,

- Grobentwurf (Preliminary Design, Software-Architektur),

- Feinentwurf (Detailed Design),

- Kodieren und Unit Test,

- Integration und Test.

Falls es sich bei der zu erstellenden Software um ein Programm handelt, dessen Umgebung von vornherein feststeht, kann die Phase System-Entwurf entfallen. Trotzdem stellt die Umgebung, in der ein Programm laufen soll, immer eine Restriktion dar und muß daher im Lastenheft beschrieben werden. Ist die Software hingegen nur Teil eines größeren Systems, etwa der Autopilot eines Flugzeugs, sind die Anforderungen an das System natürlich erst so herunterzubrechen, daß die Anforderungen an das Subsystem Software erkannt werden können.

Lassen Sie uns in diesem Zusammenhang endlich den Begriff Software eindeutig definieren. Selbst viele Praktiker verstehen darunter nur den Code, also das Computerprogramm. Das ist jedoch nicht die in den Normen angegebene Erklärung. Dort wird Software wie folgt definiert: Computerprogramme, Daten und die zugehörige Dokumentation.

Diese Definition ist auch viel vernünftiger, denn sonst würden uns wichtige Teile der Software entgehen. Bereits das Lastenheft ist Software, nämlich die Forderungen des Kunden und Benutzers an das Programm. Der Entwurf ist ebenfalls Software, nämlich die Umsetzung der Designer in eine Darstellung, die in weiterer Verfeinerung programmierbar sein soll. Schließlich ist der Code Software, nämlich eine für die Maschine verständliche Form von Software. Letztlich handelt es sich immer um Transformationen oder Übersetzungen von einer Form in die nächste. So ein Prozeß ist wie jede Übersetzung fehlerträchtig. Das gilt umso mehr, da die deutsche (oder englische) Sprache auslegungsfähig und interpretierbar ist. Versteht aber ein Programmierer das Lastenheft falsch, ist der Fehler im Design und im Programm vorprogrammiert. Die Beseitigung des Fehlers wird andererseits umso teurer, je später er entdeckt wird.

Der Nutzen des Phasenmodells. Der Nutzen des Phasenmodells liegt einerseits in der klaren Gliederung des Entwicklungsprozesses mit definierten Meilensteinen. An diesen Meilensteinen sind Produkte abzuliefern. Sie müssen vor der Abnahme, an der der Kunde zu beteiligen ist, einem Review, also einer Überprüfung, unterzogen werden. Erst wenn diese Teilprodukte akzeptabel sind, kann die nächste Phase begonnen werden. Das Ergebnis einer Phase der Software-Entwicklung bildet dabei immer das Ausgangsprodukt für die darauffolgende Phase der Entwicklung. Hier sind noch einmal die Phasen der Entwicklung, das abzuliefernde Produkt am Ende der Phase und das zugehörige Review zusammengestellt:

Phase	Produkt	Review bzw. Überprüfung
System-Entwurf	System Requirements	System Requirements Review
Requirements Analysis oder Erstellen des Lastenheftes	Lastenheft oder Software Requirements Specification	Software Specification Review
Grobentwurf (Preliminary Design, Software-Architektur)	Grobentwurf oder Software Design Document	Preliminary Design Review (PDR)
Feinentwurf (Detailed Design)	Detaillierter Entwurf oder Software Design Document	Critical Design Review (CDR)
Kodieren und Unit Test	Software Units, Module	Test Readiness Reviews
Integration und Test	Ausführbares Programm	Akzeptanz-Test

Tab. 2.3   Phasen, Software-Produkte und Reviews.

Der Nutzen des Phasenmodells liegt andererseits darin, den Projektfortschritt für den Auftraggeber sichtbar zu machen und faßbare Produkte in die Hand zu bekommen. Diese Software muß nach dem bestandenen Review unter Konfigurationskontrolle gestellt werden, und Änderungen sind fortan nur noch in einer kontrollierten Form möglich. Das schließt natürlich Änderungen nicht aus, doch sie müssen nun eben erfaßt und dokumentiert werden. Im übrigen ist das auch ein Vorteil für den Entwickler: Wenn sehr spät im Lebenszyklus der Software-Entwicklung große Änderungen im Lastenheft verlangt werden, muß das zwangsläufig Auswirkungen auf den Zeitplan haben. Schließlich sind umfangreiche Änderungen im Entwurf und im Code zu machen.

Das Wasserfall-Modell ist oft kritisiert worden, vor allem wegen der starren Abfolge seiner Phasen. Man sollte jedoch eines nicht vergessen: Es handelt sich um die natürliche Reihenfolge der Entwicklung, und eine Abweichung davon kann zum Desaster führen. Auch waren Änderungen und der Rücksprung in eine frühere Phase immer Bestandteile des Phasenmodells, und daher ist diese Kritik oft von bestimmten Interessen getragen und im Grunde wenig stichhaltig. Es hat auch noch niemand ein alternatives Modell vorgeschlagen, das auf Anhieb überzeugt hätte.

Das Wasserfall-Modell.

Andererseits muß man einräumen, daß Änderungen während der Entwicklung der Software eher die Regel als die Ausnahme sind, und in vielen Fällen sind diese

Änderungen notwendig. Trotzdem bleibt das Schema des Wasserfall-Modells ziemlich starr, und so manchem Manager wird sich angesichts unklarer Vorstellungen des Kunden, neuer Technologien und Unsicherheiten im Bereich der Hardware fast die Feder in der Hand sträuben, wenn es zur Unterschrift unter den Vertrag kommt. Es gibt allerdings eine Reihe von Techniken, die zur Minderung des Risikos beitragen können. Trotz einiger Bedenken in bezug auf das Wasserfall-Modell lautet mein Rat, ein bewährtes Verfahren nicht ohne Not aufzugeben, so lange man nichts Besseres hat.

Man sollte das verwendete Modell für den Prozeß der Software-Entwicklung im Lichte des jeweiligen Projektes und der zu erstellenden Software sehen. Wenn es sich bei der Software nur um ein paar tausend Lines of Code, etwa zum Testen der Hardware bei einem kleineren Projekt handelt, würden PDR und CDR vielleicht nur ein paar Wochen auseinander liegen. In so einem Fall wäre es gerechtfertigt, die beiden Reviews zusammenzufassen, schon aus Kostengründen. Es kommt jedoch auch der andere Fall vor, und solche Verhältnisse müssen gleichfalls bedacht werden. Diese Überlegungen sollten von der Projektleitung, möglichst noch vor Vertragsabschluß, angestellt werden, um zumindest eine Grobgliederung des Projekts zum Vertragsbestandteil zu machen.

Software unterscheidet sich nicht nur in ihrem Schwierigkeitsgrad und ihrer Komplexität, sondern alleine der Umfang des Code macht Anpassungen notwendig. Ein Projekt von einer halben Million Lines of Code wird detailliertere Überlegungen zum Prozeß-Modell verlangen als ein Software-Projekt mit lediglich 20 000 LOC. Und selbst das Projekt mit einer halben Million Lines of Code teilt sich bei genauerem Hinsehen vielleicht in zwei oder drei Arten von Software auf, für die gesondert Überlegungen angestellt werden sollten.

Die Verhältnisse sind selten so starr, daß nicht moderne Methoden eingesetzt werden könnten. Sehen wir uns an, was man mit Rapid Prototyping erreichen kann.

2.4.2 Rapid Prototyping

Peere's Law
The solution to the problem changes the problem.
Aus Murphy's Computer Law.

Die Methode des Rapid Prototyping [54,55] gibt es in einer Reihe von Ausprägungen. Dabei sollten wir allerdings das Wörtchen "rapid" oder "fast" nie ganz vergessen: Wenn wir für die Software-Entwicklung über den Daumen fünf Jahre veranschlagen und das Rapid Prototyping alleine zwei Jahre dauern würde, ist der

Einsatz verfehlt. Zweck von Rapid Prototyping muß es sein, dem Benutzer oder Kunden innerhalb kurzer Zeit einen benutzbaren Prototypen der Software zeigen zu können, mag dieses Modell in seinen Funktionen auch sehr rudimentär sein. Bei manchen Anwendungen ist dieser Weg durchaus gangbar. Doch lassen Sie uns das Verfahren jetzt untergliedern:

In einer ersten Richtung der Methode werden mächtige Hochsprachen eingesetzt, meist im Zusammenhang mit Datenbanken. Es ist dann manchmal möglich, innerhalb sehr kurzer Zeit eine Implementierung in der Form eines Prototyps zu zeigen. Dies beschränkt sich jedoch bisher auf Informationssysteme.

Eine zweite Richtung von Rapid Prototyping macht bereits verfügbare Software-Komponenten nutzbar, um daraus ohne Entwicklungsaufwand einen Prototypen zusammenzustellen. Dies setzt natürlich voraus, daß eine Bibliothek mit wiederverwendbaren Komponenten in genügender Anzahl und gut dokumentiert zur Verfügung steht. In einer begrenzten Anzahl von Fällen sind diese Voraussetzungen tatsächlich erfüllt.

In einer dritten Ausprägung von Rapid Prototyping werden für die Erstellung der Spezifikation formale Sprachen eingesetzt, die wiederum direkt in ausführbaren Code übersetzt werden können. Der Kunde oder Benutzer kann dann mit dem Prototypen arbeiten, und gegebenenfalls können Änderungswünsche in die formale Spezifikation einfließen.

Nun werden in vielen Organisationen die oben geschilderten Voraussetzungen nicht gegeben sein. Trotzdem sollte man Rapid Prototyping nicht gleich verwerfen. Möglicherweise hat das geplante Computerprogramm eine Schnittstelle zu einem menschlichen Benutzer, die recht kompliziert ist. Überprüfen Sie doch zunächst, ob nicht dafür der Code in der Form von Rapid Prototyping erstellt werden kann, ohne gleich das gesamte System in Angriff zu nehmen. Schnittstellen zwischen Mensch und Maschine sind schon deswegen recht problematisch, weil der Benutzer auch bei der besten Beschreibung oft nach Ablieferung des Programms die Ansicht vertritt, das gelieferte Produkt sei wohl doch nicht das richtige für ihn. Anders gesagt: Der Benutzer ist subjektiv der Meinung, die Software sei für ihn nicht geeignet.

Rapid Prototyping auch zum Definieren von Benutzer-Schnittstellen.

Bei allen anderen Schnittstellen der Software tut man sich da leichter. Die Schnittstelle zur Hardware ist richtig beschrieben, wenn sie mit der Definition in der gültigen Spezifikation der Elektronik übereinstimmt. Große Diskussionen kommen dabei selten auf. Nicht so beim Endbenutzer der Software. Will man solchen Diskussionen ausweichen oder sie von vornherein begrenzen, ist der Einsatz von Rapid Prototyping möglicherweise eine gute Idee.

Außerdem muß ich an dieser Stelle auf den Unterschied zwischen Kunde und Benutzer hinweisen. In großen Organisationen sind das oft durchaus verschiedene Stellen und Personen, mit divergierenden Interessen. Wenn Sie als Auftragnehmer durch Rapid Prototyping Ihr Risiko in dieser Hinsicht mindern können, sollten Sie es versuchen.

Frederick P. Brooks [56] hat einmal gesagt, "build one to throw away". Mit anderen Worten: Das erste Programm ist für die Katz und eigentlich nur zum Wegwerfen geeignet. Nun wären wir gut beraten, wenn wir das erste Programm nicht gleich an unseren Kunden liefern müßten, sondern erst einmal selbst Erfahrungen mit unserer Anwendung sammeln könnten. Stellen Sie sich doch bitte folgendes vor: Sie wechseln zu einer neuen Programmiersprache, die fast alle Mitglieder Ihres Teams zum ersten Mal benutzen. Außerdem liegt die Spezifikation, die von einer anderen Firma geschrieben wird, etwas spät vor. Es stehen Ihnen vielleicht sechs oder neun Monate zur Verfügung. Da ist es zweifellos besser, Ihr Team mit dem Bau eines Prototyps zu beauftragen, als die Zeit nutzlos verstreichen zu lassen. Natürlich wird das kein vollständiges System werden. Eine Reihe von Routinen sind einfach "dummies" oder "stubs", die nur als Platzhalter für später zu schreibenden Code dienen. Trotzdem ist die gewonnene Erfahrung mit dem Kodieren in der neuen Hochsprache wertvoll für Ihr Team und das Unternehmen.

Wenn Sie über dem Zeitplan für Ihr Projekt sitzen, sollten Sie also überlegen, ob Sie nicht eine Schleife für einen Prototyp einplanen können. Das braucht nichts Großartiges zu sein: Ein Subsystem, ein besonders kritisches Teil des Systems oder die Schnittstelle zum Benutzer, das alles eignet sich für Rapid Prototyping.

Eines muß allerdings auch deutlich gesagt werden: Rapid Prototyping ist keine vollständige Entwicklungsmethode, und wer das Schlagwort nur benutzt, um damit die guten alten Gewohnheiten weiterhin beizubehalten, hat nichts dazugelernt.

Nicht zu früh zu große Erwartungen wecken!

Man muß in manchen Fällen die Anwender auch warnen. Wer eine funktionierende Schnittstelle sieht, glaubt allzu gern, nun wäre die Entwicklung schon zu Ende und der Prototyp könne einfach benutzt werden. Das ist gewiß nicht der Fall. Hinter den flimmernden und bunten Masken auf dem Bildschirm verbergen sich keine echten Daten und schon gar keine Berechnungen, sondern nur ein paar abgespeicherte Dateien auf der Festplatte. Man sieht also wirklich nur ein kleines Subsystem, nicht das gesamte

Programm. Mit den gemachten Einschränkungen würde ich Rapid Prototyping trotzdem für ein Verfahren halten, das im Rahmen eines gegebenen Projekts zumindest in Betracht gezogen werden sollte.

2.4.3 Incremental Delivery

Um einen Vergleich aus dem Wohnungsbau heranzuziehen: Es ist etwa so, als würden Sie einer vierköpfigen Familie, die ein Einfamilienhaus im Grünen bauen will, anbieten, ihr zunächst nur eine Wohnküche, ein Schlafzimmer und das Badezimmer auszuliefern. Der Rest, das Wohnzimmer, das Eßzimmer etc. kommt später und steht erst im Laufe der Zeit zur Verfügung.

Das ist zwar vielleicht keine sehr angenehme Vorstellung, aber wie sieht die Alternative bei einem mittleren bis großen Software-Projekt aus? — Rechnen wir doch einmal mit einer Entwicklungszeit von vier Jahren. Während dieser Zeit nimmt der Kunde zwar an einigen Reviews teil, und er bekommt sogar Zwischenprodukte ausgeliefert. Darunter befindet sich jedoch kein ausführbarer Code, und Papier ist bekanntlich geduldig. Teilt man die gesamte Software jedoch nach Funktionen auf und erstellt Basisfunktionen zuerst, so ist die erste Auslieferung eines rudimentären Programms bereits nach zwei Jahren möglich. Wenn man es geschickt anfängt, sind damit mehr als fünfzig Prozent der Forderungen des Anwenders bereits abgedeckt. Feedback noch während der Entwicklung ist möglich, und Änderungen können ohne großen Aufwand einfließen.

Ich will die Gefahren nicht verheimlichen: Incremental Delivery ist auch Entwicklung in Stufen, und das erfordert sorgfältige Planung. Wer als Architekt beim Hausbau keine Leitungen für das zweite Bad für den Nachwuchs vorgesehen hat, hat nicht sorgfältig genug geplant und schafft mit aufgerissenen Wände und Bauschutt in der Wohnung keine guten Beziehungen zum Bauherrn.

Incremental Delivery erfordert sorgfältige Planung.

Incremental Delivery [57] erfordert also ein Mehr an Planung, und die Schnittstellen für das gesamte System müssen sorgfältig durchdacht werden. In der Konfigurationskontrolle werden ebenfalls mehr Arbeiten anfallen als bei einem konventionellen System, denn während der Entwicklungszeit werden eine ganze Reihe von Variationen der Software ausgeliefert, die alle gepflegt werden wollen. Das Entwicklungsteam kommt nicht ohne strikte Regeln aus, und verschiedene Varianten des Programms müssen voneinander getrennt gehalten werden.

Dennoch halte ich Incremental Delivery bei gedrängten Zeitplänen für ein Verfahren, das Sie in Ihre Überlegungen einbeziehen sollten. Es trägt in vielen Fällen entscheidend dazu bei, das Risiko bei der Software-Entwicklung zu senken. Außerdem bekommt der Kunde relativ früh eine Lösung seines Problems, und dafür bezahlt er in erster Linie.

2.4.4 Cleanroom

Einen vielversprechenden Ansatz zur Senkung der Fehlerrate und der Erhöhung der Produktivität im Bereich der Software-Entwicklung stellt die Cleanroom-Methode dar. Es fällt auf, daß wir bei der Erstellung von Software dem einzelnen Entwickler eigentlich eine ganze Menge verschiedenster Tätigkeiten abverlangen: Er soll einen Entwurf abliefern, der nicht nur alle Forderungen der Spezifikation abdeckt, sondern darüber hinaus auch noch elegant ist und die beste Lösung für das gegebene Problem darstellt. Dabei muß der Entwurf modular sein und soll spätere Erweiterungen und Änderungen ohne großen Aufwand ermöglichen. Dazu gehört zweifellos Kreativität in nicht geringem Ausmaß.

Bei herkömmlicher Vorgehensweise fertigt der Entwickler das Design und kodiert anschließend, eine ausgesprochen kreative Tätigkeit. Soll er sich dann plötzlich darauf einstellen zu testen, eine oftmals destruktive Tätigkeit? Gute Tests zeichnen sich dadurch aus, daß sie zerstörerisch sind und eine Vielzahl verborgener Fehler aufdecken. Um diese Aufgabe mit Erfolg anpacken zu können, benötigt der Tester einen kritischen und analytischen Verstand.

Doch dies reicht nicht aus, schließlich haben wir auch die Dokumentation als Software definiert. Ein detaillierter Testplan ist für den Abnahmetest mit dem Kunden zu erstellen, auch muß für den Endbenutzer eine Bedienungsanleitung geschrieben werden. In dieses Dokument soll möglichst wenig von dem Jargon der Computerbranche einfließen, damit es für den durchschnittlichen Benutzer — wenn es ihn denn gibt — auch noch verständlich ist. Eine große Aufgabe steht somit bevor. Kann das ein einzelner Mitarbeiter eigentlich alles leisten? Finden sich soviel Kreativität, Fähigkeit zur kritischen Analyse und Beherrschung der deutschen Sprache in flüssiger und lesbarer Form in einer Person?

Wohl kaum, kann man da nur antworten. In vielen Branchen der Wirtschaft ist die Spezialisierung und Arbeitsteilung weit ausgeprägter als in der Welt der Software. Da Menschen aber nun einmal verschieden sind und nicht alle die gleiche Begabung haben, warum sollte man den guten Analytiker zum Programmieren und den produktiven Programmierer zum Testen zwingen? Wäre es nicht viel sinnvoller, Begabungen und Aufgaben besser miteinander in Einklang zu bringen? Diesem Ansatz folgt die Cleanroom-

Methode [58], und mit großem Erfolg, wie wir bald sehen werden. Der Ansatz geht ursprünglich auf Harlan Mills zurück, er wird inzwischen jedoch von einer Reihe von Unternehmen in den USA angewandt. Zu Beginn des Projektes werden aus den Mitgliedern des Entwicklungsteams drei Gruppen gebildet:

- **Analysts**, sie erstellen das Lastenheft.

- **Developers**, sie machen den Entwurf und schreiben den Code.

- **Testers**, sie verifizieren und validieren den Code.

Ein Kennzeichen der Methode ist es auch, daß die Entwickler (developers) bei dieser Methode keine Möglichkeit haben, den Code selbst zu testen. Das erledigt bereits die Testgruppe. Nach Erstellung des Codes kommt ein Modul unter Konfigurationskontrolle und damit in den Bereich der Tester. Werden Fehler gefunden, schreiben die Tester Fehlermeldungen, und der Code wird verbessert. Die Software steht bereits unter Konfigurationskontrolle. Ein verbessertes Modul wird später erneut getestet. Es bedarf typischerweise zweier bis dreier Durchläufe, bis der Code weitgehend fehlerfrei ist. Diese Zahl findet man auch bei konventioneller Software-Entwicklung. Warum sollte der Code da besser sein? In den meisten Unternehmen wird die Software zu diesem Zeitpunkt allerdings noch nicht unter Konfigurationskontrolle stehen, und detaillierte Aufzeichnungen über die Änderungen im Source Code werden kaum existieren.

Am Goddard Space Flight Center (GSFC) der NASA, das für die unbemannten Projekte der amerikanischen Weltraumbehörde zuständig ist, konnte man zwischen konventioneller Software-Entwicklung und der Cleanroom-Methode deutliche Unterschiede feststellen. Dazu die folgende Tabelle:

Tätigkeit	Herkömmliche Entwicklung Aufwand (effort) in Prozent	Cleanroom Aufwand (effort) in Prozent
Entwurf	23	33
Kodieren	21	18
Test	30	27
Sonstiges	26	30

Tab. 2.4   Vergleich zwischen Cleanroom und herkömmlicher Entwicklung [58].

Man sieht also, daß sich der Aufwand für den Entwurf deutlich erhöht. Das muß kein Nachteil sein, obwohl es einige Manager in der Branche sicherlich nervös macht. Wenn kein Code produziert wird, sehen manche Vorgesetzte bereits ihre Felle davonschwimmen. Wir wissen jedoch andererseits, daß unverhältnismäßig viele Fehler während der Designphase eingeführt werden. Wenn jedoch in dieser Phase der Entwicklung gezielt nach Fehlern gesucht wird, etwa mit Code Inspections und Walkthroughs, dann sollte sich das später auszahlen. Die am Goddard Space Flight Center gewonnenen Zahlen des Software Engineering Labs (SEL) zeigen denn auch bei der Cleanroom-Methode einen langsameren Anstieg in bezug auf die Fertigstellung des Projekts in der Anfangsphase, jedoch wird das später im Lebenszyklus leicht wieder wettgemacht. Weit interessanter sind die folgenden Werte:

Kenngröße	Herkömmliche Software-Entwicklung	Cleanroom
Fehlerrate in Fehlern/KLOC	6,0	2,7
Änderungen pro KLOC	21	14
Produktivität in LOC/h	2,9	4,9
Produktivität in LOC/MM	435	735

*Tab. 2.5	Eine Metrik zur Cleanroom-Methode [58].*

Ich habe in der obigen Liste wegen der besseren Vergleichbarkeit die Produktivität in Lines of Code pro Monat umgerechnet, und zwar mit 150 Stunden pro Mannmonat. Diese Zahlen sind wirklich beeindruckend, sowohl wegen der um 55 Prozent gesunkenen Fehlerrate als auch wegen der um fast siebzig Prozent erhöhten Produktivität. Auch deutlich weniger Änderungen dürften sich in sinkenden Kosten niederschlagen.

Dabei ist weiter zu bedenken, daß es sich um relativ anspruchsvolle Software für die Luft- und Raumfahrt handelt. Die Programmierung solcher Anwendungen setzt gute Kenntnisse der Physik des Sonnensystems voraus. Ein Satellit oder eine Planetensonde ist schließlich nur so gut wie die Software, die den Flugkörper steuert. Bereits eine Produktivität von über 400 LOC/MM ist unter solchen Umständen recht beachtlich, und bei Einsatz der Cleanroom-Methode wurde noch eine zusätzliche Steigerung erzielt.

Noch deutlicher wird das Bild, wenn wir uns die gefundenen Fehler ansehen. Hier gibt Dieter Rombach die folgenden Zahlen an:

Technik Fehlerursache	Design Review	Code Reading	Kompi- lierung	Erneute Analyse	Test	Summe
FORTRAN Syntax [%]	0	4	100	0	0	6
Kontrollfluß [%]	20	8	0	5	8	12
Interface [%]	24	17	0	45	33	20
Initialisierung [%]	1	5	0	8	5	4
Datendeklaration [%]	45	19	0	5	8	26
Benutzung von Daten [%]	0	32	0	32	25	20
Berechnungen [%]	10	9	0	3	16	9
Displays [%]	0	6	0	2	5	3
Gesamtzahl der Fehler	542	883	65	56	80	1626
Gefundene Fehler [%]	33	54	4	3	5	--

Tab. 2.6   *Ergebnisse bei Anwendung der Cleanroom-Methode [58].*

Diese belegbaren Ergebnisse sollten uns zu denken geben. Wer Software für ein Kernkraftwerk, ein Flugzeug mit Hunderten von Passagieren an Bord oder eine Raumfähre entwickelt, der sollte sich die Cleanroom-Methode sehr genau ansehen. Es kann nicht mehr hingenommen werden, daß Computerprogramme für derartig kritische Anwendungen mit herkömmlichen Mitteln erstellt werden. Jeder verhinderte Fehler kann im Ernstfall Menschenleben retten.

Wer nicht vollständig auf die Cleanroom-Methode umschwenken will, sollte zumindest untersuchen, ob nicht wenigstens der kritischste Teil der Software nach dieser fortschrittlichen Methode entwickelt werden kann. Es lohnt sich: Die Produktivität steigt, und die Zahl der Fehler sinkt. Anders ausgedrückt könnte man sagen, Qualität und Preiswürdigkeit sind durchaus keine Gegensätze, auch bei der Software.

2.4.5 Werkzeuge

Give us the tools, and we will finish the job.
Winston Churchill.

Ein kluger Mann hat einmal gesagt, alles, was die menschliche Rasse je vorwärts gebracht hätte, seien Werkzeuge und die Fähigkeit zur Delegation. Der Gedanke ist nicht ohne Reiz. Seit der Erfindung des Rades vor Jahrtausenden sind unsere Werkzeuge immer besser und immer mehr geworden, und auch die Software-Entwicklung hat eine ganze Menge Tools in ihrer Werkzeugkiste. Was die Delegation betrifft, so haben sich manche derjenigen, die vor zwanzig oder dreißig

Jahren glaubten, viele ihrer Arbeiten an diese neue Errungenschaft, den Computer, delegieren zu können, wohl etwas verrechnet. Wir haben mehr Arbeit als je zuvor.

Der Beginn der Programmier-Werkzeuge.

Doch bleiben wir bei den Werkzeugen. Bereits zu der Zeit, als man noch in Assembler programmierte, überlegten sich Entwickler wie Backus, daß eine eher problemorientierte Sprache wohl für viele Menschen eher geeignet wäre, um den Computer für ihre Arbeit nutzbar zu machen: Daraus entstand FORTRAN, eine der ersten höheren Programmiersprachen. Manche der Tools, wie ein Editor oder ein Textverarbeitungsprogramm, sind uns bereits so vertraut, daß sie kaum noch als Werkzeug empfunden werden.

Da es Werkzeuge in solchen Massen gibt, kann ich sie kaum alle behandeln. Die Projekte und Entwicklungsumgebungen sind zu verschieden, und das universelle Werkzeug gibt es nicht. Der "letzte Schrei" im Bereich der Werkzeuge sind CASE Tools, wobei das Akronym für *Computer Aided Software Engineering* steht. Wohlgemerkt, der Buchstabe "A" steht für "Aided", nicht für "Automated". Der Entwickler muß sich also auch beim Einsatz von CASE Tools noch ein paar Gedanken über seinen Entwurf machen. Das Denken nimmt ihm kein Werkzeug ab. Man sollte auch nicht verkennen, daß hinter dem Werkzeug eine Methode steht. Nur wer die Methode begriffen hat, kann das dazugehörige Werkzeug mit Aussicht auf Erfolg einsetzen. Das Erlernen der Methode setzt wiederum eine Schulung voraus. Den Nutzen solcher Werkzeuge sehe ich vor allem in drei Bereichen:

♦ Durch interaktive Benutzung des Werkzeugs können verschiedene Alternativen betrachtet werden.

♦ Die Dokumentation wird erleichtert.

♦ Die Schnittstellen des Entwurfs werden durch das Werkzeug überprüft.

Besonders der letzte Punkt ist ein echtes Plus. Bei mittleren und großen Projekten werden die Schnittstellen zwischen Modulen der Software so umfangreich, daß eine manuelle Überprüfung nur unter sehr großem Aufwand möglich ist. Daher wird diese Prüfung in der Praxis oft unterlassen. In einer späteren Phase, nämlich beim Testen, zeigen sich dann die Schnittstellenprobleme, und Änderungen werden notwendig. Da nun sowohl der Code als auch das Design geändert werden müssen, ist der Aufwand entsprechend hoch.

Obwohl in Organisationen meistens angestrebt wird, über verschiedene Projekte hinweg eine einheitliche Entwicklungsumgebung mit den gleichen Werkzeugen zu schaffen, muß dieses Ziel angesichts zu unterschiedlicher Projekte oft geopfert oder zumindest eingeschränkt werden. Man sollte bei Werkzeugen zur Software-Entwicklung nicht anders verfahren als bei der übrigen Software auch:

Zunächst stellt man die Anforderungen zusammen. Dies geschieht am besten im Zusammenwirken derer, die das Werkzeug später einsetzen werden. Bei einem Werkzeug für die Konfigurationskontrolle von Software wären zum Beispiel das Konfigurationsmanagement, die Entwicklung und die Qualitätssicherung beteiligt. Am Schluß dieser Diskussionsrunde wird man ein Papier oder einen Fragebogen besitzen, der eine gute Grundlage für ein Gespräch mit dem Anbieter eines Werkzeugs bieten sollte. Ein Fragebogen für eine bereits weitgehend definierte Entwicklungsumgebung eines Software-Projektes könnte so aussehen:

Frage	**Antwort** **JA/NEIN**
01 Läuft das Werkzeug unter VAX/VMS?	
02 Existiert eine Schnittstelle zu DEC's Kommandosprache (DCL)?	
03 Paßt das Werkzeug in das vorhandene System zur Qualitätssicherung und in den definierten Prozeß zur Software-Entwicklung?	
04 Ist das Tool in der Lage, Änderungen sowohl auf dem Bildschirm anzuzeigen als auch einen gedruckten Bericht über gemachte Änderungen an der Software zu erstellen?	
05 Reicht das Verfolgen von Änderungen bis auf die Modul-Ebene?	
06 Werden Versionsnummern auf Modulebene verwaltet?	
07 Werden doppelte Namen zuverlässig entdeckt und zurückgewiesen?	
08 Erstreckt sich die Konfigurationskontrolle sowohl auf Quellcode als auch auf Objektcode und ausführbare Images?	
09 Kann das Version Description Document automatisch erzeugt werden?	
10 Wird die Software-Integration durch das Werkzeug unterstützt?	
11 Besteht eine Möglichkeit, die Versionsnummer im Quellcode mit der externen Versionsnummer abzugleichen?	
12 Arbeitet das Werkzeug mit dem vorhandenen LINKER zusammen?	
13 Werden Dateien mit dem gültigen Datum (time stamps) versehen?	
14 Werden verschiedene Bibliotheken unterstützt?	
15 Wird der Zugriffsschutz der VAX (ACS) unterstützt?	
16 Können Software-Dokumente einbezogen werden?	

In den meisten Fällen wird sich herausstellen, daß die auf dem Markt angebotenen Werkzeuge nicht alle Anforderungen abdecken. Man muß dann prüfen, ob die fehlenden Funktionen essentiell sind oder lediglich sekundäre Bedeutung haben. Manchmal ist es durchaus möglich, das hinter der Frage stehende Ziel auf etwas anderem Weg zu erreichen, ohne es aufzugeben.

Gegebenenfalls Werkzeuge selbst entwickeln.

Wenn überhaupt kein taugliches Werkzeug vorhanden ist, bleibt immer noch die Möglichkeit, es selbst zu entwickeln. Leider wird diese Option bei vielen Projekten aus Zeitgründen nicht möglich sein. Unter Umständen kauft man das Werkzeug, das den eigenen Vorstellungen am nächsten kommt, und schafft ein paar eigene Werkzeuge in dessen Umfeld. Werkzeuge kosten natürlich Geld, und das Projektmanagement kann fragen, ob der Aufwand gerechtfertigt ist. Hat die Organisation noch keine eigenen Meßwerte, kann ein Beispiel aus der Literatur vielleicht helfen, das notwendige Geld für Investitionen in die Entwicklungsumgebung zu begründen. Capers Jones gibt in seinem empfehlenswerten Buch *Programming Productivity* [63] dazu folgendes Beispiel:

	Beste Entwicklungsumgebung	Durchschnittliche Entwicklungsumgebung	Schlechteste Entwicklungsumgebung
Zeilen Quellcode in C	100 000	100 000	100 000
Projektzeitraum in Kalendermonaten:			
Lastenheft erstellen	3,5	3,5	3,5
Entwurf	7,5	9,0	9,5
Kodieren	4,5	4,5	4,5
Test	4,0	5,0	5,0
Summe	19,5	22,0	22,5
Projektaufwand (effort) in Mannmonaten (MM):			
Lastenheft erstellen	42	42	42,5
Entwurf	53	63	67,0
Entwurfsdokumentation	122	366	610,0
Dokumentation für den Kunden	113	338	564,5

Fortsetzung auf der nächsten Seite

	Beste Entwicklungsumgebung	**Durchschnittliche Entwicklungsumgebung**	**Schlechteste Entwicklungsumgebung**
Kodieren	158	188	233,0
Test	85	95	103,0
Nachbesserungen	132	128	124,0
Management	85	147	209,0
Summe	790	1 367	1 953,0
Aufwand für Pflege und Wartung auf 5 Jahre in MM	19	61	113
Gesamtaufwand in MM	809,0	1 428,0	2 066,0
Anzahl der Mitarbeiter	68	105	144
Gesamtkosten in Dollar	4 045 000	7 140 000	10 330 000
Aufwand pro Zeile Quellcode in Dollar	40,45	71,40	103,30
Produktivität in LOC/MM	126	73	51

Tab. 2.7   Die Auswirkungen auf das Projekt beim Einsatz von Werkzeugen.

Wir erkennen anhand der Daten, daß sich der Einsatz von Werkzeugen in finanzieller Hinsicht durchaus lohnt. Zwar sind die Einsparungen nicht in allen Bereichen gleich groß, doch insgesamt gesehen ergibt sich ein deutliches Plus. Die Zahlen sowohl für die Kosten als auch die Produktivität lassen keinen anderen Schluß zu: Der Einsatz von Werkzeugen ist unter den derzeitigen Rahmenbedingungen der Software-Erstellung unbedingt notwendig.

2.4.6   Der vergessene Produktionsfaktor: Peopleware

Über all den Werkzeugen und Methoden sollten wir nicht vergessen, daß Software von Menschen gemacht wird. Es sind unsere Mitarbeiter und Kollegen, die für den Erfolg oder Mißerfolg eines Projekts entscheidend sind. Manchmal sind die Bedingungen, unter denen sie arbeiten müssen, so unmöglich, daß sie kaum eine Chance zum Erfolg haben. In Organisationen der Stufe 1 des *Capability Maturity Models* sind es in vielen Fällen jedoch diese Mitarbeiter, die ein Projekt letztendlich noch aus dem Feuer reißen.

Lassen Sie uns deshalb jetzt den Programmierer und seine Arbeitsbedingungen etwas näher untersuchen. Tom DeMarco und Timothy Lister führen dazu in ihrem ausgezeichneten Buch [48] *Peopleware* eine Reihe von Beispielen an. Außerdem sind die Schlüsse, die die beiden Autoren ziehen, durch Experimente belegbar. Wenn sich auch die Beispiele aus der amerikanischen Wirtschaft nicht immer direkt übertragen lassen, allzu verschieden sind die Verhältnisse diesseits des Atlantiks wiederum auch nicht.

Wir müssen uns von vornherein darüber im klaren sein, und das sollte sich jeder Manager ins Stammbuch schreiben, daß die Entwicklung von Software eine intellektuelle Herausforderung ersten Ranges ist. Dies gilt umso mehr bei neuen Anwendungen, weitgehend unbekannter und schlecht dokumentierter Hardware, unklaren Anforderungen und häufigen Änderungen in den Requirements an die Software. Es kann nicht ausbleiben, daß sich dabei Fehler einschleichen.

<table>
<tr><td>Auf Fehler
angemessen
reagieren.</td><td>Wenn in einer Organisation Fehler sofort mit persönlichem Versagen und Schuld gleichgesetzt werden, kann dies nur zu Ärger führen. Natürlich will ich hier keinesfalls schlampiger Arbeit das Wort reden. Man sollte jedoch immer versuchen, Fehler in einer sachlichen Art und Weise zu besprechen und dabei der Person, die den Fehler gemacht hat, keine persönliche Schuld unterstellen. Mit Hilfe von Werkzeugen ist es heute relativ leicht möglich, Statistiken so aufzustellen, daß der Programmierer mit den meisten Fehlern ermittelt wird. Man sollte so etwas strikt unterlassen. Das Programmierteam und dessen Manager wissen nach einiger Zeit auch ohne Statistiken ziemlich genau, wer ein besserer oder schlechterer Programmierer ist.</td></tr>
</table>

Nun, wer nicht gut im Design und Kodieren ist, hat vielleicht ausgeprägte analytische Fähigkeiten oder kann schreiben. Es gibt eigentlich immer mehr Aufgaben, als die Organisation bewältigen kann, und man sollte die Mitarbeiter nach ihren Fähigkeiten zuordnen. Die Suche nach den Superstars führt in der Regel nicht weiter. Zum einen kann die Firma sie meistens nicht bezahlen, zum zweiten ordnen sie sich schlecht oder nur unter großen Schwierigkeiten in ein Team ein, und zum dritten entwickelt sich daraus leicht ein Guru, der früher oder später scheitert.

In einem sehr begrenzten Markt, in dem die meisten Unternehmen viel mehr Informatiker einstellen würden, als die Universitäten in den nächsten Jahren ausbilden können, liegt die beste Wahl oft in den bereits vorhandenen Programmierern. Trotzdem können uns die Zahlen von Tom DeMarco und Tim Lister [68] nicht gleichgültig sein. Ihre Beratungsfirma in New York veranstaltete regelmäßig einen Programmierwettbewerb unter kontrollierten Bedingungen, *The Coding War*

Games. Im Zeitverbrauch und damit in der Produktivität lag das Verhältnis zwischen dem besten und dem schlechtesten Team bei 5,6 zu 1. Selbst der Durchschnitt war 2,1 mal schlechter als das beste Team. Die verwendeten Programmiersprachen in dem Programm, das um die zweihundert Lines of Code hatte, reichten von COBOL über PASCAL, Fortran und C bis zu PL/I. Der Einfluß der Programmiersprache auf das Ergebnis war nicht von wesentlicher Bedeutung. Das mag allerdings auch am begrenzten Umfang des Codes liegen. Die Arbeitsumgebung wurde von den Programmierern jedoch als sehr wesentlicher Faktor bei ihrer Arbeit angesehen. Die Programmierer antworteten auf entsprechende Fragen wie folgt:

Frage	Antwort
Ist Ihr Arbeitsplatz ruhig genug?	58 % NEIN-Antworten
Können Sie ungestört arbeiten?	61 % NEIN-Antworten
Werden Sie oft völlig unnötigerweise bei der Arbeit gestört?	62 % JA-Antworten
Ist es unmöglich, während der normalen Bürostunden effektiv zu arbeiten?	41 % JA-Antworten
Fühlen Sie sich an ihrem Arbeitsplatz wohl?	51 % NEIN-Antworten
Ist Ihr Arbeitsplatz im Büro genauso angenehm wie Ihr Arbeitsplatz zu Hause?	54 % NEIN-Antworten

Tab. 2.8   Verhältnisse am Arbeitsplatz.

Diese Antworten sollten allen Managern in der Computerbranche zu denken geben. Wie gesagt, die Verhältnisse in Europa sind möglicherweise etwas besser, doch im Grunde dürften die Unterschiede nicht signifikant anders sein. Lassen Sie uns nun einige Faktoren im Detail diskutieren.

Als einer der größten Störenfriede wurde das Telefon erkannt. So sehr ich diese Erfindung von Graham Bell schätze, ein reiner Segen ist es nicht. Zu den unmöglichsten Zeiten, und das gilt sowohl für das Privat- als auch fürs Geschäftsleben, klingelt dieser Apparat und fordert unsere ungeteilte Aufmerksamkeit. Dabei verlangt Nachdenken nun einmal absolute Ruhe und Ungestörtsein, und diesem Vorhaben ist das Telefon leider hinderlich.

Um hier Abhilfe zu schaffen, sollten die Klingel an allen Telefonen für Programmierer abschaltbar sein, oder eingehende Gespräche sollten umgeleitet werden können, etwa zu einer Gruppensekretärin oder einer "Hot-Line". Auch kann der Einsatz von eines Electronic Mail-Systems helfen, die Zahl der telefonischen Störungen zu mindern. Wenn man bedenkt, daß ein Angestellter in der Software-

Gruppe vielleicht nur drei Minuten braucht, um das Gespräch zu führen, jedesmal aber eine Viertelstunde benötigt, um beim Kodieren den Faden wieder aufzunehmen, ist es eigentlich klar, welch ein Störfaktor klingelnde Telefone sind. Bei nur vier Gesprächen pro Stunde kommt der Programmierer effektiv nicht mehr zum produktiven Arbeiten!

Wohl gemerkt, meine Bemerkungen beziehen sich auf Programmierer. Die Aufgabe von Managern ist unter einem anderen Aspekt zu sehen, und sie sollten immer zur Verfügung stehen. Ein Manager, der für seine Mitarbeiter keine Zeit mehr hat, sollte die Organisation ändern, sonst wird er selbst bald zum Hindernis für eine effektive Durchführung der Arbeit.

Als ein weiterer negativer Faktor in den Untersuchungen von Tom DeMarco stellte sich der nicht ausreichende Platz im Büro heraus. Gewiß kosten Bürogebäude Geld, und auch in diesem Bereich sind die Rationalisierer und *Beancounter* am Werk. Doch vielleicht sparen viele Firmen da an der falschen Stelle. Selbst in Tokio, der Stadt mit den höchsten Büromieten auf diesem Planeten, gehen die Kosten für Mieten nur mit wenigen Prozenten in die Gesamtkostenrechnung des Unternehmens ein. Bei den meisten deutschen Firmen werden die Aufwendungen für Räume weniger als ein Prozent der Software-Kosten betragen. Wenn dieser Faktor jedoch in unverhältnismäßig hohem Ausmaß zur Minderung der Produktivität beiträgt, muß hier Abhilfe geschaffen werden.

Wir hatten bereits angesprochen, daß der Markt für Programmierer eng ist und die beste Ressource wahrscheinlich der vorhandene Pool an Programmierern bildet. Wenn trotzdem zusätzliche Mitarbeiter eingestellt werden, sollte man sich nicht allein darauf verlassen, daß sie die richtigen Schlagworte kennen. Auch die genau passende Qualifikation für ein bestimmtes Projekt wird man kaum finden. Doch wer bereits PASCAL und C beherrscht, wird auch noch Ada lernen. Wichtiger sind die Fähigkeit zur Kommunikation, sowohl mit Vorgesetzten als auch mit Mitarbeitern, der Wille und die Fähigkeit zum Lernen, eine ausgewogene Persönlichkeit und eine gewisse Eigeninitiative.

Tom DeMarco schlägt unter anderem vor, daß Bewerber bei der Vorstellung einen kurzen Vortrag zu einem aktuellen Thema halten, der anschließend von den zukünftigen Vorgesetzten und ein paar ausgewählten Mitarbeitern beurteilt wird. Dieser Vortrag muß nicht lang sein, zehn Minuten oder eine Viertelstunde genügen. Es kann sich eine Diskussion anschließen, um die Vorstellungen des Bewerbers tiefer zu ergründen.

Auch die Anfertigung eines kurzen Entwurfs zu einem gegebenen Problem, zum Beispiel in Pseudocode, bietet eine gute Gelegenheit, vom Diskutieren von

Schlagworten wegzukommen und die Entscheidung für eine Einstellung auf eine fundiertere Grundlage zu stellen. Solch ein Verfahren dient beiden Seiten. Tom DeMarco meint dazu: *Life is short*. Niemand hat Zeit zu verschwenden.

2.4.6.1 Team Building

Lassen Sie mich dieses Kapitel mit zwei provozierenden Fragen beginnen:

- Wie hoch ist die jährliche Fluktuationsrate in Ihrer Firma?
- Wie hoch sind die Kosten, um für ausscheidende Mitarbeiter einen vollwertigen Ersatz zu finden?

Ich möchte wetten, daß die wenigsten hierauf eine klare Antwort geben können. Daß Kosten anfallen, ist klar: Jeder Mitarbeiter, der geht, nimmt sein Wissen und Können mit sich. Wenn in Hollywood nach Ende des Drehtages die Schauspieler das Studiogelände verließen, pflegte man zu sagen: "Da verläßt unser Vermögen das Gelände."

Ganz so extrem ist es in der Software-Branche sicher nicht. Aber stellen wir doch eine kurze Rechnung auf. Ein neu eingestellter Mitarbeiter, so gut seine Zeugnisse auch sein mögen, wird im ersten Vierteljahr seiner Tätigkeit wahrscheinlich nicht produktiv sein, das heißt konkret, er kostet die Firma zunächst nur Geld. Im zweiten Quartal seiner Anwesenheit wird er wahrscheinlich langsam zum Betriebsergebnis beitragen, aber noch lange nicht mit hundert Prozent seiner Leistung. Das Gehalt für den neuen Mitarbeiter ist jedoch nur die Spitze des Eisbergs. Hinzu kommt die Zeit, die Kollegen des Programmierers damit verbringen, ihn mit seinem neuen Arbeitsgebiet vertraut zu machen.

Auch die Tätigkeit der Personalabteilung, die Kosten für Anzeigen in den regionalen und überregionalen Tageszeitungen sowie Fachzeitschriften sollten wir nicht vergessen. Suchen wir jemanden mit ganz spezifischem Profil, werden wir möglicherweise sogar die Dienste eines Headhunters in Anspruch nehmen müssen. Hinzu kommen die Kosten für externe Kurse, die bei einem schnell wachsenden Gebiet wie der Software-Entwicklung durchaus drei bis sechs Wochen pro Jahr ausmachen können.

Die Kosten für neue Mitarbeiter.

Zusammenfassend würde ich die Kosten eines neuen Mitarbeiters in der Größenordnung von vier bis sechs Monatsgehältern ansiedeln. Das ist gewiß nicht wenig, und ob der neue Mitarbeiter wirklich den eigenen Vorstellungen entspricht, das werden wir innerhalb der Probezeit wahrscheinlich nicht herausfinden.

Weshalb ich mein Augenmerk auf der Fluktuation ausrichte? — Weil gute Firmen und gute Teams sich gerade dadurch auszeichnen, daß sie eine sehr niedrige Fluktuationsrate haben.

Unternehmen sind jedoch Hierarchien und als solche keine Teams, ganz im Gegenteil. Trotz Führung im Mitarbeiterverhältnis bleibt die Geschäftsleitung im rechtlichen Sinne für das Unternehmen verantwortlich. Warum brauchen wir dann für die Entwicklung von Software Teams?

Ganz einfach deswegen, weil gute Teams mehr sind als die Summe ihrer Teile. Anders ausgedrückt: Zwei und zwei macht fünf. Teams sind produktiv weit über das erwartete Maß hinaus. Die Mitglieder guter Teams ergänzen sich gegenseitig.

Wenn wir das Geheimnis dieser Erfolge ergründen wollen, sollten wir an andere Gebiete denken als an das Geschäftsleben. Wo finden Teams ihren Ursprung? — Denken Sie nur an den Fußball. Eine Mannschaft gewinnt die Meisterschaft. Was zeichnet gerade dieses Team aus? Zwei Dinge wären hier in erster Linie zu nennen:

◆ Das gemeinsame Ziel.

◆ Der Zusammenhalt und die Kameradschaft innerhalb der Gruppe.

Wenn wir dieses Konzept in die Welt der Software übertragen, so ist manches Projekt, trotz der besten Werkzeuge und der schnellsten Computer, immer noch eine Herausforderung und daher ein wenig wie ein sportlicher Wettkampf. Wenn es dem Management gelingt, eine solche Atmosphäre zu schaffen und den Mitgliedern der Mannschaft zu vermitteln, kann das Projekt eigentlich nur ein Erfolg werden.

Woran erkennt man aber den Erfolg? Eigentlich nur an ein paar Kleinigkeiten:

◆ Während der Laufzeit des Projektes und in wichtigen Phasen gibt es kaum Fluktuation unter den Mitarbeitern.

◆ Das Team selbst entwickelt so etwas wie eine eigene Identität. Es ist beinahe wie bei einem Sportverein, und manchmal bekommt das Team einen seltsam klingenden Namen wie zum Beispiel *Skunk Works*.

◆ Die Mitglieder guter und erfolgreicher Teams fühlen sich einer Elite zugehörig. Sie haben das Gefühl, besser als der Durchschnitt zu sein. Diese Haltung kann von Außenseitern leicht als Arroganz empfunden werden.

◆ Die Mitglieder guter Teams betrachten ihr Produkt fast wie ihr eigenes Baby. Sie sind stolz darauf, und es gehört ihnen.

♦ Die Teammitglieder sind stolz auf ihre Arbeit, sie arbeiten gerne, und die Zusammenarbeit in der Gruppe geschieht in fast fröhlicher Atmosphäre.

Wenn ein Unternehmen ein Team hat, sollte es alles tun, um seine Arbeit nicht zu behindern. Teams halten zusammen, und das führt manchmal dazu, daß die ganze Gruppe geschlossen zur Konkurrenz überwechselt.

Einige Dinge können jedoch schnell zu einem Ende der produktiven Arbeit eines Teams führen, und damit letztlich zu seiner Auflösung. Hier wären zu nennen:

♦ Defensives Management,

♦ Bürokratie,

♦ räumliche Trennung,

♦ Aufsplittung der gemeinsam verbrachten Zeit,

♦ Reduzierung der Produktqualität sowie

♦ unmögliche Termine und Zusagen des Managements.

Natürlich sollte ein Manager immer versuchen, die besten Programmierer für das bestehende Budget auf dem Markt zu finden. Hat er jedoch erst eine Mannschaft zusammengestellt, sollte er den eigenen Leuten vertrauen.

Wer einen Programmierer mit einer kleinen Änderung in einem Modul beauftragt und bereits fünf Minuten später hinter ihm am Terminal steht, um die Einarbeitung zu kontrollieren, traut seinen Mitarbeitern nicht. Gewiß werden Mitarbeiter Fehler machen, und der Vorgesetzte hat dafür geradezustehen. Das sollte aber keinen Manager dazu verleiten, alles perfekt zu überwachen und jedes Modul der Software und jedes Schriftstück persönlich absegnen zu wollen. Wer das versucht, blockiert die Arbeit des Teams und wird vermutlich bald wegen Überarbeitung ausscheiden.

Die Bürokratie ist überall, und selbst ein so junges Gebiet wie die Software-Erstellung bleibt davon leider nicht verschont. Das reicht von Anträgen auf Formblättern, um selbst die einfachsten Werkzeuge zu bekommen, bis zu peinlich genauen Kostenanalysen. Selbst Reiseabrechnungen müssen in manchen Unternehmen von den Programmierern persönlich ausgefüllt werden, obwohl das sicherlich keine produktive Arbeit ist. Die Größe des Büros wird von der Konzernzentrale verordnet, und der Vorstandsvorsitzende arbeitet Organigramme aus, die mit der Wirklichkeit einer gewachsenen Organisation wenig zu tun haben.

Ein Team bleibt nur ein Team, wenn sich die Mitglieder auch in benachbarten Büros befinden. Trennt die Verwaltung das Team auf und gibt ihm Büros in verschiedenen Gebäuden, ist das für die Moral des Teams meist tödlich. Telefonate können persönliche Gespräche und den Schwatz über das Wochenende oder das Fernsehprogramm von gestern nicht ersetzen.

Teams haben wie im Fußball nur ein Ziel, den Erfolg des Projektes. Das bedeutet andererseits, daß sich ein Mitglied des Teams nur **einer** Aufgabe gleichzeitig widmen kann. Er oder sie kann nicht gleichzeitig in zwei Projekten mitarbeiten. Es ist auch nicht möglich, in einem Projekt an der Entwicklung der Software zu arbeiten und gleichzeitig die Wartung für Software zu übernehmen, die bereits beim Kunden ist. Das führt unweigerlich zu einer Aufsplittung der Zeit bis zu einem Punkt, an dem die Produktivität beider Aufgaben leidet.

Natürlich wird das Management der Firma kaum offen für die Reduzierung der Software-Qualität plädieren. Doch stellen Sie sich folgenden Fall vor: Für die Hardware-Software-Integration waren ursprünglich zehn Wochen eingeplant. Das war vernünftig, und alle Teammitglieder hatten sich darauf eingestellt. Nun hat sich die Entwicklung aber verzögert, und das Management ist nicht bereit, den Kunden um eine dreimonatige Verschiebung des Auslieferungstermins zu bitten. Kurzerhand wird die Integrationsphase auf zwei Wochen zusammengestrichen. Jeder weiß, daß die Integration in zwei Wochen nicht zu schaffen ist. Ist das eine Reduzierung der Qualität oder nicht?

Selbstverständlich ist das eine gewaltige Reduzierung der Integrationsphase, und damit geht ein Verlust an Qualität einher. Wenn es ihre Entscheidung wäre, würden die Mitglieder des Teams so unzureichend getestete Software nicht ausliefern. Die Teammitglieder wissen schließlich genau, daß der Kunde die Fehler in der Software früher oder später finden wird. Wie können sie aber ein qualitativ hochwertiges Produkt abliefern, wenn ihr Management so unsinnige Entscheidungen trifft?

Es läßt sich relativ leicht ausrechnen, wie lange bestimmte Aufgaben bei der Software-Entwicklung dauern werden. Werden jedoch Zusagen gemacht, deren Erfüllung von erfahrenen Programmierern von vornherein als utopisch erkannt wird, so ist dies kaum eine gute Motivation für das Team. Warum sollte man versuchen, etwas in sechs Monaten zu schaffen, was selbst bei Anstrengung aller Kräfte und mit den besten Werkzeugen immer ein Jahr gedauert hat?

Von einem eingespielten Team das Unmögliche zu fordern hilft folglich kaum weiter. Unternehmen sind leider in vielen Fällen so organisiert, daß sie zum Wachsen von Teams kaum beitragen, es oft geradezu verhindern. Trotzdem: Der Manager, der die Hindernisse kennt, sollte es mit einigem Geschick auch schaffen können, sie zu umschiffen. Vielleicht kommt trotz aller Hürden ein Team zustande, das diesen Namen verdient.

2.5　Software fast umsonst: Wiederverwendbarkeit

Ich hatte eingangs betont, daß es bei Software keine Ersatzteile im eigentlichen Sinne gibt. Das ist richtig, und doch wieder nicht. Natürlich gibt es keine Ersatzteile in dem Sinn, daß einzelne nicht funktionierende Teile der Software ausgewechselt werden können. Andererseits gibt es Unterprogramme, in diesem Sinne gibt es also doch wiederverwendbare Teile.

Wenn wir die Situation mit der Welt der Hardware vergleichen, so wird etwa das Gehäuse eines PCs mittels einiger Schrauben zusammengehalten. Dafür nimmt man Schrauben, für die eine DIN-Norm existiert. Niemand käme im Traum auf die Idee, erst eine neue Schraube konstruieren zu wollen. Bei vergleichbaren Projekten der Software ist das bisher weitgehend der Fall. Es kann durchaus sein, daß eine Routine zur Positionsbestimmung eines Flugkörpers bei der Entwicklung eines Programms jedesmal neu entworfen wird. Dabei existiert wahrscheinlich in der eigenen Organisation bereits ein Unterprogramm, das die gesuchte Lösung realisiert.

Das moderne Konzept der Wiederverwendbarkeit versucht allerdings, über die reine Wiederverwendbarkeit von Code hinauszugehen. Als ich vor ein paar Jahren ein Seminar in München zum Thema *Reuseability* besuchte, versuchte der Dozent, das Thema auf Programmcode einzuschränken. Doch da erntete er heftigen Widerstand aus dem Publikum. Die Teilnehmer argumentierten, daß sie etwas mehr Informationen benötigen als nur den Code. Schließlich müßten sie beurteilen können, ob die zur Wiederverwendung vorgeschlagene Software im Rahmen ihres Projekts einsetzbar sei.

Das Argument ist nicht von der Hand zu weisen. Wenn uns die Anforderungen an die Software in Form eines Lastenheftes vorliegen, dann gelten sie in gleicher Weise für Software, die zum zweiten oder x-ten Male eingesetzt wird. Da ist es nur recht und billig, daß diese Software vor dem Einsatz auf ihre Tauglichkeit geprüft wird, und zur Durchführung dieser Prüfung reicht der Code alleine nicht aus.

Die Vorteile bei der Wiederverwendbarkeit von Software ergeben sich in zweierlei Hinsicht:

♦ Wiederverwendbare Software ist deutlich billiger als neu erstellte Software, ab dem dritten Einsatz kostet sie fast überhaupt nichts mehr.

♦ Wiederverwendete Software ist in einer früheren Version bereits ausgeliefert, und daher sind oft Informationen über ihre Qualität im operativen Einsatz verfügbar.

Wieder-
verwendbarkeit
erfordert
zunächst
Mehraufwand.

Beide Aussagen bedürfen der Erläuterung. Sicher ist es billiger, ein einmal erstelltes Modul der Software in einem zweiten und dritten Projekt einzusetzen, doch es ist nicht ganz umsonst. So wie zwei Autoren, die gemeinsam an einem Buchprojekt arbeiten, nicht fünfzig Prozent des Aufwands haben, sondern jeder eher um die achtzig Prozent, so fällt auch bei wiederverwendbarer Software ein gewisser Mehraufwand an. Wird ein Modul der Software oder ein Package in Ada zur Wiederverwendung vorgesehen, so wird man die Software von vornherein so zu schreiben versuchen, daß sie später erneut verwendet werden kann. Das führt zu einem Mehraufwand gegenüber der Software, die nur für ein bestimmtes Projekt vorgesehen ist.

Dieser Mehraufwand ist jedoch in Grenzen zu halten, und spätestens bei der zweiten Wiederverwendung des Moduls oder Paketes sollte die Gewinnzone erreicht sein.

Zum Aspekt der Qualität ist zu sagen, daß man oft mehr Vertrauen in Software hat, die bereits getestet wurde, und über die Daten aus dem operativen Einsatz vorliegen. Dies setzt jedoch voraus, daß freigegebene Software auch nach der Freigabe hinsichtlich etwaiger Fehlermeldungen aus dem Feld verfolgt wird und solche Daten systematisch erfaßt werden. Schließlich könnte es vorkommen, daß Software zwar freigegeben wird, später aber nicht zum Einsatz kommt. Ein solcher Fall ist zum Beispiel in der Raumfahrt denkbar, wenn aufgrund nicht vorhandener Kapazitäten an Trägerraketen ein Satellit nicht ins All geschossen werden kann. Nach dem Unfall mit der amerikanischen Raumfähre Challenger herrschte für ein paar Jahre ausgesprochener Mangel an Trägerraketen. Obwohl in diesem Fall die Software bereits seit Jahren freigegeben ist, kann es immer noch zu einem Fehler kommen, wenn der Satellit zum ersten Male mit Hilfe der Software in Betrieb genommen werden soll. Will man eine Aussage zur Zuverlässigkeit des Programms im operativen Einsatz gewinnen, muß man die Software auch nach der Zeit der Entwicklung und Wartung weiter verfolgen.

Objekt-orientiertes Design nimmt bei der Software-Entwicklung einen immer größeren Raum ein. Dabei versucht man, die Objekte der realen Welt möglichst genau auf die Objekte bei der Programmierung abzubilden. Wenn es dann zur konkreten Implementierung kommen soll, stellt man fest, daß sich ältere Programmiersprachen für das Konzept wenig eignen. Erst moderne höhere Programmiersprachen wie Ada trennen klar zwischen der Spezifikation eines Moduls an der Schnittstelle und der Implementierung, die in der Form eines abgeschlossenen Paketes (package) geschehen kann. Da in Ada Spezifikation und Implementierung getrennt werden können, dies bis zu dem Punkt, an dem für eine Spezifikation eine Reihe von Implementierungen existieren, unterstützt das Konzept des Objekt-orientierten Designs im Grunde auch die Wiederverwendbarkeit von Software. Dies geschieht durch die Auswechselbarkeit der aktuellen Implementierung.

Moderne Programmiersprachen sind günstiger für die Umsetzung Objekt-orientierten Designs.

Das Potential zur Senkung der Kosten bei der Software ist nicht gerade klein. Angesichts eines solchen Potentials zur Einsparung von Kosten muß man fragen, warum sich das Konzept der Wiederverwendbarkeit in der Software-Industrie noch nicht auf breiter Front durchgesetzt hat, während in der übrigen Wirtschaft Wiederverwendung von Rohstoffen seit langer Zeit üblich ist. Woran liegt die Vernachlässigung des Themas im Bereich der Software? Gibt es vielleicht Gründe, die nicht unmittelbar auf der Hand liegen und die der Wiederverwendung von Software entgegenstehen?

Um eine Antwort auf diese Frage zu finden, sollten wir uns die Interessenlage der am Prozeß der Erstellung von Software beteiligten Parteien ansehen. Vielleicht gelingt es uns auf diese Weise, die Motive der am Prozeß beteiligten Gruppen zu ergründen.

Partei oder Disziplin	Interessenlage
1. Die Software-Entwicklung im Rahmen von Projekten	Die Entwicklung ist an wiederverwendbarer Software interessiert, wenn sie sich ohne Probleme integrieren läßt. Hindernisse für eine Verwendung könnten eine fehlende Dokumentation oder eine unklare Situation in bezug auf die Rechte sein.

Fortsetzung auf der nächsten Seite

Partei oder Disziplin	Interessenlage
2. Das Projektmanagement	Das Projektmanagement ist an wiederverwendbarer Software interessiert, allein wegen der Kosteneinsparung für das Projekt.
3. Die Qualitätssicherung	Die Qualitätssicherung unterstützt den Einsatz wiederverwendbarer Software, wenn diese Software ausreichend getestet wurde, die Testfälle und Testdaten zum ursprünglichen Test zur Verfügung stehen und der Test reproduzierbar ist.
4. Das Konfigurationsmanagement	Das Konfigurationsmanagement benötigt Daten zur Identifikation wiederverwendbarer Software und muß über den Status dieser Software Bescheid wissen.
5. Die Entwicklungsleitung	Die Entwicklungsleitung ist noch mehr als einzelne Entwickler in den Projekten an wiederverwendbarer Software interessiert, weil durch ihren Einsatz die Kosten gesenkt werden können.
6. Die Firmenleitung	Die Firmenleitung unterstützt den Einsatz wiederverwendbarer Software, wenn die rechtlichen und technischen Aspekte geklärt sind.

Tab. 2.9   Interessenlage beim Einsatz wiederverwendbarer Software.

Sie sehen schon, jeder ist eigentlich dafür, hat aber dennoch ein paar Vorbehalte. Lassen Sie uns diese der Reihe nach besprechen.

Die Software-Entwickler in den Projekten stehen unter Zeitdruck, und deshalb wird der geringe Mehraufwand zur Entwicklung wiederverwendbarer Komponenten nicht ohne weiteres akzeptiert. Auch ihre Vorgesetzten unterstützen diese Haltung bis zu einem gewissen Grad, da der Mehraufwand für das Projekt zunächst nur ein zusätzlicher Kostenfaktor ist.

Das NIH-Syndrom.

Hinzu kommt ein rational nur sehr schwer begründbarer Faktor, für den es das schöne Akronym NIH *(not invented here)* gibt. Das bedeutet auf "gut deutsch", daß man Software, die nicht aus dem eigenen Laden kommt, einfach nicht traut. Das mag stimmen oder auch nicht, aber ohne ein gewisses Vertrauen in die Integrität der verwendeten Software kommt man besonders bei Programmen in kritischen Bereichen der Technik nicht aus. Man kann dem NIH-Syndrom eigentlich am besten dadurch begegnen, indem man nicht nur Programmcode zur Verfügung stellt, sondern auch eine ausreichende und lesbare Dokumentation.

Das Projektmanagement wäre durchaus an einer Reduzierung der Kosten für die Software interessiert, doch leider gibt es oft Einwände technischer oder rechtlicher Natur, die in ihren Einzelheiten recht kompliziert sind.

Die Qualitätssicherung muß natürlich für alle Software den gleichen Maßstab anlegen. Wenn die wiederverwendbare Software ausreichend getestet wurde und diese Daten zur Verfügung stehen, müßte der Test eigentlich nachvollziehbar sein. Ist das allerdings nicht der Fall, wird die Qualitätssicherung Bedenken anmelden müssen. Schließlich kommt durch Software, über deren Qualität keine gesicherten Erkenntnisse vorliegen, allzu leicht ein Fehler ins System.

Das Konfigurationsmanagement will ebenfalls wissen, was für eine Software in das System eingebaut werden soll. Kann das nicht eindeutig etabliert werden, muß sie die Verwendung ablehnen.

Die Entwicklungsleitung sieht natürlich ein, daß ein Modul, das zwei- oder dreimal zum Einsatz kommt, Geld spart. Deswegen muß der Anstoß zur Wiederverwendung von Software in den Firmen eigentlich von dieser Seite kommen, nicht so sehr von den einzelnen Projekten.

Die Firmenleitung ihrerseits ist selbstverständlich am Gewinn des Unternehmens interessiert, will aber die technischen und rechtlichen Aspekte geklärt wissen, bevor sie das Konzept der Wiederverwendung von Software unterstützt.

Untersuchen wir deshalb zunächst ein Hindernis, das wir bereits verschiedentlich erwähnt hatten, nämlich die Rechte an der Software. Bei vielen Projekten für einen externen Auftraggeber sichert sich dieser alle intellektuellen Rechte an der Software. Diese Art von Software fällt in Kategorie IX bis XI der von Capers Jones aufgestellten Einteilung. Der Auftraggeber, in vielen Fällen die Regierung, bezahlt für die Entwicklung und glaubt deshalb, per Vertrag auch alle Rechte an der Software erwerben zu müssen. Diese Vorgehensweise ist natürlich in gewisser Weise konterproduktiv: Selbst bei einem zweiten Vertrag mit demselben Auftraggeber könnten Teile der Software nicht ohne weiteres wiederverwendet werden.

Die Rechte an der Software: ein Problem.

Um hier Abhilfe zu schaffen, müssen die Verträge den Möglichkeiten moderner Software-Erstellung angepaßt werden, und die Rechte an der Software sollten großzügiger gehandhabt werden, dies auch im eigenen Interesse des öffentlichen Auftraggebers.

Doch wenden wir uns wieder den technischen Aspekten zu. Es bestanden auch noch eine Reihe von Vorbehalten der verschiedenen Parteien. Diese können jedoch meiner Meinung nach ausgeräumt werden, wenn nicht nur der Objekt- und Quell-Code für wiederverwendbare Software zur Verfügung gestellt wird, sondern darüber hinaus weitergehende Informationen geboten werden. Im Sinne eines Projekts kann nur dann eine gute Entscheidung getroffen werden, wenn sie auf abgesicherten Daten beruht. Insgesamt sollten also — zusätzlich zum Code — diese Daten bereitstehen:

1. Modul- oder Paketname einschließlich einer Liste der übergebenen Parameter,

2. die externe Spezifikation für das Modul oder Paket,

3. Angaben zur erreichten Genauigkeit der Berechnung,

4. die Testfälle für das Modul oder Paket,

5. die Daten über die Tests, also die Testergebnisse,

6. bekannte Fehler und Probleme,

7. Software, in die das Modul oder Paket bereits integriert wurde,

8. sonstige Dokumente, zum Beispiel eine Bedienungsanleitung.

Daten dieser Art organisiert man am besten in der Form einer Datenbank, damit auch alle Entwickler ohne große organisatorische Hürden darauf zugreifen können. Der Vernetzung eines derartigen Rechners im Rahmen eines Local Area Networks (LAN) steht im Grunde nichts entgegen. Die Datenbank bildet dabei Teil eines Archivs (Repository), das eine Ressource für das gesamte Unternehmen darstellt.

Rückblickend wird deutlich, daß der Anstoß zur Wiederverwendung von Software in erster Linie von der Entwicklungs- und Firmenleitung kommen muß, da es sich um eine projektübergreifende Angelegenheit handelt. Profitieren werden am Ende aber alle: Auftraggeber und Auftragnehmer, und auch die Gesellschaft als Ganzes. Wenn überall von Recycling gesprochen wird, warum sollten wir mit der Software im Abseits stehen wollen?

2.6 Die beteiligten Disziplinen

Ich habe bisher sowohl den Begriff Software-Entwicklung als auch den Ausdruck Software-Erstellung verwendet. Das hängt damit zusammen, daß nicht alle Tätigkeiten im Verlauf eines Software-Projekts reine Entwicklungsarbeiten sind.

In unserer jungen Demokratie gibt es die Legislative, die Exekutive und die Judikative, und jede Säule unseres freiheitlichen Systems hat bestimmte Rechte und Pflichten. In der Verfassung der USA zieht sich das Prinzip von *checks and balances* wie ein roter Faden durch dieses Grundgesetz. Der amerikanische Präsident, gewiß der mächtigste Mann der Welt, findet im Kongreß einen nicht weniger machtvollen Gegenspieler, der die Regierung kontrolliert. Da Software nun in alle Lebensbereiche vorgedrungen ist und beim Versagen solcher Systeme nicht nur beträchtliche materielle Werte, sondern auch Leib und Leben in Gefahr sind, müssen wir bei der Erstellung von Computerprogrammen für ein gewisses Gleichgewicht sorgen. Software ist viel zu wichtig, als daß sie allein der Entwicklung überlassen werden dürfte.

Im Bereich der Sicherheit gilt bei allen sensiblen Systemen längst das Vier-Augen-Prinzip, und keine Bank vertraut beim Inhalt ihres Tresors einem Angestellten alleine. In ein Flugzeug würden die meisten Passagiere wohl kaum einsteigen, falls nur ein einziger Pilot an Bord ist. Bei der Software können wir aus diesen Bereichen nur lernen: Wir müssen die Verantwortung auf mehrere Schultern verteilen, schon um menschlichen Schwächen vorzubeugen. Wer diese Parteien im einzelnen sind, werden wir gleich sehen.

2.6.1 Das Projektmanagement

Ninety-ninety Rule of Project Schedule
The first ninety percent of the task takes ninety percent of the time,
and the last ten percent takes the other ninety percent.
> *Aus Murphy's Computer Law.*

Bei jedem größeren Projekt ist es anzuraten, ein Projektmanagement einzurichten. Das gilt sowohl für Softwareentwicklungen im Auftrag eines Kunden als auch für wichtige innerbetriebliche Projekte. Das Projektmanagement nimmt dabei in der Regel die folgenden Aufgaben wahr:

- Das Projektmanagement plant, steuert und kontrolliert die einzelnen Tätigkeiten zur Durchführung des Projektes.

- Das Projektmanagement vertritt die Projektinteressen, sowohl nach innen wie nach außen. Alle Kontakte zum Kunden, mit der Ausnahme der Qualitätssicherung, laufen über das Projektmanagement.

- Das Projektmanagement vergibt federführend die Unteraufträge.

- Das Projektmanagement bündelt und verteilt alle Daten des Projektes. Deswegen kann es zweckmäßig sein, das Konfigurationsmanagement dem Projektmanagement anzugliedern.

Wohin fehlendes oder allzu locker gehandhabtes Projektmanagement führen kann, sehen Sie im nächsten Fall:

Fall 2.4:   Die babylonische Sprachverwirrung [70]

Beim neuen Transportflugzeug der amerikanischen Luftwaffe, der C-17, zeigten sich kurz vor Anlauf der Serienfertigung erhebliche Probleme mit der Software. Das General Accounting Office (GAO) in Washington, DC, meint dazu: "Das ist ein Schulbeispiel dafür, wie man die Software-Entwicklung bei einem großen Waffensystem nicht managen sollte." Was war geschehen?

Die US Air Force ignorierte viele Normen des Pentagons zur Erstellung von Software und ließ dem Hersteller des Transportflugzeugs, der *Douglas Aircraft Company*, weitgehend freie Hand. Die Entwicklung der Software wurde als nicht besonders kritisch eingestuft, und die Luftwaffe tat wenig, um die bei *Douglas* vorliegenden Zwischenergebnisse zu überprüfen. Dieser Mangel im Projektmanagement führte dazu, daß beim ersten Prototyp der C-17 vierunddreißig Prozent der Funktionen der Software noch fehlten.

Schlimmer noch, und auf lange Sicht äußerst kostenträchtig, war die Nichtbefolgung einer Order des Pentagon zur Verwendung einer einheitlichen höheren Programmiersprache, nämlich Ada. *Douglas* setzte JOVIAL ein und erlaubte darüber hinaus seinen Unterauftragnehmern, eine Programmiersprache ihrer Wahl zu verwenden. Dies führte zum Einsatz von nicht weniger als sechs Programmiersprachen, wobei eine Sprache sogar das geistige Eigentum von *General Electric* ist.

Mehrere Subsysteme der C-17 verwenden Code in verschiedenen Programmiersprachen, der FLIGHT CONTROL COMPUTER zum Beispiel ist in drei verschiedenartigen Sprachen programmiert worden.

"Diese Vielfalt von Sprachen wird zu sehr hohen Kosten in der Software-Wartungsphase führen", stellt das GAO fest. Die Umstellung auf Ada wird durch die Tatsache erschwert, daß die Dokumentation der Software lückenhaft ist.

Letztlich wird es bei der C-17 notwendig werden, alle Software im Laufe der Jahre noch einmal in Ada zu erstellen. Die Lebensdauer eines derartigen Waffensystems liegt bei dreißig bis vierzig Jahren, in Friedenszeiten mit eher steigender Tendenz. Ein derartiges Sprachwirrwarr ist keinesfalls, auch unter Sicherheitsaspekten, vertretbar. Wenn wir einmal von einem Programmumfang von 500 000 LOC und achtzig Dollar pro Zeile Quellcode ausgehen, sind das immerhin Kosten in Höhe von 40 Millionen Dollar. Diese zusätzlichen Kosten werden dem amerikanischen Steuerzahler aufgebürdet.

Daß es auch anders geht, beweist *Boeing* im Staat Washington: Beim Typ 777, der in internationaler Zusammenarbeit auch mit japanischen Unterauftragnehmern gebaut wird, ist allen Partnern von *Boeing* Ada als einheitliche Programmiersprache vorgeschrieben worden. Das war sicherlich ein sehr vernünftiger Entschluß des Managements beim größten Flugzeugproduzenten der Welt.

Doch zurück zu den einzelnen Tätigkeiten des Projektmanagements. Selbstverständlich wird das Projektmanagement auch die Verhandlungen mit dem Kunden vor der Vergabe eines Auftrags führen, obwohl die Firmenleitung sich die Entscheidung über den Abschluß eines Vertrages vorbehalten sollte. Der Auftraggeber wird versuchen, die beste Software zum günstigsten Preis zu bekommen. Da die Qualität von Software aber schwerer zu etablieren ist als bei vielen anderen Gütern, ist dieses Ziel nicht einfach zu erreichen. Deshalb wird dem Vertrag in der Regel eine bestimmte Norm zur Erstellung der Software zugrundegelegt. Das ist sehr vernünftig, hat allerdings einen Haken: Die Norm deckt alle Typen von Software für eine breite Palette von Anwendungen ab. Schreibt man deshalb im Vertrag lediglich vor, daß eine bestimmte Norm anzuwenden ist, kann das zu Überraschungen führen. Im Grunde müßte dann für jede Art von Software derselbe, in der Norm beschriebene Weg, gegangen werden. Das ist alleine deshalb nicht sinnvoll, weil jede Applikation etwas anders ist.

Der Ausweg aus diesem Zielkonflikt heißt *tailoring*, auf deutsch Zurechtschneidern. Im Grunde geht es darum, nicht zutreffende Teile der Norm für bestimmte Arten von Software zu streichen. Es können allerdings auch weitergehende Vereinbarungen getroffen werden. Stellen wir uns das an einem praktischen Beispiel vor: Wir wollen ein kleines unbemanntes Aufklärungsflugzeug bauen, um erkunden zu können, was hinter dem nächsten Hügel vorgeht. Diese kleine Maschine mit kaum drei Metern Flügelspannweite wird mit einer Videokamera ausgerüstet, die uns schöne bunte Bilder liefern soll. Bereits bei Projektbeginn ist sowohl Auftraggeber als auch Auftragnehmer klar, daß drei Arten von Software benötigt werden:

♦ Da ist zunächst die Flugsoftware. Sie steuert den Flugkörper ins Zielgebiet, bringt die Maschine sicher zurück zum Flugplatz im Feld und kontrolliert nicht zuletzt die Videokamera.

♦ Die Simulationssoftware. Da die Entwicklung eines derartigen Flugzeuges weitgehend "Neuland" ist, entschließen sich die vertragsschließenden Parteien zur Simulation, um das Risiko zu senken.

♦ Die Software zum Testen der Hardware. Der Platz in der Maschine ist knapp, was zu einigen Innovationen bei der Elektronik zwingt. Umso mehr wird es notwendig sein, die Hardware während der Entwicklung und später in der Serienfertigung gründlich zu testen.

Die Vertragspartner greifen somit zum Instrument des TAILORING, und zwar sowohl in bezug auf die Reviews als auch bei den zu erstellenden Dokumenten. Zunächst wenden sich die Verhandlungsführer auf der Seite des Anbieters und des Auftraggebers den Reviews zu. Sie untersuchen für jede Art der Software getrennt, welche Reviews unbedingt notwendig sind, ohne den Stand der Technik außer acht zu lassen. Das Ergebnis ihrer Arbeit zeigt sich wie folgt:

Art der Software Reviews	Flug-Software	Simulations-programm	Testprogramme für Hardware
Software Specification Rev. (SSR)	nach der Norm	nach der Norm	nach der Norm
Preliminary Design Rev. (PDR)	nach der Norm	PDR und CDR zusammenfassen	PDR und CDR zusammenfassen
Critical Design Review (CDR)	nach der Norm	PDR und CDR zusammenfassen	PDR und CDR zusammenfassen
In-Process Review (IPR)	1 zusätzl. Review	—	—
Test Readiness Reviews (TRRs) und Akzeptanztest	Je ein Akzeptanztest pro Subsystem	TRR für die gesamte Software, nur interne Konfigurationskontrolle	TRR für die gesamte Software, nur interne Konfigurationskontrolle

Tab. 2.10   Tailoring bei den Reviews mit den Kunden.

Im zweiten Schritt untersuchen die zukünftigen Vertragsparteien, welche Dokumente der Software wirklich gebraucht werden und welche verzichtbar sind oder für eine bestimmte Art von Software wenig Sinn machen würden. Sie berücksichtigen bei ihren Überlegungen auch, ob die Software lediglich beim Auftragnehmer von Fachleuten eingesetzt wird, oder ob die Software von Personen benutzt werden muß, über deren Qualifikation zunächst nichts bekannt ist.

Dokument	Flug-Software	Simula-tion	Test-Software
01 System-Design-Dokument	ja	—	—
02 Software Development Plan (SDP)	ja		
03 Software Configuration Management Plan (SCMP)	ja		
04 Software Quality Program Plan (SQPP)	ja		
05 Lastenheft	ja	ja	ja
06 Interface Requirements Specification	ja	—	—
07 Software Test Plan	ja	ja	—
08 Software Design Document (Architektur)	ja	ja	ja
09 Interface Design Document	ja	—	—
10 Software Design Document (Subsysteme)	ja	ja	—
11 Timing and Sizing Document	ja	—	—
12 Software Development Folders (SDF)	ja	ja	ja
13 Software Test Report (STR)	ja	—	—
14 Version Description Document (VDD)	ja	—	—
15 Computer System Operator's Manual	ja	—	ja
16 Software User's Manual (SUM)	ja	—	—

Tab. 2.11   Tailoring bei Dokumenten.

Sie sehen deutlich, daß wir von den maximal sechzehn Dokumenten bei der nicht auszuliefernden Support-Software Abstriche gemacht haben. Andererseits haben wir ein zusätzliches Dokument, das Timing and Sizing Document, aufgenommen. Es ist für notwendig erachtet, da die Flugsoftware besonders kritische Embedded Software ist und in Echtzeit laufen muß.

Die Ressourcen, sowohl in bezug auf den Speicherplatz als auch auf die Leistung des Prozessors, sind begrenzt. Daher ist eine ständige Verfolgung des Verbrauchs dieser Ressourcen notwendig, wenn wir nicht am Schluß mit Software enden wollen, die möglicherweise gar nicht in den Speicher paßt. Im Gegensatz zu vielen Applikationen im kaufmännischen Bereich, bei denen der Kauf einer größeren

Festplatte oder die Umrüstung auf ein leistungsfähigeres Modell des verwendeten Rechners kein unüberwindbares Problem darstellt, ergeben sich bei Embedded Software bei einer Forderung nach mehr Speicherplatz oder größerer Leistung des Prozessors oft Probleme.

Das kann sich zum einen darin begründen, daß der Platz für die Hardware sehr begrenzt ist und Reserven an Raum nicht zur Verfügung stehen. Wenn die Forderungen aus dem Bereich der Software unabweisbar sind, bedingen die Änderungen im Bereich der Elektronik oft ein Redesign des gesamten Systems, da auch andere Subsysteme neu angeordnet werden müssen. Das sind Änderungen, die mit Sicherheit sehr teuer und von der Projektleitung somit ungern gesehen werden. Es ist grundsätzlich angebracht, den Verbrauch an Ressourcen im Auge zu behalten, und bei Reviews sind Fragen zu diesem Thema zu erwarten.

Bei den Reviews ist zwischen dem Critical Design Review (CDR) und dem ersten Test ein zusätzliches In-Process Review eingeplant worden, um dem Kunden während des langen Zeitraums zwischen Ende der Entwurfsphase und dem ersten Test eine Gelegenheit zu geben, sich aus erster Hand über den Projektfortschritt zu unterrichten.

Tailoring, ein Thema für Fachleute.	Ich möchte davor warnen, das Tailoring Laien zu überlassen. Es gibt Abhängigkeiten, die für den Nicht-Fachmann nicht leicht zu durchschauen sind. Entschließt sich der Kunde nämlich plötzlich, daß er die Test-Software für die Hardware braucht, um damit während der Lebensdauer des Systems Tests an der Elektronik vornehmen zu können, ergeben sich vollkommen neue Verhältnisse.

Die Schnittstelle zum Benutzer wird komfortabler gestaltet werden müssen, weil anstelle ausgebildeter Programmierer nunmehr Bediener mit unbekannten Vorkenntnissen die Software benutzen werden. Die Ansprüche an die Dokumentation, die nun ebenfalls zur auszuliefernden Software wird, steigen gleichfalls.

Ist der Vertrag endlich "unter Dach und Fach", beginnt die eigentliche Arbeit des Projektmanagements. Eine Vielzahl einzelner Tätigkeiten für die Projekt-Mitarbeiter müssen initiiert und organisiert werden. Insgesamt sind diese fünf Schritte notwendig:

1. **Planung**: Herunterbrechen der Projektziele und Tätigkeiten in kleinere Einheiten und Zuordnen dieser Aufgaben an die durchführenden Abteilungen, Gruppen und Mitarbeiter der Organisation.

2. Gerade bei neuer Technik wird es im Bereich der Software oft notwendig werden, **Schulungsmaßnahmen** einzuleiten, etwa bei neuen Methoden wie Computer Aided Software Engineering (CASE) oder einer zum ersten Mal verwendeten Programmiersprache.

3. **Organisieren** heißt, die Teilaufgaben geeigneten Mitarbeitern sinnvoll zuzuordnen, aber auch die Vergabe von Aufträgen an Subunternehmer.

4. **Integrieren** bedeutet, eine gute Balance zwischen den Erfordernissen des Projektes und den zur Verfügung stehenden menschlichen und maschinellen Ressourcen zu finden.

5. **Messen** ist notwendig, um die Übereinstimmung zwischen Plan und Wirklichkeit herauszufinden.

6. **Revidieren** wird immer dann notwendig sein, wenn die geplanten von den tatsächlich erzielten Ergebnissen des Projekts abweichen. Das wird im Laufe des Projekts fast immer vorkommen, und damit sind wir wieder bei Schritt 1, der Planung.

Zu der nicht delegierbaren Verantwortung des Projektmanagers gehören die Kosten und die Einhaltung des Zeitplans. Deshalb tut er gut daran, sich für beide Gebiete leistungsfähige Werkzeuge zu suchen. Beim Zeitplan sind bei sehr kleinen Projekten Balkendiagramme ausreichend. Da bei dieser Methode die Parallelität der Arbeiten jedoch nur schwer darstellbar ist, empfiehlt es sich, bei mehr als nur ein paar Mitarbeitern auf die Netzplantechnik umzustellen. Mit dieser Methode ist es leicht möglich, den kritischen Pfad herauszufinden. Er bestimmt die Projektdauer, da auf ihm die Tätigkeiten aneinandergereiht sind, die aufsummiert am längsten dauern. In einem Projekt mit Software ist die Wahrscheinlichkeit ziemlich hoch, daß die Software sich auf dem kritischen Pfad befindet.

Doch geben Sie sich keinen falschen Hoffnungen hin: Der kritische Pfad kann sich von Tag zu Tag ändern, weil sich der Zeitbedarf für die Tätigkeiten im Projekt dynamisch anpaßt. Nur mit Hilfe von Computerprogrammen läßt sich kostengünstig verfolgen, wie sich der Zeitplan von Woche zu Woche fortentwickelt.

Der Projektmanager ist somit gut beraten, wenn er zwei Dinge ständig im Auge behält: Die Kosten des Projekts und die Einhaltung des Zeitplans. Tut er das nicht, kann das Unterlassen für ihn unangenehme Konsequenzen haben.

2.6.1.1 Die Aufwandsschätzung

Eine der wichtigsten Aufgaben beim Beginn eines Projekts ist die Kostenabschätzung. Die Kosten des Software-Projektes sind zum großen Teil durch die Personalkosten bestimmt. Gewiß kommen dazu die Aufwendungen für Computer, Werkzeuge und die Raumkosten, doch der größte Posten wird für die Mitarbeiter in der Entwicklung anfallen. Zur Ermittlung des Zeitbedarfs greift man zweckmäßigerweise auf die Gleichungen in Barry Boehms Buch *Software Engineering Economics* [72] zurück. An keiner anderen Stelle ist soviel Material zu dem Thema zusammengetragen worden. Der Autor unterscheidet drei Modelle zur Software-Entwicklung:

I $\mathrm{MM} = 2,4 \ \mathrm{KLOC}^{1,05}$ (organic)

II $\mathrm{MM} = 3,0 \ \mathrm{KLOC}^{1,12}$ (semidetached)

III $\mathrm{MM} = 3,6 \ \mathrm{KLOC}^{1,20}$ (embedded)

wobei

     MM   Projektaufwand (effort) in Mannmonaten

     KLOC   1000 Zeilen Quellcode.

Die Formeln für den zeitlichen Projektaufwand (schedule) lauten wie folgt:

IV $\mathrm{TDEV} = 2,5 \ \mathrm{MM}^{0,38}$ (organic)

V $\mathrm{TDEV} = 2,5 \ \mathrm{MM}^{0,35}$ (semidetached)

VI $\mathrm{TDEV} = 2,5 \ \mathrm{MM}^{0,32}$ (embedded)

wobei

     TDEV   Projektdauer in Kalendermonaten.

Den drei Modi *organic, semidetached* und *embedded* liegen folgende Überlegungen zugrunde: Das erste Modell *organic* ist zugleich das einfachste und billigste für die Erstellung der Software. Wenn ein Programmierer, der auch das Programm zur Lohn- und Gehaltsabrechnung betreut, noch ein zweites Programm zur Berechnung der jährlichen Abzüge erstellt, kann man sicherlich diese Formel zugrundelegen. Die dritte Gleichung gilt für Embedded Software, also Computerprogramme als Teil eines sehr viel größeren Systems. Das ist zum Beispiel bei automatisch gesteuerten Bahnen, Flugzeugen mit Autopilot und vielen modernen Waffensystemen der Fall. Die zweite Gleichung ist zwischen diesen extremen Polen angesiedelt.

Da je nach Projekt die Verhältnisse äußerst verschieden sind, gibt Barry Boehm eine Reihe von Korrekturfaktoren an. Der korrigierte Aufwand in Mannmonaten errechnet sich einfach aus dem ursprünglich ermittelten Aufwand, multipliziert mit den entsprechenden Korrekturfaktoren aus der folgenden Tabelle:

VII $MM_k = MM\ f_{k1}\ f_{k2}\ f_{k3}\ \cdots\ f_{kn}$

wobei

MM_k Korrigierter Aufwand in Mannmonaten

$f_{k1}\ f_{k2}\ f_{k3}\ \cdots\ f_{kn}$ Korrekturfaktoren.

Tritt ein bestimmter Tatbestand bei dem vorliegenden Projekt nicht ein, setzt man den entsprechenden Korrekturfaktor einfach auf eins bzw. läßt ihn weg.

Hier die Tabelle mit den Korrekturfaktoren für das *Conctructive Cost Model* (COCOMO):

Kostentreiber	Korrekturfaktor
Produkteigenschaften	
Geforderte Zuverlässigkeit	0,75 - 1,40
Umfang der Datenbasis	0,94 - 1,16
Komplexität	0,70 - 1,65
Eigenschaften des Computers	
Restriktionen bei der Rechenzeit	1,00 - 1,66
Restriktionen beim Hauptspeicher	1,00 - 1,56
Einschränkungen durch den virtuellen Speicher	0,87 - 1,30
Verfügbarkeit des Computers oder der Hardware	0,87 - 1,15
Fähigkeiten der Mitarbeiter	
Fähigkeiten der Programmierer	0,71 - 1,46
Erfahrung	0,82 - 1,29
Fähigkeiten und Können	0,70 - 1,42
Erfahrungen mit einer virtuellen Maschine	0,90 - 1,21
Erfahrung mit der eingesetzten Programmiersprache	0,95 - 1,14
Projekteigenschaften	
Einsatz zeitgemäßer Methoden	0,82 - 1,24
Einsatz von Werkzeugen	0,83 - 1,24
Anforderungen durch den Zeitplan	1,00 - 1,23

Tab. 2.12 Korrekturfaktoren für das COCOMO-Modell.

Die Verteilung des Aufwands über den Projektzeitraum ermittelt man mit der *Rayleigh Curve*. Diese Gleichung wird meist in ihrer geglätteten Form benutzt. In dieser Variation der Formel berücksichtigt man, daß Projekte meist nicht bei Null beginnen, sondern bereits am Anfang eine gewisse Zahl von Mitarbeitern vorhanden ist. Die Gleichung stellt sich wie folgt dar:

VIII M= MM ((0.15 · TDEV+0.7 · t) / (0.25 · TDEV^2)) FK

wobei

 FK   e $^{-((0.15\ TDEV\ +\ 0.7\ t)\ (0.15\ TDEV\ +\ 0.7\ t))\ /\ (0,5\ TDEV\ ·\ TDEV)}$

 M   Zahl der Mitarbeiter am Projekt zum Zeitpunkt t

 t   Zeitpunkt im Projektverlauf in Monaten.

Diese Formel ist zwar nicht ganz einfach zu benutzen, doch zum Glück gibt es ja Computer. Wer mit der oben gezeigten Tabelle nicht so ohne weiteres etwas anzufangen weiß, sollte sich überlegen, welche Art von Software im Rahmen dieses Projektes überhaupt geschaffen werden soll. Capers Jones [63] teilt die gesamte Software in elf Kategorien ein, wobei er untersucht, für wen das Computerprogramm letztlich bestimmt ist und unter welchen Bedingungen es zum Einsatz kommt. Hier seine Einteilung der Software.

Kategorie I:
Programme für den persönlichen Gebrauch

Software dieser Art entsteht zu Hause und ist für den persönlichen Gebrauch bestimmt. Maßnahmen der Qualitätssicherung oder des Konfigurationsmanagements fallen nicht an, und die Dokumentation ist spärlich oder nicht vorhanden. Obwohl diese Programme in begrenztem Umfang durchaus nützlich sind, ist das keinesfalls die professionelle Software-Entwicklung, mit der wir uns in diesem Buch befassen. Zwar schadet eine solche Beschäftigung mit dem Computer und mit Software nicht, doch wenn solche Produkte ihren Weg in kommerzielle Kanäle finden und im Rahmen größerer Systeme eingesetzt werden, kann die Verwendung ungetesteter Software mit ungewisser Qualität zu erheblichen Problemen führen.

Kategorie II:
Programme für den internen Gebrauch, die nicht vermarktet werden

Für lange Zeit waren Entwicklungsvorhaben dieser Art die häufigste Anwendung. Es wird einfach im Rahmen eines Unternehmens Software für den internen Gebrauch erstellt. Bereits die Anforderungen sind oft nur informell vorhanden, und die Dokumentation besteht in vielen Fällen lediglich aus ein paar Blatt Papier für den Benutzer oder Operator. Kosten für Marketing und Kundendienst fallen nicht an, und Fehler im Programm bessert die EDV aus, wenn sie gemeldet werden. Obwohl die Anforderungen an Programme dieser Art möglicherweise zunächst gering erscheinen, die Wartung derartiger Software ist oft ein "Alptraum". Die Dokumentation ist so spärlich, daß ein anderer als der ursprüngliche Ersteller des Programms kaum für die Wartung geeignet ist.

Kategorie III:
Interne Programme für Anwendungen innerhalb einer verzweigten Organisation

Programme dieser Art werden zwar für den internen Gebrauch geschrieben, alleine die Größe der Organisation erzwingt jedoch gewisse Anpassungen. Zwar sind die weitaus meisten Funktionen in allen Variationen des Programms vorhanden, für bestimmte Tochterfirmen oder andere Rechenzentren werden allerdings Anpassungen vorgenommen.

Da so viele unterschiedliche Anforderungen an die Software berücksichtigt werden sollen, zieht sich die Entwicklung solcher Programme oft lange hin. Ein Lastenheft der Software fehlt in vielen Fällen, da sich niemand so recht zuständig fühlt. Die Wartung ist in vielen Fällen schwierig, weil sich die verschiedenen Variationen eines Programms in subtilen Einzelheiten voneinander unterscheiden. Solche Fehler können natürlich auch dadurch entstehen, daß kaum alle Varianten in genügender Tiefe ausgetestet werden.

Kategorie IV:
Interne Programme, die als Dienstleistung vermarktet werden

Programme dieser Art werden zwar weder in Form von Objekt-Code noch als Quellcode ausgeliefert, es haben aber viele externe Benutzer Zugriff auf das Programm. Ein gutes Beispiel hierzu ist der Service einer Mailbox oder eines Anbieters von Datenbanken wie etwa *Compuserve*. Gegenüber den Kunden ist eine anwenderfreundliche Schnittstelle wichtig, doch wie der Service mit seinen vielen Verzweigungen wirklich funktioniert, wissen wahrscheinlich nur wenige.

Da der Anbieter gegenüber seinen Kunden natürlich einen guten Eindruck machen will, wird er seine Dienstleistung "ins rechte Licht" rücken. Das erfordert Investitionen in lesbare Handbücher und Broschüren, damit sich der Benutzer mit dem Programm auch gut zurechtfindet.

Kategorie V:
Externe Programme, die fast kostenlos zu haben sind

Hier handelt es sich um sogenannte Public-Domain-Software, die in Form von Binär- oder Quellcode kostenlos oder gegen eine geringe Gebühr für das Kopieren zur Verfügung gestellt wird. Die Unterschiede sind groß: Es finden sich gut geschriebene und dokumentierte Programme neben viel unbrauchbarer Software, die kaum die Kosten für den Datenträger wert ist.

Auch aus anderer Sicht sind derartige Programme bedenklich, denn es wird überhaupt keine Haftung übernommen. Dies fördert den großen Mißstand in bezug auf die Software-Gewährleistung.

Kategorie VI:
Externe Programme, die im Rahmen einer Lizenz genutzt werden

Software dieser Art ist bei großen Computerinstallationen von *IBM* und *DEC* üblich, vom Betriebssystem bis zum Anwenderprogramm. Die Rechte für die Software verbleiben beim Hersteller, und dem Benutzer wird lediglich ein eingeschränktes Recht zur Benutzung der Software eingeräumt.

Oft wird neben der Lizenz zur Nutzung des Programms auch Support eingekauft, um die Software möglichst reibungslos nutzen zu können. Programme dieser Art sind relativ gut dokumentiert. Updates sind häufig, und manchmal macht der Ersteller der Software seine Kunden sogar auf noch in der Software befindliche Fehler aufmerksam. Das ist in vielen Fällen billiger als die Fehler selbst zu finden, manchmal unter erheblichem zeitlichen Aufwand.

Kategorie VII:
Externe Programme, die im Verbund mit Hardware angeboten werden

Bei Programmen dieser Art findet eine formale Trennung zwischen Hard- und Software nicht statt, so daß es nicht möglich ist, die Kosten für beide zu trennen. Dies gilt in gleicher Weise für Wartungskosten.

Kategorie VIII:
Externe Programme, die als eigenes Produkt vermarktet werden

Programme dieser Art findet man in jedem Computershop. Sie werden in Fachzeitschriften angeboten, und ganz besonders der PC hat dieser Industrie einen wahren Boom beschert.

Aus rechtlicher Sicht erwirbt der Käufer auch bei dieser Art von Software lediglich eine Lizenz zur Benutzung des Programms auf einem Computer. Kopien zur Datensicherung sind in der Regel erlaubt, eine Weitergabe an Dritte ist jedoch ausgeschlossen. Die Gewährleistung durch den Anbieter ist meist sehr eingeschränkt, und es wird keine Garantie dafür übernommen, daß das gekaufte Programm auf einem bestimmten Computer mit anderer Software zusammenarbeiten wird.

Bezüglich der Dokumentation kommt es sehr auf den Anbieter an: Manche Firmen bieten gute und leicht lesbare Handbücher, bei anderen Unternehmen ist die mitgelieferte Dokumentation eher spärlich.

Kategorie IX:
Externe Programme im Rahmen eines Vertragsverhältnisses zur Entwicklung von Software

Programme dieser Art werden von Unternehmen für einen externen Auftraggeber erstellt. Da Vertragsfreiheit herrscht, kann im Grunde in jedem Fall ein individueller Vertrag ausgearbeitet werden. Der Auftraggeber kann sich alle Rechte an der Software sichern, inklusive der Auslieferung des Quellcodes, oder er kann sich lediglich ein fertiges Programm in der Form von Binärcode liefern lassen.

Auch bei der Dokumentation und ihrem Umfang sind alle Formen und Varianten denkbar. In der Regel jedoch wird ein Auftraggeber, der seine Wünsche klar formuliert und sich um die Abwicklung des Auftrages aktiv kümmert, die besten Ergebnisse erzielen können.

Kategorie X:
Externe Programme für die Regierung

Bei Programmen dieser Art wird die Software für die Regierung oder den öffentlichen Auftraggeber entwickelt. In aller Regel, und das gilt besonders für Verträge mit Regierungsstellen in den USA, sind die Anforderungen an den Umfang der Dokumentation beträchtlich.

Kategorie XI:
Externe Programme im militärischen Bereich

Bei Programmen dieser Art ist der Aufwand für die Dokumentation beträchtlich, und außerdem sind detaillierte und umfangreiche Standards einzuhalten.

Wie sich die Einordnung der jeweiligen Software in die verschiedenen Kategorien in bezug auf die Kosten auswirkt, können Sie dem folgenden Vergleich entnehmen. Dabei werden Programme mit sehr bescheidenen Anforderungen mit Software verglichen, an die recht hohe Anforderungen seitens des Kunden gestellt werden. Da es sich bei dieser Applikation um die Landesverteidigung handelt, sind die hohen Anforderungen natürlich gerechtfertigt. Doch sehen wir uns die Zahlen an:

Projekteigenschaften	Fall 1 I	Fall 2 VI	Fall 3 XI	Fall 4 XI
Umfang des Programmcodes in Lines of Code	100 000	100 000	100 000	100 000
Programmiersprache	PL/I	PL/I	Ada	Ada
Aufwand in Kalendermonaten				
Analyse der Anforderungen	4,5	4,5	4,5	4,5
Entwurf	11,0	13,0	14,0	12,0
Kodierung	8,0	8,0	8,0	8,0
Test	6,0	6,0	6,0	6,0
Summe	29,5	31,5	32,5	28,5
Aufwand in Mannmonaten				
Analyse der Anforderungen	48	60	70	63
Entwurf	74	88	99	81
Interne Dokumentation	15	376	778	259
Externe Dokumentation	32	407	519	173
Kodierung	165	165	165	145
Test	93	106	116	98
Beseitigung von Fehlern	400	406	406	408
Management	100	193	258	147
Summe	927	1 801	2 411	1 347
Kosten				
Anzahl der Mitarbeiter	49	90	114	80
Aufwand pro Monat in US$	5 000	5 000	5 000	5 000
Gesamtkosten in US$	4 635 000	9 005 000	12 055 000	6 870 000
Kosten pro Programmzeile in US$	46,35	90,05	120,55	68,70
Produktivität in LOC/MM	107	55	41	72
Dokumentation				
Interne Dokumentation in Seiten	1 196	5 019	10 380	10 380
Externe Dokumentation in Seiten	2 542	5 438	6 920	6 920
Summe Dokumentation in Seiten	3 748	10 747	17 380	17 380

Tab. 2.13 Vergleich des Aufwands bei verschiedenen Programmkategorien [63].

Die Kosten können also, verglichen mit einem Programm in Kategorie I, mehr als das Doppelte betragen. Auch die Produktivität, bezogen auf Lines of Code, wird sinken. Allerdings kann man durch den Einsatz von Werkzeugen gegensteuern.

Ein interessantes Feld sind auch Projekte, die von Joint Ventures im internationalen Rahmen durchgeführt werden. Hier entsteht oft die Notwendigkeit, Software an geographisch verschiedenen Orten zu erstellen. Das schafft natürlich enorme Probleme bei der Kommunikation, man denke dabei nur an die unterschiedlichen Zeitzonen. Auch dazu hat Capers Jones [63] ein Beispiel durchgerechnet:

Aufteilung des Aufwandes	Fall A, ein Ort der Entwicklung	Fall B, sechs Entwicklungsorte, mit Netzwerk	Fall C, sechs Entwicklungsorte, ohne Netzwerk
Aufwand in Kalendermonaten			
Analyse der Anforderungen	5,5	6,0	7,0
Entwurf	17,0	18,0	20,0
Kodierung	11,5	13,0	15,0
Test	12,0	14,0	15,0
Summe	46,0	51,0	57,0
Aufwand in Mannmonaten			
Analyse der Anforderungen	130	135	150
Reisen und Sitzungen	400	550	1 200
Entwurf	175	250	325
Interne Dokumentation	730	800	900
Externe Dokumentation	790	900	950
Kodierung	420	500	600
Test	290	325	400
Fehlerbeseitigung	765	850	1 000
Management	400	550	650
Summe	4 100	4 860	6 175
Gesamtaufwand mit Wartung	5 880	6 640	7 955
Zahl der Mitarbeiter	136	136	147
Zahl der Reisen	10	50	750
Reisekosten in US$	50 000	250 000	3 750 000
Gesamtkosten in US$	29 450 000	33 450 000	43 525 000
Kosten pro LOC in US$	117,60	133,80	174,10
Produktivität in LOC/MM	61	51	40

Tab. 2.14 Der Einfluß mehrerer geographisch getrennter Entwicklungsstätten [63].

Wir sehen, daß die Reisekosten bei dem Projekt mit sechs Fertigungsstätten fast vier Millionen US-Dollar betragen. Doch auch hier ist mit Hilfe moderner Technik eine Alternative geboten: Durch die Benutzung eines Netzwerks zur Kommunikation sinken die Reisekosten auf erträgliche 250 000 Dollar.

Die andere große Unbekannte bei der Abschätzung des Aufwands ist gewiß die Produktivität der Software-Entwickler und der damit verbundenen Support-Funktionen. Wer Zahlen des eigenen Unternehmens aus vergleichbaren Projekten oder verläßliche Richtwerte aus der eigenen Branche besitzt, genießt einen Wissensvorsprung. Die Schwankungsbreite bei den Zahlen in der Literatur ist recht groß, da Software nunmal in allen Lebensbereichen zum Einsatz kommt. Hier eine Tabelle, deren Werte über die Jahre zusammengetragen wurden. Am Anfang der Liste stehen dabei die älteren Projekte. Doch werfen Sie selbst einen Blick auf die Zahlen:

Quelle	Art der Software	Produktivität in LOC/MM
Ware Myers, The Need for Software Engineering, in IEEE Tutorial: Software Management, Project Planning and Control, Ergebnisse aus IBM's Federal System Division	kommerzielle Software	165 - 400
W. E. Stephenson, An Analysis of the Resources used in the Safeguard System Software Development, in IEEE Tutorial: Software Management, Project Planning and Control	Real-Time Software	29 - 160
Belford, Berg and Hannan, Central Flow Software Development, FAA Real-Time Transaction System, in IEEE Tutorial: Software Management, Project Planning and Control	Real-Time Software	76
Lyle A. Anderson III, letter to the editor, Mitre Corporation, IEEE Software, May 1990, average productivity for Real-Time Software	Real-Time Software	250
LTV, Software in FORTRAN for on-board monitoring system for aircraft	Real-Time Software	275
Letter to the editor, CACM, June 1990, Software in der Medizintechnik, COBOL	kommerzielle Software	118
Seminarunterlagen, Ada Project Management, Magnavox Electronics System, 1988 1st Ada release 2nd Ada release 3rd Ada Release	—	242 704 814

Fortsetzung auf der nächsten Seite

Quelle	Art der Software	Produktivität in LOC/MM
Software System Design, Verkäufer des Tools AISLE, Durchschnitt in der amerikanischen Industrie im militärischen Bereich	Waffensysteme	176 - 220
Ada Letters, Sept./Okt. 1989 1st Ada 2nd Ada 3rd Ada	Waffensysteme	 432 513 674
Ware Myers, Transfering Technology is tough, in IEEE Computer, Juni 1990, Werte vom Jet Propulsion Laboratory (JPL), Ground System Code	Raumfahrt	186
Werbebroschüre von RATIONAL, Produktivität in einem Ada Projekt für die schwedische Marine	Real-Time Software	688
US AIR FORCE Report, "Ada and C++: A Business Analysis", in AdaIC Newsletter, Sept. '91, Durchschnitt für alle Sprachen erstes Projekt mit Ada Durchschnitt beim Einsatz von Ada erstes Projekt mit C++ Durchschnitt beim Einsatz von C++	Waffensysteme	183 152 210 161 187

Tab. 2.15 Veröffentlichte Werte zur Produktivität bei der Software-Entwicklung.

Offensichtlich gibt es je nach Art der Software und der Applikation gewaltige Unterschiede. Deshalb ist man bei allzu hoch erscheinenden Zahlen für die Produktivität immer gut darin beraten, nach den genauen Umständen zu fragen, unter denen die Ergebnisse erzielt wurden. Selbst bei einer Anwendung können sehr unterschiedliche Ergebnisse resultieren, wie Weinberg in einem kleinen Experiment bewiesen hat. Die Teilnehmer wurden bei diesem Versuch gebeten, ein ganz bestimmtes Ziel bei ihrem Code in den Vordergrund zu stellen und daraufhin zu optimieren. Die Abkürzung MH in der folgenden Tabelle bedeutet Mannstunden.

Ziel der Optimierung	Codelänge in LOC	Zeitverbrauch in MH	Produktivität in LOC/MH	Produktivität in LOC/MM
Minimale Programmgröße	33	30	1,1	143
Minimaler Bedarf an Speicher	52	74	0,7	91

Fortsetzung auf der nächsten Seite

Ziel der Optimierung	Codelänge in LOC	Zeitver- brauch in MH	Produkti- vität in LOC/MH	Produkti- vität in LOC/MM
Lesbarkeit des Programms	90	40	2,2	286
Minimale Zeit für die Ausführung	100	50	2,0	260
Kürzeste Zeit für die Erstellung	126	28	4,5	585
Klarheit der Ausgabe	166	30	5,5	715

Tab. 2.16 Experiment zur Produktivität [72].

Sowohl bei der Produktivität als auch bei der Größe des Programms ergab sich in diesem kleinen Experiment eine Spannbreite der Ergebnisse von 5:1. Man muß unter Umständen viel Energie verwenden, um ein bestimmtes Ziel zu erreichen. Noch schwieriger wird es, wenn unterschiedliche Ziele angestrebt werden, die zumindest teilweise divergieren. Ein solcher Zielkonflikt kann beispielsweise bei Zielen wie Wartbarkeit in Verbindung mit der Forderung nach minimalem Speicherplatz und extrem schneller Ausführung des Codes auftreten. Aufgrund der geforderten Schnelligkeit der Ausführung würden manche Fachleute immer noch Assembler empfehlen. Das würde allerdings dem Ziel Wartungsfreundlichkeit wenig dienen, da der Programmcode in Assembler kaum änderungsfreundlich ausfallen dürfte. Auch ist Code in Assembler wahrscheinlich nicht portabel, und daher dürfte bei einem anderen Prozessor eine Neuprogrammierung anstehen. Ein weiterer Zielkonflikt könnte zum Beispiel Änderungsfreundlichkeit oder Lesbarkeit zusammen mit sehr geringem Verbrauch an Speicherplatz sein. In vielen Fällen werden sich solche Ziele zusammen nicht vollständig verwirklichen lassen.

In bezug auf das Ziel, eine performante Software zu erstellen, empfiehlt es sich, im ersten Schritt funktionsfähigen Code zu erzeugen, am besten in einer Hochsprache. Optimieren kann man dann, wenn das Programm läuft. Dabei sollte man gezielt bei den Schwachstellen ansetzen. Diese eher langsamen Module der Software findet man durch Messungen heraus. Nach dem Durchführen solcher Messungen weiß man oft auch, welche Teile des Codes viel Rechenzeit verbrauchen oder recht häufig ausgeführt werden.

Auch bei Echtzeit-Software, an die extrem hohe Anforderungen in bezug auf das Antwortzeitverhalten gestellt wird, sind für die Produktivität deutlich geringere Werte zu erwarten. Capers Jones gibt hier das folgende Beispiel an:

Einflußfaktor	Kategorie II Batch- Applikation	Kategorie XI Realtime- Programm
Programmumfang in C	5 000	5 000
Zeibedarf in Kalendermonaten	0,9	1,6
Entwurf	2,6	3,4
Kodierung	1,6	2,6
Test	1,3	2,3
Summe	6,4	9,9
Entwicklungsaufwand in Mannmonaten		
Analyse der Anforderungen	1,4	2,4
Entwurf	2,0	3,3
Interne Dokumentation	1,6	1,6
Externe Dokumentation	2,5	2,5
Kodierung	5,4	8,5
Test	3,7	4,5
Fehlerbeseitigung	5,0	6,5
Management	2,5	4,0
Summe	24,1	33,3
Gesamtaufwand für die Wartung	2,8	2,8
Gesamtaufwand für das Projekt	26,9	36,1
Anzahl der Mitarbeiter	6	6
Gesamtkosten in US$	134 500	180 500
Kosten pro LOC in US$	26,90	36,10
Produktivität in LOC/MM	207	150

Tab. 2.17 Vergleich zwischen Batch-Applikation und Realtime-Software.

Man muß bei Projekten, in denen hohe Anforderungen an die Antwortzeit gestellt werden, deutliche Abstriche in bezug auf die Produktivität hinnehmen. Zum Glück sind nicht alle Projekte so kompliziert in ihrer Logistik wie multinationale Programme oder so groß wie die Software für das *Space Shuttle*. Wer nur schnell überschlagen möchte, wie groß der Aufwand für ein angedachtes Projekt sein könnte, dem ist möglicherweise bereits mit der folgenden Formel gedient:

IX $\qquad E = 5,2 \; L^{0,91}$

wobei

$\qquad$ E $\qquad$ Aufwand in Mannmonaten

$\qquad$ L $\qquad$ Programmlänge in 1000 LOC.

Der Aufwand für die Dokumentation wird immer wieder unterschätzt. Das Schreiben umfangreicher Dokumente zur Software "verschlingt" aber viel Zeit, und dieser Aufwand darf keinesfalls vernachlässigt werden. Dazu diese zwei Gleichungen:

$$\text{X} \qquad \text{DOC} = 34,7 \ \text{LOC}^{0,93}$$

wobei

DOC Dokumentation in Seiten

LOC Programmlänge in 1000 LOC

$$\text{XI} \qquad \text{DOC} = 49 \cdot \text{LOC}^{1,01}$$

Die erste Formel kommt von *IBM*s Federal System Division und dürfte daher in erster Linie für Software im kommerziellen Bereich zutreffen. Die zweite Gleichung gibt Dieter Rombach [58] an und stammt vom *Software Engineering Laboratory* der *University of Maryland*. Die dort erstellte Software fällt eher in den technischen Bereich der Luft- und Raumfahrt.

Daß die Dokumentation der Software einen nicht zu unterschätzenden Aufwand für das Projekt darstellen, ersehen wir auch anhand folgender Zahlenwerte, die aus einem Projekt der *IBM* in den USA stammen:

Typ des Dokuments	Anzahl	Zahl der Seiten	Zahl der Worte
Planung	14	2 654	1 327 264
Projektsteuerung	13	1 990	995 448
Finanzwesen	4	330	165 000
Technisch	10	12 277	6 138 596
Informell	5	5 309	2 654 528
Offizielle Korrespondenz	6	2 322	1 161 356
Sonstiges	2	1 324	33 101
Gesamt	54	26 206	12 475 293

Tab. 2.18 Umfang der Dokumentation bei IBMs IMS/360 [63].

Der Umfang des Programmcodes in diesem Fall betrug 165 908 LOC in Assembler. Für 1000 LOC wurden somit 157 Seiten an Dokumentation produziert. Das ist bei Projekten dieser Größenordnung sicherlich üblich, bei Projekten im militärischen Bereich wird jedoch oft eine weit umfangreichere Dokumentation verlangt.

Rückblickend erkennen wir deutlich, daß der Aufwand für das Projekt in Mannmonaten und die Projektdauer in einem ziemlich starren Zusammenhang stehen. Zwar lassen sich durch mehr Werkzeuge und erfahrene Mitarbeiter vielleicht noch ein paar Wochen oder Monate "herausholen", doch bestimmte Forderungen — oder Wunschträume — lassen sich nun einmal nicht erfüllen. Darauf sollte der erfahrene Projektleiter ohne Scheu hinweisen. Doch genug der Rechnerei.

Wenn wir uns der Organisation zuwenden, erscheint eine Gliederung der Software-Entwicklung nach Fachgebieten sinnvoll. Dadurch können rasch wechselnde Technologien ständig verfolgt werden. Auf der anderen Seite werden diese Spezialisten wiederum den Projekten zugeordnet, womit wir eine Matrixorganisation erhalten. Lassen Sie uns zum Schluß unserer Betrachtungen zum Projektmanagement noch ein Thema ansprechen, das leider in solch expliziter Form selten erörtert wird, obwohl es allen bewußt ist: Das Risiko.

2.6.1.2 Das Projektrisiko

Manche Leser werden fragen, ob denn das Eingehen von Risiken überhaupt notwendig ist. Das ist eine berechtigte Frage, aber leider ist in einer Zeit stagnierender Märkte anscheinend nur noch das Unternehmen erfolgreich, das Risiken eingeht. Da Software aber der Stoff ist, der die "Intelligenz" in die Produkte bringt, ist Software beim Risiko immer zu berücksichtigen.

Das Management eines Unternehmens muß Risiken eingehen, und dafür ist es kaum zu kritisieren. Risiko ist auch nicht notwendigerweise abzulehnen. Wir kennen zumindest eine Branche, die mit dem Risiko gut und gerne lebt: Die Versicherungsbranche. Mir ist nicht bekannt, daß diese Gesellschaften klagen würden.

Das Problem bei der Behandlung des Risikos in der Software-Entwicklung liegt vordringlich darin, daß man eine Vogel-Strauß-Politik betreibt: Lange Zeit werden die Probleme totgeschwiegen, zuerst gegenüber dem eigenen Management und später gegenüber dem Kunden. Eines Tages muß man dann den Tatsachen ins Gesicht sehen. Viele Projekte werden Jahre nach dem ursprünglich geplanten Termin fertig, andere Software wird mit einer verminderten Zahl von Funktionen ausgeliefert, und manche Projekte werden vollständig abgebrochen, weil der Kunde den Glauben an einen erfolgreichen Abschluß verloren hat.

Meine Forderung läuft deshalb auf die Identifizierung der Risiken und das Erarbeiten von Alternativen hinaus. Mit Fehlschlägen ist bei Software, besonders im Bereich neuer und unerprobter Technologien, immer zu rechnen. Nur wer rechtzeitig über Alternativen nachgedacht hat, wird beim Eintreten eines Risikos nicht mit leeren Händen dastehen. Dabei können sich die Überlegungen zu Alternativen entweder auf den Bereich der Software beschränken oder das gesamte System einbeziehen. Bei einem gefährdeten System wie einem Flugzeug oder einem Kernkraftwerk würde ich versuchen, das Gesamtsystem zu betrachten.

Barry Boehm schlägt in seinem Buch *Software Risk Management* [55] eine gezielte Vorgehensweise vor, die sich wie eine Baumstruktur darstellt. Die potentiellen Risiken werden Schritt für Schritt in Einzelheiten heruntergebrochen und anschließend separat untersucht. Sehen wir uns diesen Vorschlag zum Management von Risiken an:

Schritt I	**Schritt II**	**Schritt III**
Risikoanalyse	Identifizierung der Risiken	Fragebögen Auslösende Ereignisse Analyse der gemachten Annahmen Untergliederung einzelner Risiken
	Risikoanalyse	Modelle bilden Kostenrechnungen und -modelle Analyse der Abhängigkeiten (Netzwerke) Analyse der Entscheidungen Analyse von Qualitätsfaktoren
	Risiken nach Prioritäten ordnen	Die Folgen beim Eintreten des Risikos Alternativen Möglichkeiten zur Risiko-Reduzierung
Kontrolle der Risiken	Planung zum Management der Risiken	Beschaffen von Informationen Vermeidung von Risiken Verschieben des Risikos Reduzierung des Risikos
	Lösungen	Prototyping Simulationen Benchmarks Analysen Maßnahmen bei den Mitarbeitern
	Verfolgung der Risiken	Verfolgen der Meilensteine der Software-Erstellung Verfolgen der zehn größten Risiken Neubewerten der Risiken Fehlerberichtigung

Tab. 2.19 Herunterbrechen der Risiken bei Software-Projekten [55].

Ohne auf alle Punkte detailliert eingehen zu wollen, sollten wir uns doch einige Möglichkeiten zur Vermeidung und Kontrolle von Risiken genauer ansehen.

In manchen Fällen wird es besser sein, ein erkanntes Risiko zu meiden. Man kann zum Beispiel untersuchen, ob im Rahmen eines größeren Systems die Funktion nicht von der Software in die Hardware verlagert werden kann.

Sicher erinnern Sie sich noch an den Absturz einer Maschine der *Lauda Air* im Mai 1991 über Thailand. Ein von der Software unabhängiges mechanisches System zur Verhinderung der Schubumkehr im Steigflug hätte diese Katastrophe wahrscheinlich verhindern können.

Wenn man andererseits das Risiko nicht vermeiden kann oder will, sollte man Alternativpläne aufstellen, um im Fall der Fälle eine andere Lösung anbieten zu können.

Eine der besten Strategien im Falle von Unsicherheit ist das Beschaffen zusätzlicher Informationen. Hier bieten sich bei der Software diese Techniken an:

♦ Das Bauen eines Prototyps der kritischen Funktionen des Software-Systems,

♦ Simulation des Systems,

♦ Benchmarks der kritischen Funktionen oder Teile der Software, um durch genaue Messungen das eigene Urteil auf eine gesicherte Basis zu stellen,

♦ das Einschalten externer Berater, die Fachleute auf dem spezifischen Gebiet sind und tiefgreifende Kenntnisse besitzen, die im eigenen Unternehmen nicht verfügbar sind.

Wie wir sehen, wird das Risiko erst beherrschbar, wenn wir uns im einzelnen damit beschäftigen, Alternativen planen und uns aktiv — und proaktiv — mit den gegebenen Möglichkeiten auseinandersetzen. Ein Projektmanagement, das die Risiken aggressiv angeht, läuft weit weniger Gefahr zu scheitern als ein passives Management, das die möglichen Gefahren der Software-Entwicklung ignoriert.

2.6.2 Die Software-Entwicklung

Individualism is a fruit of organized society.
Ralph Barton Perry.

Die Entwicklung wird den Löwenanteil der Arbeiten bei der Erstellung der Software leisten. Da sich das gesamte *Capability Maturity Model* um den Prozeß der Software-Erstellung dreht, genügt es an dieser Stelle, auf die wichtigsten Dinge einzugehen. Wir wollen jedoch noch einmal auf ein Prozeß-Modell zurückkommen, das V-Modell [74]. Dieses Modell ist zwar im Grunde ein Wasserfall-Modell, die Form der Darstellung macht allerdings die Abhängigkeiten zwischen Entwicklung und Test sehr deutlich. In der Tat besteht die rechte Säule des Modells aus Tätigkeiten der Verifikation und Validation, dies entspricht weitgehend den Realitäten.

Im einzelnen enthält das V-Modell die folgenden abgrenzbaren Phasen:

♦ Die Analyse der Anforderungen,

♦ den Grobentwurf, in dem die Architektur der Software festgelegt wird,

♦ den Feinentwurf, in dem die Einzelheiten des Entwurfs dazukommen,

♦ die Phase Kodierung und Unit Test,

♦ die Phase Integration und Test der Komponenten,

♦ den Akzeptanztest.

Dabei stehen sich die folgenden Tätigkeiten fast spiegelbildlich gegenüber:

♦ Die Anforderungen an die Software und der Akzeptanztest,

♦ der Grobentwurf und der Test der Komponenten,

♦ der Feinentwurf und der Unit Test.

Durch die symmetrische Anordnung der Tätigkeiten des Entwurfs und deren Überprüfung wird der Zusammenhang besonders schnell deutlich. Doch sehen Sie selbst:

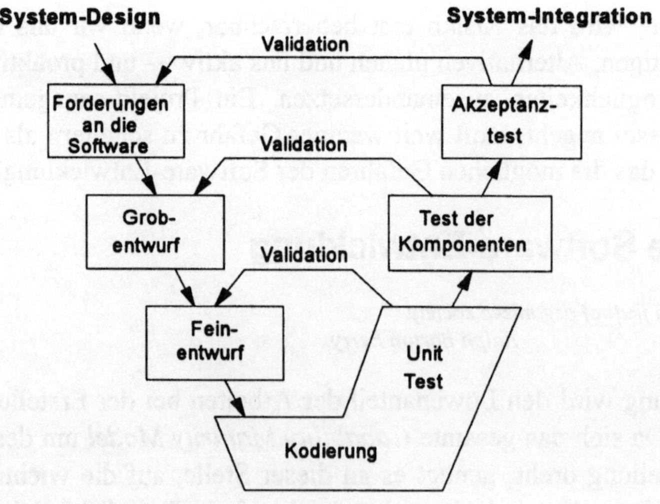

Abb. 2.3 Das V-Modell der Software-Entwicklung.

Phasenmodelle sind in einigen Varianten im Einsatz. Es ist weniger bedeutend, ob die Software in fünf oder sieben Phasen entsteht. Essentiell wichtig ist jedoch, daß am Ende einer Phase ein Software-Teilprodukt abgeliefert und anschließend überprüft wird, ein Review aller beteiligten Parteien besteht und endlich unter Konfigurationskontrolle gestellt wird. Das Verfahren ist bei Code etwas schwieriger als bei Software-Dokumenten, da sich der Code nun einmal auf dem Computer befindet. Grundsätzlich ist aber bei allen Ausprägungen der Software ein ähnliches Verfahren anzuwenden. Änderungen werden sicher nicht ausbleiben, und sie müssen in nachvollziehbarer Weise in die Software einfließen.

Wir wollen die einzelnen Phasen der Entwicklung kurz beleuchten: Der Phase Requirements Analysis geht fast immer eine Konzeptionsphase voraus. Während dieser Zeit sollte die Software-Entwicklung einbezogen werden, um falsche Vorstellungen von vornherein ausräumen zu können. Software kann zwar vieles leisten, aber keine Wunder vollbringen. Man sollte immer sehr sorgfältig abschätzen, was im Rahmen des Systems die bessere und kostengünstigere Lösung ist. Zur Dokumentation derartiger Überlegungen eignet sich eine Machbarkeitsstudie (feasibility study).

Feasibility Studies sind deshalb wichtig, weil gelegentlich versucht wird, Software auf der Basis der Technik von übermorgen zu entwickeln. Das muß natürlich scheitern, doch leider findet man das oft erst nach Jahren teuer bezahlter Entwicklungsarbeit heraus. Bei der anderen Variante dieses Themas wird Software entwickelt, die bereits bei ihrer Einführung den Anforderungen der Benutzer nicht mehr entspricht. Bei mehrjährigen Entwicklungsvorhaben und rasch fortschreitender Technik ist auch das möglich.

Die Machbarkeit überprüfen.

Haben sich Auftraggeber und Auftragnehmer erst davon überzeugt, daß das Projekt innerhalb eines überschaubaren Zeitraums und in einem vernünftigen Kostenrahmen tatsächlich verwirklicht werden kann, steht dem Beginn der Phase *Requirements Analysis* nichts mehr im Wege.

2.6.2.1 Die Analyse der Anforderungen

Oft ist Software nur Teil eines größeren Systems, wie beim *Airbus*, dem *Space Shuttle* oder der *Ariane*-Trägerrakete. In einem solchen Fall muß die Software als ein integrierter Teil des Gesamtsystems in das Lastenheft für das System eingehen und später beim Design des Systems berücksichtigt werden. Daß sich an der Schnittstelle manchmal Mängel aufzeigen, demonstriert der Fall des nicht ausgestoßenen Satelliten (siehe Fall 1.3). Die Anforderungen an die Software ergeben sich bei einem solchen System aus der Systemanalyse. In der Regel wird abzuwägen sein, wie die verschiedenen Funktionen in Software oder Hardware realisiert werden können.

Für das Erstellen der Spezifikation bedarf es einer Mannschaft, die das Material zusammenträgt und hieraus ein Dokument erstellt, das eindeutig und nicht interpretierbar ist. Es gibt eine Reihe von Fehlern, die es zu vermeiden gilt:

◆ Die Vorwegnahme der Designphase während der Erstellung des Lastenhefts,

◆ Verhinderung innovativer Lösungen des Entwicklers durch zu viele Details,

◆ Widersprüche im Dokument selbst und

◆ offensichtliche Lücken im Lastenheft.

Das Software Requirements Document sollte das "Was" der Software spezifizieren, keinesfalls das "Wie" — die Lösung. Diese Gratwanderung ist nicht immer ganz leicht, denn für einen Fahrstuhl bietet sich nun einmal als Modell eine Finite State Machine an, und nicht das simple Modell Eingabe — Verarbeitung — Ausgabe. Es kommt hinzu, daß viele Tatsachen zu Beginn eines Projekts nicht bekannt sind. Bei Software zur Mustererkennung wird man am Anfang zum Beispiel die Algorithmen erst entwickeln müssen. Es bietet sich daher manchmal an, die Spezifikation aufzuteilen: In einen ersten Teil, der die wesentlichen Funktionen und Leistungsmerkmale enthält, und einen zweiten Teil unter der Federführung des Auftragnehmers, der so nützliche und notwendige Komponenten wie Algorithmen, das verwendete Betriebssystem, Anforderungen aus der Testgruppe und notwendige Telemetriedaten enthält [76].

Einen Fehler beim Schreiben der Spezifikation sollte man zu vermeiden suchen: Die Designer der Software sind am wenigsten geeignet, die Spezifikation zu erstellen, da sie zu sehr Partei sind. Von ihnen wird niemand erwarten können, daß sie sich harte Forderungen in das Lastenheft schreiben. Bleibt die Frage: Wer sonst?

Der Auftraggeber bietet sich an, denn nur der Kunde und Benutzer weiß letztlich genau, was seine Organisation braucht. In vielen Fällen wird sich der Auftraggeber dieser Aufgabe nicht ganz gewachsen fühlen. In dem Fall bieten sich die folgenden Alternativen an:

- Der Kunde vergibt das Erstellen des Lastenheftes an eine Firma, die nicht mit der Entwicklung der Software beauftragt wird und vom Auftragnehmer für die Entwicklung der Software unabhängig ist.

- Der Kunde liefert seine Anforderungen nur in der Form von Eckwerten und überläßt das Schreiben einer detaillierten Spezifikation dem Auftragnehmer.

- Kunde, Benutzer und Auftragnehmer bilden ein gemeinsames Team zum Schreiben des Lastenheftes.

Die Forderung, daß die Designer nicht die Schreiber ihrer eigenen Spezifikation sein dürfen, bedeutet andererseits keineswegs, daß sie nicht beteiligt sein sollten. Als Reviewer ist ihre Mitarbeit durchaus gefragt, denn in der Spezifikation soll keine Forderung auftauchen, die später nur unter erheblichen Kosten oder überhaupt nicht realisiert werden kann. Doch verlassen wir nun die eher organisatorischen Dinge und wenden uns den Details einer Spezifikation für Software zu.

Ein ausgezeichneter Leitfaden zur Erstellung eines Lastenheftes der Software stellt der *ANSI/IEEE Standard 830-1984, Guide to Software Requirements Specifications*, dar. Die Vorteile bei der Anwendung dieses Standards kann man wie folgt beschreiben:

- Der Auftraggeber ist gezwungen, sich genau darüber klar zu werden, über welche Funktionalität die Software verfügen soll, und diese Eigenschaften zu beschreiben.

- Der Auftragnehmer muß sich im Detail mit den Wünschen des Kunden auseinandersetzen.

- Die Mitarbeiter des Auftraggebers müssen sich über Form und Inhalt des Lastenheftes klar werden. Oft entsteht dabei in der Entwicklung ein Handbuch zum Schreiben von Lastenheften und in der Qualitätssicherung ein Fragebogen zur Überprüfung des Dokumentes.

- Das Lastenheft stellt in der verabschiedeten Form eine bindende Vereinbarung zwischen Auftraggeber und Auftragnehmer über die Funktionen der Software dar.

- Das Lastenheft reduziert spätere Änderungen im Design und der Kodierung, denn es soll bereits die gesamte Software vollständig beschreiben.

- Das Lastenheft bietet die Grundlage zur detaillierten Schätzung der Kosten und des Zeitaufwands, denn es enthält alle notwendigen Funktionen der Software.

♦ Das Lastenheft ist der Ansatzpunkt für Verifikation und Validation, und auf der Basis des Lastenheftes kann der Testplan für die Software entstehen.

♦ Das Lastenheft dient bei allen Erweiterungen und Änderungen an der Software als BASELINE. Daher können alle vorgeschlagenen Änderungen hinsichtlich Kosten und Zeitbedarf abgeschätzt werden.

Ein Lastenheft, so gut die Vorsätze bei der Erstellung immer gewesen sein mögen, kann in einer Reihe von Punkten fehlerhaft sein. Ein wesentlicher Grund dafür liegt in der Verwendung der deutschen oder englischen Sprache. Menschliche Sprache ist nun einmal — im Gegensatz zu einer mathematischen Formel — oft unpräzise und interpretierbar.

Bei sicherheitskritischer Software [116] wird sogar eine Spezifikation in mathematischer Notation verlangt. Aber auch in diesem Fall muß zusätzlich ein Lastenheft erstellt werden, das für den Normalbürger noch lesbar und verständlich ist.

An ein gutes Lastenheft muß man somit folgende Forderungen stellen:

♦ Klar und nicht interpretierbar,

♦ vollständig,

♦ verifizierbar,

♦ frei von Widersprüchen,

♦ änderbar,

♦ Änderungen müssen verfolgbar sein, und

♦ das Lastenheft soll über den gesamten Lebenszyklus der Software hinweg benutzbar sein.

Zur ersten Forderung nach Klarheit der Forderungen ist zu ergänzen, daß eine im Lastenheft spezifizierte Funktion der Software vom Designer der Software nur in einer bestimmten und eindeutigen Weise verstanden werden darf. Ist die Forderung in der Spezifikation nämlich interpretierbar, eröffnet sich damit eine Fehlermöglichkeit. Der eine Entwickler mag die Forderung in der einen Weise verstehen, ein Kollege vollkommen anders. Das führt unweigerlich zu Problemen an der Schnittstelle zwischen verschiedenen Teilen der Software.

Ist ein Ausdruck im Lastenheft nicht von vornherein klar verständlich, sollte man ihn im Lastenheft selbst definieren, zum Beispiel in einem Glossar. Es ist auch ratsam, die allgemein üblichen Fachausdrücke zu benutzen. Der *ANSI/IEEE Standard 729-1983, Glossary of Software Engineering Terminology*, bietet derartige Definitionen an.

Ein Lastenheft ist dann vollständig, wenn es die folgenden Themen behandelt:

- Eine Beschreibung aller Anforderungen an die Software, d.h. sämtlicher Funktionen, Leistungsmerkmale, Einschränkungen beim Entwurf und Forderungen oder Beschränkungen bei den externen Schnittstellen der Software.

- Definitionen des geforderten Verhaltens der Software bei allen Eingaben, wobei auch das Verhalten bei falschen Eingaben definiert werden muß.

- Die Norm, nach der das Lastenheft der Software erstellt wurde. Falls bestimmte Teile der Norm nicht benutzt werden sollen, muß das erklärt werden.

- Eine Beschriftung der Grafiken und Tabellen im Text.

- Maßeinheiten bei allen relevanten Variablen und Konstanten.

Zur Forderung nach Verifizierbarkeit und Überprüfbarkeit des Dokumentes ist zu sagen, daß jede einzelne Forderung im Lastenheft überprüfbar sein muß. Das kann entweder durch eine Maschine mittels eines Testprogramms oder durch einen menschlichen Bearbeiter geschehen. Sie haben solche nicht überprüfbaren Forderungen sicher schon öfter gesehen. Denken Sie nur an Sätze wie "Die Software sollte eine gute Schnittstelle zum Benutzer bieten.".

Diese Forderung ist zwar nicht falsch, bietet aber keinerlei Ansatzpunkt zu ihrer Verifizierung. Sie ist in dieser Form nicht testbar, und darüber, was eine gute Schnittstelle ist, können sich Auftraggeber und Auftragnehmer unter Umständen lange streiten.

Weitere nicht testbare Forderungen dieser Art sind:

- Das Programm soll niemals in eine Endlosschleife laufen.

- Die Ausgabe der Daten soll *in der Regel* innerhalb von zehn (10) Sekunden erfolgen.

Die Forderung nach Freiheit von Widersprüchen im Lastenheft bedeutet, daß nicht an zwei verschiedenen Stellen im Dokument Forderungen auftreten dürfen, die sich gegenseitig widersprechen. Sie ist zwar bei Lastenheften geringeren Umfangs relativ leicht zu überprüfen. Wächst das Dokument jedoch auf mehrere hundert Seiten an und arbeiten eventuell mehrere Sachbearbeiter an den Requirements, dann ist mit solchen Widersprüchen zu rechnen.

Die Forderung nach Widerspruchsfreiheit läuft auch darauf hinaus, daß für eine Funktion im Lastenheft immer dieselben Ausdrücke verwendet werden sollen. Beispielsweise sollte man die Ausdrücke *process* und *task* nicht durcheinanderwürfeln, wenn man jeweils dasselbe meint.

Ein Lastenheft der Software ist dann änderbar, wenn ihm eine klare Gliederung zugrundeliegt, es ein Inhaltsverzeichnis besitzt und dieselbe Forderung nur an einer Stelle im Dokument auftaucht. Redundanz im Lastenheft ist zwar kein Fehler, führt aber bei Änderungen oft zu Folgefehlern, da eine Änderung nur an einer Stelle eingebaut wird. In der Folge ist das Dokument dann nicht mehr frei von Widersprüchen.

Die Forderung nach Verfolgbarkeit bedeutet, daß alle Änderungen im Lastenheft, nachdem es einmal unter Konfigurationskontrolle gestellt wurde, verfolgbar sein müssen. Das heißt, daß Aufzeichnungen zu jeder Änderung beim Konfigurationsmanagement verfügbar sein müssen und die Änderung im Lastenheft identifiziert werden kann.

Die letzte Forderung bedeutet, daß das Lastenheft auch noch verfügbar und änderbar sein muß, wenn die ursprünglichen Ersteller des Dokumentes längst in anderen Projekten arbeiten. In der Praxis wird man das Lastenheft immer mit einem Textverarbeitungssystem oder einem speziellen Werkzeug erstellen, insbesondere aus Gründen der leichten Änderbarkeit.

In bezug auf die Struktur des Dokumentes gibt es keinen allgemein verbindlichen Standard. Die Applikationen sind einfach zu unterschiedlich. Ich will hier lediglich eine mögliche Struktur für das Lastenheft aufzeigen. Wenden wir uns zunächst den einleitenden Teilen zu:

Punkt im Lastenheft	Kommentar
1 Einleitung	Etablieren Sie das Dokument im Zusammenhang des gesamten Projektes.
1.1 Zweck	Beschreiben Sie kurz den Zweck des Lastenheftes.
1.2 Überblick	Geben Sie einen kurzen Überblick zum Inhalt des Lastenheftes.
1.3 Terminologie	Erklären Sie Ausdrücke und Definitionen, die nicht üblich sind oder im Rahmen des Dokumentes eine besondere Bedeutung haben.
1.4 Referenzen	Listen Sie die referenzierten Schriftstücke auf.
1.5 Überblick	
1.5.1 Organisation des Dokumentes	Beschreiben Sie kurz die Struktur des Dokumentes, so daß sich der Leser schnell zurechtfinden kann.
1.5.2 Leserschaft	Beschreiben Sie, für welchen Kreis von Lesern das Dokument gedacht ist.

Tab. 2.20a Struktur eines Lastenheftes.

Im zweiten Teil des Lastenheftes der Software werden die Forderungen bereits detaillierter. Kapitel 2 beschreibt die Funktionen der Software, und daher wird dieser Abschnitt den größten Teil des Dokuments ausmachen.

Punkt im Lastenheft	Kommentar
2. Produktbeschreibung	Stellen Sie das Software-Produkt in den Zusammenhang des Projektes, und geben Sie einen zusammenfassenden Überblick für Manager.
2.1 Funktionen der Software	Beschreiben Sie die Hauptfunktionen der Software.
2.2 Die Benutzer	Nennen Sie die Benutzer und ihre Qualifikation.
2.3 Einschränkungen	Kurze Liste der Einschränkungen für das System.
2.4 Gemachte Annahmen	Erklären Sie gemachte Annahmen.
3. Spezifische Anforderungen an die Software	Beschreiben Sie in diesem Kapitel im Detail, was die Software tun soll.
3.1 Funktionelle Anforderungen	Dieser Punkt muß weiter untergliedert werden. Er enthält den Großteil des Materials und ist sehr applikationsspezifisch.
3.2 Anforderungen an die Schnittstellen	Beschreiben Sie die externen Schnittstellen der Software.
3.2.1 Schnittstelle Benutzer	Beschreiben Sie die Schnittstelle.
3.2.2 Schnittstelle Hardware	Definieren Sie die Schnittstelle zur Hardware.
3.2.3 Andere Schnittstellen	z.B. Datenbanksystem, Datenfernübertragung.
3.3 Leistungsanforderungen	z.B. Antwortzeitverhalten.
3.3.1 INPUT/OUTPUT	Volumen der Daten, geforderte Datenrate.
3.3.2 Umfang der Daten	Spezifizieren Sie den Umfang der Daten.
3.3.3 Anwortzeitverhalten	Spezifizieren Sie, wie schnell das Programm bei bestimmten Eingaben oder externen Ereignissen reagieren muß.
3.4 Einschränkungen für den Entwurf	Definieren Sie, wo Einschränkungen notwendig sind.
3.4.1 Geforderte Standards	Eine Auflistung der anzuwendenden Normen.
3.4.2 Einschränkungen durch die Hardware	Restriktionen, die sich durch die verwendete Hardware ergeben.
3.5 Qualitätsfaktoren	z.B. Zuverlässigkeit oder Wartbarkeit.
3.6 Sonstige Forderungen	Greifen Sie hier Themen auf wie zum Beispiel den Zugriff auf eine Datenbank, das Starten und Herunterfahren des Programms oder die Installation in verschiedenen Rechenzentren. Ein weiteres Thema könnte die Sicherheit der Software sein.

Tab. 2.20b Struktur eines Lastenheftes.

Nun wissen wir, wie das Lastenheft zu erstellen ist. Gewiß wird jede Applikation und jedes Projekt anders sein, doch der große Rahmen ist gesteckt. Wem die oben gezeigte Struktur für das Lastenheft nicht gefällt, der findet im Anhang eine weitere Produktspezifikation für ein solches Dokument der Software. Wenden wir uns nun einem Dokument zu, das unter die Planungsdokumente der Software-Erstellung einzuordnen ist, dem Software Development Plan (SDP).

Während das Lastenheft spezifiziert, welche Software kreiert werden soll, beschreibt der SDP das "Wie". Er soll darlegen, wie der Auftragnehmer bei der Erstellung der Software vorgehen will. Das ist gewiß keine triviale Aufgabe, denn viele Projekte scheitern daran, daß mit völlig unzureichenden Mitteln versucht wird, Software zu entwickeln. Der Auftraggeber kann eigentlich nur dann detailliert nachprüfen, was der Auftragnehmer vorhat, wenn dazu ein aussagefähiger Plan vorgelegt wird.

Der Software Development Plan muß somit überzeugend darlegen, wie die Software innerhalb des Zeitplans mit den im Plan genannten Ressourcen geschaffen werden soll. Die Produktspezifikation zu einem SDP finden Sie ebenfalls im Anhang. Sehen wir uns jetzt die nächste Phase der Entwicklung an.

2.6.2.2 Die Entwurfsphase

Two men asked a rabbi to settle their dispute. After listening to the first man's presentation the rabbi announced: "I find that you are right." The second man, dismayed, protested: "But rabbi, you haven't heard my side yet", and he went on to present his case. The rabbi said: "Now that I have heard you, I find that you are also right." The rabbi's assistant interjected, "But rabbi, they can't both be right", to which the rabbi responded, "You are also right."

C. Weissmann

Die Entwurfsphase sollte die eigentlich kreative Periode für den einzelnen Entwickler sein. Ein Entwurf ist meistens auch nicht mit Attributen wie "richtig" oder "falsch", "gut" oder "schlecht" zu kennzeichnen, sondern eher mit Worten wie "elegant", "schön" oder "stabil". In der Entwurfsphase bietet sich der Einsatz von CASE Tools an, jedoch betrifft dies eher den handwerklichen Aspekt. Um neue Ideen zu gewinnen, kann man durchaus eine Technik wie *Brainstorming* einsetzen. Wie funktioniert dieses Wetterleuchten im Gehirn?

Eine gute Iee muß vorhanden sein!

Die Idee [77] geht zurück auf Walt Disney, der sie bereits 1928 für den Film "Steamboat Willie" verwendete. Eine Brainstorming Session hat zwei Teile, die kreative und die analytische Phase. Im kreativen Teil sollen von der Gruppe Ideen produziert werden, negative Kritik ist ausdrücklich verboten. Als Hilfsmittel braucht man feste Karten aus Karton (Lochkarten sind ausgezeichnet), etwas größere Karten für die Themen, eine Pinwand, Reißnägel und Klebeband. Während des Brainstormings sind Unterbrechungen von außen zu verhindern.

Der Moderator hat die Aufgabe, das Thema der Sitzung bekanntzugeben und negative Kritik im Keim zu ersticken. Die Teilnehmer produzieren ihre Ideen zum Thema, eine Idee pro Lochkarte, schreiben es auf und lesen es laut vor. Der Moderator heftet die Karte gleich anschließend unter das Thema an die Pinwand. Zusätzliche Ideen zu den Anregungen anderer Gruppenmitglieder sind erlaubt und sogar erwünscht. Der Moderator darf folgendes nicht tun:

♦ negative Bemerkungen der Art "das funktioniert bei uns doch nicht" zulassen,

♦ selbst offensichtliche Interessen bei der Problemlösung haben,

♦ eine ausufernde Diskussion zu einer geäußerten Idee eines Teilnehmers zulassen oder ermuntern.

Ganz im Gegenteil sollte der Moderator die Gruppe in Schwung bringen, sie zu weiteren Ideen ermuntern und auch offensichtliche Schnapsideen oder Schüsse ins Blaue ohne Kritik annehmen. Das Ziel der kreativen Phase ist Quantität, nicht Qualität der Vorschläge. Doch bald folgt der zweite Teil, das Sortieren und Klassifizieren der Ideen.

In dieser Phase ist die Kritik der Teilnehmer erlaubt, jedoch nicht am Anfang. Zunächst sichtet die Gruppe alle Karten an der Pinwand. Dann werden die Karten nach bestimmten Kategorien sortiert, die von der Gruppe genannt werden. Der Inhalt jeder Karte wird dabei gelesen, diskutiert und in eine bestimmte Kategorie eingeteilt. Es liegt in der Natur des Verfahrens, daß manche Vorschläge gleich oder ähnlich sein können. Trotzdem ist die dahinterliegende Vorstellung des Autors oft originell. Sie sollte ausgelotet werden.

Kritik erst in der zweiten Phase.

Die Gruppe bestimmt letztlich, welche Ideen beibehalten und welche verworfen werden. Was am Schluß der Sitzung an der Pinwand steht, gehört allen.

Die Methoden in der Entwurfsphase sind vielfältig und gewiß nicht in ein paar Seiten abzuhandeln. Ich plädiere weder für eine bestimmte Methode noch für ein bestimmtes Werkzeug, sondern meine, daß die eingesetzten Methoden und Werkzeuge bei Beginn des Projektes nach den Erfordernissen dieses spezifischen Projekts ausgewählt werden sollten. Jeder Entwurf der Software sollte inhaltlich jedoch diese drei Gesichtspunkte berücksichtigen:

♦ datenorientiert,

♦ prozeßorientiert,

♦ ereignisorientiert.

Lassen Sie mich das kurz erklären: Ein Programm zur Lohn- und Gehaltsabrechnung wird fast vollständig datenorientiert zu entwerfen sein. Ob das Programm die Berechnung in einer halben Stunde schafft oder drei Stunden dafür braucht, spielt eigentlich keine Rolle. Anforderungen in bezug auf das Antwortzeitverhalten sind nicht vorhanden oder minimal. Ganz anders dagegen bei einem Prozeßrechner in der chemischen Industrie: So ein Computer — und seine Software — muß externe Ereignisse berücksichtigen können, sonst läuft unter Umständen ein Tank mit Chemikalien über. Zudem muß die Reaktion der Software in einer spezifischen Zeitspanne garantiert sein.

Man wird immer auch berücksichtigen müssen, wie die Software ihre Aufgaben in einzelne Prozesse oder Tasks aufteilt, wie diese Prozesse miteinander kommunizieren, welche Daten übergeben werden und wie die Prioritäten bei den Prozessen verteilt sind.

In der Praxis treten Mischformen auf.

Ein rein daten- oder rein ereignisorientierter Entwurf ist selten, meist handelt es sich um Mischformen. Während der Abarbeitung des Programmes wird die eine oder andere Forderung im Vordergrund stehen. Lassen Sie uns nun noch zwei Prinzipien betrachten, die von Glenford J. Myers in die Diskussion gebracht wurden, die Forderungen nach *cohesion* und *coupling*. Die Forderung nach einem modularen Design resultiert bekanntlich nicht zwangsläufig in einer Struktur der Module der Software, die sinnvoll oder zweckmäßig ist. Was bedeuten nun diese beiden Begriffe?

Cohesion oder *Module Strength* bedeuten, daß ein Modul der Software einen starken inneren Zusammenhalt besitzen soll. In anderen Worten: Es soll sich um eine Funktion handeln, die logisch zusammengehört und möglichst wenige Interaktionen nach außen hin benötigt.

Die Forderung läuft natürlich auf möglichst wenige Parameter an der Schnittstelle und viele lokale Variablen hinaus. Sie unterstützt auch das Prinzip von Information Hiding. Wenn wir einen Vergleich mit der Welt der Chemie anstellen wollen, dann ist es fast wie bei einem Wassermolekül. Es besitzt so starke Kräfte, die es zusammenhalten, daß es nur unter großem Einsatz von Energie auseinanderzubrechen ist. Doch nun zu der zweiten Forderung.

Coupling fordert, daß die Interaktionen zwischen den verschiedenen Modulen auf ein Minimum begrenzt werden. Das ist eine komplementäre Forderung zur *cohesion*, und ihre Berücksichtigung trägt viel dazu bei, einen Entwurf übersichtlich zu gestalten.

Einen Gesichtspunkt sollten wir nicht vergessen. Die Programme werden immer größer, und da hilft es dem Management durchaus, wenn einzelne und abgrenzbare Teile der Software bestimmten Mitarbeitern oder kleinen Teams zugewiesen werden können. Da Schnittstellen immer ein Gefahrenpotential darstellen, ist es nur hilfreich, wenn das Interface so klein wie möglich gehalten werden kann.

Wenn eines Tages das Design feststeht, muß es dem Kunden vorgestellt werden. Dazu eignen sich graphische Darstellungen in der Form von Bubble Charts viel besser als zum Beispiel eine Program Design Language (PDL) oder Pseudocode, weil sie im großen Kreis viel leichter zu erklären sind. In einer Runde von dreißig bis fünfzig Personen ist es schwer, eine tiefschürfende fachliche Diskussion zu führen. Auf jeden Fall muß vermieden werden, daß jeder Entwickler eine individuell verschiedene Darstellung wählt. Für eine Art der Software darf es auch nur eine Art der Darstellung des Designs geben. Diese Forderung schließt jedoch nicht aus, daß zum Beispiel das Zeitverhalten des Systems mittels Petri-Netzen vorgestellt wird, die funktionelle Gliederung aber mit Buhr-Diagrammen.

Moderne höhere Programmiersprachen sind leistungsfähig und problemorientiert, bieten allerdings oft so viele Sprachkonstrukte, daß die Auswahl schwer fällt. Manche Anweisung erweckt zunächst einen guten Eindruck, verbraucht aber viel mehr Rechenzeit als eine andere, im Grunde gleichwertige Konstruktion der Sprache. In einer solchen Situation helfen dem Programmierteam ein *Style Guide* oder Programmierrichtlinien möglicherweise weiter.

Der Style Guide ist stets auf eine bestimmte Sprache und ein bestimmtes Projekt hin zugeschnitten. In einer anderen Umgebung kann er ganz anders aussehen.

Auf der folgenden Doppelseite finden Sie ein kurzes Beispiel eines Style Guide.

Style Guide für die Flugsoftware des DND-Projekts

1. Wählen Sie Namen aus, die von den Lesern Ihres Code leicht verstanden werden können. Vermeiden Sie Acronyms, die nur Sie alleine verstehen. Verwenden Sie besser die allgemein üblichen Fachausdrücke.

2. Reservieren Sie den treffendsten Namen für die Variable, den zweitbesten Namen für den Typ.

3. Benutzen Sie die in der Applikation üblichen Namen, keinen Jargon.

4. Kürzen Sie immer nach einer einheitlichen Strategie ab. Der Beginn eines Wortes ist wichtiger als der Schluß, Konsonanten sind wichtiger als Vokale.

5. Vermeiden Sie mißverständliche Abkürzungen:
   `TEMP` kann sowohl *temporär* als auch *Temperatur* meinen. Schreiben Sie das Wort in solchen Fällen aus.

6. Verwenden Sie keine ungewöhnlichen und unverständlichen Abkürzungen.

7. Eine Abkürzung muß wesentlich kürzer sein als das ausgeschriebene Wort, sonst lohnt sich eine Abkürzung nicht.

8. Falls es im Projekt eine Liste allgemein akzeptierter Abkürzungen gibt, verwenden Sie die Abkürzungen aus dieser Liste.

9. Verwenden Sie zur Trennung von Worten immer den UNDERSCORE.
   `TOTAL_PAYMENT` ist leichter lesbar als `TOTALPAYMENT`.

10. Wählen Sie jedoch auch keine allzu ausführlichen Namen:
    Statt `LINE_PRINTER_OUTPUT` reicht auch `PRINTER_OUTPUT`, ohne daß Information verlorengeht.

11. Vermeiden Sie Buchstaben in Variablen und Konstanten, die durch Tippfehler leicht zu Fehlern und Irrtümern führen können.
    Leicht zu verwechseln sind die Buchstaben 2 und Z, 0 und O, 1 und l sowie 5 und S. Schreiben Sie besser nicht `terminal_1`, sondern `terminal_one`.

12. Schreiben Sie Konstanten in klar lesbarer Form, zum Beispiel
    ```
    PI: constant INTEGER  :=  3.141_592_653_589_793
    ```

13. Verwenden Sie Attribute wie "SUCC", "PRED", "FIRST" und "LAST".

14. Fügen Sie Blanks ein, um Gleichungen lesbarer zu machen:
    ```
    FAHRENHEIT := 32.0 + (9.0 / 5.0) * CELSIUS
    ```

15. Benutzen Sie Kommentare nicht, um das Offensichtliche zu kommentieren!

16. Kommentieren Sie ungewöhnliche Stellen im Programm.

17. Kommentieren Sie Auslassungen und Abweichungen von der Regel.

18. Benutzen Sie bei verschachtelten Anweisungen in Blöcken nicht mehr als höchstens fünf Ebenen.

19. Benutzen Sie in `while`- und `for`-Loops kein `exit`-Statement.

20. Minimieren Sie die Verwendung des `exit`-Statements in Loops.

21. Die Verwendung des `GOTO`-Statements ist verboten!

22. Minimieren Sie die Verwendung des `return`-Statements in Unterprogrammen.

23. Verlassen Sie sich nicht darauf, daß das `delay`-Statement in bezug auf die angegebene Zeit genau arbeitet.

24. Verwenden Sie den vorgeschriebenen Header.

25. Füllen Sie bitte den Header vollständig aus! Wenn Sie drei Änderungen in Ihrem Modul vorgenommen haben, müssen im Header auch drei Software Trouble Reports (STRs) eingetragen sein.

26. Wenn Sie eine Änderung im Code vornehmen, schreiben Sie unbedingt die zugehörige STR-Nummer in den Header.

27. Eine Software Unit soll die Größe von 100 Lines of Code nicht überschreiten. Maximal darf eine Software Unit 200 LOC lang sein, wenn der Fall begründet werden kann.

28. Rücken Sie Blöcke von Code ein. Jeder Block von Text sollte mindestens um drei Blanks eingerückt werden, um die Lesbarkeit zu verbessern.

29. Schränken Sie den Bereich von Variablen durch die Anweisung *range* ein, wenn Ihre Spezifikation eine diesbezügliche Aussage macht.
    Beispiel: `type week_day is range 1 .. 7;   -- Monday is day one`

30. Initialisieren Sie alle Variablen, die Sie benutzen.

STYLE GUIDE for DND, Version 1.0, 12-JAN-92

Wie gesagt, das soll nur eine Anregung für Ihren eigenen Style Guide sein. In Ihrer Umgebung können andere Möglichkeiten bestehen, manche Restriktionen womöglich wegfallen oder sich neue Optionen eröffnen. Doch zurück zum Entwurf in unserem Phasenmodell.

Bei Software, an die Echtzeitanforderungen gestellt werden, ist die Auslastung der Prozessorleistung und des Hauptspeichers eine kritische Ressource, mit der man haushälterisch umgehen sollte. Tut man das nicht und kommt es beim Einsatz der Software zu einem Fehler, kann das leicht katastrophale Auswirkungen haben, wie der Absturz des Prototyps des neuen Jägers der schwedischen Luftwaffe eindrucksvoll zeigt [124]. Bei einem Testflug war es zu einer Überlastung der Flugsoftware gekommen, und dieser Fehler führte zum Absturz der Maschine.

Will man solche spektakulären und kostspieligen Fehlschläge vermeiden, sollte man bereits in der Entwurfsphase damit beginnen, den Verbrauch an Ressourcen bis ins Detail zu planen und aufzuzeichnen. Besonders gut eignet sich für diese Arbeit ein Spreadsheet-Programm, das sämtliche Berechnungen und Aktualisierungen automatisch vornimmt. Ein Beispiel für ein paar Module könnte so aussehen:

	Schätzung		Messung	
Name des Moduls	**Datum**	**Codelänge in Worten**	**Datum**	**Codelänge in Worten**
1 *gc_main*	03-JAN-92	236		
2 *sine*	03-JAN-92	180		
3 *cosine*	03-JAN-92	74		
4 *tangens*	03-JAN-92	46		
5 *table_look_up*	03-JAN-92	556		
6 *gc_one*	10-JAN_92	312		
7 *gc_two*	10-JAN-92	276		
8 *gc_sums*	10-JAN-92	166		

Tab. 2.21   Belegung des Speichers bei Echtzeitsystemen.

Was bei der Auslastung des Speichers gilt, dürfen wir beim verwendeten Prozessor natürlich nicht auslassen. In dem Fall könnte unsere Tabelle so aussehen:

Name des Moduls	Schätzung		Messung	
	Datum	Ausführungs- zeit in Zyklen	Datum	Ausführungs- zeit in Zyklen
1 *gc_main*	03-JAN-92	88		
2 *sine*	03-JAN-92	48		
3 *cosine*	03-JAN-92	56		
4 *tangens*	03-JAN-92	18		
5 *table_look_up*	03-JAN-92	34		
6 *gc_one*	10-JAN-92	122		
7 *gc_two*	10-JAN-92	98		
8 *gc_sums*	10-JAN-92	162		

Tab. 2.22 Ausführungszeit in Prozessorzyklen.

Die Ausführungszeit für jedes Modul wurde in diesem Beispiel in Prozessorzyklen angegeben. Man kann als Einheit aber auch Millisekunden wählen. Wichtig ist vor allem, frühzeitig den Verbrauch kritischer Ressourcen zu schätzen und die Meßwerte einzutragen, sobald sie vorliegen.

Stellt man fest, daß Messung und Schätzung für ein Modul weit auseinander liegen, sollte man über Alternativen nachdenken. Vielleicht gibt es eine Alternative beim Entwurf oder der Kodierung, die weniger Ressourcen verbraucht. Damit wären wir bei der nächsten Phase angelangt, der Implementierung der Software.

2.6.2.3 Die Implementierungsphase

Die erfolgreiche Bewältigung dieser Phase fällt umso leichter, je besser die Vorarbeit war. Die eigentliche Kodierung verschlingt zwar immer noch einen Großteil der Ressourcen, es ist jedoch in den letzten Jahren ein Trend hin zu einer Betonung der frühen Phasen der Software-Entwicklung festzustellen.

Der Entwurfsprozeß stellt eine fortwährende Verkleinerung und Verfeinerung der Software dar, bis hin zur kleinsten Einheit, die kodiert werden kann. Solche Software Units sollten in der Regel nicht größer als 100 Lines of Code sein, dürfen aber 200 LOC keinesfalls überschreiten. Einheiten dieser Größenordnung sind überschaubar und lassen sich mit Testfällen gut abdecken.

Sind die einzelnen Module der Software fertig, können sie einzeln ausgetestet und anschließend zu größeren Einheiten und Subsystemen integriert werden. Bei Embedded Software kommt ein Problem hinzu: Das Programm kann erst in seiner endgültigen Umgebung, der Ziel-Hardware, vollständig getestet werden. Deshalb darf man den zeitlichen Aufwand für die Integration solcher Systeme keinesfalls unterschätzen. Es muß eine Testumgebung geschaffen werden, die zur Integration der Software taugt und das Aufspüren von Fehlern unterstützt. Trotz der Verwendung höherer Programmiersprachen ist an der Schnittstelle zwischen Hard- und Software mit Fehlern und Rückschlägen zu rechnen. Die Projektleitung tut gut daran, dafür reichlich Zeit einzuplanen.

Es ist eigentlich eine "Milchmädchenrechnung", aber man muß es trotzdem erwähnen: Bei Software als Embedded System stehen für die eigentliche Entwicklung der Software nur zwei Drittel bis drei Viertel des Projektzeitraums zur Verfügung. Schließlich muß die Software noch in das System integriert werden. Hierbei ist mit Schwierigkeiten zu rechnen, nicht nur bei der Software. Man kann vielleicht durch Incremental Delivery für Milderung sorgen, doch im Grunde bleibt die Tatsache bestehen: Das letzte Drittel der Systementwicklung steht für die Erstellung der Software nicht mehr zur Verfügung.

Selbstverständlich muß auch die Implementierungsphase vollständig dokumentiert werden. Dazu dient der Software Development Folder (SDF), der manchmal auch Software Development File genannt wird. Die Dokumentation kann zum Zweck der Rationalisierung vollständig auf dem Rechner erzeugt und verwaltet werden.

Der Software Development Folder sollte in dieser Weise gegliedert werden:

Abschnitt 1   Deckblatt und Zeitplan für das Modul der Software.

Abschnitt 2   Die Anforderungen an das Modul. Hier handelt es sich um die Anforderungen an das Modul aus dem Lastenheft. Jedes einzelne Modul der Software muß auf einen bestimmten Paragraphen im Lastenheft der Software zurückverfolgbar sein. In diesen Abschnitt gehören auch alle Änderungen zu einer einmal etablierten Baseline der Software.

Abschnitt 3   Der Entwurf. Hierbei handelt es sich um den für das Modul der Software zutreffenden Teil des Entwurfs. Der Entwurf muß wiederum bis zum Lastenheft zurückverfolgbar sein.

Abschnitt 4   Functional Capabilities List. Dies ist eine kurze Aufzählung der Funktionen der Software, die im Rahmen eines Black Box Testes prüfbar sein sollten.

Abschnitt 5   Programmcode. Das ist ein Listing des Quellcode-Moduls.

Abschnitt 6 Testplan. Unter dieser Rubrik soll der zutreffende Teil des Testplans dokumentiert werden.

Abschnitt 7 Überprüfung des Testplans. In diesem Teil des SDFs muß der Testplan durch eine unabhängige Instanz, z.B. die Qualitätssicherung, überprüft und abgezeichnet werden.

Abschnitt 8 Testergebnisse. Hier werden die Ergebnisse des Modul-Tests dokumentiert. Es muß aus den Aufzeichnungen eindeutig hervorgehen, ob der Test bestanden wurde oder nicht.

Abschnitt 9 Fehlerberichte. In diesem Teil des SDFs werden Kopien sämtlicher für das Modul zutreffenden Software Trouble Reports aufbewahrt.

Abschnitt 10 Sonstiges Material. Hier wird sonstiges für das Modul der Software relevantes Material gesammelt, etwa die Ergebnisse von Walkthroughs oder Code Inspections.

Offensichtlich ist die Dokumentation auf der Ebene des Codes ziemlich umfangreich. Das ergibt sich bereits aus der Tatsache, daß hier die Software bis in die kleinste Einheit heruntergebrochen wurde. Man muß hierbei bedenken, daß fast alle Fehler, die später im Code auftreten werden, auf dieser Ebene berichtigt werden müssen. Will man die Verfolgbarkeit sichern, muß man speziell auf dieser Ebene der Software-Entwicklung alles sehr sorgfältig dokumentieren.

2.6.2.4 Integration und Test

Nach Wochen und Monaten kommt der Tag, an dem ein integriertes System dem Kunden vorgestellt werden kann. Um überhaupt beurteilen zu können, was da vorgeführt wird, muß der Auftragnehmer lange vor diesem Termin einen detaillierten Testplan vorlegen, damit sich der Kunde ein klares Bild machen kann. Der Testplan sollte nicht versuchen, jeden Test auf der niedrigsten Ebene des Programms zu wiederholen. Es muß davon ausgegangen werden, daß diese Tests im Beisein der Qualitätssicherung durchgeführt wurden, daß darüber Aufzeichnungen existieren und der Code anschließend unter Konfigurationskontrolle gestellt wurde. Allerdings sollten im Akzeptanztest mit dem Kunden die Hauptfunktionen der Software demonstriert werden. Es kann durchaus vorkommen, daß ein Vertreter des Kunden beim Test eine kleine Modifikation verlangt, zum Beispiel die Eingabe eines falschen Parameters. Nun wird sich zeigen, wie robust die Software konstruiert wurde.

Änderungen sind unvermeidlich.

Es wäre töricht anzunehmen, daß in einem so dynamischen Prozeß wie der Software-Entwicklung keine Änderungen eintreten
würden. Das beginnt bereits bei nicht stabilen Anforderungen an
die Software und endet bei Testern, die bis zum letzten Tag nicht
wissen, welche Variablen sie eigentlich in den Telemetriedaten
haben müssen. Änderungen sind bis zu einem gewissen Grad
unabweisbar, doch sie müssen bei so einem flüchtigen Stoff wie
Software in einer organisierten und nachvollziehbaren Weise geschehen. Man organisiert das Änderungsverfahren am besten
durch die Installation eines Software Change Control Boards
(SCCB). In diesem Gremium müssen bei jeder Zusammenkunft
folgende Parteien vertreten sein: Die Software-Entwicklung, das
Konfigurationsmanagement und die Qualitätssicherung.

Bei Bedarf und in Abhängigkeit zu den Themen der Tagesordnung können weitere Personen hinzugezogen werden, etwa Hardware-Entwickler oder das Projektmanagement. Änderungen müssen immer dokumentiert werden, um die Nach-
vollziehbarkeit einer Änderung an der Software zu gewährleisten. Die Verwaltung und Aufbewahrung solcher Dokumente ist die Aufgabe des Konfigurationsmanagements. Änderungen können sich in folgenden Ausprägungen zeigen:

- Fehler: Sie werden durch Software Trouble Reports (STRs) dokumentiert.

- Verbesserungen: Sie werden durch Software Change Requests (SCRs) dokumentiert.

Das Formular für einen Software Trouble Report könnte so aussehen:

<table>
<tr><td colspan="2">SOFTCRAFT AG   Software Trouble Report</td></tr>
</table>

Projekt: .... Datum: .... STR Nr.:...........

Aussteller: .... Abteilung: .... Telefonnummer: ....

Betroffene Software: UNIT/Modul/Paket: .... Version: ....

Beschreibung des Fehlers und der Umstände, unter denen er auftritt:

....

....

....

Vorgeschlagener Weg zur Verbesserung:

....

....

....

Annahme durch das SCCB: Datum: ....

Task Leader Software Engineering: .... SCCB Chairman: ....

Änderung in die Software eingearbeitet:

abgeschlossen am: .... Programmierer: ....

Test durchgeführt am: .... bestätigt durch (QSS): ....

STR geschlossen am: .... für das SCCB: ....

SOFTCRAFT REGELWERK
Software Standards & Procedures, Version 1.05 vom 13. Mai 1992

Beide Anträge kommen zum SCCB, das über das weitere Vorgehen entscheidet. Es kann durchaus sein, daß sich diese Gruppe entscheidet, eine vorgeschlagene Änderung abzulehnen, zum Beispiel weil:

♦ die Änderung unnötig ist,

♦ die Änderung zwar wünschenswert ist, im Moment für die Implementierung aber zuviel Zeit in Anspruch nehmen würde (nice to have),

♦ die Änderung zu zuvielen Änderungen in anderen Modulen führen würde,

♦ der Schreiber der Fehlermeldung die Dokumentation nicht richtig verstanden hat,

♦ es sich um einen Fehler in der Elektronik handelt.

In der Regel werden allerdings die meisten Änderungen ohne große Probleme angenommen, und damit fließen sie in das Programm ein. In graphischer Darstellung läßt sich die Arbeit des SCCB wie folgt aufzeigen:

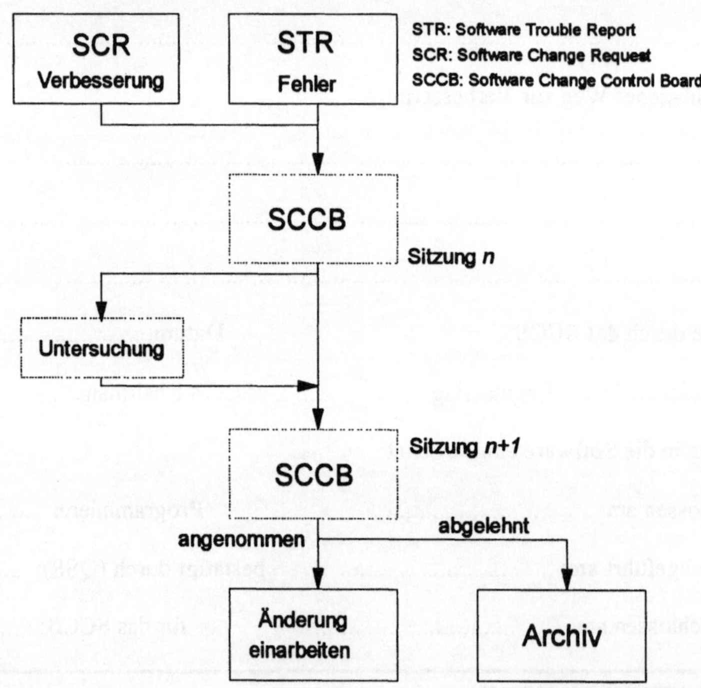

Abb. 2.4   *Änderungsverfahren bei Software.*

Im Gegensatz zur Situation bei der Hardware sind Fehler in der Software in der Regel weniger schwerwiegend, allerdings viel zahlreicher. Daher wird das SCCB bei größeren Software-Projekten oft täglich zusammenkommen müssen, mindestens aber einmal pro Woche. Von den Teilnehmern muß verlangt werden, daß sie gute Kenntnisse über das zu bauende Software-System besitzen. Selbst wenn sie bei Einzelheiten auf den Rat fachlich kompetenter Programmierer angewiesen sein werden, müssen sie immer beurteilen können, wie sich ein Fehler beheben und eine vorgeschlagene Änderung in die Software einfügen läßt und welche Auswirkungen zu erwarten sind. Somit ist technische Fachkompetenz im SCCB gefragt, verbunden mit rascher Auffassungsgabe und genügend Geduld.

Sobald die Software vorliegt, schließt sich eine Überprüfung an. Die erste Prüfinstanz sollte immer der ursprüngliche Entwickler sein, doch im Sinne der oben aufgeführten Gewaltenteilung müssen bald Dritte hinzugezogen werden.

2.6.3 Verifikation und Validation

Lange Zeit war man der Meinung, Testen von Software sei das einzig Wahre. Diese Auffassung beginnt sich zu ändern. Dennoch sollten wir nicht verkennen, daß viele Organisationen sich noch nicht einmal zu der Erkenntnis durchgerungen haben, daß das Testen von Software eine eigenständige Aufgabe ist, die von den Entwicklern einfach nicht wahrgenommen werden kann. Jedenfalls nicht mit Aussicht auf Erfolg.

Tom DeMarco und Tim Lister haben das in ihrem Buch *Peopleware* so gut beschrieben, daß ich es bestimmt nicht besser machen könnte. Deshalb zitiere ich die beiden Autoren:

"In der Urzeit der Datenverarbeitung gab es im Staat New York eine Firma, die große blaue Computer baute. Dieses Unternehmen stellte auch die Software her, die auf ihren Maschinen laufen sollte. Die Kunden dieser großen Firma waren nette Leute, aber sie konnten ganz schön böse werden, wenn Programme ausgeliefert wurden, die fehlerhaft waren. Eine Weile versuchte das Unternehmen, ihre Kunden dahin zu bringen, diese Fehler zu tolerieren. Das funktionierte allerdings nicht. Deshalb biß man schließlich in den sauren Apfel und versuchte stattdessen, die Fehler zu beseitigen."

"Die einfachste Lösung wäre es ohne Zweifel gewesen, die Programmierer dazu zu bringen, die Fehler vor der Auslieferung des Programms an die Kunden zu entfernen. Das schien allerdings nicht zu funktionieren. Die Programmierer glaubten fest daran, daß die von ihnen geschriebenen Programme in Ordnung wären. Obwohl sie sich alle Mühe gaben, sie konnten den letzten Fehler nicht finden. Deshalb wurden weiterhin fehlerhafte Programme ausgeliefert."

"Wirklich den letzten Fehler zu finden war schwierig, aber einige Programmierer schienen dafür eine besondere Begabung zu haben. Die Firma zog eine Gruppe solcher begabter Tester zusammen und betraute sie mit der Aufgabe, ein besonders kritisches Programm vor der Auslieferung an ihre Kunden zu testen. So wurde das legendäre Black Team geboren."

"Das schwarze Team bestand ursprünglich aus Leuten, die ein wenig besser als ihre Kollegen im Aufspüren von Fehlern in der Software waren. Das Erstaunlichste war nicht ihr Erfolg am Anfang, sondern die Zahl der aufgedeckten Fehler im ersten Jahr ihrer Existenz. Es war beinahe wie Zauberei: Das Team wurde fast zu einer eigenen Persönlichkeit innerhalb der Firma. Sein Credo war, Fehler im Code zu erwarten und zu finden. Es war dem schwarzen Team eine Freude, Programme zerstörerischen Tests auszusetzen."

Eine Legende war geboren. Fast unnötig, es zu erwähnen: Die Unternehmensleitung dieses großen blauen Riesens war in Hochstimmung. Ihr Problem mit der Software war endlich gelöst.

Einer der wesentlichen Gründe dafür, daß Entwickler schlechte Tester sind, ist psychologischer Natur. Der Schöpfer eines Programmes ist einfach nicht in der Lage, sein eigenes Werk einem objektiven und teilweise zerstörerischen Test auszusetzen. Ganz anders ein professioneller Tester: Seine alleinige Aufgabe ist das Testen, und daraus bezieht er seine Erfolgserlebnisse. Unter dem Strich zahlt sich diese Form der Arbeitsteilung für ein Unternehmen aus. Die richtige Organisation zu finden ist schließlich eine Hauptaufgabe des Managements. Doch lassen Sie uns in dem Stadium beginnen, in dem die Software noch kaum Code ist, gewissermaßen im Stadium nascendi.

2.6.3.1 Inspections und Walkthroughs

Software Inspections gehen auf Michael E. Fagan [84] zurück, der sie in den siebziger Jahren bei IBM einführte. Sie eignen sich zur Prüfung für das Lastenheft, den Entwurf, den Code, den Testplan und für die Handbücher der Software. Gute Erfolge erzielt man mit der Methode zweifellos in der Entwurfsphase. Doch worum geht es eigentlich?

Fagan schlägt einen sechsstufigen Prozeß vor, mit den folgenden Schritten:

1. Planen der Inspektionen,

2. Vertrautmachen der Software-Gruppe mit der Methode,

3. Vorbereiten einzelner Programmierer auf ihre Rolle in dem Prozeß, d.h. auf die Rolle des Moderators, des Autors, des Code Readers und des Testers,

4. Durchführen der Code Inspection,

5. Beseitigen der gefundenen Fehler und Schwächen,

6. Überprüfen der Fehlerbeseitigung.

Die Mitglieder des Programmierteams spielen wechselweise die folgenden Rollen, wobei der Tester bei der nächsten Sitzung (und einem anderen Modul) der Autor des Codes sein kann. Der Moderator sollte ein kompetenter Programmierer sein, er darf das zur Prüfung anstehende Modul jedoch nicht geschrieben haben. Der Moderator verteilt vor der Sitzung einen Ausdruck des Codes, besorgt einen Raum und gibt den anderen Mitgliedern des Review Teams den Termin bekannt. Während der Inspektion sorgt der Moderator dafür, daß sich die Diskussion in sachlichen Bahnen bewegt und nicht ausufert. Er notiert alle gefundenen Fehler und muß auch sicherstellen, daß die gefundenen Fehler nach der Sitzung durch den Programmierer behoben werden.

Die Rolle des Moderators.

Der Programmierer oder Autor des Codes trägt in der Sitzung Punkt für Punkt sein Programm vor. Während der Sitzung werden seine Entscheidungen hinterfragt. Die kritische Prüfung ist besonders die Aufgabe des Testers. Die Erfahrungen mit Fagan Inspections zeigen, daß viele Fehler vom Programmierer selbst erkannt werden, wenn er seinen Gedankengang anderen Leuten erklären muß. Code Reader können zum Beispiel Programmierer sein, die an Modulen arbeiten, die mit dem geprüften Code eine Schnittstelle besitzen.

Inspektionen sollten sich immer auf ein Modul beschränken und nicht länger als ein bis zwei Stunden andauern. Die Zahl der Teilnehmer darf nicht mehr als drei oder vier betragen, um eine tiefgehende Diskussion zu ermöglichen. Das Management sollte sich aus solchen Peer Reviews weitgehend heraushalten.

Eine verwandte Methode zum Testen ohne Computer ist das *Walkthrough*. Die Vorbereitung und Durchführung ist ähnlich wie bei Inspections. Es nehmen die folgenden Personen an Walkthroughs teil:

◆   der Autor des Codes,

◆   ein Sekretär,

◆   ein Tester,

◆   ein erfahrener Programmierer, ein Neuling, jemand aus der Wartung oder ein
    Kollege aus einem anderen Projekt.

Die Rolle des Sekretärs ist mit der des Moderators bei Inspections vergleichbar.
Der Tester spielt jedoch eine weit größere Rolle. Er hat sich vor dem
Walkthrough eine Reihe von Testfällen für das vom Programmierer vorgelegte
Modul überlegt. Obwohl diese Testfälle nur auf Papier existieren, werden sie in
der Sitzung von den Teilnehmern durchexerziert. Insofern ähneln Walkthroughs
fast Einsteins berühmten Gedankenexperimenten. Die Testfälle werden Fall für
Fall auf die Logik des Programms angewandt, und die Ergebnisse notiert der Se-
kretär an der Tafel.

Selbstverständlich müssen die Testfälle einfacher Natur sein, und ihre Zahl muß
niedrig sein. Menschen können ein Programm schließlich nicht so schnell ausführen wie ein Computer.

In vielen Sitzungen dienen Testfälle einfach dazu, die Teilnehmer "in Fahrt" zu
bringen und die Logik des Codes zu hinterfragen. Fragen sollten sich immer auf
das vorgelegte Produkt beziehen, nicht auf den Autoren selbst. Auch beim
Walkthrough muß dafür gesorgt werden, daß gefundene Fehler nach der Sitzung
korrigiert werden.

Daß Code Inspections oder Walkthroughs ein nicht zu unterschätzendes Potential
zum Aufdecken von Fehlern in den frühen Phasen der Software-Entwicklung
bieten, sehen wir aus der folgenden Tabelle:

Phase	Eingeführte Fehler in %	Gefundene Fehler in %
Analyse der Anforderungen	55	18
Design	30	10
Kodieren und Test	10	50
Wartung und Betrieb	5	22

Tab. 2.23   Fehlereinführung und Entdeckung bei Software.

In den beiden Phasen "Analyse der Anforderungen" und "Design" zusammen
werden fünfundachtzig Prozent der Gesamtfehler eingeführt. Wenn es uns gelingt,
diese Fehler früh zu finden, können wir viel Geld sparen. Je länger diese Fehler

nämlich in der Software verbleiben, umso teurer wird es, sie aufzuspüren und zu beseitigen.

Die dritte Methode dieser Art heißt *Desk Checking*. Dabei überprüft eine Person das Design oder den Code am Schreibtisch. Da
bei diesem Prozeß keine Gruppendynamik aufkommen kann, sind
die vorher genannten Methoden in aller Regel überlegen. Man Desk Checking.
darf jedoch nicht verkennen, daß Fagan Inspections und
Walkthroughs mindestens drei und maximal fünf Personen benötigen. Sie sind daher sehr zeit- bzw. kostenintensiv.

Ware Myers berichtet andererseits von nennenswerten Erfolgen [84]. Fagan nennt
einen Produktivitätszuwachs von 25 Prozent bei *Aetna Life*, einer amerikanischen
Lebensversicherung. Bei einem Projekt der *IBM* in England wurden 93 Prozent
der Fehler in der Software durch Inspections gefunden, einhergehend mit einer
Verbesserung der Produktivität um neun Prozent. Bei zwei Projekten bei *UNISYS*
wurden 68 und 70 Prozent der Fehler bereits vor dem Beginn der Testphase gefunden, wobei die Einsparung in einem Fall 483 300 und im zweiten Projekt
397 945 Dollar betrug.

Wir sehen, Potential zur Einsparung und Verbesserung des Prozesses ist reichlich
gegeben, und wir sollten besonders in den fehlerträchtigen ersten Phasen der
Entwicklung Methoden wie Inspections und Walkthroughs einsetzen.

Nun werden einige Leser sich fragen, was besser ist, Code Inspections und
Walkthroughs oder Testen. — Dazu liegen wenig gesicherte Erkenntnisse vor,
doch die ersten Untersuchungen scheinen darauf hinzudeuten, daß es sich um
komplementäre Methoden handelt. Mit dem Werkzeug Gehirn finden wir die eine
Art von Fehlern, mit dem Werkzeug Computer eine andere Art von Fehlern.

Eines muß ich bei Walkthroughs und Fagan Inspections allerdings betonen: Es
handelt sich um *Peer Reviews*. Das Wort *peer* bedeutet ganz konkret, daß die
Reviews von Personen durchgeführt werden müssen, die sich auf der gleichen
Stufe der Hierarchie befinden wie der Programmierer, dessen Arbeit zur Beurteilung ansteht. Wenn sich das Management bei solchen Reviews zu stark einmischt
und diese Überprüfungen etwa dazu hernimmt, einzelne Programmierer zu beurteilen, muß die Einführung scheitern.

Das heißt andererseits nicht, daß das Management sich zurückhalten sollte, wenn
es die zweckmäßige Organisation und die Durchführung von Walkthroughs betrifft. Es sollte nur der kreative Prozeß beim Aufspüren der Fehler in keiner

Weise gestört werden, und die Atmosphäre bei Peer Reviews muß eine offene Diskussion von Problemen ermöglichen.

2.6.3.2 Testen

Law of Unreliability
At the source of every error which is blamed on the computer,
you will find at least two human errors,
including the error to blame it on the computer.
                    Aus Murphy's Computer Law.

Das Testen von Software ist sicherlich kein Geschäft, das man nebenher betreiben kann. Es ist andererseits auch keine Geheimwissenschaft, sondern beruht auf der Erfahrung einer ganzen Generation von Testern. Eines sollte man jedoch nicht vergessen, und das ist die Crux des Testens: Man kann durch Testen zwar Fehler aufdecken und nachweisen, der Beweis der Fehlerfreiheit von Software läßt sich allerdings auf diese Art und Weise nicht führen. Dies sollte uns andererseits nicht davon abhalten, das in unseren Kräften Stehende zu tun, um die Software vor der Auslieferung gründlich auszutesten.

White Box oder Black Box

Wenn wir uns die Ansätze zum Testen von Software genauer ansehen, sollten wir zunächst White Box und Black Box Testing unterscheiden. Beim White Box Testing sehen wir uns das Modul oder die Software Unit an wie eine Schachtel aus Glas: Die Programmlogik und der Ablauf des Programms sind uns bekannt. Wir versuchen, das gesamte Modul zu testen, so daß durch Testfälle alle Anweisungen in dem Modul ausgeführt werden. Wenn man diese Art des Tests systematisch angeht, läßt sich eine Reihe von Testabdeckungen unterscheiden.

Die am einfachsten zu erfüllende Forderung lautet, jede Anweisung des Moduls mindestens einmal auszuführen. Das ist in der Regel leicht zu erfüllen, wird jedoch unter Fachleuten nicht mehr als ausreichend betrachtet. Stellen Sie sich dazu den folgenden Fall vor: Das zu testende Statement ist eine `if ... then else` Anweisung. Der Befehl nach dem `IF`-Statement wird ausgeführt, womit das oben genannte Kriterium erfüllt ist. Der Großteil des Codes für das Modul steht jedoch hinter der `ELSE`-Anweisung, und dieser Code wird nie getestet. Dieses Maß der Testabdeckung ist also unzureichend.

Eine Steigerung des Maßes der Testabdeckung erreichen wir dadurch, indem wir fordern, daß jeder Pfad im Programm mindestens einmal ausgeführt werden muß.

Dieses von den meisten Programmierern intuitiv als richtig erkannte Maß sollten wir für White Box Tests bindend vorschreiben. Bei Projekten ist es in der Regel möglich, hundert Prozent Testabdeckung zu erreichen oder diesem Ziel nahe zu kommen. Es gibt inzwischen auf dem Markt Werkzeuge, die den Code in der Weise instrumentieren, daß dieses leicht nachzuweisen ist.

Darüber hinaus gibt es eine Reihe weiterer Kriterien, nach der sich die Güte eines White Box Tests beurteilen läßt. Man kann zum Beispiel fordern, daß bei allen Entscheidungen in der Programmlogik jeder mögliche Wert berücksichtigt wird. Dies wird schnell unübersichtlich und ist aus Zeitgründen in der Regel nicht mehr durchführbar. Diese Art des Tests ist andererseits nicht unser einziger "Pfeil im Köcher". White Box Testing hat den Vorteil, daß die Programmlogik ausreichend geprüft werden kann. Wenn der Programmierer allerdings das falsche Modul geschrieben hat, etwa weil von ihm die Anforderungen falsch verstanden wurden, hilft uns diese Testmethode nicht weiter. Das Modul bleibt weiterhin falsch, auch wenn die Logik stimmt. Wenden wir uns nun der Black Box Methode zu.

Bei dieser Art des Testens gehen wir davon aus, daß der Tester von der inneren Logik des Moduls gar nichts weiß. Er testet rein nach der geforderten Funktion und findet heraus, ob das Modul tut, was es tun soll. Bei einem Modul zur Berechnung der Qua- Black Box. dratwurzel testet er zum Beispiel, ob das Modul bei einer Reihe von Eingaben das richtige Ergebnis liefert. Wie der Wert intern berechnet wird, interessiert den Tester dabei allenfalls am Rande.

Nun müssen wir uns darüber im klaren sein, daß wir Software nicht testen können, indem wir alle möglichen Eingabewerte berücksichtigen. Ein derart ausgedehnter Test wäre nicht zu bezahlen. Unser Ziel muß es vielmehr sein, mit einer begrenzten Zahl von Eingaben eine möglichst breite Palette von Testfällen abzudecken. Nehmen wir einmal an, wir wollen ein Modul testen, das uns bei Eingabe des Wochentags (1 ... 7), der Woche im Jahr und des Kalenderjahres den Jahrestag liefert.

Es ist eigentlich einsichtig, daß Dienstag bis Samstag, d.h. die Zahlen 2 bis 6, in eine Klasse von Eingaben fallen, während die Ziffern 1 und 7 wiederum eine andere Klasse bilden. Andererseits können wir erwarten, daß die Auswahl nur einer Zahl von 2 bis 6 die ganze Klasse abdeckt, daß wir also nicht alle Fälle zu testen brauchen. Dieses Verfahren nennt man *Equivalence Partitioning*.

Ein weiterer Grundsatz beim Black Box Testing ist es, Grenzwerte für Testfälle auszuwählen. In unserem kleinen Beispiel wären das die Zahlen 1 und 7, aber auch die Werte unmittelbar daneben, also 0, 2, 6 und 8. Der Grund für diese Regel liegt einfach darin, daß Grenzwerte sehr fehlerträchtig sind und daher immer getestet werden müssen.

Trotzdem ist es manchmal schwierig, die Grenzwerte für den Test zu ermitteln. Im obigen Beispiel sind sie relativ leicht zu finden, doch es kann intern einige Grenzwerte geben, die sich bei einem Black Box Test nicht zeigen. Betrachten wir dazu die folgende Geschichte, direkt aus dem Leben gegriffen:

Fall 2.5: Zu alt zum Autofahren? [110]

G. C. Blodgett, ein Fischer aus Neuengland, hatte eine ganze Reihe von Gewässern, die er regelmäßig besuchte. Er gab sein Hobby jedoch beinahe auf, als sich die Prämie für seine Autoversicherung von einem Tag auf den anderen plötzlich verdreifachte.

Als sein Sohn sich wegen der völlig unerklärlichen Prämienerhöhung bei der Versicherungsgesellschaft beschwerte, kam der Angestellte der Versicherung nach einiger Zeit prustend vor Lachen ans Telefon zurück. Folgendes war geschehen: Der Computer des Unternehmens war so programmiert worden, daß er die Prämien für Versicherte bis zum Alter von einhundert Jahren kalkulierte. Wenn ein Versicherter über hundert Jahre alt war, begann die Berechnung der Prämie wieder beim Alter Null.

G. C. Blodgett mußte nun plötzlich die weit höhere Prämie eines unfallträchtigen Teenagers bezahlen, da er in diesem Jahr das biblische Alter von 101 Jahren erreicht hatte. Der Programmierer der Versicherung hatte einfach — möglicherweise sogar mit einer gewissen Berechtigung — angenommen, daß Menschen über hundert nicht mehr Auto fahren sollten.

Chaos zur Jahrtausendwende? — Verborgene Grenzen dieser Art gibt es in Programmen aller Art, und sie offenbaren sich manchmal jahrelang nicht. Ich bin gespannt auf die Jahrtausendwende. Wie viele Programme werden die Umstellung auf das Jahr 2000 nicht ganz schaffen? — Es bedarf bestimmt einiger Phantasie, Testfälle zu kreieren, die solche verborgenen Grenzen aufspüren, doch man kann damit einiges Unheil verhindern.

Daß gute Kenntnisse der Geschichte auch beim Testen von Computerprogrammen nützlich sein können, zeigt das folgende Beispiel in der Sprache C:

```
/* easter.c
   input: year
   output: day,month   >> all integers        */

     easter(year,day,month)
     int year,*day,*month;
     {
     int d,m,gn,c,gc,cc,ed,e;
     gn=year%19+1;
     if (year <= 1582)
         {
         ed=(5*year)/4;
         e=(11*gn-4)%30+1;
         }
         else
         {
         c=year/100+1;
         gc=(3*c)/4-12;
         cc=(c-16-(c-18)/25)/3;
         ed=(5*year)/4-gc-10;
         e=(11*gn+19+cc-gc)%30+1;
         if (((e == 25) && (gn > 11)) || (e == 24)) e++;
         }
           d=44-e;
           if (d < 21 ) d=d+30;
             d=d+7-(ed+d)%7;
           if ( d <= 31 ) m=3;
           else
           {
             m=4;
             d=d-31;
           }
     *day=d; *month=m; return;
     }
```

Das kleine Unterprogramm berechnet das Osterfest. Wenn man die Jahreszahl eingibt, liefert es den Tag und Monat zurück, in dem in diesem Jahr Ostern gefeiert wird. Nun war die Berechnung des Kalenders im ersten Jahrtausend christlicher Zeitrechnung nicht immer sehr genau. Da konnten schon einmal ein paar Jahre verloren gehen. Ab 1583 wird jedenfalls anders gerechnet. Beim White Box Test ist das natürlich ein offensichtlicher Testfall. Anders beim Black Box Test: Da kennt man die Berechnungsmethode nicht, und sich gerade das Jahr 1582 und die benachbarten Werte als Testfälle auszusuchen, verlangt genaue Kenntnisse der Geschichte.

Überhaupt ist eine der Regeln beim Testen, daß nicht nur gültige Eingabewerte überprüft werden sollen, sondern eben auch ungültige Eingaben. Da man in der

Praxis niemals ausschließen kann, daß falsche Eingaben gemacht werden, ist das sicherlich sinnvoll. Denken Sie nur an die russische Raumsonde (siehe Fall 1.4 auf Seite 15).

Robuste Software erhält man nur, wenn man falsche Eingaben bis zu einem gewissen Grad abfängt. Nun muß die Auswirkung eines Fehlers nicht immer zum Verlust einer Mission führen wie bei der russischen Sonde, jedoch dürfen solche zerstörerischen Tests in unserem Repertoire nicht fehlen.

Black Box Testing hat natürlich nicht nur Vorteile. So könnte uns zum Beispiel jemand ein Trojanisches Pferd oder sogar Virencode "unterjubeln", ohne daß wir als Tester das merken. Solange die Software, von der wir bei der externen Testgruppe nur das ausführbare Image zu sehen bekommen, die geforderten Funktionen erfüllt, würde uns das nicht notwendigerweise auffallen. Es kann deshalb bei sicherheitskritischen Anwendungen durchaus notwendig werden, auch den White Box Test einer zweiten, von den ursprünglichen Entwicklern unabhängigen Gruppe zu übertragen.

Interaktives Testen stellt insofern eine Besonderheit dar, als es nur am Terminal ausgeführt werden kann. Zwar gelten keine anderen Grundsätze als üblich: Man sollte typische und atypische Werte berücksichtigen und den Test systematisch angehen. Leider ist der interaktive Test ziemlich zeitraubend, dies kann bei engen Zeitplänen zu einem Problem werden. Es werden für diese Aufgabenstellung jedoch Werkzeuge angeboten, die die Dauer des Testes verringern können. Zwar muß man den ursprünglichen Test weiterhin interaktiv durchführen, das Werkzeug speichert jedoch die Eingabewerte ab. Bei einem Regressionstest — und der kommt ohne Zweifel — ist man dann in der Lage, zumindest die bereits früher gefahrenen Tests ziemlich schnell zu wiederholen. Selbstverständlich müssen neue Funktionen der Software ebenfalls getestet werden. Die erstmalige Eingabe der Testdaten bleibt uns nicht erspart.

Das Testen sollte auf der untersten Ebene der Software-Module beginnen, schon um Fehler möglichst früh und mit den niedrigsten Kosten für deren Beseitigung zu finden. Manche Fehler, etwa die an der Schnittstelle zu anderen Modulen, lassen sich auf dieser Ebene zunächst nicht nachweisen, doch das kommt später. Den gesamten Ansatz zum Testen der Software sollten wir im Testplan beschreiben, der wiederum auf dem Lastenheft gründet.

Testfälle sind eine Investition, und deswegen sollte man sie nach Abschluß des Testes nicht wegwerfen, sondern mit der ausgetesteten Software unter Konfigurationskontrolle stellen. Die Chancen sind groß, daß man die Testfälle später noch einmal brauchen wird.

In der Regel kann man davon ausgehen, daß der ursprüngliche Entwickler wegen seiner intimen Kenntnisse der Programmlogik für das White Box Testing die geeignete Person ist. Black Box Testing überträgt man besser einer externen Testgruppe, da diese Art des Testens oft zerstörerische Tests beinhaltet. Organisatorisch sollte die Testgruppe entweder direkt dem Entwicklungsleiter unterstellt werden oder an die Qualitätssicherung berichten. Keinesfalls darf die Testgruppe dem Projektmanagement zugeordnet werden, da es sonst allzu leicht zu Zielkonflikten zwischen der Einhaltung des Terminplans und der Qualität der auszuliefernden Software kommen kann.

Der Test des Programms sollte auf der Ebene der Module beginnen und im Laufe der Integration der Software fortgesetzt werden. Es ist in der Regel nicht notwendig oder wünschenswert, daß der Kunde allen diesen Tests beiwohnt. Da solche Tests im Laufe der Entwicklung ständig anfallen, wäre das organisatorisch auch schwer durchführbar. Diese Tests und die Testfälle dazu müssen jedoch dokumentiert werden und reproduzierbar sein.

Am Schluß der Testphase sollte ein Systemtest durchgeführt werden, in Anwesenheit von Vertretern des Kunden. Dieser Test ist als Akzeptanztest zu verstehen. Wenn wir uns jetzt an das V-Modell der Software-Entwicklung erinnern, so ist auf dieser Ebene das Lastenheft der Software angesiedelt. Es sind insbesondere die Forderungen dieses Dokumentes, die im Akzeptanztest validiert werden müssen.

Bleiben wir beim Akzeptanztest: Auf dieser Ebene sollten die Hauptfunktionen der Software, die sich aus dem Lastenheft ergeben, demonstriert werden. Vertreter des Kunden und Endbenutzers der Software sind beim Akzeptanztest einzubeziehen. Sie können unter Umständen sogar einen Teil der Planungsaufgaben übernehmen. Je nach Umfang der Software kann der Akzeptanztest einen Tag bis zu einer Woche dauern. Die Situation wird um so schwieriger, wenn es sich beim zu testenden Programm um Embedded Software handelt. Dann ist es oft schwierig, die Funktionen der Software zu demonstrieren, da sie tief in das zu testende System eingebettet sind. Es ist deshalb bei der Planung des Testes zu überlegen, welche zusätzliche Hard- und Software für Testzwecke benötigt wird, um den Test der Software überhaupt sinnvoll durchführen zu können.

Vor einem möchte ich warnen: Den Test der Hardware zu vernachlässigen und mit der Software demonstrieren zu wollen, daß die Hardware in Ordnung sei.

Solch eine Vorgehensweise kann nur ins Verderben führen. Vielmehr müssen beide Komponenten des Systems, sowohl die Software wie die Hardware, vor ihrer Integration separat gründlich getestet werden. Der Test der Hardware kann natürlich wiederum durch Software erfolgen, aber dabei sollte es sich um speziell für diesen Zweck entwickelte Test-Software handeln. Speziell bei Embedded Software sind die Ressourcen Rechenzeit und Hauptspeicher meist sehr knapp, und daher darf die Software nicht mit Testaufgaben überlastet werden. Spezielle Test-Software hingegen kann im Hinblick auf diese Aufgabe entworfen werden, und sie belastet die ohnehin knappen Ressourcen wie *timing* und *sizing* nicht im Übermaß.

Ein vernachlässigter vorhergehender Test der Hard- und Software, vor dem Akzeptanztest mit dem Kunden, zeigt sich oft darin, daß auftretende Fehler keiner der beiden Komponenten eindeutig zugeordnet werden können. Zwar werden Fehler, die man zunächst nicht eindeutig einordnen kann, nicht ausbleiben, doch deutet eine große Zahl solcher Fehler fast immer auf ungenügende und nicht tief genug gehende Tests auf den vorhergehenden Stufen der Integration hin.

Die beim Akzeptanztest aufgetretenen Fehler sind zu dokumentieren und in der üblichen Weise über das Software Change Control Board zu behandeln. Gegen Ende des Tests wird abzuwägen sein, ob die Schwere der gefundenen Fehler es rechtfertigt, den Test als nicht bestanden zu erklären. Bei solchen Überlegungen ist immer auch die gegenwärtige Lage des Projektes mit einzubeziehen. Wenn zum Beispiel die Methode Incremental Delivery zum Tragen kommt und die Fehler weniger schwerwiegend sind, dann können bei einer ersten Auslieferung der Software unter Umständen leichte Fehler toleriert werden. Entscheidend wird sein, ob der Kunde und Benutzer mit der Software arbeiten kann. Selbstverständlich müssen die Fehler in der Software durch Software Trouble Reports dokumentiert werden, und die Mängel müssen im nächsten Release beseitigt sein.

Doch nun zu einer Disziplin, von der wir bereits öfters gehört haben, dem Konfigurationsmanagement.

2.6.4   Das Konfigurationsmanagement

Viele betrachten das Konfigurationsmanagement als lästig und reine Zeitverschwendung. Doch manchmal ist es eben ausgesprochen nützlich. Um aber in so einem Fall vorbereitet zu sein, muß man eben dauernd Konfigurationsmanagement betreiben. Lassen Sie mich das an einem Beispiel erläutern.

Vor ein paar Jahren verlor eine Verkehrsmaschine von *Boeing* über Hawaii einen Teil des Rumpfes. Passagiere wurden durch den plötzlichen Druckverlust nach außen gezogen. Andere Passagiere klammerten sich an ihre Sitze und konnten mit Müh und Not ihr Leben retten.

Der Pilot des Verkehrsflugzeuges konnte die Maschine auf Hawaii landen. Der Unfall wurde anschließend untersucht. Offensichtlich war die Maschine recht alt. Materialermüdung spielte mit großer Wahrscheinlichkeit eine Rolle. Wie sich bald herausstellte, hatte *Boeing* während der Fertigung dieses Musters für kurze Zeit als Verfahren zur Verbindung von Teilen des Rumpfes einen Kleber eingesetzt. Später ging man wieder dazu über, Nieten zu verwenden.

Da der Hersteller *Boeing* — oder genauer gesagt dessen Konfigurationsmanagement — in der Lage war, die Maschinen zu identifizieren, bei denen mit dem Klebeverfahren gearbeitet worden war, konnte sich die Untersuchung auf diese Flugzeuge beschränken. Ein generelles Flugverbot für alle Maschinen dieses Typs, mit seinen nicht zu unterschätzenden Auswirkungen für den internationalen Flugverkehr, konnte verhindert werden.

Ähnlich wie die Buchhaltung ist das Konfigurationsmanagement eine jener Disziplinen, die oft verkannt wird. Es lohnt sich jedoch, Aufzeichnungen zu führen, wie wir gesehen haben. Man braucht sie öfter, als man zunächst annimmt. Das gilt umso mehr für Software, die sich als ein sehr flüchtiges Medium jedweder Kontrolle zu entziehen scheint. Lassen Sie uns mit einem Fall aus der Praxis beginnen. Obwohl eine Kontrollinstanz, das Software Change Control Board installiert war, ging trotzdem etwas schief.

Fall 2.6:   Weihnachten und Ferienzeit

Über die Weihnachtsferien fliegt Ulrich Koch nach Hause, um in Deutschland Urlaub zu machen. Vorher hat er damit begonnen, am Modul GC1 einen Fehler zu beseitigen. Er wird mit der Arbeit vor seinem Urlaub allerdings nicht mehr fertig und beschließt deshalb, im Januar daran weiterzuarbeiten. Der Fehler selbst war ordentlich mit einem Software Trouble Report gemeldet worden, und das SCCB hatte die notwendige Änderung an der Software gebilligt.

In der ersten Januarwoche kommt eine weitere Fehlermeldung herein, die ebenfalls das Modul GC1 betrifft. Da Ulrich Koch noch in Urlaub ist, bittet der Task Leader einen anderen Programmierer, die Änderung durchzuführen. Auch dieser Task Leader macht den Job nur aushilfsweise, weil der Gruppenleiter der Software-Entwicklung ebenfalls in Urlaub ist. Das SCCB hat zu dem Zeitpunkt ungefähr zwanzig offene Software Trouble Reports in Bearbeitung.

Das Modul GC1 wird geändert, getestet, und anschließend integriert. Inzwischen ist Ulrich Koch aus dem Urlaub zurück. Er bringt seine Änderung ein. Von der zweiten Fehlermeldung, die über Weihnachten eingetroffen war, weiß er nichts. Sein Modul wird getestet und in die kontrollierte Bibliothek der Software übernommen. Schließlich werden alle Module gelinkt, und eine neue Version der Software wird ausgeliefert.

Wenige Tage später trifft eine Meldung aus dem Feld ein. Die über Weihnachten geschickte Fehlermeldung ist weiterhin offen, und der Fehler tritt in der ausgelieferten neuen Version der Software immer noch auf. Warum ist die Änderung im Programm nicht berücksichtigt worden?

Was war geschehen? — Die von Ulrich Koch gemachte Änderung hatte die von seinem Kollegen in GC1 vorher durchgeführte Änderung einfach überschrieben, und damit war die erste Änderung am Modul GC1 unwirksam geworden.

Solche Fälle sind häufiger als man glaubt. Bei der Verwaltung von Software kann in der Tat eine ganze Menge schieflaufen. Diese Probleme sind bekannt:

- Simultaner Update: Zwei Programmierer arbeiten parallel an einer Änderung desselben Moduls der Software. Beim Einbringen der Änderung geht eine der beiden Änderungen verloren.

- Gemeinsamer Code: Zwei oder mehrere Programmierer benutzen denselben Code, zum Beispiel trigonometrische Funktionen. Der verantwortliche Programmierer ändert seine Module, benachrichtigt seine Kollegen aber nicht über die vorgenommenen Änderungen. Bei nächster Gelegenheit "kracht" es an der Schnittstelle.

- Eine neue Version der Software, z.B. Version 1.05, wird zur Integration in die Hardware freigegeben. Da sich die Hardware noch nicht in funktionsfähigem Zustand befindet, setzt zunächst niemand die neue Software ein. Ein

Dreivierteljahr später kommt eine Fehlermeldung herein. Sie besagt, daß ein Fehler aufgetreten sein soll, der zwar in Version 1.04 der Software enthalten war, in Release 1.05 allerdings nicht mehr auftreten dürfte. Was war geschehen? Die Ingenieure der Hardware-Integration hatten nie erfahren, daß Version 1.05 verfügbar war. Sie arbeiteten weiter mit der alten Version, und die zeigte eben unter ganz bestimmten Bedingungen ein fehlerhaftes Verhalten.

Um Fehler dieser Art zu vermeiden, ist ein wirkungsvolles Konfigurationsmanagement notwendig. Das ist eine nicht ganz leichte Aufgabe. Der Konfigurationsmanager muß technisches Verständnis und die Akribie eines Buchhalters besitzen, gleichzeitig aber auch die Werkzeuge der Software-Entwicklungsumgebung verstehen. Gerade bei Software in der Form von Code ist das schwierig, da die grundsätzlichen Forderungen an die Identifikation und Kontrolle der Software mit den Fähigkeiten der Werkzeuge in Einklang gebracht werden wollen. Noch dazu findet Software-Entwicklung fast immer unter Zeitdruck statt, und wochenlange Wartezeiten sind nicht vertretbar. Doch lassen Sie uns die Aufgaben der Reihe nach betrachten:

1. Identifikation der Software-Konfiguration,

2. Berichten über den aktuellen Status der Software (Status Accounting),

3. Verwalten der Software, die bereits unter Konfigurationskontrolle steht,

4. Kontrolle von Änderungen und Berichten über Änderungen,

5. Ausliefern von Software an den Kunden.

Zur Identifikation von Software gehört zum Beispiel die einwandfreie Beschriftung von Software-Datenträgern. Natürlich wird in der Regel zunächst die Entwicklung das Medium beschriften, doch das Konfigurationsmanagement sollte den Inhalt dieses Aufklebers vorgeben. Ein Beispiel könnte so aussehen:

```
SOFTCRAFT AG   die innovativen Softies

Projekt: .Der neugierige Drache (DND)...........................................
Name der Software: DFS-01.....................................
Version: Release 01.07.................. Datum: 13-MAI-92 ...............
Datenträger:  5 1/4 Zoll Diskette..DS/HD...........................
Freigabe durch die QSS:  erteilt 14-MAY-92 G.E.T...............
```

Tab. 2.24 Aufkleber für Medien.

Je kleiner die Datenträger werden, desto knapper wird der Platz. Man sollte versuchen, selbst bei Speichermedien wie PROMs oder EEPROMs auf dem Baustein selbst eine Beschriftung anzubringen, auch wenn nur für den Namen der Software, die Versionsnummer und eine Quersumme Platz bleibt. Jedoch beschränkt sich die Identifikation nicht nur auf den Datenträger. Es beginnt bereits bei der kleinsten Einheit der Software. Jedes Modul sollte im Quellcode mit einem kurzen Header beginnen, der diese Angaben enthält:

```
Copyright (c) 1992 by SOFTCRAFT AG.
All rights reserved.
Diese Software ist urheberrechtlich geschützt.
UNIT NAME:          trigo_tangens_precise
VERSION:            01.03
SUBSYSTEM:          trig_functions
FIRST CREATED:      09-JAN-92
CHANGES:            17-JAN-92,20-JAN-92,07-FEB-92
STRs INCORPORATED:  STR7,STR34,STR37
SOFTWARE ENGINEER:  ulrich koch
DEPARTMENT:         ESE-1
PROJECT:            DND
CALLS:              nothing
ERROR HANDLING:     none
CODE SIZE:          346 bytes
```

Über die Kennzeichnung des Quellcodes hinaus sollte man auch im Objektcode eine kleine Einheit zu Identifikationszwecken definieren. Das ist heutzutage angesichts optimierender Compiler nicht immer ganz leicht. Eine solche Identifikation im binären Code selbst hat den Vorteil, daß sie durch Unbefugte kaum geändert werden kann. Es wissen nur sehr wenige Personen darüber Bescheid, und unter all dem übrigen Binärcode fällt dieser Text zur Identifizierung kaum auf. Name oder das Akronym der Software, Versionsnummer und Erstellungsdatum sollten genügen.

Wir benutzen schon dauernd den Begriff Konfiguration, ohne ihn eigentlich definiert zu haben. Konfiguration bedeutet in diesem Zusammenhang lediglich: Zusammenstellung von Teilen wie bei einer Stückliste oder einem Lieferschein. Für das Konfigurationsmanagement kommt es darauf an, immer genau zu wissen, woraus ein System besteht. Wird zum Beispiel unsere oben erwähnte Flugsoftware DFS-01 in der Version 01.07 ausgeliefert, muß bekannt sein, aus welchen Modulen in welcher Version das gelinkte Programm im einzelnen besteht. Fehlt diese Information, ist bei Fehlern, die aus dem Feld gemeldet werden, eine Rückverfolgung zu einzelnen Modulen nicht möglich. Verfolgbarkeit von Änderungen muß jedoch eine vordringliche Aufgabe des Konfigurationsmanagements sein.

Eine besondere Rolle für das Konfigurationsmanagement spielen *Baselines*. Dabei handelt es sich im Grunde um festgelegte und definierte Ausgangspunkte für die Entwicklung, meist in Verbindung mit Meilensteinen des Phasenmodells. Das Lastenheft der Software oder die Software Requirements Specification bildet zum Beispiel eine erste Baseline bei der Entwicklung der Software. Die verschiedenen Baselines sind die Ausgangspunkte für alle Änderungen, und daher muß jede Änderung auf eine einmal genehmigte Baseline, sei es nun ein Dokument oder Code, zurückverfolgt werden können.

In bezug auf die Teilaufgabe *Status Accounting* muß das Konfigurationsmanagement zum Beispiel in der Lage sein, jederzeit genau darüber Auskunft zu geben, welche Teile der Software sich unter Konfigurationskontrolle befinden. Dazu bedient man sich am besten eines Werkzeugs. Zum Speichern und zum Pflegen der notwendigen Angaben bietet sich eine Datenbank an.

Selbstverständlich muß das Konfigurationsmanagement die Software auch physikalisch besitzen, wobei das Original in der Regel beim Konfigurationsmanagement verwahrt wird. Für Mitarbeiter, die eine Kopie benötigen, wird eine solche angefertigt. Die Auslieferung fertiggestellter Software erfolgt gleichfalls durch das Konfigurationsmanagement im Auftrag der Projektleitung. Ein besonderes Problem für das Konfigurationsmanagement stellt immer wieder die Kontrolle von Software in der Form von Code dar. Er muß meistens direkt auf der Maschine, die für die Entwicklung benutzt wird, verwaltet und nach dem Test unter Konfigurationskontrolle gestellt werden. Am besten teilt man dazu den Bereich einer virtuellen Maschine in drei voneinander getrennte Bereiche auf:

Entwicklungsbereich	Testbereich	Bereich des Konfigurationsmanagements
Tätigkeiten:		
Entwickler erstellen ihre Module und Programme	Externe Testgruppe führt ihre Tests durch	Konfigurationsmanagement friert Software ein
zuständig:		
Entwickler	Testgruppe, Qualitätssicherung	Konfigurationsmanagement
Zugriffsrechte:		
Einzelner Entwickler hat alle Rechte (READ, WRITE, EXECUTE, DELETE), Vorgesetzter hat Leserechte	Testgruppe und Qualitätssicherung haben die Rechte READ und EXECUTE, Konfigurationsmanagement hat Leserecht	Konfigurationsmanagement hat alle Rechte, ändert allerdings an der Software überhaupt nichts!

Tab. 2.25 Von der Entwicklung in die kontrollierte Bibliothek der Software.

Der Bereich auf der Festplatte, der dem Konfigurationsmanagement zugeordnet worden ist, stellt dabei eine kontrollierte Bibliothek der Software dar. Nur aus diesem Bereich, der wie ein Safe zu betrachten ist, darf Software an den Kunden oder Auftraggeber ausgeliefert werden. Bei Änderungen an der Software, die durch STRs dokumentiert werden, bekommt der einzelne Entwickler bei Vorlage eines genehmigten Software Trouble Reports das zu ändernde Modul kopiert, um die Änderung einbringen zu können. Nach der Änderung wird es wieder getestet, um dann mit erhöhtem Revisionsstand erneut in die Bibliothek übernommen zu werden. Wer sich nach dem obigen Schema nicht selbst ein Konfigurationsmanagement aufbauen will, kann auf Werkzeuge zurückgreifen, die auf dem Markt angeboten werden. Wir hatten früher einen Fragebogen ausgearbeitet, den wir jetzt einmal einsetzen wollen:

Frage	Faktor für die Bewertung 0 .. 5	Anbieter DC 1 .. 3	Anbieter Pallas 1 .. 3	Anbieter Corfux 1 .. 3
01 Läuft das Werkzeug unter VAX/VMS?	5	15	15	0
02 Existiert eine Schnittstelle zu DECs Kommandosprache (DCL)?	4	20	20	8
03 Paßt das Werkzeug zum Prozeß?	3	6	6	3
04 Ist das Tool in der Lage, Änderungen sowohl auf dem Bildschirm anzuzeigen als auch einen gedruckten Bericht über gemachte Änderungen an der Software zu erstellen?	4	12	12	12
05 Sind Änderungen bis zum Modul der Software verfolgbar?	3	9	9	9
06 Werden Versionsnummern auf Modulebene verwaltet?	4	12	12	0
07 Werden doppelte Namen entdeckt?	4	12	12	12
08 Erstreckt sich die Konfigurationskontrolle sowohl auf Quellcode als auch auf Objektcode und ausführbare Images?	5	15	15	10

Fortsetzung auf der nächsten Seite

Frage	Faktor für die Bewertung 0 .. 5	Anbieter DC 1 .. 3	Anbieter Pallas 1 .. 3	Anbieter Corfux 1 .. 3
09 Kann das Version Description Document automatisch erzeugt werden?	2	6	4	0
10 Wird die Software-Integration durch das Werkzeug unterstützt?	1	3	3	0
11 Besteht eine Möglichkeit, die Versionsnummer im Quellcode mit der externen Versionsnummer abzugleichen?	1	3	2	2
12 Arbeitet das Werkzeug mit dem vorhandenen LINKER zusammen?	3	9	9	0
13 Werden Dateien automatisch mit dem gültigen Datum (time stamps) versehen?	4	12	12	12
14 Werden verschiedene Bibliotheken unterstützt?	2	6	4	0
15 Wird der Zugriffsschutz der VAX (ACS) unterstützt?	4	12	12	0
16 Können Software-Dokumente einbezogen werden?	1	0	0	3
Summe		152	147	71

Tab. 2.26   Trade Study zur Auswahl eines Werkzeuges.

Dabei geben wir jedem Produkt Punkte, wobei für besonders wichtige Funktionen des Werkzeugs noch ein Multiplikator zusätzlich eingeführt werden kann. Doch zum Ergebnis unserer Trade Study: Das Tool von *Corfux* paßt einfach nicht in unsere Entwicklungsumgebung und endet weit abgeschlagen auf dem dritten Platz. Die Werkzeuge von *DC* und *Pallas* sind etwa gleichwertig, und daher werden wir uns nach der Lizenzgebühr erkundigen müssen. Wenn die Projektleitung noch Geld für ein Werkzeug bereitstellen kann, sollten wir uns für eines der angebotenen Tools entscheiden. Unsere Wahl ist von technischer Seite jedenfalls gut abgesichert und nachvollziehbar.

Werkzeug oder nicht, alle Änderungen an der Software müssen durch das Software Change Control Board (SCCB) geleitet werden. Der Weg eines Änderungsantrags durch dieses Board könnte so aussehen:

Status	Beschreibung	Mögliches Ergebnis
1 Problem definiert	Der Software Trouble Report (STR) wird von den Mitgliedern des SCCB akzeptiert, falls es sich wirklich um ein Problem in der Software handelt. Eine Lösung des Problems ist am Anfang nicht notwendigerweise bekannt.	(1) STR wird angenommen, die Ursache des Fehlers wird noch ermittelt. (2) Problem und Lösung sind bekannt, der STR wird akzeptiert. (3) Das SCCB glaubt nicht, daß es sich wirklich um ein Problem handelt. Daher wird der STR zurückgewiesen. (4) Der STR beschreibt eine zwar wünschenswerte Verbesserung, die aber aus Zeitgründen derzeit nicht eingearbeitet werden kann. Der STR wird nicht angenommen. (5) Es handelt sich nach Meinung des SCCB um einen Fehler in der Hardware. Der STR wird an ein anderes Board überwiesen.
2 akzeptiert	Die Lösung des Problems ist skizziert worden. Das SCCB stimmt zu.	Ein Mitglied des Software Teams wird mit der Implementierung beauftragt.
3 eingearbeitet	Der Code oder andere Teile der Software wurden geändert.	Änderung eingearbeitet.
4 Verifikation erfolgt	Die geänderte Software wurde getestet oder überprüft.	(1) Die Software in der geänderten Form wird von der Qualitätssicherung akzeptiert. (2) Die Software besteht den Test nicht, dann zurück zum Zustand 2.
5 verifiziert und geschlossen	Das Konfigurationsmanagement schließt mit Zustimmung der Qualitätssicherung den STR.	Änderung ist eingearbeitet, verifiziert und dokumentiert.

Tab. 2.27 Der Weg einer Änderung durch das Software Change Control Board.

Die Sitzungen des Software Change Control Board müssen protokolliert werden, insbesondere um Aufzeichnungen über die genehmigten Änderungen zu besitzen. Dabei übernimmt das Konfigurationsmanagement die Rolle des Protokollführers. Lassen Sie uns nun bei der Firma *SOFTCRAFT AG* Mäuschen spielen. Sehen wir uns an, was z.B. in einer Sitzung des SCCB auf der Tagesordnung steht:

SOFTCRAFT AG
16. Oktober 1992
Protokoll Nummer 237

SCCB Meeting Minutes

Teilnehmer:

Karl Beff   Software Engineering Manager
Fritz Attlinger   Gruppenleiter Software-Entwicklung
Felix Mai   Gruppenleiter Software-Entwicklung
Monika Seelisch   Konfigurationsmanagement für Software
Friedrich Unger   Software-Qualitätssicherung

Verteiler:
Teilnehmer und...
Bert Gansel   Projektleiter DND
Hans Ebenfels   Entwicklungsleiter DND
Joachim Keller   Konfigurationsmanager DND
Gerhard Kimmel   Leiter der Qualitätssicherung für DND
W. Winzelmann   Leiter Elektronikentwicklung für DND
Lotte Lustig   Projektplanung
Franz Werzel   Finanzwesen

1   Die Sitzung des SCCB fand am 16. Oktober 1992 von 8:30 Uhr bis 9:45 Uhr statt.

2   Das Protokoll der letzten Sitzung (Nr. 236) wurde genehmigt.

3   Herr Mai schlug vor, die Schnittstelle zum Video-Interface in der operationellen Software zu ändern, da für die Kamera ein neueres Modell verwendet werden soll. Dieser Vorschlag wurde mit dem Auftraggeber und der Hardware-Entwicklung bereits abgeklärt. In der Software werden Änderungen in dem Modul *video_io* und zwei weiteren Modulen notwendig, da die Frames für die Bilder etwas länger werden. Herr Unger fragte, ob dadurch der Speicherbedarf steigt. Herr Mai antwortete, daß es sich höchstens um 2 Prozent handeln könnte, da es hauptsächlich eine Umorganisation der Daten zur Folge hat. Er wolle das aber überprüfen.

4   STR 217 (für *video_io*) sowie STR 218 (für *control_frames*) und STR 219 (für *reorganize_video_data*) wurden angenommen.

5   Im Zuge der Änderungen, bedingt durch die Verwendung der neuen Videokamera, müssen das Lastenheft, das Interface Control Document und zwei Designdokumente geändert werden. Dazu wurden die folgenden STRs angenommen:

6   STR 220 gegen das Lastenheft, Dokument Nr. SRS09123, Ausgabe 2,

7   STR 221 gegen das Interface Control Document, ICB10123, Ausgabe 4,

8   STR 222 gegen das Designdokument der Datenausgabe, DND13123, Ausgabe 2,

9   STR 223 gegen das Designdokument der internen Videosignalverarbeitung, DND14123, Ausgabe 1.

10   Herr Mai bezifferte den Änderungsaufwand für die Änderung der drei Module der operationellen Software mit 17 Tagen für die Programmierung und 7 Tagen für den Regressionstest. Das Ändern der Dokumente wird 5 Tage dauern.

11   STR 224: Beim Integrationstest im Labor wurde festgestellt, daß die ersten Frames der Videodaten keine oder unsinnige Positionsdaten enthalten. Herr Mai erklärte, daß das an einer falschen Initialisierungsroutine liege. Der STR wurde angenommen. Herr Mai nannte als Aufwand für die Änderung 3 Tage.

12   STR 227 wurde gegen das Lastenheft gestellt: Die Position der Einblendung der Beschriftung in das Bild wurde im Lastenheft falsch (vier Zeilen zu niedrig) spezifiziert. Das führt dazu, daß man beim Lesen manchmal raten muß.

13   STR 227 wurde angenommen.

14   Friedrich Unger sagte, daß die Module *coordinate_motion* und *transmit_motion_data* erneut getestet wurden und aus beiden Tests kein Fehler hervorging. Frau Seelisch schloß daraufhin STR 199 und STR 203.

Monika Seelisch
Monika Seelisch

Zu dem Protokoll des SCCB Meetings scheinen mir ein paar Kommentare angebracht. Änderungen an der Software sind nicht zu vermeiden, und zu ihrer Bearbeitung ist das Software Change Control Board notwendig. Der Zeitbedarf ist in diesem Fall, wenn wir wöchentliche Sitzungen voraussetzen, nicht zu groß. Ich kenne Fälle, in denen in der heißen Phasen der Entwicklung das SCCB täglich tagte. In der Regel ist jedoch ein fester wöchentlicher Termin vorzuziehen.

Zu den Teilnehmern der SCCB-Sitzungen: Die Software-Entwicklung, die Qualitätssicherung und das Konfigurationsmanagement müssen immer vertreten sein. Dabei erstellt das Konfigurationsmanagement das Protokoll. Die Qualitätssicherung muß darauf achten, daß ein Protokoll tatsächlich erstellt wird und daß es den tatsächlichen Verlauf der Sitzung wiedergibt.

Die Teilnehmer am SCCB müssen kompetente Fachleute sein, die Erfahrung mit der Entwicklung von Software besitzen. Trotzdem werden sie nicht immer alles wissen. Dann bietet es sich an, zu speziellen Punkten auf der Tagesordnung Entwickler mit dem notwendigen Fachwissen heranzuziehen. Drei bis fünf Teilnehmer mit der notwendigen fachlichen Kompetenz sollten in der Regel genügen.

In einigen Fällen wird das SCCB nicht alleine entscheiden können. Die Änderung durch die Verwendung der neuen Videokamera (Punkt 3 bis 7) ist so groß, daß die Zustimmung des Projektleiters notwendig wird.

Es ist zweckmäßig, im Software Configuration Management Plan solche Einschränkungen der Entscheidungsbefugnis des SCCB explizit zu nennen. Man könnte zum Beispiel festlegen, daß das SCCB nur Änderungen bis zu einer Woche Mehraufwand genehmigen darf, und bei größeren Änderungen die Zustimmung des Projektleiters einzuholen ist.

Trotz eventueller Einschränkungen soll das SCCB aber entscheiden. Es muß im Protokoll der Sitzung genau festgehalten werden, wie die Entscheidung des Board ausfiel, d.h. ob ein Software Trouble Report angenommen oder verworfen wurde.

Wichtig ist gleichfalls, daß das SCCB immer versucht, die Auswirkungen zu bedenken. Die Änderung durch den Einsatz der neuen Videokamera als Beispiel. Sie beschränkt sich nicht nur auf den Programmcode, sondern hat auch Auswirkungen auf den Entwurf.

Ein grundlegendes Prinzip haben Sie in der Arbeit des SCCB sicher wiedererkannt: Das Prinzip der Gewaltenteilung. Bei der *SOFTCRAFT AG* entscheidet nicht die Entwicklung alleine, sondern die Qualitätssicherung und das Konfigurationsmanagement wirken bei der Entscheidungsfindung mit und können ihre Belange vortragen. Auf diese Weise können manche Dinge, die sich später negativ auswirken würden, bereits im Vorfeld abgefangen werden.

Eine weitere wichtige Aufgabe des Konfigurationsmanagements ist *status accounting*. Das heißt, daß das Management des Unternehmens objektiv über den Status der Software unterrichtet werden muß. Wenn sich das Management dazu auf die Entwicklung stützen wollte, würden allzu oft Antworten wie "ist beinahe fertig" oder "ist zu 90 Prozent fertig" herauskommen.

Einen Ansatzpunkt für diese Tätigkeit bietet bereits das Protokoll des SCCB Meetings. Gerade für Nichtmitglieder im Management ist ein einzelnes Protokoll oft nicht aussagekräftig genug, da es nur für eine Sitzung zutrifft. Das Management muß jedoch eingreifen, wenn ein Software Trouble Report sehr lange im SCCB verweilt. Mit anderen Worten: Da ist Sand im Getriebe.

Wenn es unverhältnismäßig lange dauert, bis ein Software Trouble Report geschlossen werden kann, sollte sich das Management sorgfältig überlegen, wo die Hürden liegen. Natürlich sind einige Probleme schwerer zu lösen als andere, doch darf dies nicht dazu führen, daß die Software-Entwicklung unnötig aufgehalten wird. Ein Mittel, um auch Aussagen quantitativer Natur machen zu können, ist der Einsatz von Metriken. Doch zurück zur Arbeit des SCCB.

Um Software Trouble Reports erkennen zu können, die recht langwierige Probleme beschreiben, muß man die Entwicklung der STRs betrachten. Hierzu kopiert man z.B. mit einem Textverarbeitungssystem die einzelnen Daten zu einem STR aus den Protokollen zusammen. Für das Software Change Control Board bei SOFTCRAFT könnte das in einem Ausschnitt so aussehen:

Datum	Bearbeitung der STRs durch das SCCB
	STR 199
4-SEP-92	An der Schnittstelle der Module *coordinate_motion* und *transmit_motion* werden zwei Parameter mit dem falschen Vorzeichen übergeben. Der Fehler liegt nach der Meinung von Herrn Mai in *coordinate_motion*. STR 199 gegen das Modul *coordinate_motion* wurde angenommen.
	Herr Beff fragte, warum dieser Fehler bei der Simulation denn nicht aufgefallen sei. Herr Attlinger meinte dazu, daß die Simulation nur ein sehr vergröbertes Flugmodell einsetze, das mit den bei der Flugsoftware verwendeten Algorithmen nicht vollkommen übereinstimme.
23-SEP-92	Friedrich Unger sagte, daß die Module *coordinate_motion* und *transmit_motion_data* erneut getestet wurden und der Test in beiden Fällen in Ordnung war. Die beiden Module können in die kontrollierte Bibliothek kopiert werden. Frau Seelisch schloß daraufhin STR 199.
	STR 206

12-OCT-92	Die Videokamera kann keine Infrarotbilder aufnehmen. Herr Attlinger meinte, daß dieses Feature mit den Hardware-Testprogrammen überprüft wurde. An der Hardware kann es deshalb nicht liegen. Herr Mai versprach, den Fall untersuchen zu lassen. STR 206 wurde angenommen.
14-OCT-92	Herr Mai teilte mit, daß das Modul zur Auswertung von Infrarotbildern in der Software wegen einer falschen Logik nur nicht angeschaltet wurde. Das Modul control_logic_video wird geändert. Herr Beff fragte daraufhin, warum das Utility zur Auswertung der Infrarotaufnahmen bisher fehlerfrei arbeite. Herr Attlinger erwiderte, daß dieses Feature des Utilities bisher von der Testgruppe noch gar nicht verwendet wurde, da die Mitarbeiter mit ihren Tests gerade erst begonnen hätten.

Eine weitere Tabelle in bezug auf die Tätigkeit *status accounting* des Konfigurationsmanagements ergibt sich aus der Auflistung aller Dokumente der Software, die sich unter Konfigurationskontrolle befinden. Diese Tabelle sollte mindestens die folgenden Daten enthalten: Titel und Nummer des Dokuments, aktueller Revisionsstand, Datum und Verfasser. In diesem Sinne kann das Konfigurationsmanagement durchaus zum Informationszentrum des Projektes werden, das objektiv über den aktuellen Stand der Software-Entwicklung berichten kann.

Sicherlich wird es sich im Rahmen eines gegebenen Projektes als sinnvoll erweisen, weitere Listen dieser Art zu erstellen. Zur Erstellung und Verwaltung bietet sich eine handelsübliche Datenbank an. Damit wollen wir das Konfigurationsmanagement jetzt verlassen und uns der Qualitätssicherung zuwenden.

2.6.5 Die Qualitätssicherung

Maskimen's Law
There is never time to do it right, but always time to do it over.
Aus Murphy's Computer Law.

Die Erstellung von Software ist ein komplizierter Prozeß mit einer Vielzahl von einzelnen Tätigkeiten. Dabei wird in den seltensten Fällen alles von alleine ins Lot kommen. Meist schlingert das Schiff, das Software heißt, und kommt allenfalls auf einem Zickzack-Kurs ins Ziel. Die Rolle der Qualitätssicherung ist es, diese Abweichungen vom gewünschten Kurs möglichst klein zu halten. Sie spielt dabei eher die Rolle eines Lotsen denn des Kapitäns.

Die Qualitätssicherung ist schon mit vielen Bereichen verglichen worden, nicht zuletzt mit einer Lebensversicherung. Das Management mancher Firma glaubt vielleicht, sie könne an dieser Stelle sparen. Nun, eine Lebensversicherung verhindert nicht, daß der Inhaber der Police eines Tages stirbt, doch welcher vernünftige Mensch würde deswegen ohne Lebensversicherung auskommen wollen?

Die Qualitätssicherung hat nur dann Aussicht auf Erfolg, wenn in der täglichen Praxis das Top Management hinter ihr steht und ihre Entscheidungen unterstützt. Das heißt nicht, daß jeder kleine Fehler auf Vorstandsebene diskutiert werden muß, doch die Mitarbeiter der Entwicklung dürfen nie das Gefühl vermittelt bekommen, daß die Qualitätssicherung sich letztlich doch nicht durchsetzen kann.

Die Software-Qualitätssicherung hat in diesem Sinne drei Kunden: Intern ist es das Management des eigenen Unternehmens, das die Ziele der Qualitätssicherung in der täglichen Arbeit unterstützen muß. Zum zweiten sind es die Software-Entwickler und die Mitarbeiter im Konfigurationsmanagement, die bei den Entscheidungen in ihrer täglichen Arbeit die Belange der Qualitätssicherung berücksichtigen müssen. Nicht zuletzt handelt die Qualitätssicherung im Interesse des Kunden oder Auftraggebers, der ein Produkt mit hoher Qualität erwartet.

Wenn erst ein Prozeß zur Erstellung der Software in einer derartigen Organisation verbindlich vorgeschrieben wurde, dann ist es die Aufgabe der Qualitätssicherung, die Einhaltung dieser Vorschriften zu überwachen. Im einzelnen gehört dazu:

1. Die Projekte benutzen bei ihrer Arbeit Normen und Standards.

2. Der Software Development Plan, der Plan des Konfigurationsmanagements und der Plan der Qualitätssicherung sind aufeinander abgestimmt und widersprechen sich nicht.

3. Reviews werden routinemäßig abgehalten.

4. Software-Dokumente werden nach vorgeschriebenen Normen erstellt und überprüft.

5. Die Dokumentation wird während des Entwicklungsprozesses geschrieben, und nicht hinterher.

6. Die einzelnen Phasen der Software-Entwicklung werden sequentiell abgearbeitet.

7. Abweichungen von Normen und Standards werden im Prozeß früh identifiziert.

8. Änderungen an der Software werden überwacht und dokumentiert.

9. Die Software wird vor der Auslieferung getestet.

Ähnlich wie die Polizei oft erst dann wichtig wird, wenn in die eigene Wohnung eingebrochen wurde oder Terroristen Anschläge verüben, wird die Rolle der Qualitätssicherung erst dann geschätzt, wenn spektakuläre Fehler bekannt werden. Jedermann ist davon überzeugt, daß Flugzeuge nur mit fehlerfreier Software fliegen sollten, daß der Computer seiner Bank keine fehlerhaften Programme ausführen darf und das Verkehrsleitsystem Ihrer Heimatstadt nur mit absolut einwandfreier Software arbeiten sollte. Nun, auch Ihre Lebensversicherung ist nicht ganz umsonst, und möglicherweise ist Qualitätssicherung nur eine andere Art von Lebensversicherung.

Obwohl keine wissenschaftliche Untersuchung zu dem Thema vorliegt, haben Projekte doch eine höhere Chance zum Erfolg, wenn die Qualitätssicherung mit an Bord ist. Dies gilt für Unternehmen wie *IBM*, *TRW* und *Digital Equipment*, gewiß Firmen mit einem ausgezeichneten Ruf in ihrer Branche. Natürlich wird ein Einmannbetrieb sich keine eigene Qualitätssicherung leisten können, doch bei größeren Betrieben bietet sich eine Arbeitsteilung bald an. Dabei sollte die Qualitätssicherung organisatorisch immer direkt unter dem Vorstand angesiedelt werden, um direkten Einfluß auf die Geschäftsleitung ausüben zu können. Keinesfalls darf die Qualitätssicherung der Projektleitung unterstellt werden, da in einer solchen Anordnung die Qualität der Software zu leicht dem drängenden Termin geopfert wird. Ein ähnliches Argument läßt sich für eine Zuordnung zu der Entwicklung anführen.

Andererseits darf die Qualitätssicherung ihre Kunden in der Entwicklung nicht verärgern. Schließlich ist die Entwicklung die Abteilung, die mit der Qualitätssicherung Tag für Tag am engsten zusammenarbeitet. Die Qualitätssicherung sollte zunächst immer versuchen, anstehende Probleme auf dieser Arbeitsebene zu lösen. Erst wenn das nicht klappt, darf der andere Weg eingeschlagen werden.

Obwohl wir bisher schon oft die Software in Hinblick auf die möglichen Schäden beim Versagen des Programms betrachtet haben, lohnt es sich zweifellos, diesen Gedanken weiterzuführen. Das Stichwort dabei ist Kritikalität. Unter diesem Begriff wird untersucht, welcher potentielle Schaden beim Versagen der Software im operationellen Einsatz auftreten kann. Sehen wir uns in diesem Licht verschiedene Arten von Software erneut an:

Kritikalität	Art der Software, Beispiele	Potentielle Gefährdung
sehr hoch	Software als kritische Komponente im System. Software in Steuerungs- und Kontrollfunktionen, zum Beispiel bei Verkehrsflugzeugen, bemannter Raumfahrt, medizinischen Geräten, Kernkraftwerken, Prozeßsteuerung in der chemischen Industrie oder bei Verkehrsleitrechnern.	Verlust menschlichen Lebens. Beeinträchtigung der menschlichen Gesundheit. Großer wirtschaftlicher Schaden.
hoch	Software in Systemen, deren Versagen zu beträchtlichen finanziellen Verlusten führen kann, z.B. das Telefonsystem, Flugüberwachung, Kontoführung und Geldüberweisung. Außerdem Fehler in Werkzeugen, durch deren Versagen wiederum Software hoher Kritikalität mit Fehlern entsteht.	Panik unter der Bevölkerung, zum Beispiel beim Ausfall des Telefonsystems nach einem Reaktorunfall, große wirtschaftliche Verluste für Industrieunternehmen, Abwandern der Kunden zur Konkurrenz.
mittel	Batch-Anwendungen, z.B. Lohn- und Gehaltsabrechnung, Reservierungssysteme in der Touristikbranche, EDV beim Finanzamt und in der öffentlichen Verwaltung, viele Werkzeuge, Textverarbeitung	Unzufriedene Kunden oder Bürger (Steuerzahler), Anfechtung von Entscheidungen.
niedrig	Isolierte Anwendungen zu Hause, Spiele am PC oder Spielautomaten.	Verärgerte Kunden, frustrierte Anwender.

Tab. 2.28   Die Kritikalität der Software.

Mit dieser Tabelle haben wir einen Maßstab in der Hand, um bei begrenzten Ressourcen die Maßnahmen der Qualitätssicherung gezielt dort einzusetzen, wo wir das größte Schadenspotential vermuten. Wir können auch konstruktive und analytische Maßnahmen mit Hilfe des Software Quality Program Plan zu bestimmten Arten der Software gezielt zuordnen.

Die Rekrutierung von Mitarbeitern ist ein schwer zu lösendes Problem. Es gibt keine spezielle Ausbildung für die Arbeit in der Software-Qualitätssicherung, und die Qualitätssicherung steht mit der Entwicklung im Wettbewerb um qualifizierte Mitarbeiter. Entwicklungsarbeit erscheint vielen Informatikern viel attraktiver als die Tätigkeit in der Qualitätssicherung. Eine Rotation von Mitarbeitern zwischen Entwicklung und Qualitätssicherung ist vorgeschlagen worden, doch die Entwicklung neigt dazu, gute Mitarbeiter zu behalten. Trotzdem hat die Arbeit in der Qualitätssicherung für erfahrene Programmierer einen gewissen Reiz: Die Aufgaben sind sehr vielseitig, es ergeben sich Kontakte zu vielen Bereichen im Unternehmen, und vielfach gibt es mehr Gestaltungsspielraum als in etablierten Bereichen der Organisation.

Die Software-Qualitätssicherung muß sich allerdings immer im Rahmen gesicherter Erkenntnisse bewegen. Sie muß allgemein anerkannte Normen und Standards zugrundelegen, wird allerdings an der einen oder anderen Stelle versuchen, den Prozeß weiter zu verbessern.

2.6.5.1 Die Rolle von Normen und Standards

Normen sind in der deutschen Wirtschaft ein seit langem eingesetztes Instrument zur Vereinheitlichung von Produkten, und auch im internationalen Rahmen werden sie immer wichtiger. Bei Software als einem sehr flüchtigen und schwer zu fassenden Produkt sind Standards fast noch wichtiger als bei Hardware. Die Verwendung eines Standards schafft für alle Beteiligten eine gemeinsame Grundlage, vermeidet Mißverständnisse und falsche Interpretationen und trägt damit zur reibungslosen Abwicklung eines Auftrags bei.

Für die Erstellung von Software gibt es eine Reihe grundlegender Standards. Hier wären zu nennen:

- DIN ISO 9000, Teil 3, Qualitätsmanagement- und Qualitätssicherungsnormen, Leitfaden für die Anwendung von ISO 9001 auf die Entwicklung, Lieferung und Wartung von Software,

- AQAP-13, Allied Quality Assurance Publication for Software Quality Assurance of NATO Procurements,

- DOD-STD-2167A, Defense System Software Development,

♦ Vorgehensmodell, Software-Entwicklungsstandard der Bundeswehr, Version
  2.0, April 1990.

Wie Sie sehen, sind die Normen im militärischen Bereich stark vertreten. Das
kann uns angesichts der Kritikalität solcher Waffensysteme als Bürger nur recht
sein. Im übrigen wollen wir nicht verkennen, daß militärische Entwicklungen oft
auch kommerzielle Erfolge wurden. Die Sprache COBOL war zunächst eine
Entwicklung der US Navy. Doch zurück zu unseren Standards.

Die vier oben erwähnten Standards decken das Gebiet der Entwicklung, der
Qualitätssicherung, des Konfigurations- und Projektmanagements in unterschiedlichem Maße ab. Teilweise steht alles in einem Standard, teilweise muß man
mehrere Normen zur Hand nehmen:

deckt ab Standard	Software-Entwick-lung	Verifika-tion & Valida-tion, Test	Software-Qualitäts-sicherung	Konfi-gurations-manage-ment	Projekt-manage-ment
DIN/ISO 9000, Teil 3	ja	ja	ja	ja	-
AQAP-13, Version von 1982	-	-	ja	ja	-
AQAP-13, geplante Revision	ja	ja	ja	ja	-
DOD-STD-2167A	ja	ja	-	ja	-
DOD-STD-2168	-	-	ja	-	-
Vorgehensmodell	ja	ja	ja	ja	ja

Tab. 2.29   Abdeckung der verschiedenen Disziplinen durch Normen.

Wenn ich die vier genannten Standards beurteilen sollte, würde ich DIN ISO
9000, Teil 3, als den am wenigsten detaillierten bezeichnen. Das muß nicht notwendigerweise ein Nachteil sein, aber beim Aufbau eines Qualitätssicherungssystems sucht man natürlich nach Regelungen, die in der täglichen Praxis anwendbar sind. Anders gesagt, man muß sehr konkrete Vorgaben machen.

Das Vorgehensmodell, der Software-Entwicklungsstandard der Bundeswehr, liegt
am anderen Ende der Skala. Das ist ein Dokument mit mehreren hundert Seiten.
So sehr man diese Fleißarbeit loben muß, auch wegen ihrer vielen Grafiken, der
Standard kann in dieser Allgemeinheit nicht als die Grundlage für Verträge dienen. Dazu enthält das Vorgehensmodell zu viele Einzelheiten. Die Devise muß

somit TAILORING heißen, das bedingt natürlich viel Arbeit bei der Ausarbeitung eines Vertrages.

Die AQAP-13, der Software-Entwicklungsstandard der NATO, war bei ihrer Verabschiedung vor Jahren sicherlich eine sehr fortschrittliche und dringend benötigte Norm. Inzwischen ist sie in die Jahre gekommen und wird überarbeitet. Bei multinationalen Projekten im militärischen Bereich ist sie allerdings immer noch die Norm, auf die sich wohl alle Partnerländer verständigen können.

Die amerikanische Norm, DOD-STD-2167A, Defense System Software Development, ist die jüngste der Normen für den militärischen Bereich. Zwar deckt der DOD Standard 2167A im wesentlichen nur die Entwicklung von Software ab, die Norm zeichnet sich jedoch durch Kürze und Klarheit aus. Das war nicht immer so: Der Vorgänger DOD-STD-2167 war ein sehr umfangreiches Dokument und stand dem Vorgehensmodell kaum nach. Ein positiver Aspekt bei der neuen Fassung 2167A ist der modulare Aufbau, der sich bekanntlich nicht nur auf Software beschränken muß. Viele Produktspezifikationen, die zum DOD-STD-2167A gehören, sind separate Dokumente, sogenannte Data Item Descriptions (DIDs).

Die Norm DOD-STD-2167A legt einen Prozeß fest, dies trifft nicht für jede Norm zu. Das ist bedeutsam, weil wir nur durch Verbesserungen im Erstellungsprozeß der Software hoffen können, die Fehler in der Software nachhaltig und dauerhaft zu verringern. Auch das *Institute of Electrical and Electronical Engineers* (IEEE), und dort besonders die *Computer Society*, bietet eine ganze Reihe ausgezeichneter Standards an, die den gegenwärtigen Stand der Technik repräsentieren. Man tut gut daran, sich zumindest die wichtigsten dieser Normen zu besorgen. Einen Vorteil hat das Gebiet der Software gewiß: Nationale Unterschiede spielen keine überragende Rolle mehr.

Leider wird das Projektmanagement in vielen der oben zitierten Normen und Standards extrem vernachlässigt. Dabei hat es gerade die Projektleitung in der Hand, durch detaillierte und auf die Verhältnisse der Software-Erstellung zugeschnittene Verträge die Entwicklung in die richtigen Bahnen zu lenken.

Jedes Unternehmen sollte einen dieser Standards zur Grundlage des eigenen Systems zur Qualitätssicherung von Software machen. Welchen man wählt, wird natürlich davon abhängen, in welcher Branche man arbeitet. Man sollte aber in dieser Richtung keine Scheuklappen haben. Jeder Standard bietet nützliche Informationen an, und es kann niemals schaden, sich zu informieren. Mit der Aufgabe zur Schaffung des Qualitätssicherungssystems sollte die Qualitätssicherung betraut werden, da sie später die Einhaltung überwachen muß. Selbstverständlich werden solche Regeln immer im Zusammenwirken mit allen Beteiligten erstellt, doch bleibt die Qualitätssicherung letztlich verantwortlich.

Die genannten Normen werden natürlich nicht die einzige Quelle bei der Erarbeitung eines Qualitätssicherungssystems für Software sein. Die Fachliteratur bietet in Form von Büchern und Zeitschriften weitere wichtige Quellen. Normen werden nur alle paar Jahre überarbeitet, und während dieser Zeit ändert sich in einer so schnell wachsenden Branche wie der Softwareindustrie eine ganze Menge.

Zunehmend wird von den Unternehmen auch eine Zertifizierung des Qualitätssicherungssystems nach der Reihe DIN/ISO 9000 angestrebt, dies angesichts des zusammenwachsenden Europas. Hierbei bilden Regeln, in der Form eines Handbuchs, die Grundlage der Beurteilung durch externe Auditoren. Doch dies ist nur die eine Seite der Medaille: Die Regeln müssen im Betrieb auch angewandt werden und in die tägliche Arbeit einfließen. Im Bereich der Software sind wir inzwischen soweit, daß für fast alle Bereiche Standards vorliegen. Für Lastenhefte ist der IEEE Standard 830-1984, Software Requirements Specification, eine gute Quelle. Auch für die meisten der Software-Dokumente liegen Normen in der Form von Produktspezifikationen vor, die die Struktur vorschreiben und in ein paar Sätzen aufzeigen, welcher Inhalt unter einer bestimmten Überschrift erwartet wird.

Derjenige, der diese Arbeit zum ersten Male macht, wird für eine solche Arbeitsanleitung dankbar sein. Natürlich paßt eine sehr detaillierte Norm nicht immer zu hundert Prozent bei jeder Art von Software, und gelegentlich müssen Anpassungen vorgenommen werden. Eines ist allerdings gewiß: Der Software-Entwicklungsprozeß kann durch Normung nur gewinnen.

2.6.5.2 Konstruktive und analytische Methoden

Während in früheren Jahrzehnten die Qualitätssicherung vor allem am Ende der Produktion angesiedelt war, beginnt sich dies zunehmend zu ändern. Crosbys Aussage ist es gerade, daß wir am konstengünstigen arbeiten können, wenn wir Fehler erst gar nicht aufkommen lassen. Bei Software sollten wir daraus die Lehre ziehen, daß Qualitätssicherung eine entwicklungsbegleitende Tätigkeit sein muß. Alle Versuche, die Arbeit der Qualitätssicherung lediglich am Ende der Entwicklung anzusiedeln, können nur ins Verderben führen. Nur wenn bereits Teilprodukte entsprechend einem Phasenmodell geprüft werden, kann das Endprodukt die Forderungen an seine Qualität erfüllen und die Software termingerecht ausgeliefert werden.

Eine Möglichkeit der Einteilung besteht darin, die Methoden zur Qualitätssicherung in analytische und konstruktive Maßnahmen aufzuteilen. Dabei sind die analytischen Methoden eher der Teil in unserem Werkzeugkasten, den wir bereits lange haben, während die konstruktiven Methoden oftmals neueren Datums sind. Beide Tätigkeiten sind jedoch notwendig. Konstruktive Maßnahmen haben allerdings den nicht zu unterschätzenden Vorteil, daß sie Fehler manchmal erst gar nicht entstehen lassen und daher vorbeugend wirken, also ganz im Sinne von Crosby: *Quality is free!*

Doch lassen Sie uns diese Maßnahmen der Reihe nach betrachten, Sie werden angesichts der Vielfalt überrascht sein:

Analytische Maßnahmen	Konstruktive Maßnahmen
Einsatz von Werkzeugen: Static Analyser, Dynamic Analyser, Language Sensitive Editor, Reviews, Audits, Code Inspections, Walkthroughs, Hazard Analysis, Desk Checking, Fragebogen, checklists, Test Teadiness Review (TRR), Defensive Programmierung, Debugger, White Box Testing, Black Box Testing, Stress Testing, Independant Verification & Validation, Akzeptanztest	Verwendung moderner Hochsprachen: Ada, C, C++, Pascal, Modula, Einsatz zertifizierter Werkzeuge, z. B. Compiler, Werkzeuge mit graphischer Oberfläche, Methodentraining, Programmierrichtlinien, Style Guide, Modularisierung, Information Hiding, Computer Aided Software Engineering (CASE), Simulation, Prototyping, Incremental Delivery, Formale Methoden, Pilotkunden, Wiederverwendbarkeit

Tab. 2.30 Analytische und konstruktive Methoden.

Man greift also in zwei Stoßrichtungen zu einer Fülle von Maßnahmen, um eine bessere Qualität der Software zu erreichen. Ich will hier nur einige Stichpunkte herausgreifen:

Langfristig werden höhere Programmiersprachen den größten Effekt auf die Qualität der Software haben, dies wegen ihrer weltweiten Verwendung. Wer einmal von FORTRAN oder COBOL auf eine Sprache wie Pascal umgestiegen ist, wird sich am Anfang gewundert haben, wie lange es doch dauerte, bis das Programm zum ersten Male fehlerfrei übersetzt wurde. Kein Wunder: Die Prüfungen des Compilers sind bei Pascal ziemlich umfangreich. Natürlich ist dies für den Programmierer nur zum Vorteil. Die Fehler, die der Compiler bereits verhindert, braucht er später nicht auszubessern.

Information Hiding versucht, die Einzelheiten der Implementierung eines Moduls von der Schnittstelle oder externen Spezifikation zu trennen. Durch dieses Prinzip bietet das Modul nach außen also die Sicht einer Black Box. Das ist insofern nützlich, als der Benutzer eines Moduls sich nicht mit unnötiger Information beschäftigen muß.

Bei defensiver Programmierung geht es ähnlich wie beim defensiven Fahren im Straßenverkehr darum, mögliches Fehlverhalten bereits zu ahnen und durch besonnenes Verhalten Fehler zu verhindern. Das wirkt sich bei der Programmierung zum Beispiel im Abfangen falscher Eingaben und sinnvollen Fehlermeldungen aus. Auch mögliche Divisionen durch Null sollte man im Programmcode abfangen, und selbst das Blank führt bei der Eingabe oft zu unerwarteten Ergebnissen. Wenn das Blank nämlich im Schulzeugnis zu Null Punkten führt und damit die Versetzung gefährdet, war das nicht nur ein Fehler im Programm, sondern für den Schüler und seine Eltern auch eine ganze Menge Streß. Doch wie gesagt: Das läßt sich vermeiden.

Auch im Bereich des Testens ist eine neue Entwicklung im Gang, die aus Kalifornien kommt: Dort übernehmen zunehmend Firmen die Aufgabe der Verifikation und Validation der Software, die direkt an den Auftraggeber berichten. Sie sind somit unabhängig vom Hauptauftragnehmer und Ersteller der Software. Bei sehr kritischer Software, zum Beispiel im Bereich der Raumfahrt, ist das sicherlich ein vielversprechender Ansatz.

In einem mir bekannten Fall war das amerikanische Space Shuttle so programmiert worden, daß der Kurs des Flugkörpers nach dem Abschuß von Cape Canaveral nach Westen zeigen würde, also auf Florida. Natürlich war das falsch, doch beim Auftragnehmer stimmten die Programmierung und die Simulation überein: In beiden Arten der Software war das Vorzeichen falsch.

Erst die externe Firma, die mit V&V beauftragt wurde, erkannte den Fehler, der sicherlich viel Schaden angerichtet hätte. Ein extremes Beispiel, gewiß, doch in diesem Fall hat sich der erhöhte Aufwand für Independant Verification & Validation zweifelsfrei gelohnt.

Letztlich bleibt sicherheitskritische Software, für die uns kein Aufwand zu hoch sein sollte. In dem Fall werden wir auf formale Methoden nicht verzichten können, d.h. um den Beweis der Richtigkeit der Software im mathematischen Sinn. Sehen wir uns zunächst die Projektarbeit der Qualitätssicherung etwas näher an.

Wenn wir konstruktive und analytische Methoden mit dem Konzept der Kritikalität verbinden, können wir für verschiedene Kategorien von Software bestimmte

Methoden fordern. Natürlich muß das im Rahmen eines Projekts für jede Art von Software spezifisch festgelegt werden, doch wir können das beispielhaft einmal vorführen:

Methode	Kritikalität			
Forderungen an die Software	sehr hoch	hoch	mittel	niedrig
Konstruktive Methoden				
Verwendung moderner Hochsprachen	x	x	x	
Einsatz zertifizierter Werkzeuge, z.B. Compiler	x			
Werkzeuge mit graphischer Oberfläche	x	x	x	x
Methodentraining	x	x		
Programmierrichtlinien, Style Guide	x	x		
Modularisierung	x	x	x	x
Information Hiding	x	x		
Computer Aided Software Engineering (CASE)	x	x		
Defensive Programmierung	x	x	x	
Simulation	x			
Prototyping	x			
Incremental Delivery	x	x		
Formale Methoden	x			
Analytische Methoden				
Static Analyser	x	x		
Dynamic Analyser	x			
Language Sensitive Editor	x			
Reviews	x	x	x	x
Audits	x	x		
Code Inspections	x	x		
Walkthroughs	x	x		
Hazard Analysis	x			
Desk Checking	x	x	x	x
Checklists	x	x	x	x
Debugger	x	x	x	x
White Box Testing	x	x	x	x
Black Box Testing	x	x	x	x
Stress Testing	x	x	x	
Independant Verification & Validation	x			
Akzeptanztest	x	x	x	x

Tab. 2.31   Analytische und konstruktive Methoden in bezug auf die Kritikalität.

Gewiß machen solche Festlegungen nur im Rahmen eines konkreten Projekts Sinn, und auch dort wird für verschiedene Arten von Software nur eine bestimmte Auswahl von Methoden in Frage kommen. Testsoftware für die Hardware wird nach anderen Kriterien zu beurteilen sein als die Software, die einen Flugkörper lenkt. Damit wären wir bei der Projektarbeit der Qualitätssicherung angelangt.

2.6.5.3 Die Projektarbeit

Liegt erst ein Satz von Regeln vor, der im Software-Qualitätssicherungshandbuch seinen Niederschlag findet, ist die Arbeit noch nicht zu Ende. Die Projekte bauen zwar auf einem solchen Regelwerk auf, doch gelten für jedes Projekt spezifische Bedingungen. Daher wird unter Berücksichtigung des Vertrages zwischen Auftraggeber und Auftragnehmer und der Art der herzustellenden Software ein projektspezifischer Plan der Qualitätssicherung entstehen, der Software Quality Program Plan (SQPP).

Bezüglich Art und Umfang der Software wird der SQPP sicherlich auf die Informationen im Software Development Plan (SDP), dem Planungsdokument der Entwicklung, angewiesen sein. Beide Pläne sollten sich wiederum im Einklang mit dem Plan des Konfigurationsmanagements befinden. Im SQPP werden alle projektspezifischen Maßnahmen der Qualitätssicherung angeführt.

Die Arbeit der Qualitätssicherung beginnt in der Anfangsphase eines Projekts oft mit einer Beteiligung an der Auswahl von Werkzeugen, wie einem Tool zur Verwaltung des Codes in der Entwicklungsumgebung. Die beiden ersten Dokumente, die zum Review anstehen, sind meist der Software Development Plan und dann das Lastenheft der Software. Bald wird man das erste Review mit dem Kunden planen und durchführen müssen. Wenn eine Organisation das zum ersten Male macht, sollte man dem Review im großen Kreis lieber einen sogenannten *dry run* vorschalten, um Schwächen in der Präsentation auszumerzen. Gute Ingenieure sind selten geschulte Verkäufer, und der Vortrag muß verstanden werden, wenn er ankommen soll.

Nach den Entwurfs-Dokumenten zur Software entsteht endlich auch der Code, und damit ausführbare Programme. Nun zeigt sich, wie gut die Vorarbeit wirklich war. Fehler sind jedoch zu erwarten, und wir sollten jeden *bekannten* Fehler als eine Verbesserung der Software sehen. Es ist in der Tat ein bißchen wie bei Eisbergen: Was uns gefährlich werden kann, sehen wir nicht. Doch was sollen wir an Fehlern überhaupt erwarten?

Wir hatten bereits erwähnt, daß uns das Testen zwar ermöglicht, Fehler zu finden und damit die Software in ihrer Qualität zu verbessern, doch ob wir auch den wirklich letzten Fehler gefunden haben, wissen wir nicht. Es ist natürlich unverzichtbar, alle Fehler zu dokumentieren, sobald ein Produkt unter Konfigurationskontrolle gestellt wurde. Immerhin können wir uns bei der Fehlerrate an anderen Projekten orientieren. Stan Siegel [125] nennt dazu die folgenden Zahlen:

Art der Software	Fehlerrate pro 1000 LOC
Vermittlungssystem für Telefongespräche	25 - 125
Größeres Betriebssystem	25 - 100
Compiler/Assembler	10 - 60
Anwendungssoftware	5 - 50

Tab. 2.32   Fehlerrate bei Software.

Überschlägig können wir wohl davon ausgehen, daß die Fehlerrate im Bereich zwischen drei und acht Prozent liegt. Selbstverständlich ist das ein weiter Bereich. Bessere Zahlen bekommen Sie sicher, wenn Sie die Zahlen in Ihrer eigenen Organisation ermitteln. Das hat zudem den Vorteil, daß die Art der Software und die Branche berücksichtigt werden kann. Am besten trägt man die Zahl der bekannten Fehler über die Zeit auf. Das ergibt in der Regel eine Kurve, die sich nach einiger Zeit abflachen sollte. Befindet man sich zu diesem Zeitpunkt mit der Zahl der bekannten Fehler etwa im Industriedurchschnitt, kann man annehmen, daß die meisten Fehler gefunden wurden. Ist das Abflachen der Kurve allerdings lediglich darauf zurückzuführen, daß für weitere Tests keine Zeit mehr bleibt, ist Ärger zu erwarten.

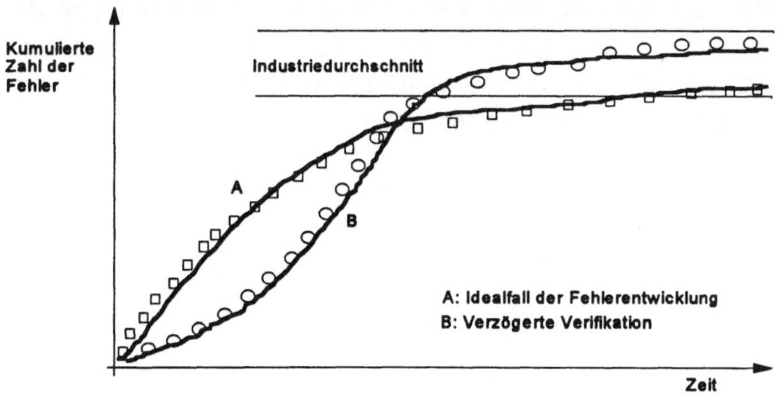

Abb. 2.5   Kumulierte Fehler über der Zeit.

Ich will Ihnen jedoch eine weitere Methode zur Ermittlung der Zahl der erwarteten Fehler nicht vorenthalten. Diese Formel [94,95] beruht auf der Arbeit von Muneo Takahashi und Yuji Kamayachi von der japanischen Telefongesellschaft. Sie sieht so aus:

XII $\quad F_r = c_1 + c_2 \cdot (\text{SCHG/KLOC}) - c_3\ \text{ISKL} - c_4 \cdot (\text{DOCC/KLOC})$

wobei

F_R	Fehlerrate pro 1000 Lines of Code (LOC)
c_1	Konstante 67.98
c_2	Konstante 0.46
c_3	Konstante 9.69
c_4	Konstante 0.08
SCHG	Änderungen am Lastenheft während der Entwicklung
KLOC	Codeumfang in 1000 LOC
ISKL	durchschnittliche Erfahrung des Entwicklungsteams mit einer Programmiersprache (in Jahren)
DOCC	Ausgereiftheit des Entwurfs, d.h. Anzahl der geänderten oder neu erstellten Seiten in Designdokumenten.

Den großen Vorteil der obigen Gleichung sehe ich darin, daß sie den dynamischen Entwicklungsprozeß miteinbezieht. Die beiden Autoren aus Japan hatten eine Reihe von Faktoren untersucht, jedoch sind nur die in der Gleichung berücksichtigten statistischen Größen signifikant. Sie werden sicher bereits erkannt haben, daß Änderungen im Lastenheft mit positivem Vorzeichen eingehen und somit die Fehlerrate erhöhen. Eine ausreichende bis große Erfahrung der Programmierer schlägt sich mit negativem Vorzeichen nieder. Bei Designänderungen sieht es ähnlich aus. Bei einem konkreten Projekt könnten wir bei Anwendung obiger Formel zu folgenden Ergebnissen kommen:

Datum	Fehlerrate (pro 1000 LOC)	Vorausgesagte Fehler	Gefundene Fehler	Verhältnis erwartete zu gefundenen Fehlern
24-JUL-91	44.5	977	662	67,8
21-AUG-91	43,8	962	681	70,8
30-OCT-91	44,7	1042	742	71,2
15-NOV-91	43,0	1002	780	77,8
22-JAN-92	40,0	933	870	93,0

Tab. 2.33   Fehlerentwicklung über die Zeit.

Interessant ist, daß sich die Fehlerrate, die wir sonst als Konstante betrachten, im Laufe der Monate verändert. Wir nähern uns rasant dem Punkt, wo wir hundert Prozent der erwarteten Fehler auch erreichen werden. In dem Fall sollten wir uns zusätzlich ansehen, wo die Fehlerquellen liegen. Befinden wir uns in der Implementierungs- oder Integrationsphase und stammt ein maßgeblicher Anteil der Fehler noch aus Lastenheftänderungen, dann ist unsere Software-Entwicklung trotz der oben angeführten Zahlen leider nicht zu Ende.

Die Formel der beiden japanischen Autoren ist auch in anderer Hinsicht recht interessant. Wir können einmal untersuchen, wie sich Änderungen während der Entwicklung im Lastenheft der Software auswirken. Wir setzen dazu die Erfahrung der Programmierer mit drei Jahren und die Änderungen im Design mit Null an. Dann ergibt sich die folgende Liste:

Zahl der Änderungen im Lastenheft	Fehlerrate pro 1000 LOC	Absolute Zahl der Fehler (Vorhersage)
1	500	46,6	1398
2	750	50,4	1512
3	1000	54,2	1626
4	1250	58,1	1743
5	1500	61,9	1857

Tab. 2.34   Änderung der Fehlerrate bei Änderungen im Lastenheft.

Wir sehen deutlich, daß sich Änderungen in den Anforderungen an die Software relativ stark in einer Erhöhung der Fehlerrate und natürlich auch in einer höheren absoluten Zahl der vorausgesagten Fehler in der Software niederschlagen. Nun wollen wir noch berechnen, wie sich die Erfahrung der Programmierer bemerkbar macht. Es handelt sich dabei um die durchschnittliche Erfahrung des Programmierteams mit einer Programmiersprache. Diesmal setzen wir die Änderungen der Requirements mit 1000 an und halten sie konstant. Es resultieren folgende Ergebnisse:

Erfahrung in Jahren		Fehlerrate	Absolute Zahl der Fehler
1	2	63,9	1917
2	3	54,2	1626
3	4	44,5	1336
4	5	34,8	1045
5	6	25,1	754

Tab. 2.35   Änderung der Fehlerrate in Abhängigkeit von der Erfahrung

Nun wird man bei einem konkreten Projekt gewiß nicht nur Programmierer mit langjähriger Erfahrung einsetzen können, insbesondere aus Kostengründen, aber immerhin ist der Einfluß der Erfahrung auf die Zahl der zu erwartenden Fehler nicht zu unterschätzen.

Eine etwas einfachere Formel, die als Eingabe lediglich die Lines of Code verlangt, stammt von Basili. Sie stellt sich so dar:

XIII $F = 4.04 + 0.0014 \ LOC^{4/3}$

wobei

F   Erwartete Fehleranzahl

LOC   Programmlänge in Lines of Code

Genau genommen gilt diese Gleichung nur mit der folgenden Einschränkung:

$340 < LOC < 12\,541$

In diesem Zusammenhang im folgenden noch ein paar Zahlen zur Verteilung der Phasen auf den Entwicklungszeitraum. Stellen wir dazu den Aufwand (effort) für die Entwicklung anhand zweier Zahlenreihen aus Humphreys Buch gegenüber. Es handelt sich einerseits um Zahlen von *TRW*, andererseits um die Daten aus einem Projekt für Software in Echtzeit, die aus einem Bericht in der Zeitschrift Datamation stammen:

Aufwand in Prozent	TRW			Echtzeit-Projekt
Phase				
Projektgröße	klein	mittel	groß	
Grobentwurf	16	16	16	3,49
Feinentwurf	26	24	23	11,05
Kodieren und Unit Test	42	38	36	23,17
Integration und Test	16	22	25	27,82
Akzeptanztest	-	-	-	34,20

Tab. 2.36   Vergleich des Aufwands bei Projekten.

Das in Datamation geschilderte Projekt ist offensichtlich extrem schwanzlastig und hat viele Probleme bis zuletzt aufgeschoben. In solch einem Fall treten die Fehler in der Software beim Testen zutage, und diese Phasen verlängern sich entsprechend. Die Zahlen für den zeitlichen Ablauf (schedule) bei den Projekten von TRW stellen sich wie folgt dar:

	Projektgröße		
Phase	klein	mittel	groß
Entwurf	19	19	19
Implementierung	63	55	51
Integration und Test	18	26	30

Tab. 2.37   Zeitliche Verteilung des Aufwandes.

Es kommt somit nicht nur darauf an, möglichst viele Fehler noch vor der Freigabe und Auslieferung der Software zu finden, wir sollten auch eine Verteilung der Fehler über die gesamte Projektlaufzeit erwarten, die dem verwendeten Phasenmodell entspricht. Nun macht es wenig Sinn, erst unmittelbar vor der Auslieferung des Programmes an den Kunden über gefundene Fehler und ihre Wichtigkeit zu reden. Die Qualitätssicherung tut gut daran, bereits in ihrem Regelwerk klarzustellen, was wichtige und weniger wichtige Fehler sind. Es hat sich in der Praxis bewährt, drei Klassen von Fehlern zu unterscheiden:

Fehlerklasse	Art des Fehlers und seine Auswirkung
I	Das Programm stürzt ab oder läuft in eine Endlosschleife (deadlock). Die Funktion fehlt völlig.
II	Die Funktion ist teilweise falsch, ein Subsystem fehlt oder reagiert falsch.
III	Minder schwere Fehler, z.B. in der Rechtschreibung.

Tab. 2.38   Fehlerklassen.

Mit der Definition der Fehlerklassen kann man auch festlegen, wann Software freizugeben ist und wann nicht. Fehlerklasse I ist immer ein Grund, die Software zu sperren, selbst bei nur einem bekannten Fehler dieser Art.

Fehler der Klasse III berechtigen in aller Regel nicht zur Sperrung, sollten aber vor der Auslieferung der letzten Fassung der Software an den Kunden vollständig beseitigt sein.

Bei Klasse II muß man abwägen: Ich würde bei einem nicht vorhandenen oder nur äußerst mangelhaft funktionierenden Teilbereich der gesamten Software dazu neigen, sie freizugeben, wenn der Termin drängt. Allerdings ist diese Option nur dann gegeben, wenn es sich nicht um die letzte Auslieferung der Software handelt und damit zu rechnen ist, daß in absehbarer Zeit ein weiteres Release folgen wird. Das wird bei kommerzieller Software in vielen Fällen zutreffen.

Lassen Sie mich das Beispiel erläutern: Wenn die Software ein Betriebssystem, einen Editor, eine Reihe von Hilfsprogrammen und einen Maskengenerator umfaßt, der Maskengenerator aber nicht funktioniert, würde ich den Maskengenerator sperren und die übrigen Teile der Software freigeben.

Man muß allerdings bei solchen Freigaben vorsichtig sein. Manchmal versucht der Projektleiter, jeden Punkt einzeln abzuhandeln. Selbst wenn die Qualitätssicherung jede einzelne Funktion der Software, für sich betrachtet, zur Not durchgehen lassen könnte, sollte man immer den Endbenutzer im Auge behalten. Sobald sich die fehlenden Funktionen auf dreißig bis vierzig Prozent der gesamten freizugebenden Software aufsummieren, würde ich zur Sperre des gesamten Paketes tendieren. Schließlich bekommt der Kunde nicht die mit Recht zu erwartende Software.

Trotzdem ist es keineswegs so, daß wir bei einer Freigabe immer ruhig schlafen können. Ein gewisser Prozentsatz an Restfehlern kann sich durchaus noch im ausgelieferten Programm befinden. In der Fachliteratur findet man dazu die folgenden Angaben:

Quelle	Restfehler nach der Auslieferung Fehler pro 1000 LOC
Industriedurchschnitt, nach *THE LETTER T*	1 - 3
Jet Propulsion Laboratory (JPL), Flugsoftware	8,6
Software in Systemen am Boden	2,0
IBM, Durchschnittszahl	2,0
IBM, Federal Sector Division, Flugsoftware für die amerikanische Raumfähre	< 1,0
NASA Goddard Space Flight Center, Software für die unbemannte Raumfahrt	0,6

Tab. 2.39   Restfehler in Software [105,106,107,108].

Nun wird bei einem bescheidenen Umfang der Software die Zahl der Restfehler so klein werden, daß man sie ruhigen Gewissens freigeben kann. Bei einem erheblichen Umfang des Codes kann aber nicht ausgeschlossen werden, daß sich noch ein oder mehrere ernsthafte Fehler im Programm befinden. In dem Fall kommt es wiederum auf die Verwendung an. Speziell bei Software, die Maschinen steuert oder durch deren Versagen menschliches Leben in Gefahr geraten kann, sollte man sich die Entscheidung nicht leicht machen.

Eine eingangs erwähnte Tatsache sollten wir dabei nicht vergessen: Die Software wird immer größer und umfangreicher, und alleine dadurch entsteht ein Gefahrenpotential. Ein weiterer Gesichtspunkt kommt hinzu: Die Zahlen des Goddard Space Flight und der Projektgruppe von *IBM* für die Flugsoftware des Space Shuttle sind Spitzenwerte, wie sie in wenigen fortschrittlichen und verantwortungsbewußten Organisationen erreicht werden, keinesfalls der Durchschnitt der Industrie.

Wir wollen noch einmal ein kleines Beispiel durchrechnen, wobei die Durchschnittswerte der Industrie für die Restfehler zugrundeliegen sollen, d.h. zwei Fehler pro 1 000 LOC. Dabei liegt die folgende Verteilung der Fehler in Fehlerklassen zugrunde:

Fehlerklasse I: 8 Prozent
Fehlerklasse II: 68 Prozent
Fehlerklasse III: 24 Prozent

Das ergibt bei 20 000 LOC drei Restfehler in Klasse I. Bei 50 000 LOC sind das acht Fehler, und bei 100 000 LOC bereits fünfzehn Fehler, die bei der Auslieferung aller Wahrscheinlichkeit nach noch in der Software vorhanden sind.

Auch die Restfehler der Fehlerklasse II sind im operationellen Einsatz der Software nicht ganz ungefährlich. Auch eine teilweise fehlende Funktion kann z.B. bei einem Flugzeug oder einer Raumfähre, bei der Entscheidungen unter Zeitdruck gefällt werden müssen, zu einer kritischen Situation führen. Hier müssen wir unter den oben genannten Bedingungen mit den folgenden Zahlen rechnen:

20 000 LOC: 27 Restfehler.

50 000 LOC: 68 Restfehler.

100 000 LOC: 136 Restfehler.

Diese Restfehlerrate ist bei vielen Arten von Software einfach zu hoch, und dabei hat der Ersteller noch nicht einmal viel falsch gemacht, denn das ist der gegenwärtige Stand der Technik. In einem solchen Fall sollte man sich gewiß überlegen, ob die Software freizugeben ist.

2.7 Feststellen des IST-Zustandes: Assessment

Bevor wir uns der Methode zur Feststellung des IST-Zustandes zuwenden, ist vielleicht ein Blick auf die Ergebnisse der gesamten Branche nützlich. Wir werden dann auch in der Lage sein, unseren eigenen Prozeß zur Erstellung von Software besser einzuordnen.

2.7.1 Wo stehen die anderen?

Das Software Engineering Institute an der Carnegie Mellon University in Pittsburgh hat im Jahr 1989 eine Untersuchung in der amerikanischen Industrie durchgeführt, um den Stand der Praxis zu ermitteln [47]. Nach der Auswertung der Fragebögen stellte sich heraus, daß in drei von vier Unternehmen Chaos herrscht und sich hiermit die Software-Entwicklung auf der untersten Stufe des Modells bewegt. Man mag bezweifeln, ob die Ergebnisse der Untersuchung auf Europa direkt übertragbar sind, aber warum sollte es hier besser sein?

Sehen wir uns die Ergebnisse der Untersuchung im einzelnen an:

Ebene des *Capability Maturity Models*	Anzahl der Firmen in Prozent
Ebene 1	74
Ebene 2	22
Ebene 3	3
Ebene 4	0
Ebene 5	0

Tab. 2.40   Einordnung von Software-Herstellern.

Es darf uns nicht verwundern, wenn Software mit mehr Fehlern ausgeliefert wird, als wir akzeptieren könnten, und wenn viele Projekte kurzfristig abgebrochen werden. Ein nicht kontrollierter Prozeß kann eigentlich kein Produkt liefern, das unseren Ansprüchen genügt. Auch die Zahl der Unternehmen auf Ebene 2 und 3 des Modells ist relativ klein, und dabei handelt es sich um die Creme der amerikanischen Industrie.

Die Verbesserung der Verhältnisse ist auch kein "Zuckerlecken", sondern harte Arbeit, die sich über Jahre hinziehen kann. Um sich von einer Ebene des Modells bis zur nächsthöheren Ebene vorzuarbeiten, schätzen die Wissenschaftler am Software Engineering Institute 18 bis 36 Monate. Sie können es selbst ausrechnen: Um auf die Ebene 5 zu kommen, muß ein volles Jahrzehnt angesetzt werden. Es ist auch nicht möglich, eine Stufe einfach zu überspringen, denn eine Ebene der Pyramide des *Capability Maturity Models* baut immer auf der nächsten auf.

Doch lassen Sie sich nicht entmutigen. Auch ein Buch entsteht, indem man mit dem ersten Kapitel anfängt. Sehen wir uns an, wie der erste Schritt aussieht.

2.7.2 Assessment: Vorbereitung und mögliche Schwachstellen

Die Untersuchung des IST-Zustands einer Organisation, die Software herstellt, ist der erste Schritt zur Änderung dieses Zustandes. Viele Organisationen können sich einfach nicht verbessern, weil ihnen ihre Probleme gar nicht bewußt werden. Den Balken im eigenen Auge sieht man eben nicht, und wir haben wohl alle einen schwarzen Fleck im Auge. Die Ziele des Assessment Prozesses sind:

- Das Arbeiten der untersuchten Organisation zu verstehen,

- die hauptsächlichen Probleme zu identifizieren und

- ihre maßgeblichen Persönlichkeiten zu überzeugen und in den Prozeß einzubeziehen.

Lösungen zu finden ist ein erstrebenswertes Ziel eines Unternehmens. Bevor man das jedoch mit Aussicht auf Erfolg tun kann, muß man das Problem vollständig verstanden haben. Unterläßt man das, löst man oft das falsche Problem, oder die vorgeschlagene Lösung ist nur oberflächlich wirksam. Was bedeutet nun Assessment im Detail?

Durchgeführt wird diese Untersuchung durch strukturierte Interviews mit den wichtigsten Managern und Mitarbeitern in einem Unternehmen, wobei zusätzlich Fragebogen eingesetzt werden. Ein Assessment ist weder ein Review noch ein Audit. Reviews sind immer projektspezifisch angelegt, und ihr Zweck ist es, den Status der Software-Entwicklung an einem bestimmten Meilenstein zu etablieren. Reviews beschäftigen sich nicht oder nur am Rande mit dem Prozeß, der zu dem im Review vorgestellten Software-Produkt geführt hat.

Audits sind zwar ein gangbarer Weg, um die Übereinstimmung mit einem vorgeschriebenen Verfahren festzustellen, sie sind allerdings nicht primär darauf ausgerichtet, einen Prozeß zu verbessern. Außerdem setzen Audits einen definierten Prozeß voraus, dieser ist jedoch auf Ebene 1 des *Capability Maturity Models* noch nicht definiert.

Das Assessment wird durch eine Gruppe von Fachleuten durchgeführt, die für die Aufgabe speziell ausgebildet wurden. Zwar können einige Mitglieder dieser Gruppe — oder sogar alle — von der Organisation kommen, die beurteilt werden soll, das ist im Grunde jedoch wenig wünschenswert. Eine gemischte Gruppe von Betriebsfremden und "Leuten mit Stallgeruch" ist vorzuziehen. Ziel der Bewertung ist es, die Bereiche zu identifizieren, die einer Verbesserung am dringendsten bedürfen, um sich Ratschläge zur Durchführung entsprechender Maßnahmen geben zu können. Es geht somit auch um das Setzen von Prioritäten. Das Assessment kann man in drei Phasen aufteilen:

1.   Vorbereitung,

2.   Durchführung,

3.   Empfehlungen aussprechen.

Während der Vorbereitungsphase macht sich das Top Management oder die Geschäftsleitung mit dem Prozeß vertraut, verspricht, ihn zu unterstützen, und stimmt einer persönlichen Teilnahme zu. Das Top Management muß auch versprechen, daß es den Empfehlungen am Schluß des Bewertungsprozesses folgen wird. Folgt es einer Empfehlung nicht, muß es seine Gründe dafür darlegen. Die Vorbereitungsphase endet mit einem Trainingsprogramm für das Assessment Team, das ein oder zwei Tage dauern kann.

Phase 2 der Bewertung ist der eigentliche Kern des Verfahrens. In ihr wird die Organisation mit Hilfe strukturierter Interviews untersucht. Auch Fragebögen werden eingesetzt, um die Arbeitsweise der Organisation zu dokumentieren. Diese Interviews können sich von ein paar Tagen bis zu zwei Wochen hinziehen, wobei die Anwesenheit aller gewünschten Manager und Mitarbeiter gewährleistet sein muß. In der Regel werden solche Interviews eine Woche in Anspruch nehmen.

In der Phase 3 formuliert das Assessment Team seine Empfehlungen zur Verbesserung und teilt sie dem Top Management mit. Anschließend wird eine Gruppe in der untersuchten Organisation mit der Planung und Durchführung der vorgeschlagenen Maßnahmen beauftragt. In der Folgezeit steht das Assessment Team zwar für Konsultationen zur Verfügung, greift aber nicht mehr direkt ein.

Es gibt fünf Prinzipien bei der Durchführung der Bewertung einer Organisation, die zu beachten sind. Dazu gehören ein umsichtiger Leiter des Assessment

Teams, kompetente Mitglieder und eine kooperative Firmenleitung der untersuchten Organisation. Da sich die Untersuchung jedoch vor allem mit Menschen befaßt, die auch ihrer täglichen Arbeit nachgehen wollen und müssen, sollten die folgenden Punkte niemals vergessen werden:

- Die Notwendigkeit zur Definition eines Prozesses bildet die Basis der Untersuchung.

- Die Informationen der Mitarbeiter und ihrer Manager sind vertraulich zu behandeln.

- Das Top Management und die Geschäftsleitung unterstützen das Assessment.

- Das Assessment Team ist wirklich an den Ansichten und Erfahrungen der Manager und Mitarbeiter in der untersuchten Firma interessiert.

- Die Untersuchung und die anschließende Bewertung sollen in konkrete Aktionen und Schritte zur Verbesserung münden.

Im folgenden wollen wir jeden dieser Punkte noch etwas näher beleuchten. Da ist zunächst das Prozeß-Modell. Eine Untersuchung setzt immer einen Standard oder eine Norm voraus. Ob sich dieser Standard in der Form eines Regelwerks, in dem fünfstufigen *Capability Maturity Model* oder nur als eine Vision im Kopf eines Mitglieds des Assessment Teams niederschlägt, ist eine der kritischen Fragen für den Erfolg der Bewertung. Watts Humphrey meint dazu: "If you don't know where you are going, any road will do."

Mit anderen Worten: Jedes Assessment Team braucht ein Vergleichsmodell, an dem es die vorhandenen Praktiken und Verfahren messen kann. Das *Capability Maturity Model* kann dazu dienen, denn es ist ein bis ins Detail ausgearbeitetes Modell.

Fehlt ein Modell oder eine gemeinsame Grundlage für das Assessment Team, kann die Untersuchung leicht in eine ziellose Explorationstour ausarten. Selbst wenn die Mitglieder des Teams große Erfahrung in der Software-Entwicklung haben, so hat doch jeder sein Spezialgebiet, individuelle Neigungen und Meinungen, wie ein Problem zu lösen sei. Dies kann dazu führen, daß viele Themen nur oberflächlich angesprochen und einige Bereiche sogar vollkommen übersehen werden. Solche Assessment Teams teilen sich dann oft in Untergruppen auf, um spezielle Bereiche in der untersuchten Firma näher zu betrachten. Diese Vorgehensweise kann dazu führen, daß sich viele unterschiedliche Meinungen im Team bilden, die schwer "unter einen Hut" zu bringen sind. Eine Aufsplittung des Teams verhindert auch einen Synergieeffekt, der bei Gruppen mit Mitgliedern aus vielerlei Bereichen leicht eintreten kann.

Um solche Schwierigkeiten zu vermeiden, sollte sich das Assessment Team auf einen Standard als Vergleichsgrundlage festlegen. In der Regel wird dies das *Capability Maturity Model* sein.

Kommen wir zur Vertraulichkeit: Nur wenn jeder Mitarbeiter der Firma und jeder Manager mit dem Assessment Team offen reden kann, besteht eine Chance, die wirklichen Probleme des Unternehmens ans Licht zu bringen. Lassen Sie uns kurz ein paar Fragen aufzeigen, die von den Interviewern gestellt werden könnten:

Frage	**JA/NEIN**
1 Schreiben der standardisierte Prozeß zur Software-Erstellung und die dazu gehörende Dokumentation den Einsatz von Techniken und Werkzeugen vor?	
2 Gibt es ein Verfahren, nach dem bereits existierende Entwürfe der Software und Code daraufhin untersucht wird, ob die Software wiederverwendbar ist?	
3 Gibt es für jedes Projekt Programmierrichtlinien?	
4 Gibt es Standards für die Wartung von Programmen?	
5 Wird der Code nach vorgeschriebenen Richtlinien überprüft?	
6 Gibt es ein Verfahren, nach dem der Umfang der Software abgeschätzt wird?	
7 Werden die bei Design Reviews erteilten Action Items solange verfolgt, bis sie geschlossen werden können?	
8 Gibt es einen Mechanismus, nach dem die Einhaltung von Programmierrichtlinien überprüft werden kann?	
9 Werden Code Reviews durchgeführt?	
10 Werden die bei Code Reviews erteilten Action Items verfolgt, bis der jeweilige Punkt erledigt ist?	
11 Werden automatisierte Werkzeuge eingesetzt, um die Komplexität der Software zu analysieren?	

Tab. 2.41 Auszug aus einem Fragebogen für das Assessment.

Ist die Vertraulichkeit nicht gewährleistet, und wird die Untersuchung dazu benutzt, alte Gegensätze innerhalb der Organisation erneut zu beleben oder jemanden anzuschwärzen, dann kann das Assessment Team kaum Erfolg haben. Eine gute Untersuchung verlangt Offenheit, sachliche Diskussionen und den Willen, auch die Position Andersdenkender anzuerkennen.

Kommen wir zur Beteiligung des Top Managements. Natürlich spielen hier Größe und Organisation des untersuchten Unternehmens oder des Konzerns eine nicht unwichtige Rolle. Bei Firmen, die an mehr als einem Standort Software erstellen, konzentriert man sich beim Assessment zunächst am besten auf einen Standort. Der für diesen Standort verantwortliche Manager muß die Untersuchung unterstützen, sich für die Untersuchung selbst Zeit freihalten und die ausgesprochenen Empfehlungen des Assessment Teams umsetzen lassen. Fehlt diese Unterstützung, kann die Untersuchung und Bewertung allzu leicht schieflaufen. Der für einen Standort verantwortliche Manager muß vielmehr persönlich teilnehmen, kompetente Mitarbeiter zur Teilnahme verpflichten und die Umsetzung der Empfehlungen persönlich überwachen.

Wenn wir uns nun den beiden beteiligten Gruppen zuwenden, zum einen dem Assessment Team, das in der überwiegenden Mehrzahl aus Betriebsfremden bestehen wird, und zum anderen den Mitarbeitern und Managern der untersuchten Organisation, dann erkennen wir ein Konfliktpotential. Das Assessment Team kann leicht als eine Gruppe arroganter Außenseiter betrachtet werden, die in nur ein paar Tagen alle Probleme dieser komplexen und eingespielten Organisation lösen wollen. Die Mitarbeiter der Firma geben doch ihr Bestes und sind alle Fachleute mit langjähriger Erfahrung. Was können denn ein paar Fremde in wenigen Tagen schon bewirken?

Wenn das Assessment Team den Eindruck erweckt, alle Antworten bereits zu wissen, können das die Mitarbeiter der untersuchten Firma leicht "in die falsche Kehle" bekommen. Sie stellen sich dann möglicherweise auf den Standpunkt, daß das Assessment nichts erreichen wird, und berichten nicht über ihre wirklichen Probleme. Das Assessment Team muß versuchen, dieser geistigen Haltung durch professionelles Auftreten entgegenzutreten. Es sollte nicht den Eindruck erwecken, daß alle Probleme innerhalb weniger Tage gelöst werden können. Die Mitarbeiter, mit denen das Assessment Team im Laufe einer Woche reden wird, sind individuell sehr verschieden. Es ist wahrscheinlich, daß in einzelnen Bereichen gute Arbeit geleistet wird. Solche Personen und Bereiche sollten herausgestellt werden, damit andere Gruppen in der Firma davon profitieren können. Kurz gesagt, das Assessment Team sollte ein offenes Ohr haben, sich wie Fachleute unter Fachleuten geben und einen klaren Kurs steuern.

Schließlich zum letzten der fünf Punkte: Aktion. Wenn die Untersuchung einen Sinn haben soll, müssen die ausgesprochenen Empfehlungen des Assessment Teams auch umgesetzt werden. Im Grunde waren sich viele Mitarbeiter und ihre Manager bereits vor der Ankunft des Assessment Teams darüber bewußt, daß die Firma Probleme hat. Doch nun sind diese Schwierigkeiten offiziell untersucht worden, und das Top Management kann sich nicht länger "davor drücken", sie anzupacken. Der verantwortliche Manager hat nur zwei Möglichkeiten: Entweder ignoriert er die Probleme weiter, wodurch er sich bei den ihm unterstellten Managern und deren Mitarbeitern unglaubwürdig macht, oder er packt die Probleme entschlossen an.

2.7.3 Die Durchführung

Der erste Schritt jedes Assessments muß die Identifizierung der zu untersuchenden Organisation und die Auswahl des Assessment Teams sein. Professionelle Gruppen solcher Experten sind in der Tat rar: Entweder sucht man in den eigenen Reihen, oder man bittet Institutionen wie das *Software Engineering Institute* um ihre Hilfe. Vor einem möglichen Beginn braucht man einen Leiter für das Assessment Team. Er muß langjährige Erfahrung in der Entwicklung von Software besitzen, eine kleine Gruppe hochkarätiger Experten führen können und in der Lage sein, die Ergebnisse des Teams zu präsentieren und seine Empfehlungen zu vermitteln.

Die Mitglieder seines Teams sollten ebenfalls langjährige Erfahrung in der Erstellung von Software vorweisen können, aber in der einen oder anderen Richtung spezialisiert sein. Zum Beispiel könnte ihr Fachwissen in einer der Phasen der Software-Erstellung besonders ausgeprägt sein. Das Team hat in aller Regel fünf bis sechs Mitglieder.

Soweit die Mitglieder des Assessment Teams aus der zu untersuchenden Organisation rekrutiert werden, dürfen sie nicht aus dem untersuchten Bereich selbst kommen. Offensichtliche Interessenkonflikte müssen vermieden werden. Bei großen Industriekonzernen bietet es sich an, Experten aus der Konzernzentrale, anderen Standorten oder Geschäftsbereichen in das Team aufzunehmen. Vertreter der lokalen Software-Qualitätssicherung passen schlecht in das Team, da es zu ihrer täglichen Arbeit gehört, die Software-Produkte der Entwicklung zu beurteilen. Vertreter der Qualitätssicherung aus anderen Standorten jedoch sind als Mitglieder des Teams geeignet.

Die aus der zu untersuchenden Organisation stammenden Mitglieder des Assessment Teams können insoweit nützlich sein, als sie die Entwicklung der Organisation kennen und ihre eigenen Erfahrungen in der Organisation einbringen können. Sie sollten sich auch um die Organisation vor Ort kümmern, das Bereitstellen der Räume, Hilfsmittel, Termine und dergleichen.

Es kann mit Recht gefragt werden, ob ein vollkommen selbst organisiertes Assessment sinnvoll und möglich ist. Auf diese Frage kann nur geantwortet werden: Ja, es ist möglich, aber nur wenig sinnvoll. Die folgenden Gründe sprechen dagegen:

♦ Eine Beurteilung der eigenen Organisation ist kaum vorurteilsfrei möglich (der Balken im eigenen Auge).

♦ Wirkliche Experten für eine professionelle Beurteilung sind in der eigenen Organisation nicht oder nur sehr schwer zu finden.

♦ Die Vorbereitung und Durchführung der Untersuchung ist für ein paar Wochen ein Full-Time-Job.

♦ Die Ernsthaftigkeit des eigenen Managements zur Veränderung der Situation zeigt sich auch darin, daß für die Verpflichtung externer Experten Geld zur Verfügung gestellt werden muß.

Wie eine Beurteilung durch das *Software Engineering Institute* (SEI) oder durch die von ihm lizensierte Firma in der Praxis praktiziert werden kann, zeigt der folgende typische Zeitplan:

1. Tag	Kurzer Überblick zur Durchführung des Assessments.
	Beteiligte: Vorstand, Manager, Mitarbeiter
	Zweck und Durchführung erläutern
	Einweisung der Teilnehmer am Assessment
	Detaillierte Vorstellung des Zeitplans
	Kurze Diskussion und Beantwortung von Fragen
	Fragebögen (für die Teilnehmer aus den Projekten)
	Der Fragebogen muß für jedes Projekt einzeln ausgefüllt werden.
	Diskussionen und Befragungen in den Projekten
	Der Beauftragte des Software-Projekts trifft sich mit dem Assessment Team, um Fragen zu klären und weiteres Material zu besorgen, das das Team am dritten Tag zu sehen wünscht.
2. Tag	**Funktionelle Bereiche des Software-Prozesses werden untersucht.**
	Das Assessment Team trifft sich mit Vertretern verschiedener Disziplinen, die in ihren Bereichen Experten sind (Projektmanagement, Konfigurationskontrolle, Test, Qualitätssicherung).
	Erste Feststellungen
	Das Assessment Team diskutiert intern seine ersten Eindrücke.

Fortsetzung auf der nächsten Seite

3. Tag	Diskussionen mit Vertretern einzelner Projekte
	Der Beauftragte jedes Projekts trifft sich mit dem Assessment Team, um einzelne Punkte zu klären und die ersten Eindrücke des Teams zu kommentieren.
	Formulieren der Feststellungen
	Das Assessment Team formuliert seine Feststellungen.
4. Tag	Dry Run der Präsentationen
	Das Assessment Team überprüft die Präsentation seiner Ergebnisse.
	Review der Feststellungen und der Bewertung
	Die Präsentation der Ergebnisse wird mit den Projektbeauftragten diskutiert.
	Präsentation der Ergebnisse und Feststellungen (Vorstand, Manager, Mitarbeiter)
	Die Feststellungen des Assessment Teams werden den am Assessment Beteiligten, dem Management und der Geschäftsleitung präsentiert.
	Sitzung des Top Managements (Vorstand oder Bereichsleiter, Vorsitzender des Assessment Teams)
	Es werden Themen aufgegriffen, die vorher eventuell nicht zur Sprache kamen. Hauptsächlich wird jedoch das weitere Vorgehen angesprochen, und die Bildung eines Teams, das in der Folgezeit tätig wird, um den Prozeß zu verbessern.
5. Tag	Assessment post mortem
	Das Assessment Team "reviewed" sein eigenes Vorgehen während der vergangenen Tage und identifiziert notwendige Verbesserungen.

Tab. 2.42   Zeitplan für ein Assessment.

Nun können Sie sich ein Bild darüber machen, wie ein Assessment in Ihrer eigenen Organisation ablaufen könnte. Eines ist klar erkennbar: Für eine Woche werden viele Mitarbeiter, führende Angestellte und Mitarbeiter aus den Projekten durch die Arbeit des Assessment Teams gebunden sein. Auch durch die Vorbereitung der Arbeit des Teams und die nachfolgende Umsetzung der Empfehlungen werden Kräfte gebunden. Ein nachhaltender Erfolg ist nur möglich, wenn die Geschäftsleitung den Willen zur Verbesserung der Verhältnisse hat und alle daraus resultierenden Maßnahmen unterstützt.

Es ist einsichtig, daß in der Organisation selbst eine Gruppe geschaffen werden muß, die die Empfehlungen des Assessment Teams in die Organisation einführt. Die Mitglieder des Assessment Teams selbst bleiben allenfalls ein paar Wochen vor Ort. Das gewählte Instrument zum Wandel ist die *Software Engineering Process Group*, oder kürzer *Process Group*.

2.8   Das Instrument zur Einführung: The Software Engineering Process Group

Es gibt drei Wege, zu lernen:
erstens durch Nachdenken, das ist der edelste;
zweitens durch Nachahmen, das ist der leichteste;
und drittens durch Erfahrung, das ist der bitterste.
Konfuzius.

Wenn wir uns in anderen Bereichen der modernen Industriegesellschaft umsehen, finden wir eigentlich in allen Bereichen Spezialisten, die für bestimmte Tätigkeiten zuständig sind. Es würde keinem Automobilkonzern "im Traum einfallen", die Arbeiter am Band mit der Planung der Produktion zu betrauen. Bei der Software-Erstellung ist das vielfach noch so: Oft sind die Programmierer einfach für alles zuständig, obwohl ihnen in vielen Fällen das notwendige spezielle Wissen fehlen wird. Wenn aber in einem Unternehmen einzelne Personen für eine Vielzahl von Tätigkeiten zuständig sind, kommt die einzelne Aufgabe zu kurz, und eine Änderung tritt nicht ein. Deswegen ist es unbedingt notwendig, eine kleine Gruppe mit der Einführung zeitgemäßer Methoden des Software Engineering zu beauftragen: The Software Engineering Process Group (SEPG).

In vielen Organisationen werden die Arbeitsweisen so eingefahren sein, daß neue Methoden einer kleinen Revolution gleichkommen. Deshalb muß die Arbeit der Prozeßgruppe geplant werden, und die Mitarbeiter sollten die Einführung von Verbesserungen wie ein Software Projekt angehen, mit den folgenden Schritten:

1. Identifizieren der Hauptprobleme,

2. Festlegen von Prioritäten,

3. Ausarbeiten eines Plans von Aktionen,

4. Überzeugen der Mitarbeiter und des Managements,

5. Zuordnen von Mitarbeitern zu den Aufgaben,

6. Organisieren von Schulungskursen,

7. Beginn der Einführung neuer Methoden und Verfahren,

8. Verfolgen der gemachten Fortschritte bei der Einführung,

9. Beseitigen von Fehlern und Mängeln bei der Einführung neuer Verfahren.

Die Arbeit ist nicht gering, und die Prozeßgruppe wird im Mittelpunkt stehen. Sie benötigt die Unterstützung des Managements, der einzelnen Projekte, der Qualitätssicherung, der Schulungsabteilung, des Finanzwesens und der Verwaltung. Darüber hinaus ist ein Erfolg nur möglich, wenn die Software-Experten selbst es wollen.

Die Prozeßgruppe hat zwei Hauptaufgaben: Änderungen zu initialisieren und den Prozeß der kontinuierlichen Verbesserungen aufrecht zu erhalten. Die Projekte sollten einerseits nicht solch gewaltigen Veränderungen unterworfen werden, daß jegliche produktive Arbeit zum Stillstand kommt, andererseits müssen sie ihre Methoden und Verfahren trotzdem anpassen und verbessern. Da die Programme immer größer und komplexer werden, ist das unvermeidlich. Treten keine stetigen Verbesserungen im Prozeß ein, bleibt nur der weit schmerzvollere Weg: Scheitern und Neubeginn.

Die Rolle der Prozeßgruppe umfaßt auch die eines *Change Agents*, oder eines Katalysators. Sie identifiziert neue und erfolgversprechende Techniken, sucht nach Trainern und Sachverständigen, die die neue Methode lehren können, und überzeugt das eigene Management davon, die notwendigen Entscheidungen für die Einführung zu treffen. Die Änderungen im Prozeß müssen sorgfältig geplant und eingeführt werden. Ist der Wechsel zu langsam, gibt es keinen Fortschritt. Ist der Wechsel dagegen zu schnell, kann ein Projekt so instabil werden, daß es in Chaos versinkt. Um den Prozeß der kontinuierlichen Veränderung aufrecht zu erhalten, kann man die Aufgabe der Prozeßgruppe in sechs Kategorien einteilen:

1. Etablieren von Prozeßstandards,

2. Einrichten und Pflegen der Datenbasis für den Prozeß,

3. Bilden der zentralen Anlaufstelle für die Einführung neuer Methoden und Werkzeuge,

4. Informieren über die Kernpunkte des Software-Prozesses,

5. Beratung der Projekte,

6. Periodisches Feststellen des IST-Zustandes und Berichten an das Management.

Wir wollen uns nun die vorher genannten Themen der Reihe nach vornehmen. Das Etablieren von Standards bedeutet konkret, die in den folgenden Kapiteln genannten Tätigkeiten in das Unternehmen zu tragen und dort fest zu verankern. Da die Prozeßgruppe weder auf allen Gebieten genügend Fachkenntnisse noch genug Mitarbeiter haben wird, muß sie sich der einzelnen Disziplinen für ihren jeweiligen Aufgabenbereich bedienen. So wird etwa das Konfigurationsmanagement gebeten werden, die Einzelheiten der für sie geltenden Standards zu implementieren. Im einzelnen nimmt die Prozeßgruppe diese Aufgaben wahr:

1. Die Prozeßgruppe legt die Prioritäten fest. Es gibt wahrscheinlich eine Vielzahl von Gebieten, auf denen Standards und Normen notwendig sind. Generell sollten Standards nicht verwendet werden, bevor die Betroffenen Gelegenheit bekommen haben, sie zu prüfen und ihre Kommentare abzuliefern. Die Benutzung unterschiedlicher und widersprüchlicher Standards in einem Projekt oder Unternehmen führt zur Verwirrung und muß vermieden werden.

2. Die Prozeßgruppe muß sicherstellen, daß vorhandenes Wissen und Erfahrungen innerhalb der eigenen Organisation mit bestimmten Methoden oder Standards genutzt werden.

3. Die Prozeßgruppe muß sicherstellen, daß bei der Einführung von Standards sowohl deren Befürworter als auch die Anwender zu Wort kommen. Standards müssen innerhalb der Organisation und in der Entwicklungsumgebung von Projekten auch praktizierbar sein.

4. Ein Standard muß am Ende des Review Prozesses von allen Beteiligten akzeptiert werden.

Wenn wir unsere Standards kennen, wenden wir uns als zweiten Schritt der Datenbasis zu. Fortschritte bei der Verbesserung können wir nur dann glaubhaft machen, auch gegenüber dem eigenen Management, wenn wir sie durch Zahlen untermauern. Deshalb sollten wir zu den folgenden Themen Daten erfassen:

♦ Angaben und Meßwerte zu Programmgröße, Kosten und Zeitverbrauch,

♦ Messungen zu den Software-Produkten, d.h. zur Art, Komplexität und Struktur der erstellten Software,

♦ Prozeßmetriken: Derartige Messungen zu den einzelnen Aufgaben und ihrer Durchführung können zu großen Verbesserungen im Prozeß führen.

Daten müssen immer zweckgerichtet gesammelt werden, da ihre Erfassung schließlich Geld kostet. Dazu gehört auch, exakte Definitionen zu erarbeiten, so daß Meßergebnisse nicht falsch interpretiert werden können. Metriken sind oft nur während der Abwicklung eines Projekts wichtig, nach dessen Abschluß sind sie allenfalls von historischem Interesse. Deshalb müssen die Ergebnisse von Messungen rechtzeitig zur Verfügung stehen. Das setzt in der Regel den Einsatz von Werkzeugen voraus.

Beim Einführen neuer Methoden und Werkzeuge, generell aller neuartigen Technologie, spielt die Prozeßgruppe den Mittler zwischen ihren Kunden im Prozeß und allen externen Anbietern solcher Methoden und Tools. Sie fungiert als ein ehrlicher Makler, um an Bismarck zu erinnern. Dazu sollte die Prozeßgruppe im Verein mit den Anwendern die Anforderungen an das Tool festlegen, im zweiten Schritt Anforderungen und Eigenschaften auf dem Markt angebotener Werkzeuge vergleichen und schließlich eine Auswahl treffen.

Manchmal kann es sinnvoll sein, ein Werkzeug erst in einem bestimmten Projekt zur Erprobung einzusetzen, bevor es generell in der Organisation verfügbar gemacht wird. Ausbildung und Training können leicht so intensiv betrieben werden, daß die Prozeßgruppe alle anderen Aufgaben vernachlässigen muß. Deshalb sollte sie hier nur die richtigen Anstöße geben, und die eigentliche Durchführung von Kursen internen oder externen Ausbildern überlassen. Themen für solche Maßnahmen könnten sein:

- Projektmanagement: Das Planen von Projekten und die Verfolgung des Projektfortschritts.

- Entwurfsmethoden: Der Einsatz von Methoden und Werkzeugen, z.B. CASE Tools, objektorientiertes Design und Prototyping.

- Code Inspections und Walkthroughs.

- Quantitative Qualitätssicherung: Der Gebrauch von Statistiken und Metriken, um bessere Voraussagen machen zu können.

Eine der wichtigsten Aufgaben der Prozeßgruppe ist die Beratung der Mitarbeiter in den Projekten. Ihr Wissen muß in die Projekte getragen werden. Das heißt einerseits, die Methoden des Software Engineering zu verbessern, verlangt andererseits aber auch eine Unterrichtung der Prozeßgruppe über die Probleme und Schwierigkeiten in den einzelnen Projekten.

Nicht zuletzt muß die Prozeßgruppe Daten über den derzeitigen Stand der Organisation sammeln. Das betrifft die Projekte und die Umsetzung von Methoden in der Praxis und insbesondere Schwierigkeiten und Hindernisse. Das Management sollte mindestens vierteljährlich den Status des Software-Prozesses gegen den Plan vergleichen und gegebenenfalls Maßnahmen ergreifen, um unerwünschte Entwicklungen zu korrigieren.

Die Prozeßgruppe selbst ist das Zentrum des Wandels, und sie kann aus dieser Position heraus eine Menge bewegen. Sie braucht die volle Unterstützung der Geschäftsleitung und des Managements, nicht zuletzt auch Mitarbeiter, die sich voll hinter ihre Aufgabe stellen. Dazu gehört sicherlich Fachwissen, die Bereitstellung der finanziellen Mittel, die Fähigkeit zum Umgang mit Menschen und eine Portion Begeisterungsfähigkeit. Man kann dieser Gruppe für ihre Arbeit nur Glück wünschen, denn wer rastet, der rostet.

Abschnitt

Auf dem Weg zum Erfolg:

Ebene 2 und 3 des Capability Maturity Models

3.1　Ebene 2: REPEATABLE

Wenn wir möglicherweise festgestellt haben, nämlich durch ein Assessment unserer Organisation, daß sich der Software-Erstellungsprozeß auf der Ebene 1 befindet, werden wir ihn verbessern wollen. Es kann auch sein, daß ein Projekt zur Zufriedenheit des Managements abgeschlossen wurde, daß wir diesen Erfolg jedoch zur Dauereinrichtung machen wollen. Um dies zu erreichen, brauchen wir ein Projektmanagement. Zu seinen Hauptaufgaben gehört die Verfolgung der Kosten und der Einhaltung des Zeitplans.

Doch sehen wir uns die Bausteine des dauerhaften Erfolges genauer an, die *key process areas*. Für jeden dieser Bausteine haben Watts Humphrey und seine Mitstreiter am *Software Engineering Institute* der Carnegie Mellon University Ziele, Verpflichtungen, notwendige Fähigkeiten oder Voraussetzungen, Tätigkeiten und Kontrollschritte definiert.

3.1.1　Die Haupttätigkeiten des Prozesses

Die Ebene 2 des *Capability Maturity Models* hat Watts Humphrey mit REPEATABLE bezeichnet. Das heißt konkret, daß die notwendigen Maßnahmen seitens des Managements einer Organisation ergriffen werden, um Erfolge bei der Erstellung von Software nicht nur bei einem Projekt zu erzielen, sondern dies zur Dauereinrichtung zu machen. Der Erfolg soll wiederholbar und reproduzierbar werden.

Im einzelnen werden wir die folgenden sechs Hauptbereiche unseres Prozesses betrachten:

◆ Software-Anforderungen und ihre Verwaltung,

◆ Planung des Projektes,

◆ Überwachung und Verfolgung des Projektfortschritts,

◆ Vergabe von Aufträgen an Unterauftragnehmer,

◆ Software-Qualitätssicherung,

◆ Konfigurationsmanagement.

Jede dieser Tätigkeiten oder Hauptbereiche des Prozesses ist im *Capability Maturity Model* weiter untergliedert worden und mit einer Anzahl definierter Tätigkeiten verbunden, deren Durchführung kontrollierbar ist.

Zu jeder der Tätigkeiten gehören auch eine Reihe von Voraussetzungen, ohne die ein Erfolg nicht zu erwarten ist. Nicht zuletzt sind alle Hauptbereiche des Prozesses mit gesteckten Zielen verbunden.

Grafisch befinden wir uns auf einer Plattform unserer Pyramide, die noch nicht allzu weit vom Boden entfernt ist. Gerade auf dieser Stufe müssen jedoch die wichtigsten Maßnahmen zur Verbesserung begonnen werden.

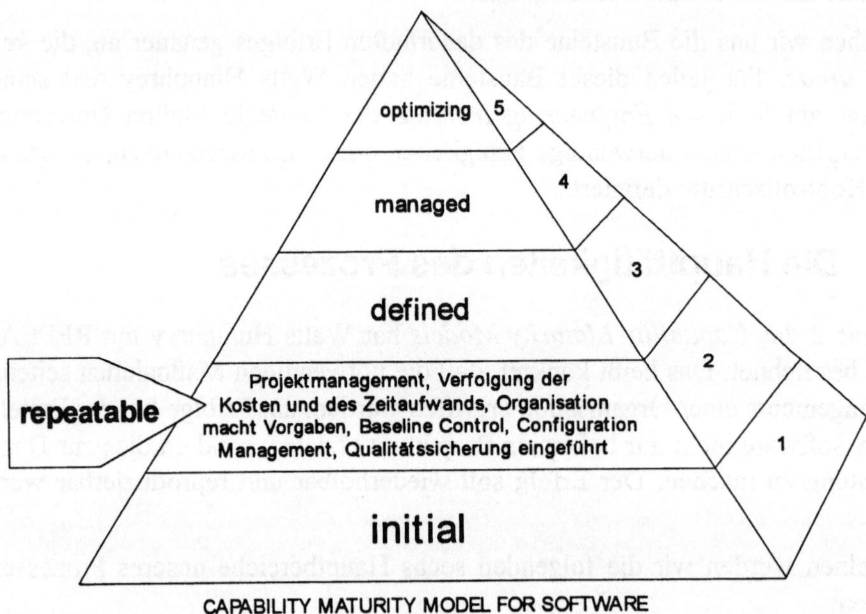

Abb. 3.1   Die Ebene 2 des Capability Maturity Models.

Die oben angeführten Bereiche werden wir auf den folgenden Seiten Schritt für Schritt abhandeln, denn sie bilden die Bausteine für späteres Wachstum. Erfolge in jedem dieser Bereiche setzen gewisse Maßnahmen in der Organisation voraus, die Voraussetzungen für den dauerhaften Erfolg sind.

Alle Hauptbereiche des *Capability Maturity Models* sind gekennzeichnet durch ihre Einbettung in einen geregelten Prozeß. Dazu gehören auf der einen Seite die Ziele der Organisation, auf der anderen Seite aber auch das Schaffen der notwendigen Voraussetzungen, die die Grundlage für die erfolgreiche Durchführung der Tätigkeiten bilden.

Sind die Ziele erst formuliert und die Voraussetzungen geschaffen, können sich Mitarbeiter und Management sicherlich darauf einigen, bestimmte Arbeiten innerhalb einzuhaltender Rahmenbedingungen zu erledigen. Die Tätigkeiten selbst machen den Großteil des Modells aus, und sie müssen nach ihrer Durchführung überprüft werden.

Schließlich muß sich am Ende des Prozesses ein Verifikationsschritt anschließen, denn ganz ohne Kontrolle werden wir nicht auskommen. Grafisch können wir uns diese Zusammenhänge so vorstellen:

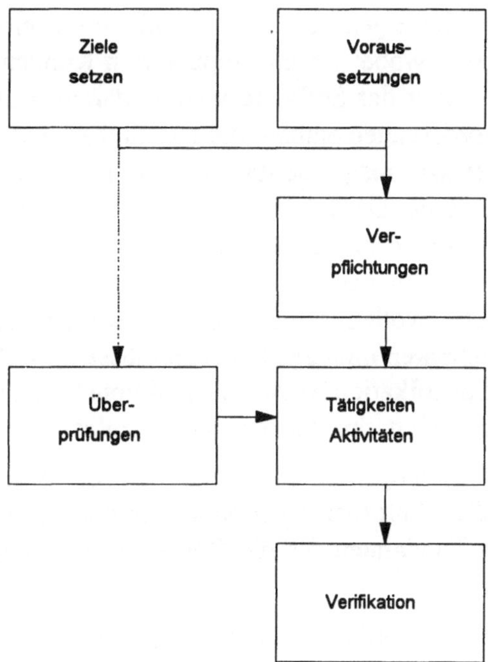

Abb. 3.2   Die Organisation des Prozesses.

Doch wenden wir uns jetzt konkret dem ersten Thema in diesem Hauptbereich zu. Wir werden das oben aufgezeigte Schema bald wiederentdecken.

3.1.1.1 Die Software-Anforderungen verwalten

Das Schlüsselwort bei den Anforderungen an die Software heißt *Übereinkunft*. Es handelt sich im Grunde um einen Vertrag mit gegenseitigen Rechten und Pflichten zwischen Auftraggeber und Auftragnehmer. Dabei ist zusätzlich zu bedenken, daß sich hinter dem Kunden oft ein Endbenutzer verbirgt, der unter Umständen etwas andere Interessen haben mag. Das sollte der Auftragnehmer in Betracht ziehen. Gültiges Dokument für beide Parteien bleibt jedoch immer das Lastenheft der Software, in dem alle Funktionen der Software sowie Eckwerte für Leistungen genannt werden müssen. Wir hatten bereits erwähnt, daß es zweckmäßig sein kann, das Dokument bei komplizierten Projekten und technischem Neuland in zwei Spezifikationen aufzuteilen.

Ein weiterer Gesichtspunkt: Auch innerhalb der Organisation des Auftragnehmers stellt das Lastenheft eine Übereinkunft dar, nämlich zwischen den Erstellern der Spezifikation und den Entwicklern der Software. Die Schreiber der Spezifikation werden dabei funktionelle Eigenschaften der Software sammeln und in eindeutiger Sprache formulieren, wobei sie ihre Inputs vom Kunden und den Benutzern bekommen. Die Entwickler der Software werden darauf achten müssen, daß die Spezifikation keine Forderungen enthält, die unerfüllbar sind. Somit findet bereits hier ein gewisser Interessenausgleich statt, der bei geschicktem Verhandeln beiden Seiten nur nützen sollte. Der Kunde kann nicht daran interessiert sein, Forderungen zu stellen, deren Unerfüllbarkeit sich nach Jahren am Ende der Entwicklung zeigen wird. Der Auftragnehmer andererseits wird zwar für gutes Geld auch eine gute Leistung bieten wollen, seine Ingenieure werden jedoch auch die Grenzen des technisch Machbaren im Auge behalten müssen. Im Spannungsfeld dieser Interessen muß die Spezifikation klare und funktionelle Anforderungen definieren. Diese Ziele lassen sich in drei Sätzen zusammenfassen:

1. Die aus den Anforderungen an das System auf die Software heruntergebrochenen funktionellen Anforderungen bilden ein klar formuliertes, verifizierbares und testbares Fundament für die Software-Erstellung und das Management der Software.

2. Die der Software zugeordneten Funktionen des Gesamtsystems (allocated requirements) definieren vollständig den Umfang des Software-Entwicklungsaufwandes.

3. Die der Software zugeordneten Anforderungen fließen in geordneter Weise in die Pläne, Produkte und Tätigkeiten der Software-Erstellung ein.

Um die Leistungen überhaupt erbringen zu können, ist die folgende Verpflichtung der Organisation notwendig:

Verpflichtung (1): Die Organisation befolgt ein schriftlich niedergelegtes Verfahren zum Erstellen und Verwalten der Anforderungen an das System, durch das die Anforderungen an die Software festgelegt und auch begrenzt werden. Dazu gehört:

- Die der Software zugeordneten Anforderungen werden dokumentiert.

- Die Spezifikation der Software muß von den folgenden Gruppen oder Personen "reviewed" werden: Dem Software Manager, den Gruppenleitern der Software-Entwicklung sowie anderen beteiligten Gruppen, wie etwa System-Test, Elektronikentwicklung, Qualitätssicherung und Konfigurationsmanagement.

- Die Pläne zur Software-Erstellung, die Produkte und Tätigkeiten werden geändert, wenn sich die Anforderungen an die Software ändern.

Nun gehört zu einer Verpflichtung zur Leistung auch immer die Fähigkeit, die geforderte Leistung erbringen zu können. Wenden wir uns also den notwendigen Voraussetzungen zu:

Voraussetzung (1): Für jedes Projekt werden verantwortliche Personen oder Gruppen benannt, um die Anforderungen an das System zu analysieren und auf die Hardware, Software, Firmware und andere Teile des Systems aufzuteilen. Zu diesen Tätigkeiten gehört:

- Verwalten und Ändern der Anforderungen an das System während des gesamten Lebenszyklus des Systems.

- Kontrollieren und Verfolgen von Änderungen des System-Lastenheftes.

Eine Möglichkeit zur Durchführung der oben geforderten Maßnahmen besteht in der Schaffung eines Teams zum Entwurf des Systems, in dem die notwendigen Fachingenieure vertreten sind.

Voraussetzung (2): Es werden genügend Ressourcen, darunter finanzielle Mittel und qualifizierte Mitarbeiter, bereitgestellt, um die Anforderungen an die Software verwalten zu können. Dazu gehören:

- Mitglieder des Entwicklungsteams mit Erfahrung in der speziellen Applikation und der Fähigkeit zum Management technischer Dokumente.

- Geeignete Werkzeuge zum Verwalten und Ändern technischer Dokumente werden durch das Management zur Verfügung gestellt.

Werkzeuge zum Erstellen und Verwalten der Dokumente mit den Anforderungen an die Software könnten sein: Ein Textverarbeitungssystem, ein Spreadsheet-Programm, Werkzeuge zum Verfolgen der Anforderungen für den Test und ein Tool für das Konfigurationsmanagement.

Wenden wir uns nunmehr den Tätigkeiten oder Aktivitäten im einzelnen zu:

Tätigkeit (1): Die Anforderungen an die Software müssen dokumentiert werden. Dabei dürfen keine Widersprüche auftreten, die Funktionen der Software müssen klar, eindeutig und testbar sein. Zu den Anforderungen an die Software gehören:

◆ Übereinkünfte, Bedingungen, vertragliche Verpflichtungen, hierzu einige Beispiele: Auszuliefernde Software-Produkte oder Teilprodukte, Termine, Meilensteine der Entwicklung, die einzusetzende Programmiersprache und die Entwicklungsumgebung.

◆ Technische Anforderungen an die Software.

◆ Anforderungen an Schnittstellen:

   – mit der Hardware
   – mit anderen Systemen
   – mit menschlichen Benutzern der Software oder des Systems.

◆ Kriterien zur Akzeptanz der Software durch den Kunden.

Tätigkeit (2): Die Entwickler der Software prüfen die Anforderungen an die Software, bevor sie dem Zeitplan zur Erstellung der Software zustimmen. Zu diesen Tätigkeiten gehört im einzelnen:

◆ Unvollständige oder vollständig fehlende Anforderungen werden identifiziert.

◆ Es wird untersucht, ob die Anforderungen an die Software durchführbar sind, klar und eindeutig formuliert wurden, sich selbst nicht widersprechen und testbar sind.

◆ Die Anforderungen an die Software, bei denen Fehler oder Probleme gefunden wurden, werden mit den für das System-Lastenheft zuständigen Mitarbeitern, dem Kunden und Endbenutzern diskutiert, und gegebenenfalls werden Änderungen im Software-Lastenheft durchgeführt.

◆ Nach diesem Schritt stimmen die folgenden Personen dem Software-Lastenheft zu: Die Software-Gruppenleiter, der Software Manager, sowohl auf Projektseite als auch in der funktionellen Organisation, und der Projektmanager für Software.

◆ Weitere Verpflichtungen und Änderungen zu eingegangenen Verpflichtungen werden mit den beteiligten Gruppen und Personen diskutiert und verhandelt.

Tätigkeit (3): Die Anforderungen an die Software, die im Software-Lastenheft dokumentiert sind, bilden die Ausgangsbasis für die Software-Pläne, Produkte und Tätigkeiten. Dazu gehören:

◆ Die Anforderungen an die Software werden unter Konfigurationskontrolle gestellt und in nachvollziehbarer Weise durchgeführt.

◆ Die Anforderungen an die Software bilden die Basis für die Erstellung einer detaillierten Spezifikation.

Tätigkeit (4): Änderungen an den Anforderungen der Software werden überprüft und in geordneter Weise in die Software-Erstellung übernommen. Dazu sind im einzelnen die folgenden Tätigkeiten notwendig:

◆ Die Software-Entwicklung und andere beteiligte Gruppen werden in geeigneter Weise in den Änderungsprozeß für Software eingebunden, zum Beispiel durch ihren Vertreter im SCCB.

◆ Änderungen in den Anforderungen an die Software werden dokumentiert und unter Beteiligung des Konfigurationsmanagements durchgeführt.

◆ Änderungen der Anforderungen an die Software werden von den Gruppenleitern der Software-Entwicklung und deren Managern überprüft, bevor Änderungen an den Software-Plänen oder Produkten vorgenommen werden.

◆ Die Auswirkungen vorgeschlagener Änderungen in bezug auf eingegangene Verpflichtungen werden überprüft, und gegebenenfalls werden im Wege der Übereinkunft neue Absprachen getroffen. Im einzelnen:

  – Änderungen zu vertraglichen Verpflichtungen bedürfen der Zustimmung der Firmenleitung.

  – Änderungen innerhalb der eigenen Organisation müssen auf einem vorgeschriebenen Weg genehmigt werden.

◆ Änderungen zu Software-Plänen, Produkten und Tätigkeiten müssen identifiziert, bewertet, verfolgt und den zuständigen Mitarbeitern mitgeteilt werden.

Schließlich müssen die Tätigkeiten und ihre Durchführung im Projekt auch verfolgt werden, sonst kann allzu leicht etwas übersehen werden. Dazu gehören die folgenden Schritte:

Überprüfungsschritt (1): Es werden Messungen durchgeführt, um die Änderungen von Anforderungen an die Software erfassen zu können. Dazu gehört im einzelnen:

◆ Der Status zugeordneter funktioneller Anforderungen an die Software wird verfolgt. Abweichungen, die ein Handeln des Managements notwendig machen, werden aufgezeichnet und dem Management berichtet.

- Änderungen der Anforderungen an die Software werden aufgezeichnet und verfolgt. Zu diesen Messungen gehören die Gesamtzahl der Änderungen, Änderungen pro Zeiteinheit, Änderungen, klassifiziert nach den beteiligten Gruppen, sowie die Zahl der offenen und bereits eingearbeiteten Änderungen.

Verifikationsschritt (1): Die Tätigkeiten im Zusammenhang mit den Anforderungen an die Software werden vom Management regelmäßig "reviewed".

Verifikationsschritt (2): Die Tätigkeiten im Zusammenhang mit den Anforderungen an die Software werden vom Projektmanager regelmäßig "reviewed".

Verifikationsschritt (3): Die Software-Qualitätssicherung überprüft die Tätigkeiten und Produkte des Projektes regelmäßig und berichtet darüber. Dazu gehört mindestens:

- Die der Software zugeordneten Anforderungen wurden von der Entwicklungsgruppe "reviewed", analysiert, und gefundene Probleme wurden gelöst, bevor die Entwicklungsgruppe eine Verpflichtung eingeht.

- Die Software-Pläne und Produkte werden geändert, falls sich in den Anforderungen an die Software Änderungen ergeben.

- Eingegangene Verpflichtungen der Organisation werden erst dann geändert, wenn die vorgeschlagene Änderung auf einem definierten Weg überprüft wurde.

Insgesamt haben wir festgelegt, wie die Anforderungen an die Software in geeigneter Form erfaßt, geändert und in einen geregelten Prozeß der Software-Erstellung eingebunden werden. Lassen Sie uns nun die nächste Hauptgruppe von Tätigkeiten betrachten, das Projektmanagement.

3.1.1.2 Die Planung des Software-Projektes

Die Tätigkeit des Projektmanagements für Software ist in ihrer ersten Phase eine Planungsaufgabe. Dazu gehört die Schätzung des Aufwandes, das Besorgen der notwendigen Ressourcen und das Verpflichten des Managements auf die Ziele des Projektes. Die gegenüber dem Kunden eingegangenen vertraglichen Vereinbarungen müssen unter Berücksichtigung der Ressourcen, Bedingungen und Einschränkungen des einzelnen Projektes in konkrete und detaillierte Pläne umgesetzt werden.

Die Ziele werden wie folgt definiert:

Ziel (1): Ein angemessener und realistischer Plan wird entwickelt, der die Tätigkeiten und Verpflichtungen bei der Software-Erstellung umfaßt.

Ziel (2): Alle beteiligten Gruppen und Personen verstehen die Tätigkeiten und damit verbundenen Verpflichtungen. Insbesondere unterstützen sie den Plan.

Ziel (3): Die Schätzungen und Pläne zur Software-Erstellung werden dokumentiert, damit die Einhaltung der Pläne verfolgt werden kann.

Nun wieder zu einer Reihe von Verpflichtungen, ohne die uns kein Erfolg winkt.

Verpflichtung (1): Der Software-Projektmanager ist dafür verantwortlich, den Plan zur Erstellung der Software zu entwerfen und die Verpflichtungen zur Einhaltung seines Planes einzuholen.

Verpflichtung (2): Die Organisation folgt bei der Planung von Software-Projekten einem vorgeschriebenen Verfahren. Dies beinhaltet im einzelnen:

♦ Die Verpflichtung des Software Teams wird zwischen dieser Gruppe, dem Projektmanager, den Gruppenleitern der Software-Entwicklung sowie deren funktionellem Management diskutiert, bevor Verpflichtungen eingegangen werden.

♦ Die anderen an der Software-Erstellung beteiligten Gruppen werden in den Entscheidungsprozeß einbezogen, und das Ergebnis wird dokumentiert.

♦ Alle beteiligten Gruppen prüfen die folgenden Projektparameter und stimmen zu:

   – die Schätzungen zum Codeumfang,
   – die Kostenschätzungen,
   – der Zeitplan für die Durchführung,
   – sonstige Leistungen.

   Zu den beteiligten Gruppen können gehören: Systems Engineering, die Testgruppe, die Qualitätssicherung, das Konfigurationsmanagement, das Finanzwesen und möglicherweise eine Gruppe, die Dokumente für das Projekt schreibt.

♦ Die Geschäftsführung und die Vertreter des Kunden überprüfen alle vertraglichen Vereinbarungen und zeichnen sie ab.

♦ Der Software Development Plan (SDP) für das Projekt dokumentiert die Software-Entwicklung. Er wird nach einem Review unter Konfigurationskontrolle gestellt.

Auch bei dieser Haupttätigkeit des Prozesses ist eine Reihe von Ressourcen notwendig, denn ohne deren Bereitstellung wird sich kaum etwas "bewegen" lassen. Im einzelnen sind dies:

Voraussetzung (1): Ein Statement of Work für die Software-Erstellung wird geschrieben und genehmigt. Es enthält die folgenden Einzelheiten:

◆ technische Ziele,

◆ Identifizierung des Kunden und Endbenutzers,

◆ vorgeschriebene Normen und Standards,

◆ Verantwortlichkeiten einzelner Gruppen oder Abteilungen,

◆ Ziele und Einschränkungen für Kosten und Zeitplan,

◆ Ziele und Einschränkungen bei den verfügbaren Ressourcen,

◆ andere Ziele und etwaige Einschränkungen oder Hindernisse.

Das Statement of Work wird von den Gruppenleitern des Software Teams, deren Manager, dem funktionellen Management der Organisation sowie dem Projektmanager und dem Leiter der Abteilung Systems Engineering "reviewed". Das Statement of Work wird anschließend unter Konfigurationskontrolle gestellt und bei Bedarf geändert.

Voraussetzung (2): Die sich aus einer Systemanalyse ergebenden Anforderungen an die Software werden dokumentiert, und alle Beteiligten stimmen dem Dokument zu.

Voraussetzung (3): Es wird ein Verantwortlicher zur Erstellung des Software Development Plans (SDP) benannt.

◆ Der Software Manager oder ein von ihm Beauftragter erstellt den Software Development Plan.

◆ Die Verantwortlichkeiten für die verschiedenen Software-Produkte oder Teilprodukte werden einzelnen Personen oder Gruppen zugeordnet. Dies geschieht so, daß die Verantwortlichkeit jederzeit nachvollziehbar ist.

Voraussetzung (4): Ausreichende Ressourcen und ein Budget zur Durchführung des Projekts werden bereitgestellt.

◆ Wenn es möglich ist, stellt die Organisation erfahrene Experten zur Erstellung des Software Development Plans bereit.

◆ Geeignete Werkzeuge zur Erstellung des Software Development Plans werden bereitgestellt und eingesetzt, zum Beispiel Textverarbeitungssysteme mit grafischen Fähigkeiten, Programme zur Tabellenkalkulation und zur Netzplantechnik.

Voraussetzung (5): Die Manager und Ingenieure, die mit der Planung der Software-Aktivitäten betraut sind, werden in derartigen Methoden trainiert.

Sie sehen also, es gehört einiges an Voraussetzungen dazu, um vernünftig in das Software-Projekt einsteigen zu können. Jetzt wieder zu den Aktivitäten oder Tätigkeiten:

Tätigkeit (1): Das Software Team nimmt aktiv an der Erstellung des Angebotes und der darin beschriebenen Leistungen teil. Das bedeutet, daß die Software-Gruppe den entsprechenden Teil des Angebotes an den Kunden vorbereitet, bei Diskussionen zu solchen Punkten teilnimmt und bei Änderungen konsultiert wird.

Tätigkeit (2): Die Planung des Software-Projektes beginnt früh in der Phase der Projektinitiierung und verläuft parallel zu den anderen Planungsaktivitäten des Projektes.

Tätigkeit (3): Die Software-Gruppe oder ihre Manager nehmen während aller Phasen der Software-Entwicklung an der Planung des Projektes teil.

Tätigkeit (4): Die Geschäftsleitung überprüft und genehmigt alle Verpflichtungen in bezug auf den Kunden und andere externe Organisationen.

Tätigkeit (5): Ein Phasenmodell der Software mit definierten Phasen wird der Software-Entwicklung zugrundegelegt. Geeignete Phasenmodelle sind das Wasserfall-Modell, das überlappende Wasserfall-Modell, das Spirelmodell von Barry-Boehm oder das Wasserfall-Modell in Verbindung mit Rapid Prototyping (siehe Kapitel 2.4.1 zum Phasenmodell).

Tätigkeit (6): Der Software Development Plan wird nach einem genehmigten Standard erstellt. Er wird in Zusammenarbeit mit allen beteiligten Gruppen überprüft und anschließend unter Konfigurationskontrolle gestellt. Diese Forderungen bedingen die folgenden Schritte:

- Der SDP wird nach einem definierten Standard im Einklang mit dem Vertrag erstellt.
- Der SDP berücksichtigt das Statement of Work.
- Der SDP steht im Einklang mit den Anforderungen an die Software.

Tätigkeit (7): Der Software Development Plan adressiert die folgenden Themen und Bereiche, gegebenenfalls auch durch das Referenzieren von Dokumenten:

♦ Ziele, Zweck und Umfang des Projektes,

♦ Beschreibung des Prozesses zur Erstellung der Software,

♦ Identifizieren ausgewählter Verfahren, Methoden und Standards zur Entwicklung der Software und zum Management der Entwicklung,

♦ Identifikation der zu entwickelnden Software-Produkte, darunter Entwicklungen für die Benutzung durch die Software-Gruppe, für andere Gruppen innerhalb der eigenen Organisation und Produkte zur Auslieferung an den Kunden,

♦ Schätzungen des Code-Umfangs der Produkte in Lines of Code,

♦ Schätzungen der Zahl der benötigten Mitarbeiter,

♦ Zeitplan für die Entwicklung, einschließlich der Termine für die Meilensteine nach dem ausgewählten Phasenmodell,

♦ Identifikation und Beschreibung der Risiken, die mit der Software-Entwicklung verbunden sind.

Tätigkeit (8): Software-Produkte und Prozeß-Spezifikationen werden explizit als Baselines definiert, wenn dies zur Aufrechterhaltung eines geordneten Prozesses notwendig ist.

Tätigkeit (9): Die Schätzungen des Umfangs der Software-Produkte basieren auf einem dokumentierten Verfahren. Diese Zahlen werden überprüft, und die beteiligten Gruppen stimmen dem Ergebnis solcher Schätzungen zu.

Software-Produkte und Tätigkeiten, zu deren Umfang Schätzungen erstellt werden sollten, können sein:

♦ auszuliefernde und nicht auszuliefernde Software,

♦ Dokumente,

♦ Testfälle und Testergebnisse,

♦ Software zum Test und zur Validation.

Tätigkeit (10): Die Schätzungen der benötigten Ressourcen für die Software-Entwicklung basieren auf einem dokumentierten Verfahren. Zu diesem Verfahren gehört:

♦ Das Herstellen einer Verbindung zwischen der Größe der Software-Produkte und den benötigten Ressourcen.

♦ Objektive Produktionszahlen, wenn möglich Zahlen der eigenen Organisation aus bereits abgewickelten Projekten, bilden die beste Basis für derartige

Schätzungen. Zu den Kosten gehören Aufwendungen für die Programmierer, deren Manager, Gemeinkosten, Reisekosten, die Kosten für Rechenzeit, Werkzeuge etc.

♦ Die Schätzungen für den Aufwand in Mannmonaten und für den Einsatz der Mitarbeiter am Projekt basiert auf den Zahlen bereits früher abgewickelter Projekte.

Tätigkeit (11): Die Schätzungen der Auslastung des Zielrechners (Target Computers) werden mit einem dokumentierten Verfahren ermittelt.

♦ Die kritischen Komponenten des Zielrechners werden identifiziert. Das sind im allgemeinen: Die zur Verfügung stehende Speicherkapazität, die Zahl und Leistungsfähigkeit der Prozessoren und die Leistung des Systembusses oder der Schnittstellen des Systems nach außen.

♦ Die kritischen Ressourcen des Zielrechners werden mit den folgenden Grössen in Verbindung gebracht:

- Dem Umfang der Software.

- Die Auslastung der Prozessoren durch die Software (worst case scenario).

- Dem "Verkehr" auf dem Bus oder einer externen Schnittstelle.

Die kritischen Ressourcen und ihre Auslastung wird "reviewed", und die beteiligten Gruppen und ihre Manager stimmen den Ergebnissen zu.

Tätigkeit (12): Der Zeitplan für das Software-Projekt wird nach einem dokumentierten Verfahren erstellt. Dies bedeutet im Detail:

♦ Der Zeitplan basiert auf dem Codeumfang der Software, den Ressourcen für die Entwicklung und den Kosten.

♦ Der Zeitplan für die Software-Entwicklung basiert auf den Erfahrungen abgeschlossener Projekte.

♦ Der Zeitplan für die Software-Entwicklung berücksichtigt die Meilensteine nach dem Phasenmodell, kritische Abhängigkeiten und andere Einschränkungen.

♦ Das Erreichen eines Meilensteines kann anhand objektiver Kriterien beurteilt werden.

♦ Gemachte Annahmen bei der Ausarbeitung des Zeitplans werden dokumentiert.

◆ Der Zeitplan für die Software-Entwicklung wird mit den beteiligten Gruppen abgestimmt, und am Schluß dieses Prozesses stimmen alle zu.

Tätigkeit (13): Die mit der Entwicklung der Software verbundenen Risiken werden identifiziert, bewertet und dokumentiert.

◆ Die Risiken werden analysiert und mit Prioritäten versehen, bezogen auf ihr Schadenspotential für das Projekt.

◆ Ausweichpläne und Alternativen werden genannt.

Tätigkeit (14): Ein Plan für die Entwicklungsumgebung, bestehend aus den Rechnern, Terminals, Workstations und den benötigten Werkzeugen, wird erstellt.

Tätigkeit (15): Die Software-Planungsdaten für das Projekt werden aufgezeichnet und aufbewahrt.

◆ Die ursprünglichen Schätzungen sowie die Annahmen, auf denen sie beruhen, werden dokumentiert.

◆ Die Planungsdaten kommen nach Erstellung unter Konfigurationskontrolle.

Die oben genannten Tätigkeiten müssen unbedingt überprüft werden. Wie sollten wir sonst sicher sein, daß sie tatsächlich durchgeführt wurden?

Überprüfungsschritt (1): Es werden Messungen durchgeführt, um die Planungsaktivitäten in bezug auf den Zeitplan und die Kosten der Software-Entwicklung zu erfassen.

Verifikationsschritt (1): Der Software Task Leader oder Software Manager des Projektes trifft sich in regelmäßigen Abständen mit dem Projektmanager, um Aktivitäten zu koordinieren und den aktuellen Status festzustellen.

◆ An solchen Meetings nehmen die am Projekt beteiligten Gruppen teil.

◆ Der Status des Projektes und die Ergebnisse der Planung werden mit dem Statement of Work und den Anforderungen an die Software verglichen.

◆ Abhängigkeiten zwischen den Gruppen werden diskutiert.

◆ Konflikte und Probleme, die auf einem niederen Niveau der Organisation nicht lösbar waren, werden angesprochen.

◆ Die Risiken der Software-Entwicklung werden untersucht.

◆ Es werden Action Items verteilt, und es wird über den Status bereits bestehender Action Items berichtet.

◆ Über die Zusammenkunft wird ein Protokoll angefertigt.

Verifikationsschritt (2): Die Software-Qualitätssicherung überprüft die Tätigkeiten und Produkte des Software-Planungsprozesses und berichtet über die Ergebnisse. Die Qualitätssicherung sollte als ein Minimum diese Punkte prüfen:

- den Prozeß zur Schätzung der Kosten und des Zeitaufwandes und der daraus resultierenden Planungen,

- den Prozeß zur Erstellung des Software Development Plans,

- die Überprüfung des Inhalts des Software Development Plans,

- die Einhaltung der Forderungen der benutzten Norm zur Erstellung des Software Development Plans,

- den Prozeß, durch den Verpflichtungen eingegangen werden.

Planung ist gut und notwendig, doch der Plan muß mit der Wirklichkeit, so wie wir sie jeden Tag erleben, verglichen werden. Papier ist schließlich geduldig, und ein aktives Projektmanagement muß immer versuchen, Plan und Wirklichkeit in Deckung zu bringen.

3.1.1.3 Überwachen und Verfolgen des Projektfortschrittes

Das Überwachen und Verfolgen des Projektfortschrittes bedeutet konkret, die Produkte und Resultate mit den früher erstellten Schätzungen, Verpflichtungen und Plänen zu vergleichen. Gibt es Abweichungen, müssen die Schätzungen korrigiert werden. Es handelt sich hauptsächlich um Tätigkeiten des Managements, und das Management muß bei Abweichungen von den dokumentierten Plänen geeignete Schritte einleiten, um den Software-Erstellungsprozeß wieder in die richtige Bahn zu lenken.

Für dieses Gebiet gelten die folgenden Ziele:

Ziel (1): Die aktuellen Resultate und erbrachten Leistungen des Projektes werden mit den dokumentierten und genehmigten Plänen verglichen.

Ziel (2): Korrekturmaßnahmen werden eingeleitet, wenn die aktuellen Resultate und Leistungen des Projekts signifikant von den Plänen abweichen.

Ziel (3): Änderungen der Verpflichtungen müssen von allen Beteiligten verstanden werden, bevor sie zustimmen.

Zu dem Hauptgebiet Überwachen und Verfolgen des Projektfortschrittes gehören die folgenden Verpflichtungen:

Verpflichtung (1): Es wird ein Software Manager für das Projekt benannt, der für die Tätigkeiten und Resultate des Software-Bereichs verantwortlich zeichnet.

Verpflichtung (2): Die Organisation befolgt beim Management des Projekts ein schriftlich niedergelegtes Verfahren. Dazu gehört:

♦ Der Software Development Plan bildet die Basis zur Verfolgung der Tätigkeiten des Software-Projektes.

♦ Alle Tätigkeiten in der Entwicklung beruhen auf vom Management genehmigten Aufgabenstellungen.

♦ Der Projektleiter wird über den Stand der Software-Entwicklung auf dem laufenden gehalten.

♦ Es werden Korrekturmaßnahmen eingeleitet, wenn die Ziele des Software Development Plan nicht erreicht werden. Dazu kann entweder die Leistung gesteigert werden, oder der Plan ist entsprechend anzupassen.

♦ Änderungen des Software Development Plan werden nur im Einvernehmen aller Beteiligten durchgeführt.

♦ Die Firmenleitung und der Kunde überprüfen und genehmigen alle wichtigen Änderungen.

An Voraussetzungen zum Erreichen der Ziele ist folgendes notwendig:

Voraussetzung (1): Das Projekt arbeitet nach einem Statement of Work, das dokumentiert ist und genehmigt wird. Anschließend kommt es unter Konfigurationskontrolle.

Voraussetzung (2): Die Anforderungen des Systems, die der Software zugeordnet wurden, sind dokumentiert, genehmigt und stehen unter Konfigurationskontrolle.

Voraussetzung (3): Der Software Development Plan für das Projekt ist dokumentiert, genehmigt und steht unter Konfigurationskontrolle.

Voraussetzung (4): Der Software Manager delegiert größere Aufgaben explizit an ihm unterstehende Manager oder Gruppenleiter der Software-Entwicklung. Zu den delegierten Verantwortlichkeiten gehören:

♦ die Aufgaben und Tätigkeiten, die durchzuführen sind,

♦ die notwendigen Ressourcen,

♦ die Teile des Zeitplans, die einzuhalten sind,

♦ die zugehörigen Teile des Budgets.

Voraussetzung (5): Ausreichende Ressourcen und finanzielle Mittel werden bereitgestellt, um den Projektfortschritt bis ins Detail verfolgen zu können. Dazu gehören:

♦ Die Manager und Gruppenleiter der Software-Entwicklung übernehmen für ausgewählte Bereiche die Verantwortung zur Verfolgung des Projektfortschrittes.

♦ Geeignete Werkzeuge und Support Software werden bereitgestellt oder entwickelt, um diese Aufgabe durchführen zu können.

Voraussetzung (6): Die Software Manager oder Gruppenleiter der Software-Entwicklung werden trainiert, um die technischen und personellen Aspekte eines Software-Projektes meistern zu können. Zu den Bereichen für Trainingsmaßnahmen gehört:

♦ das Management technischer Projekte,

♦ das Verfolgen des Zeitplans und der Kosten,

♦ Menschenführung.

Voraussetzung (7): Die Manager oder Gruppenleiter der Software-Entwicklung verstehen die technischen Aspekte des Projektes. Dazu müssen die folgenden Voraussetzungen erfüllt sein:

♦ Die Gruppenleiter oder Manager sind über die Verfahren und Prozesse zur Erstellung der Software unterrichtet worden und verstehen, was verlangt wird.

♦ Die Gruppenleiter oder Manager besitzen ausreichende Kenntnisse über die Applikation und deren technisches Umfeld.

Nun kommen wir wieder zu den Tätigkeiten oder Aktivitäten in diesem Teil unseres Prozesses:

Tätigkeit (1): Ein dokumentierter Software Development Plan wird benutzt, um die Tätigkeiten der Software-Entwicklung und ihre Abarbeitung zu verfolgen und den aktuellen Status zu ermitteln. Mehr im Detail kann man die folgenden Tätigkeiten erwarten:

♦ Für die Mitarbeiter und Manager des Projektes steht eine Kopie des Software Development Plans zur Verfügung.

♦ Der Software Development Plan wird während der Durchführung des Projektes gepflegt und angepaßt, wie es das Projekt erfordert.

♦ Änderungen und Verpflichtungen werden erst eingearbeitet, wenn darüber unter den Beteiligten Übereinstimmung erzielt wurde.

♦ Jede Revision des Software Development Plans wird einem Review-Prozeß unterzogen, bevor sie genehmigt wird.

♦ Der Software Development Plan steht unter Konfigurationskontrolle.

Tätigkeit (2): Die Firmenleitung überprüft alle Änderungen und Verpflichtungen gegenüber Personen und Gruppen außerhalb der eigenen Organisation.

Tätigkeit (3): Genehmigte Änderungen zu Verpflichtungen im Bereich der Software werden den Managern und Gruppenleitern der Software-Entwicklung explizit mitgeteilt.

Tätigkeit (4): Der Umfang des Codes wird ermittelt, und Änderungen im Umfang der Software führen zu Korrekturen. Im einzelnen gehört dazu:

♦ Der Umfang der hauptsächlichen Software-Produkte und Aktivitäten wird verfolgt.

♦ Der aktuelle Codeumfang, und zwar für generierten, getesteten und ausgelieferten Code, wird ermittelt und mit den Vorhersagen im Software Development Plan verglichen.

♦ Der Umfang der Software-Dokumente wird mit den tatsächlich abgelieferten Dokumenten verglichen.

♦ Der Gesamtumfang der Software wird regelmäßig ermittelt und mit den Schätzungen verglichen.

♦ Änderungen im Umfang der Software, durch die Verpflichtungen berührt werden, werden nach einem dokumentierten Verfahren gelöst.

Tätigkeit (5): Die Kosten des Software-Projektes werden aufgezeichnet und verfolgt, und bei Überschreitungen des geplanten Kostenrahmens werden Korrekturmaßnahmen eingeleitet. Im einzelnen:

♦ Die aktuellen Mittelabflüsse und die bereits durchgeführten Arbeiten werden mit dem Software Development Plan verglichen, um Kostenüber- bzw. -unterschreitungen ermitteln zu können.

♦ Der Aufwand und die Zuordnung der Mitarbeiter zu den Arbeiten wird anhand des Software Development Plans verfolgt.

♦ Änderungen bei der Zahl der Mitarbeiter im Projekt und andere Maßnahmen, die Auswirkungen auf die Kosten haben, werden nach einem dokumentierten Verfahren gelöst.

Tätigkeit (6): Die kritischen Ressourcen des Zielrechners und ihre Auslastung werden verfolgt und dokumentiert.

Tätigkeit (7): Der Zeitplan des Software-Projektes wird verfolgt, und gegebenenfalls werden Korrekturmaßnahmen eingeleitet. Im einzelnen gehören dazu die folgenden Schritte:

- Wenn der Zeitplan der Software-Entwicklung geändert wird, müssen auch der Umfang des Codes und andere Teile der Software angepaßt werden.

- Die Module der Software, die bereits kodiert, getestet und integriert wurden, werden hinsichtlich ihres Codeumfangs mit der Voraussage zu ihrer Größe im Software Development Plan verglichen.

- Die tatsächliche Fertigstellung und Ausführung von Testfällen wird mit ihrer vorausgesagten Ausführung gemäß Software Development Plan verglichen.

- Der tatsächliche Abschluß von Tätigkeiten wird mit der zugehörigen Voraussage gemäß Software Development Plan verglichen.

- Die Auswirkungen von Abweichungen gegenüber der Planung werden in bezug auf zu erwartende Auswirkungen auf spätere Tätigkeiten und Meilensteine untersucht.

- Änderungen des Zeitplans, die Verpflichtungen betreffen, werden nach einem dokumentierten Verfahren gelöst.

Tätigkeit (8): Die Tätigkeiten im Bereich der Software-Entwicklung werden verfolgt, und gegebenenfalls werden Korrekturmaßnahmen eingeleitet. Dazu gehören im einzelnen:

- Die Entwickler berichten ihren Gruppenleitern und Managern regelmäßig über die erzielten Ergebnisse.

- Der Inhalt von Software-Paketen (builds) bei Freigaben wird mit dem geplanten Umfang der Software laut Software Development Plan verglichen.

- Bekannte Probleme oder Fehler in der Software werden identifiziert und dokumentiert.

- Probleme und ihre Beseitigung werden verfolgt.

Tätigkeit (9): Die Risiken des Projekts in bezug auf die Kosten, die Einhaltung des Zeitplans, die benötigten Ressourcen und die eingesetzte Technik werden während der gesamten Projektlaufzeit verfolgt. Dazu gehören im einzelnen:

- Die mit den Risiken verbundenen Prioritäten werden verfolgt, gegebenenfalls geändert, und Ausweichpläne werden den veränderten Verhältnissen entsprechend angepaßt.

- Bereiche hohen Risikos werden vom Projektmanager regelmäßig überprüft.

Tätigkeit (10): Messungen und Daten zum Verlauf des Projekts werden aufgezeichnet und aufbewahrt. Dazu gehören:

- die ursprünglichen Schätzungen zum Umfang der Software und die zugrundeliegenden Annahmen,

- derartige Daten, und später erhobene korrigierte Daten, werden unter Konfigurationskontrolle gestellt.

Tätigkeit (11): Die Mitarbeiter der Entwicklung und ihre Manager veranstalten regelmäßig Reviews, um den erzielten Fortschritt mit den Voraussagen im Software Development Plan zu vergleichen.

Tätigkeit (12): An Meilensteinen der Software-Entwicklung werden formale Reviews durchgeführt, um die erzielten Ergebnisse und Produkte vorzustellen. Für diese Reviews gilt das folgende:

- Reviews werden an geeigneten Stellen gemäß eines Phasenmodells geplant und abgehalten.

- Die Reviews finden — je nach Art der Software — zusammen mit dem Kunden oder als interne Reviews statt.

- Das präsentierte Material wurde vorher mit dem Software Manager oder den Gruppenleitern der Software-Entwicklung überprüft.

- Im Review werden die eingegangenen Verpflichtungen, Pläne und der Status der Software-Entwicklung behandelt.

- Während des Reviews können Probleme oder Fehler identifiziert, Action Items erteilt und Entscheidungen zur Fortführung des Projekts getroffen werden.

- Die Risiken der Software-Entwicklung müssen angesprochen werden.

- Der Software Development Plan wird nach dem Review überarbeitet, falls das notwendig wird.

Auch die Tätigkeit der Verfolgung des Projektfortschritts muß selbstverständlich überprüft werden, und zwar in den folgenden Bereichen:

Überprüfungsschritt (1): Es werden Messungen durchgeführt, um den Status der Software-Entwicklung in bezug auf die Kosten und die Einhaltung des Zeitplans festzuhalten.

♦ Die tatsächliche Erreichung der Meilensteine der Software-Entwicklung in bezug auf die Kosten und die Einhaltung des Zeitplans wird festgehalten.

♦ Die tatsächlichen Kosten der Software-Entwicklung werden mit den Plandaten verglichen.

♦ Abgeschlossene Aufgaben, verbrauchte Zeit und ausgegebene finanzielle Mittel werden mit den Daten im Software Development Plan verglichen. Der ermittelte Status und Abweichungen werden an das Management berichtet.

Verifikationsschritt (1): Die Manager und Gruppenleiter des Entwicklungsteams führen mit dem Projektmanager regelmäßig Reviews durch. Dort werden die folgenden Themen behandelt:

♦ Alle beteiligten technischen Disziplinen und das Finanzwesen sind vertreten.

♦ Die Projektdaten in bezug auf die Kosten, die Zahl der Mitarbeiter und die Einhaltung des Zeitplans werden mit den Vorhersagen im SDP verglichen.

♦ Der Verbrauch an Ressourcen wird mit den Planungsdaten im SDP verglichen.

♦ Die Abhängigkeiten der verschiedenen Gruppen voneinander werden besprochen.

♦ Konflikte und Streitpunkte werden angesprochen.

♦ Die Risiken der Software-Entwicklung werden diskutiert.

♦ Action Items werden vergeben, und der Status bereits bestehender Action Items wird angesprochen.

♦ Über das Meeting wird ein Protokoll angefertigt.

Verifikationsschritt (2): Das Projekt Management, unter Beteiligung des Software Managers und des Projektmanagers, veranstaltet in regelmäßigen Abständen Reviews mit der Firmenleitung.

Verifikationsschritt (3): Die Software-Qualitätssicherung überprüft die Tätigkeiten und Produkte des Bereichs zur Verfolgung des Projektfortschritts und berichtet über die Ergebnisse.

3.1.1.4 Die Vergabe von Arbeiten an Unterauftragnehmer

Die Vergabe von Aufträgen an Subunternehmer ist bei Software insofern kritisch, weil der Auftragnehmer gegenüber seinem Kunden für die Erfüllung der Forderungen aus dem Vertrag geradestehen muß. Vergibt er leichtfertig Aufträge an Firmen, die keine qualitativ hochwertige Software abliefern können, steht er selbst in der Pflicht zur Vertragserfüllung.

Die Tätigkeiten in Zusammenhang mit der Vergabe von Aufträgen an Unterauftragnehmer umfassen die Auswahl solcher Unternehmen, die Weitergabe vertraglicher Verpflichtungen sowie die Beurteilung der Lieferungen und Leistungen dieses Unterauftragnehmers. Das eigene Unternehmen sollte dabei nachstehende Ziele verfolgen:

Ziel (1): Der Hauptauftragnehmer wählt nur qualifizierte Unterauftragnehmer aus.

Ziel (2): Die Normen, Verfahren und Anforderungen an die Software-Produkte aus dem Vertrag mit dem Subunternehmer stimmen mit den Verpflichtungen des eigenen Unternehmens überein.

Ziel (3): Die Übereinkunft zwischen den vertragschließenden Parteien beim Unterauftrag wird von beiden Seiten verstanden, und die Vertragsparteien stimmen dem Inhalt zu.

Ziel (4): Der Hauptauftragnehmer verfolgt die Ergebnisse und Produkte des Unterauftragnehmers und vergleicht sie mit den eingegangenen Verpflichtungen.

Nun zu den Verpflichtungen bei Unteraufträgen:

Verpflichtung (1): Die Organisation folgt bei der Vergabe von Unteraufträgen einem dokumentierten Verfahren, nach dem vorgegangen werden muß.

Verpflichtung (2): Ein Manager wird benannt, der für die Auswahl von Unterauftragnehmern und das Management dieser Verträge verantwortlich ist. Im einzelnen:

♦ Dieser Manager hat ausreichende Software-Kenntnisse, oder ihm sind Mitarbeiter zugeordnet worden, die solche Kenntnisse und Fähigkeiten besitzen.

♦ Dieser Manager koordiniert den Unterauftrag in bezug auf den Umfang der Arbeiten und die Bedingungen des Vertrags.

♦ Die Gruppen Systems Engineering und besonders die Software-Entwicklung legen den technischen Inhalt des Vertrages fest.

♦ Die anderen Disziplinen wie das Finanzwesen, die Rechtsabteilung und die Qualitätssicherung legen die sonstigen Bedingungen des Vertrages fest und überwachen seine Einhaltung.

Wenden wir uns den Voraussetzungen bei derartigen Verträgen zur Software-Entwicklung zu:

Voraussetzung (1): Es werden ausreichende Ressourcen, darunter finanzielle Mittel, bereitgestellt, um Subunternehmer auszuwählen und die Einhaltung der Verträge zu überwachen.

Zu den Werkzeugen zum Management von Unteraufträgen könnten gehören:

♦ ein Tool zum Projektmanagement,

♦ Modelle zur Kostenschätzung,

♦ Spreadsheet-Programme.

Voraussetzung (2): Software Manager und andere beteiligte Mitarbeiter werden trainiert, um ihre Aufgaben wirkungsvoll durchführen zu können.

Voraussetzung (3): Die mit dem Unterauftrag beim eigenen Unternehmen befaßten Mitarbeiter werden mit der Technologie, der Applikation und den Methoden und Standards vertraut gemacht, die für den Unterauftrag gelten.

Nach den Voraussetzungen kommen wir jetzt erneut zu den Aktivitäten oder Tätigkeiten:

Tätigkeit (1): Der Umfang der Arbeiten für den Unterauftrag muß nach einem dokumentierten Verfahren definiert werden. Im einzelnen:

♦ Die vergebenen Arbeiten werden nach technischen und nicht-technischen Aspekten ausgesucht. Dazu kann gehören, daß der Unterauftragnehmer spezielle Fähigkeiten oder Kenntnisse vorzuweisen hat.

♦ Die Vorgaben für den Unterauftrag sollen sich aus den Anforderungen an die Software, den Software Development Plan und den geforderten Verfahren und Normen ergeben.

♦ Für den Unterauftrag wird ein Statement of Work erstellt, das unter Konfigurationskontrolle gestellt wird.

Tätigkeit (2): Der Unterauftragnehmer für Software wird nach einem dokumentierten Verfahren ausgewählt, das eine Bewertung seiner Fähigkeit zur Durchführung der geforderten Arbeiten beinhaltet.

Diese Bewertung geht auf die folgenden Punkte ein:

♦ die abgegebenen Angebote für den Unterauftrag,

♦ Erfahrungen aus einer früheren Zusammenarbeit mit dieser Firma, falls vorhanden,

♦ der Geschäftssitz des Auftragnehmers im Zusammenhang mit dem Sitz der eigenen Firma,

♦ die Fähigkeiten des Anbieters in bezug auf die Software-Entwicklung und deren Management,

♦ die Verfügbarkeit qualifizierter Mitarbeiter zur Durchführung des Auftrages,

♦ andere Ressourcen zur Abwicklung des Auftrages, wie Rechner und Werkzeuge.

Tätigkeit (3): Der Vertrag zwischen Auftraggeber und Unterauftragnehmer bildet die Basis, um den Unterauftrag sinnvoll durchführen zu können.

Tätigkeit (4): Ein vom Subunternehmer erstellter Software Development Plan, der den Umfang seiner Leistungen abdeckt, wird vom Auftraggeber überprüft und genehmigt. Dieser Plan wird auch benutzt, um den Fortschritt der Arbeiten beim Subunternehmer zu verfolgen.

Tätigkeit (5): Änderungen des Vertragsumfangs oder -inhalts werden unter Beteiligung beider Vertragsparteien nach einem dokumentierten Verfahren durchgeführt.

Tätigkeit (6): Das Management des Hauptauftragnehmers nimmt in regelmäßigen Abständen an Reviews und Besprechungen beim Unterauftragnehmer teil, um sich über den Fortgang der Arbeiten zu informieren. Dabei geht es sowohl um technische als auch um Fragen des Managements.

Tätigkeit (7): An Meilensteinen der Software-Entwicklung werden formale Reviews abgehalten.

Tätigkeit (8): Die Software-Qualitätssicherung des Unterauftragnehmers überwacht die Vertragserfüllung nach einem dokumentierten Verfahren.

Tätigkeit (9): Das Konfigurationsmanagement des Unterauftragnehmers führt seine Aufgaben in Übereinstimmung mit einem dokumentierten Verfahren durch.

Tätigkeit (10): Der Hauptauftragnehmer akzeptiert die vom Unterauftragnehmer erstellte Software nach einem Akzeptanztest, der nach einem dokumentierten Verfahren durchgeführt wird.

Tätigkeit (11): Die Leistungen des Subunternehmers werden in regelmäßigen Abständen vom Management der Vertragsparteien überprüft.

Nach den Tätigkeiten kommen wir erneut zu den Schritten, die im Grunde Verifikation sind.

Überprüfungsschritt (1): Die Tätigkeiten im eigenen Hause für das Management des Unterauftrages werden erfaßt und dokumentiert.

Verifikationsschritt (1): Die Tätigkeiten zum Management des Unterauftrages werden von der Geschäftsleitung regelmäßig überprüft.

Verifikationsschritt (2): Die Tätigkeiten zum Management des Unterauftrages werden von der Projektleitung regelmäßig überprüft.

Verifikationsschritt (3): Die Software-Qualitätssicherung überprüft die Tätigkeiten und Aktivitäten im Zusammenhang mit der Durchführung des Unterauftrages und berichtet darüber.

Verifikationsschritt (4): Der Projektleiter überprüft unabhängig davon die Aufzeichnungen der Qualitätssicherung des Unterauftragnehmers, um sicherzustellen, daß sie die Durchführung des Unterauftrags effektiv überwacht.

3.1.1.5 Software-Qualitätssicherung

Wir kommen langsam zum Ende der Hauptbereiche auf der Ebene 2 des *Capability Maturity Models* und damit zu den Tätigkeiten der Disziplinen Qualitätssicherung und Konfigurationskontrolle. Wenden wir uns zunächst der Qualitätssicherung zu. Ihre Aufgabe ist es, die Produkte und Tätigkeiten dahingehend zu prüfen, ob sie mit vorgeschriebenen Prozessen, Standards und Verfahren übereinstimmen. Die Ergebnisse der Überprüfungen werden den Mitarbeitern und dem Management der Software-Entwicklung mitgeteilt. Die Qualitätssicherung verfolgt die folgenden Ziele:

Ziel (1): Die Übereinstimmung von Software-Produkten und Prozessen mit vorgeschriebenen Normen, Verfahren und Spezifikationen wird durch eine unabhängige Instanz überprüft.

Ziel (2): Falls Abweichungen auftreten, ist sich das Management dessen bewußt.

Ziel (3): Das Management und die Geschäftsleitung wird bei Abweichungen tätig.

Um das Geschäft der Qualitätssicherung mit Aussicht auf Erfolg durchführen zu können, müssen die folgenden Voraussetzungen erfüllt sein:

Verpflichtung (1): Die Organisation folgt einem vorgeschriebenen Verfahren zur Durchführung der Tätigkeiten der Software-Qualitätssicherung. Dazu gehört:

♦ Die Disziplin Software-Qualitätssicherung ist in allen Projekten vertreten.

♦ Die Software-Qualitätssicherung ist organisatorisch so eingegliedert, daß sie weder an das Projektmanagement noch an die Entwicklung oder verwandte Gruppen wie das Konfigurationsmanagement berichtet.

♦ Das Management oder die Geschäftsleitung überprüft in regelmäßigen Abständen die Arbeit der Qualitätssicherung und deren Ergebnisse.

Voraussetzung (1): Die Qualitätssicherung hat genügend Ressourcen und finanzielle Mittel, um ihre Aufgaben erledigen zu können. Im einzelnen:

♦ Ein Manager ist für die Aufgabe der Software-Qualitätssicherung zuständig.

♦ Ein leitender Angestellter mit genügend Erfahrung in der Qualitätssicherung fungiert als der Vorgesetzte des Managers in der Software-Qualitätssicherung. Bei Abweichungen werden Korrekturmaßnahmen eingeleitet.

♦ Die Mitarbeiter der Qualitätssicherung bekommen ausreichend Werkzeuge zur Verfügung gestellt, um ihrer Aufgabe gerecht werden zu können.

Voraussetzung (2): Die Mitarbeiter der Qualitätssicherung werden für ihre Aufgabe geschult. Das Training kann sich auf folgende Bereiche erstrecken:

♦ Fähigkeiten zur Software-Entwicklung.

♦ Normen, Verfahren und Methoden zur Durchführung von Projekten.

♦ Applikationsspezifische Informationen.

♦ Ziele, Verfahren und Methoden der Qualitätssicherung.

♦ Die Rolle der Software-Qualitätssicherung im Entwicklungsprozeß.

♦ Effektiver Einsatz von Methoden und Werkzeugen der Qualitätssicherung.

♦ Kommunikation mit Mitarbeitern und Vorgesetzten.

Voraussetzung (3): Die Mitarbeiter und ihre Manager werden in die Rolle der Qualitätssicherung im Rahmen von Projekten eingeführt.

Wenden wir uns den einzelnen Tätigkeiten zu:

Tätigkeit (1): Die Software-Qualitätssicherung erstellt bei jedem Projekt einen Plan zur Sicherung der Qualität nach einem dokumentierten Verfahren. Dazu gehört im einzelnen:

- Der Software Quality Program Plan wird mit Beteiligung der Entwicklung erstellt.

- Der Plan wird den beteiligten Gruppen zum Review übergeben. Zu den Reviewern zählen

  - die Mitarbeiter der Qualitätssicherung.

  - der Vorgesetzte in der Qualitätssicherung.

  - der Projektmanager.

  - der Software Manager der Entwicklung und die Gruppenleiter der Entwicklung.

  - die Testgruppe.

  - die für System-Tests zuständige Abteilung.

  - der Beauftragte des Kunden für die Qualitätssicherung.

- Der Plan wird nach dem Review unter Konfigurationskontrolle gestellt.

Tätigkeit (2): Die Tätigkeiten und Aktivitäten der Qualitätssicherung werden nach dem Software Quality Program Plan (SQPP) durchgeführt. Der SQPP sollte die folgenden Themen ansprechen:

- Verantwortlichkeit und Autorität der Software-Qualitätssicherung,

- Ressourcen der Qualitätssicherung, einschließlich der Mitarbeiter, Rechner, Workstations und Werkzeuge,

- Beteiligung der Qualitätssicherung bei der Erstellung der Pläne und Baselines für das Projekt,

- Prüfung und Beurteilung von Software-Produkten und Prozessen für alle Arten von Software,

- Audits und Reviews,

- Normen und Standards, die von der Qualitätssicherung für ihre Arbeit herangezogen werden,

- von der Qualitätssicherung zu erstellende Dokumente.

Tätigkeit (3): Die Software-Qualitätssicherung beteiligt sich am Review des Software Development Plans und anderer Planungsdokumente der Entwicklung, zum Beispiel des Style Guide.

Tätigkeit (4): Die Qualitätssicherung überprüft die Aktivitäten der Entwicklung, um die Übereinstimmung mit dem vorgeschriebenen Prozeß und dem Software Development Plan feststellen zu können. Abweichungen werden dokumentiert.

Tätigkeit (5): Die Software Qualitätssicherung überprüft und bewertet die Produkte der Software-Entwicklung, sowohl in bezug auf auszuliefernde als auch nicht auszuliefernde Software.

Tätigkeit (6): Die Software-Qualitätssicherung gibt die Ergebnisse ihrer Arbeit in bezug auf Reviews an die Mitarbeiter der Entwicklung und deren Vorgesetzte weiter.

Tätigkeit (7): Abweichungen bei den Produkten der Software oder dem Prozeß werden dokumentiert und nach einem vorgeschriebenen Verfahren weiterbehandelt.

Tätigkeit (8): Die Software-Qualitätssicherung überprüft ihre Aktivitäten und Erkenntnisse in regelmäßigen Abständen mit den Vertretern der Qualitätssicherung des Kunden.

Obwohl selbst eine Kontrollinstanz, findet auch bei der Qualitätssicherung eine Kontrolle statt.

Überprüfungsschritt (1): Es werden Messungen durchgeführt, um die Kosten und die Einhaltung des Zeitplans für die Tätigkeiten der Software-Qualitätssicherung zu überprüfen.

Verifikationsschritt (1): Die Tätigkeit der Software-Qualitätssicherung wird vom Management periodisch überprüft.

Verifikationsschritt (2): Die Aktivitäten der Software-Qualitätssicherung werden mit dem Projektleiter regelmäßig überprüft.

Verifikationsschritt (3): Die Tätigkeit der Software-Qualitätssicherung wird vom Management des Unternehmens, das nicht Teil des Projektmanagements ist, begleitet und bewertet.

Doch nun zu den Tätigkeiten des Konfigurationsmanagements, einer in Deutschland noch immer nicht generell eingeführten Disziplin bei der Erstellung von Software.

3.1.1.6 Das Konfigurationsmanagement

Die Aufgabe des Konfigurationsmanagements für Software besteht in der Auswahl von Produkten für das Bilden von Baselines, die Kontrolle dieser Software und sämtlicher stattfindenden Änderungen sowie das Erstellen von Aufzeichnungen über diese Änderungen. Das Konfigurationsmanagement muß auch jederzeit in der Lage sein, Auskunft über den Status eines Produkts, einer Konfiguration oder des Systems zu geben. Die Ziele sind die folgenden:

Ziel (1): Es werden kontrollierte und stabile Baselines für das System etabliert, um die Software in geplanter und kontrollierter Art und Weise erstellen zu können.

Ziel (2): Die Integrität des Systems über dem Entwicklungszeitraum wird gewahrt.

Ziel (3): Der Status und der Inhalt der Baselines sind bekannt.

Kommen wir zu den Verpflichtungen für das Fach Konfigurationskontrolle:

Verpflichtung (1): Die Organisation folgt bei der Implementierung der Software-Konfigurationskontrolle einem vorgeschriebenen Verfahren. Dazu gehört:

- Für jedes Projekt wird die Verantwortlichkeit für das Konfigurationsmanagement explizit festgelegt.

- Die Konfigurationskontrolle wird für alle Produkte der Software während des gesamten Lebenszyklus durchgeführt.

- Alle Projekte haben ein Archiv, um die Produkte der Software-Entwicklung aufbewahren zu können.

- Die Software Baselines und die Konfigurationskontrolle werden regelmäßig durch Audits überprüft.

Um erfolgreich tätig werden zu können, müssen die folgenden Voraussetzungen vorhanden sein:

Voraussetzung (1): Es wird eine Gruppe installiert, die für das Einrichten von Baselines und das Behandeln nachfolgender Änderungen die Verantwortung trägt, das heißt es wird ein Software Change Control Board (SCCB) eingerichtet. Das SCCB hat die folgenden Aufgaben:

- Es ordnet die Einrichtung von Baselines, der damit verbundenen Produkte und Konfigurationen an.

- Es repräsentiert alle Gruppen, die durch Änderungen der Baseline betroffen sein können.

- Es prüft und autorisiert Änderungen an Baselines und Produkten.

Voraussetzung (2): Es existiert eine Gruppe, die innerhalb von Projekten das Konfigurationsmanagement für Software durchführt.

Voraussetzung (3): Für das Konfigurationsmanagement werden ausreichende Ressourcen zur Verfügung gestellt.

Voraussetzung (4): Die Mitarbeiter und Manager des Konfigurationsmanagements werden für ihre Aufgaben geschult.

Voraussetzung (5): Die Mitglieder des Entwicklungsteams werden geschult, um ihre Aufgabe im Rahmen der Konfigurationskontrolle wahrnehmen zu können. Dazu gehören:

♦ Die Standards, Verfahren und Methoden zur Durchführung der Konfigurationskontrolle innerhalb der Entwicklung werden bekannt gemacht.

♦ Die Rolle, die Pflichten und die Autorität innerhalb des Entwicklungsteams werden vermittelt.

♦ Die Verfahren, durch die Konfigurationskontrolle innerhalb des Entwicklungsteams wirksam wird, werden geschult.

Nun wieder zu den Tätigkeiten:

Tätigkeit (1): Verschiedene Grade der Durchführung von Maßnahmen zur Konfigurationskontrolle können während der Laufzeit des Projekts existieren. Im einzelnen:

♦ Die Maßnahmen der Konfigurationskontrolle können für unterschiedliche Arten von Software, zum Beispiel ausgelieferte und nicht ausgelieferte Software, unterschiedlich sein.

♦ Die Konfigurationskontrolle kann sich, bezüglich des Beginns der Tätigkeiten, am Lebenszyklus der Software orientieren.

♦ Das Software-Team kann informell Konfigurationskontrolle für ihre Produkte betreiben, bevor ein Produkt formell unter Konfigurationskontrolle gestellt wird.

♦ Ein Software-Produkt wird immer unter Konfigurationskontrolle gestellt, bevor es an den Kunden oder andere Gruppen ausgeliefert wird.

♦ Die kontrollierte Bibliothek der Software steht nach dem Abschluß der Entwicklung weiterhin zur Verfügung und wird gegebenenfalls archiviert.

Tätigkeit (2): Es existiert ein Software Configuration Management Plan (SCMP). Dieser Plan beschreibt die Aktivitäten und Tätigkeiten der Gruppe, die bei einem Projekt für das Konfigurationsmanagement zuständig ist.

Tätigkeit (3): Der Software Configuration Management Plan bildet die Basis für die Tätigkeiten des Konfigurationsmanagements.

Tätigkeit (4): Es wird eine kontrollierte Bibliothek etabliert, die als ein Archiv für Software-Produkte dient. Diese Bibliothek enthält:

♦ Die Versionen oder Generationen von Software, die unter Konfigurationskontrolle stehen (Revisionen).

♦ Gespeicherte Konfigurationen der Software und ihrer Komponenten.

♦ Software, die dem Entwicklungsteam mit Leserechten (Read Only) zugänglich gemacht wird.

♦ Die kontrollierte Bibliothek hilft, Standards durchzusetzen, zum Beispiel Naming Standards, die Vereinbarungen im Style Guide oder bestimmte geforderte Formate.

♦ Sie bildet die Basis für Berichte des Konfigurationsmanagements über den objektiven Status der Software an das Management der Organisation.

Tätigkeit (5): Die unter Konfigurationskontrolle zu stellenden Software-Produkte und Spezifikationen werden identifiziert und benannt. Dazu kann gehören:

♦ Die Auswahl bestimmter Software-Teile, zum Beispiel Spezifikationen, Entwurfsdokumente, Module des Code, Builds, Testpläne, Standards und Werkzeuge, wie etwa Compiler.

♦ Software-Produkten, bzw. Konfigurationen, werden Baselines zugeordnet.

♦ Der Zeitpunkt, zu dem ein Produkt oder eine Konfiguration unter Konfigurationskontrolle gestellt werden muß, wird genannt.

♦ Der Ersteller eines Software-Produkts oder einer Konfiguration wird benannt.

Tätigkeit (6): Es gibt ein dokumentiertes Verfahren, nach dem Änderungsanträge geprüft, genehmigt und die Einarbeitung der Änderung verfolgt wird. Dies gilt auch für Software Trouble Reports.

Tätigkeit (7): Es existiert ein dokumentiertes Verfahren, nach dem Änderungen an Software-Produkten, darunter Baselines, freigegeben werden. Dabei dürfen Programme nur aus der kontrollierten Bibliothek der Software gebildet, freigegeben und ausgeliefert werden.

Tätigkeit (8): Es gibt ein dokumentiertes Verfahren, um den Status von Produkten, die unter Konfigurationskontrolle stehen, sowie Änderungen dieser Software, aufzuzeichnen und zu dokumentieren.

Tätigkeit (9): Das Konfigurationsmanagement kreiert und verteilt Protokolle und Berichte zum Stand der Software an alle am Software-Entwicklungsprozeß Beteiligten.

Tätigkeit (10): Es gibt ein dokumentiertes Verfahren, um Audits auf Baselines der Software vorzubereiten, durchzuführen, Berichte über das Audit zu verteilen und aus dem Audit resultierende Action Items zu verfolgen.

Nun wieder zu den notwendigen Kontrollschritten.

Überprüfung (1): Es werden Messungen durchgeführt, um den Status der Tätigkeiten des Konfigurationsmanagements festzustellen, sowohl in bezug auf die Einhaltung des Zeitplans als auch bezüglich der Kosten.

Verifikation (1): Das Management überprüft die Aktivitäten des Konfigurationsmanagements auf periodischer Basis.

Verifikation (2): Der Projektmanager überprüft die Tätigkeiten des Konfigurationsmanagements in regelmäßigen Abständen.

Verifikation (3): Die Software-Qualitätssicherung führt in bezug auf das Konfigurationsmanagement Reviews und Audits durch und erstellt darüber Berichte.

Obwohl bereits die Ebene 2 des *Capability Maturity Models* für manche Organisationen eine Herausforderung darstellen wird, sollte niemand allzu schnell "die Flinte ins Korn werfen". Immerhin stehen Monate und Jahre zur Verfügung, um die neuen Methoden einzuführen. Wer dann jedoch weiter gehen will, der kann sich das nächste Plateau auf dem Weg zur Meisterschaft ansehen.

3.1.2 Schritte auf dem Weg zur nächsten Ebene

Was müssen wir über die Errungenschaften der Ebene 2 hinaus tun, um unsere Organisation weiter zu verbessern? Im wesentlichen geht es um drei Dinge:

♦ Das Einrichten einer Prozeßgruppe, die für die Einführung neuer Techniken und Methoden verantwortlich ist.

♦ Das Einführen eines Modells des Software-Lebenszyklus, abgestimmt auf die Forderungen und Bedürfnisse der eigenen Organisation.

♦ Der Einsatz von Methoden und das Anschaffen geeigneter Werkzeuge.

Das ist eine kurze Agenda für Ebene 3 unseres Modells. Was genau dahinter steckt, wollen wir im nächsten Kapitel erkunden.

3.2 Ebene 3: DEFINED

Während wir auf Ebene 2 unseres Modells die notwendigsten Verbesserungen in Angriff genommen haben, wollen wir nun darauf aufbauen und weitere Schritte tun, um den Prozeß unter Kontrolle zu bringen. Grafisch läßt sich das so darstellen:

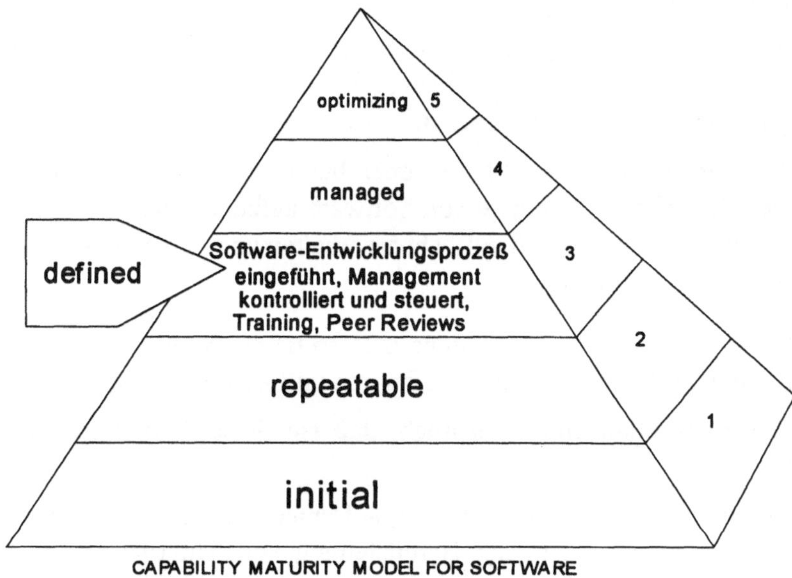

Abb. 3.3   Die Ebene 3 des Capability Maturity Models.

3.2.1 Die Haupttätigkeiten des Prozesses

Auf Ebene 3 werden die Verfahren, sowohl auf der Seite des Software Engineering als auch im Management, verfeinert und standardisiert. Den einzelnen Projekten wird ein Prozeßmodell zur Erstellung von Software vorgegeben. Wir betrachten diesmal sieben Hauptbereiche.

3.2.1.1 Konzentration auf den Prozeß

In diesem Hauptbereich wollen wir uns darauf konzentrieren, für unsere Organisation einen klar gegliederten Prozeß zur Erstellung von Software zu definieren und aufrecht zu erhalten. Als Instrument zur Etablierung des Prozesses und der begleitenden Maßnahmen dient uns die bereits früher erwähnte Prozeßgruppe. Sie führt alle Methoden und Werkzeuge ein und ist ganz generell der Kondensationspunkt für alle Verbesserungen im Prozeß der Software-Erstellung.

Wir behalten das schon bekannte Schema bei und beginnen daher erneut bei den Zielen.

Ziel (1): Die gegenwärtigen Stärken und Schwächen des Prozesses zur Software-Erstellung sind bekannt und werden verstanden. Es wird ein Plan entworfen, um die Schwächen systematisch zu beseitigen.

Ziel (2): Es wird eine Gruppe etabliert, ausgestattet mit den notwendigen Ressourcen sowie dem Wissen und der Fähigkeit, einen standardisierten Prozeß zur Erstellung von Software zu organisieren.

Ziel (3): Das Unternehmen stellt Ressourcen bereit und unterstützt alle Maßnahmen, um den Prozeß zur Erstellung von Software aufzuzeichnen und zu analysieren. Dies dient dazu, den Prozeß aufrecht zu erhalten und zu verbessern.

Nun wieder zu den Verpflichtungen:

Verpflichtung (1): Die Geschäftsleitung unterstützt die Manager und ihre Mitarbeiter darin, den Software-Prozeß zu definieren und zu verbessern. Im Detail:

- Die Geschäftsleitung macht deutlich, daß sie diese Aktivitäten voll unterstützt.

- Die Geschäftsleitung verpflichtet sich, auf lange Sicht für Verbesserungen zu sorgen. Dies zeigt sich in der Bereitstellung von Mitarbeitern, finanzieller Mittel und anderen Maßnahmen.

- Die Geschäftsleitung bezieht das Prozeßmodell in ihre langfristige Strategie mit ein.

Verpflichtung (2): Das Top Management überprüft regelmäßig die Einführung aller Maßnahmen zur Definition eines Prozesses zur Software-Erstellung und dessen Aufrechterhaltung. Dazu zählt:

- Das Management richtet den Prozeß auf die Ziele des Unternehmens und auf seine Gesamtstrategie im Markt aus.

- Es prüft das vorgeschlagene Modell, genehmigt es und führt es durch eine formelle Anweisung an alle Mitarbeiter und deren Manager als verbindlich für die Firma ein.

- Es setzt Prioritäten bei der Verbesserung des Prozesses.

♦ Es nimmt bei vorgeschlagenen Verbesserungen aktiv Anteil, indem es hilft, Widerstände zu überwinden und das Modell in den Gesamtrahmen der Geschäfte der Firma oder des Konzerns einzubinden.

Nun zu den Voraussetzungen, die wir brauchen, damit die Einführung erfolgreich verläuft.

Voraussetzung (1): Die Organisation richtet eine Gruppe ein, deren alleinige Aufgabe es ist, den Prozeß für die Erstellung von Software zu definieren und aufrecht zu erhalten, das heißt konkret: Die Firma etabliert eine Prozeßgruppe. Dazu gehört:

♦ Den Kern dieser Truppe bilden erfahrene Fachleute, die sich ganztägig der Aufgabe widmen können. Weitere Mitarbeiter können mit einem Teil ihrer Arbeitszeit zugeordnet werden.

♦ Die Gruppe ist so organisiert, daß sowohl die Entwicklung als auch andere Disziplinen ausreichend vertreten sind.

♦ Fachleute mit speziellem Wissen unterstützen die Gruppe. Es kann sich um die folgenden Gebiete handeln: Wiederverwendung von Software, Einsatz von CASE-Tools, Metriken und Schulungsmaßnahmen.

♦ Der Gruppe werden ausreichend Werkzeuge zur Verfügung gestellt.

Voraussetzung (2): Die Mitarbeiter der Gruppe werden geschult und trainiert, um den Prozeß zur Erstellung der Software hinreichend definieren zu können.

Voraussetzung (3): Die Mitarbeiter der Prozeßgruppe und deren Management werden über die Ziele und den Zweck, dem das Prozeßmodell dient, unterrichtet. Dies erstreckt sich auch auf ihre Rolle bei diesen Aktivitäten.

Nun zu den Aktivitäten oder Tätigkeiten in diesem Hauptbereich, einem der Kernbereiche der Reform unserer Software-Entwicklung:

Tätigkeit (1): Der Software-Prozeß wird in periodischen Abständen untersucht. Für die bei Assessments identifizierten Schwachstellen werden Pläne zum Abstellen dieser Schwächen im Prozeß aufgestellt. Eine Bewertung des Prozesses durch ein Assessment ist typischerweise in Abständen von ein bis drei Jahren durchzuführen.

Tätigkeit (2): Die Organisation folgt bei der Einführung des Prozesses einem dokumentierten und genehmigten Plan. Dieser Plan

♦ enthält Definitionen zu den Maßnahmen und dem Zeitpunkt ihrer Durchführung,

♦ benennt die verantwortlichen Gruppen und Personen für die Einführung,

♦ identifiziert Ressourcen, darunter Mitarbeiter und Werkzeuge,

♦ wird in seiner ursprünglichen Fassung und bei jeder Überarbeitung vor der Genehmigung von den Betroffenen überprüft,

♦ wird vom Management der Organisation überprüft und genehmigt.

Tätigkeit (3): Die Einführung eines definierten Prozesses wird zwischen der funktionellen Ebene der Firma und den einzelnen Projekten koordiniert.

Tätigkeit (4): Die Einführung und Benutzung einer gemeinsamen Datenbasis für die Daten der Projekte wird zwischen den verschiedenen Gruppen koordiniert.

Tätigkeit (5): Neuartige Technologien, Methoden und Werkzeuge, die bei einigen wenigen Gruppen erfolgreich im Einsatz sind, aber nicht generell zur Verfügung stehen, werden für alle Teile der Organisation zugänglich gemacht.

Tätigkeit (6): Schulungsmaßnahmen zum Inhalt des Prozesses der Software-Erstellung werden in der gesamten Organisation durchgeführt.

Tätigkeit (7): Die Mitarbeiter und deren Manager, die den neu eingeführten Software-Prozeß in ihren Projekten anwenden, werden laufend über die Aktivitäten der Prozeßgruppe unterrichtet.

Jetzt wieder zu den Kontrollschritten:

Überwachungsschritt (1): Es werden Messungen durchgeführt und ausgewertet, um die Einführung des Prozesses quantitativ beurteilen zu können.

Verifikationsschritt (1): Mit dem Top Management werden regelmäßig Treffen durchgeführt, um den Status der Einführung darzustellen und die weiteren Maßnahmen zu koordinieren. Dazu gehört im einzelnen:

♦ die Darstellung gemachter Fortschritte und durchgeführter Maßnahmen,

♦ die Diskussion und Entscheidung bei Angelegenheiten, die auf niederer Ebene der Organisation nicht gelöst werden konnten,

♦ die Verteilung neuer Aufgaben und die Verteilung von Action Items,

♦ die Ergebnisse der Zusammenkunft werden protokolliert.

3.2.1.2 Die Definition des Software-Entwicklungsprozesses

In diesem Baustein wird ein normierter Prozeß für die Software-Entwicklung der Projekte zur Verfügung gestellt. Er definiert die einzelnen Schritte und bildet eine gemeinsame Basis für die gesamte Organisation. Dadurch wird es später möglich sein, gezielt Messungen in den Projekten durchzuführen und die Ergebnisse miteinander zu vergleichen. Beginnen wir mit unseren Zielen:

Ziel (1): Ein standardisierter Prozeß zur Software-Entwicklung wird definiert und aufrechterhalten. Er dient dazu, die einzelnen Projekte zu stabilisieren, die Ergebnisse zu analysieren und Verbesserungen einbringen zu können.

Ziel (2): Beschreibungen üblicher Software-Prozesse und dokumentierte Erfahrungsberichte realisierter Projekte werden gesammelt und stehen zur Verfügung.

Nachfolgend die Verpflichtungen.

Verpflichtung (1): Die Organisation befolgt ein schriftlich niedergelegtes Verfahren, das den Prozeß zur Software-Erstellung für die Firma und deren Projekte verbindlich festlegt. Diese Verpflichtung setzt voraus, daß

♦ ein standardisierter Prozeß bereits definiert worden ist,

♦ die Projekte einen angepaßten Prozeß benutzen, der aus dem vorgeschriebenen Prozeß durch TAILORING entstanden ist,

♦ Ergebnisse aus den Projekten dazu benutzt werden, den Prozeß weiter zu verbessern.

Das ist die einzige Verpflichtung in diesem Hauptbereich des Prozesses. Wenden wir uns den Voraussetzungen zu.

Voraussetzung (1): Es werden ausreichende Ressourcen, darunter finanzielle Mittel, bereitgestellt, um den Prozeß zu definieren und zu unterhalten. Dazu gehört im einzelnen:

♦ Die Prozeßgruppe definiert in Zusammenarbeit mit den an der Software-Erstellung beteiligten Gruppen der Organisation einen Prozeß und beschreibt ihn in einer Spezifikation.

♦ Für die Mitarbeiter dieser Gruppe werden geeignete Werkzeuge zur Verfügung gestellt. Zu diesen Tools kann gehören:

  − ein Static Analyser,

- eine Datenbank oder

- ein Prozeßmodell.

Voraussetzung (2): Die Mitarbeiter, die den Prozeß einschließlich seiner Eigenschaften und Werkzeuge beschreiben, werden für ihre Aufgabe geschult. Dazu gehören:

♦ eine Schulung in den Praktiken und Methoden des Software Engineerings,

♦ eine Schulung zum Planen, Organisieren und Kontrollieren des Software-Prozesses.

Voraussetzung (3): Die Mitarbeiter und ihre Manager in den Projekten werden darüber unterrichtet, wie der standardisierte Prozeß beschaffen ist, worin seine Vorteile liegen und wie er anzuwenden ist.

Jetzt zu den Tätigkeiten oder Aktivitäten:

Tätigkeit (1): Die Organisation entwickelt und pflegt eine Sammlung von Dokumenten, die von den Projekten benutzt und angefordert werden können. Dazu gehören:

♦ die Beschreibung des standardisierten Prozesses für die Organisation, einschließlich einer Beschreibung der Architektur des Prozesses und der auszuführenden Tätigkeiten, sowie des Kerns des Prozesses mit seinen fundamentalen Aufgaben,

♦ die Richtlinien und Kriterien, nach denen sich die Projekte ihren angepaßten Prozeß ableiten können,

♦ die Spezifikation der Phasenmodelle, die innerhalb der Organisation gebraucht werden können,

♦ ein Katalog von Prozeß-Spezifikationen, die in der Vergangenheit verwendet wurden,

♦ eine Datenbasis, die Informationen zu Software-Prozessen und zugehörigen Produkten enthält.

Tätigkeit (2): Der standardisierte Prozeß der Organisation wird nach einem dokumentierten Verfahren entwickelt. Dazu gehört im einzelnen, daß

♦ Vorgaben der eigenen Firma, zum Beispiel der Konzernzentrale, wenn möglich berücksichtigt werden,

♦ Vorgaben des Kunden berücksichtigt werden,

♦ der Stand der Technik in die Arbeiten und den zu definierenden Prozeß einfließt,

♦ die Schnittstellen zu anderen Gruppen in der Organisation Berücksichtigung finden,

♦ der Prozeß so detailliert ausgearbeitet wird, daß sinnvolle Meßwerte über alle Projekte hinweg gewonnen werden können,

♦ das vorgelegte Prozeß-Modell von den Ingenieuren und Programmierern der Entwicklung und anderen beteiligten Gruppen geprüft wird, sowohl bei der erstmaligen Einführung als auch bei jeder größeren Revision,

♦ das Prozeß-Modell und seine Beschreibung unter Konfigurationskontrolle gestellt wird.

Tätigkeit (3): Die Beschreibung oder Spezifikation des Prozesses wird nach einem vorgeschriebenen Standard erstellt und dokumentiert. Dieser Standard verlangt die folgenden Definitionen:

♦ die vorgeschriebenen Verfahren, Praktiken, Methoden und Techniken,

♦ der vorgeschriebene Prozeß und die Standards für die Software-Produkte,

♦ die Verantwortlichkeiten für die Durchführung des Prozesses,

♦ die notwendigen Werkzeuge und sonstigen Ressourcen,

♦ die Abhängigkeiten des Prozesses und der Schnittstellen,

♦ die Ergebnisse des Prozesses,

♦ die Kriterien, nach denen Produkte als fertig betrachtet und Teilprozesse als abgearbeitet betrachtet werden können,

♦ die Daten, die über den Prozeß und seine Produkte gesammelt werden müssen.

Tätigkeit (4): Die Modelle des Software-Lebenszyklus, die für die einzelnen Projekte zugelassen werden, werden genannt und dokumentiert. Dazu gehört, daß

♦ die zugelassenen Modelle zum Lebenszyklus der Software mit dem standardisierten Prozeß kompatibel sein müssen (mögliche Modelle sind: Das Wasserfall-Modell, das überlappende Wasserfall-Modell, das Spiral-Modell von Barry Boehm und das Wasserfall-Modell kombiniert mit Rapid Prototyping),

♦ die zugelassenen Modelle unter Konfigurationskontrolle gestellt und gepflegt werden.

Tätigkeit (5): Es wird eine Bibliothek von Prozeß-Spezifikationen angelegt, die in den Software-Projekten früher bereits eingesetzt wurden. Zu dieser Aktivität gehört:

♦ Der Inhalt der Bibliothek wird von der Prozeßgruppe kontrolliert und gepflegt.

♦ Die von den Projekten benutzten Prozesse werden geprüft, und geeignete Prozeß-Spezifikationen werden in die Bibliothek übernommen.

♦ Die Prozeß-Spezifikationen werden katalogisiert, um den Zugriff zu erleichtern.

♦ Revidierte Prozeß-Spezifikationen werden erneut überprüft, bevor sie in die Bibliothek übernommen werden.

♦ Die Verwendung der Prozeß-Spezifikationen in den Projekten wird periodisch überprüft.

Tätigkeit (6): Eine Datenbasis für die Organisation wird etabliert und genutzt. Dies geschieht nach einem dokumentierten Verfahren. Dazu gehört folgendes:

♦ Die Datenbasis dient dazu, über die Prozesse und Produkte bei der Erstellung von Software Daten zu sammeln und die Ergebnisse von Messungen am Prozeß zu dokumentieren. Zum Inhalt der Datenbasis kann gehören:

   – Die Erfahrungen aus abgeschlossenen Projekten (lessons learned).

   – Schätzungen und Meßwerte zu Kosten und zum Zeitverbrauch.

   – Die Ergebnisse von Metriken zur Software.

♦ Die in die Datenbasis einfließenden Ergebnisse werden überprüft, bevor sie zur Speicherung freigegeben werden.

♦ Die Definition der Datenbasis steht unter Konfigurationskontrolle.

♦ Der Zugriff auf die Datenbasis wird kontrolliert, um die Integrität der Daten zu gewährleisten.

Tätigkeit (7): Die Dokumente der Organisation werden nach einem definierten Verfahren verwaltet und gepflegt. Dazu gehören im einzelnen:

♦ Änderungen, die sich aus den folgenden Quellen ergeben können, werden dokumentiert und überprüft, bevor man sie übernimmt. Darunter fallen die folgenden Dokumente:

   – die Bewertungen und Empfehlungen von Assessments,

   – Erfahrungen (lessons learned) aus Projekten,

- vorgeschlagene Änderungen durch das Management und die Mitarbeiter,

- Analysen und Ergebnisse des Prozesses oder von Software-Produkten.

♦ Änderungen des standardisierten Prozesses werden überprüft und genehmigt, bevor sie eingearbeitet werden.

♦ Pläne zur Einführung von Änderungen in laufende Projekte werden definiert und dokumentiert.

Tätigkeit (8): Größere und zeitaufwendige Aktionen zur Änderung verwalteter Schriftstücke werden geplant und dokumentiert. Dieser Plan wird überprüft und muß genehmigt werden.

Tätigkeit (9): Die Prozeßgruppe überprüft alle vorgeschlagenen Änderungen zum standardisierten Prozeß der Software-Erstellung. Es kann sich um Vorschläge handeln, die den Prozeß verbessern würden oder mit ihm in Konflikt stehen.

Nach den Aktivitäten wieder zu den Kontrollschritten:

Überwachungsschritt (1): Die Tätigkeiten der Organisation und deren Mitarbeiter in bezug auf die Definition des Software-Erstellungsprozesses werden verfolgt, und zu den Kosten und zum Zeitaufwand werden Messungen vorgenommen.

Verifikationsschritt (1): Die Software-Qualitätssicherung führt Audits durch, um die Tätigkeiten und Produkte zur Definition des Prozesses zu beurteilen. Darüber werden Berichte erstellt.

Es ist zu erwarten, daß bei der Definition des Prozesses bei vielen Mitarbeitern der Organisation, und gewiß bei deren Managern, Lücken in den Methoden des Software Engineering festgestellt werden. Umso wichtiger ist es, geeignete Schulungen in gezielter Art und Weise einzuleiten.

3.2.1.3 Schulungsmaßnahmen

Zunächst ist der Bedarf zu ermitteln, und zwar in bezug auf die Organisation, die Projekte und die einzelnen Mitarbeiter. Geeignete Kurse müssen ermittelt oder selbst entworfen werden. Die Schulungsmaßnahmen stellen dann sicher, daß die Tätigkeiten wie geplant ausgeführt werden können und nicht mangels ausreichender Kenntnisse der Mitarbeiter ignoriert oder umgangen werden.

Wir beginnen mit den Zielen der Maßnahmen und wenden uns anschließend den Verpflichtungen zu.

Ziel (1): Die Mitarbeiter und ihre Vorgesetzten haben das Wissen und die Fähigkeiten, um ihre Tätigkeiten ausüben zu können.

Ziel (2): Die Mitarbeiter und Manager setzen die zur Verfügung stehende Entwicklungsumgebung der Software effektiv ein.

Ziel (3): Die Mitarbeiter und ihre Manager sind bereit, dazuzulernen und bekommen seitens ihres Arbeitgebers derartige Angebote zur Fortbildung.

Die Erreichung der Ziele setzt immer Verpflichtungen der Organisation voraus, die als Grundlage für den Erfolg unverzichtbar sind.

Verpflichtung (1): Die Organisation befolgt ein dokumentiertes Verfahren beim Angebot und der Durchführung von Schulungsmaßnahmen. Dazu gehören:

- Für jede Arbeitsplatzbeschreibung werden die notwendigen Schulungen zugeordnet.

- Für alle Mitarbeiter der Organisation werden Schulungen angeboten.

- Schulungen dienen dazu, die Organisation zu verbessern, die Arbeit der Projekte zu erleichtern und die Karriere einzelner Mitarbeiter zu fördern.

- Schulungen werden sowohl aus dem Angebot am Markt befriedigt als auch durch im Hause entwickelte und durchgeführte Kurse.

Damit hätten wir die Verpflichtungen bereits erledigt. Sehen wir uns die Voraussetzungen an.

Voraussetzung (1): Ausreichende finanzielle Mittel werden bereitgestellt, um das Schulungsprogramm durchführen zu können. Dazu gehört im einzelnen:

- Für die Schulungsmaßnahmen der Organisation ist ein Manager zuständig.

- Es existiert eine Gruppe von Schulungsexperten innerhalb der Organisation, oder es wird eine solche geschaffen.

- Die Schulungsgruppe bekommt die notwendigen Werkzeuge zur Durchführung ihrer Aufgabe.

- Geeignete Räumlichkeiten zur Durchführung der Schulungen werden geschaffen oder auf temporärer Basis angemietet.

Voraussetzung (2): Mitglieder des Schulungsteams selbst werden geschult, um ihre Aufgaben durchführen zu können. Diese Angebote gliedern sich wie folgt auf:

- Es werden einerseits Lehrmethoden und andererseits fachspezifische Inhalte geschult.

♦ Falls notwendig, werden die Mitarbeiter der Schulungsgruppe in neuen Techniken der Wissensvermittlung unterrichtet.

Voraussetzung (3): Die Manager und Vorgesetzten werden darin unterwiesen, wie sie für ihre Mitarbeiter geeignete Schulungsmaßnahmen finden und auswählen können.

Jetzt wieder zu den Aktivitäten:

Tätigkeit (1): Jedes Projekt entwickelt und pflegt einen Plan, der sich mit den notwendigen Schulungen für das Projekt befaßt. Dieser Plan adressiert die folgenden Themen:

♦ die notwendigen Kenntnisse und Fähigkeiten für die Durchführung des Projektes, und zusätzlich den Zeitpunkt, an dem diese Fähigkeiten gebraucht werden,

♦ die Zuordnung der Schulungen zu den Mitarbeitern.

Tätigkeit (2): Der Plan der funktionellen Organisation zu Schulungen wird periodisch überarbeitet. Dazu gehört:

♦ Die Unterlagen und Anforderungen der Projekte werden dazu benutzt, um die Schulungsmaßnahmen der Organisation zu definieren.

♦ Die gewünschten Fähigkeiten und Kenntnisse werden definiert.

♦ Die notwendigen Ressourcen, einschließlich der Trainer, Werkzeuge und Räume zur Durchführung der Kurse werden festgelegt.

♦ Der Plan wird von den Kollegen des Erstellers überprüft. Dies gilt für die erstmalige Erstellung und jede größere Überarbeitung.

Tätigkeit (3): Der Plan der funktionellen Organisation zu Schulungen folgt einem dokumentierten Verfahren.

Tätigkeit (4): Wo es zweckmäßig ist, werden Schulungsmaßnahmen auf der Projektebene durchgezogen.

Das kann zum Beispiel notwendig sein, wenn in der spezifischen Applikation des Projektes oder zu seiner Software-Architektur geschult werden muß.

Tätigkeit (5): Schulungsmaßnahmen der Organisation werden nach einem Standard entwickelt und gepflegt. Dazu gehört:

♦ Das geplante Publikum wird identifiziert.

♦ Voraussetzungen zum Besuch des Kurses werden ermittelt.

♦ Die Ziele der Schulung werden erarbeitet.

- Der Kursinhalt wird spezifiziert.

- Kriterien für den erfolgreichen Abschluß werden ermittelt.

- Es wird ein Verfahren entwickelt, um die Effektivität der Vermittlung des Lerninhaltes herauszufinden.

- Es wird eruiert, ob der Kurs zunächst besser probeweise angeboten werden sollte.

- Das Kursmaterial wird von den Kollegen des Trainers überprüft.

- Die Spezifikation des Kurses wird unter Konfigurationskontrolle gestellt.

Tätigkeit (6): Wenn immer möglich, werden Kurse zeitlich so gelegt, daß der Kurs in zeitlich engem Zusammenhang mit der Durchführung der Tätigkeiten im Projekt erfolgt.

Tätigkeit (7): Es werden Aufzeichnungen über besuchte Kurse und Schulungsmaßnahmen angefertigt und aufbewahrt.

Nun zu den Kontrollschritten bei den Schulungsmaßnahmen:

Überwachungsschritt (1): Es werden Messungen durchgeführt, um die Schulungen in bezug auf ihren Status zu bewerten und um den Erfolg quantifizieren zu können. Dazu gehört im einzelnen:

- Bei jedem Kurs wird die Zahl der angemeldeten Teilnehmer zur Zahl der tatsächlichen Kursteilnehmer ins Verhältnis gesetzt.

- Es wird die Zahl der geplanten Kurse mit der Anzahl tatsächlich durchgeführter Veranstaltungen ins Verhältnis gesetzt.

Überwachungsschritt (2): Es werden Messungen durchgeführt, um die Qualität des Schulungsprogramms zu ermitteln. Dazu gehören:

- Von den Kursteilnehmern werden Fragebogen ausgefüllt, die ihre Beurteilung des Kursinhalts enthalten.

- Die Resultate werden dazu benutzt, um die Angemessenheit des Kurses zu überprüfen und seinen Inhalt und die Präsentationstechnik zu verbessern.

- Die Ergebnisse der Fragebogenaktion werden mit dem Leiter der Schulung diskutiert.

Verifikationsschritt (1): Das Schulungsprogramm der Organisation wird regelmäßig mit dem Top Management überprüft.

Verifikationsschritt (2): Das für die Schulungen zuständige Team überprüft regelmäßig, ob die Kurse und ihr Inhalt noch "up-to-date" sind.

Verifikationsschritt (3): Das Schulungsprogramm wird regelmäßig daraufhin überprüft, ob es mit den Zielen und Forderungen der Organisation noch übereinstimmt. Das beinhaltet im einzelnen die folgenden Schritte:

- Diese Prüfung erfolgt nicht durch das Schulungsteam selbst, sondern durch Dritte. Es kann sich dabei auch um sachverständige externe Experten handeln.

- Die Prüfung stellt fest, ob

  - die Kursunterlagen gepflegt werden,

  - die Teilnehmer immer und bis zum Ende teilnehmen,

  - der geplante Kursablauf inhaltlich durchgehalten wird.

Verifikationsschritt (4): Das Schulungsprogramm wird daraufhin überprüft, ob der Plan zur Schulung weiterentwickelt wird und die Unterlagen für Kurse gepflegt werden.

3.2.1.4 Integriertes Software-Management

Integriertes Software-Management bedeutet, den definierten Prozeß zur Erstellung der Software aufrecht zu erhalten und die damit verbundenen Tätigkeiten zu organisieren. Integriertes Software-Management bringt die technischen Notwendigkeiten des Projekts und das Management dieser Tätigkeiten zusammen. Falls Ziele nicht erreicht werden, wissen die Manager, welche Maßnahmen zur Abstellung der Probleme einzuleiten sind, und wie solche Probleme in Zukunft vermieden werden können. Es werden die folgenden Ziele definiert:

Ziel (1): Planung und Organisation jedes Projekts basiert auf dem standardisierten Software-Prozeß.

Ziel (2): Technische und organisatorische Daten aus jetzigen und früheren Software-Projekten sind verfügbar und können eingesetzt werden, um das Projekt effektiv zu planen, die Einhaltung des Plans zu verfolgen und erneut zu planen.

Nun zu den Verpflichtungen:

Verpflichtung (1): Die Organisation folgt einem dokumentierten Verfahren, das explizit verlangt, daß der standardisierte Prozeß zur Software-Erstellung einzuhalten ist. Dazu gehört, daß

- jedes Projekt seinen Prozeß vom Standard-Prozeß ableiten muß,

♦ die Maßnahmen zum TAILORING in den Projekten dokumentiert und vom Management genehmigt werden müssen.

Auch in diesem Hauptbereich unseres Prozesses zum Management müssen einige Voraussetzungen angesprochen werden:

Voraussetzung (1): Der im Projekt verwendete Prozeß wird im Software Development Plan definiert.

Voraussetzung (2): Die Anforderungen an das System, die für Software zutreffen, werden dokumentiert, genehmigt, und Änderungen werden kontrolliert.

Voraussetzung (3): Für das Projekt werden ausreichend Ressourcen bereitgestellt, um es nach dem vorgeschriebenen Prozeß organisieren und durchführen zu können.

Voraussetzung (4): Die Software Manager werden in bezug auf den standardisierten Prozeß zur Software-Erstellung geschult.

Voraussetzung (5): Die Software Manager und Gruppenleiter der Software-Entwicklung werden geschult, um die technischen, personellen und organisatorischen Aspekte des Software-Projektes und des definierten Prozesses meistern zu können. Zu den Schulungsmaßnahmen gehört:

♦ Schätzungen des Codeumfangs, die Planung des Projektes und die Verfolgung des Projektfortschrittes,

♦ Methoden und Verfahren, um Risiken identifizieren zu können,

♦ der standardisierte Software-Prozeß.

Lassen Sie uns nun wieder mit den Aktivitäten beginnen:

Aktivität (1): Der Software-Prozeß für ein Projekt wird gefunden, indem der standardisierte Prozeß zur Erstellung von Software für die Organisation durch TAILORING angepaßt wird. Dazu gehört:

♦ Zur Anpassung sind sowohl vertragliche Bedingungen als auch die Forderungen und Kriterien der eigenen Organisation zu berücksichtigen.

♦ Das TAILORING für ein bestimmtes Projekt wird von der Prozeßgruppe und dem eigenen Top Management überprüft.

♦ Abweichungen von vertraglichen Bedingungen in bezug auf den vorgeschriebenen Prozeß sind nur in der Form eines WAIVERS (Ausnahmegenehmigung) möglich, der vom Kunden und der eigenen Geschäftsleitung genehmigt werden muß.

◆ Die Spezifikation für den Software-Prozeß eines Projekts wird unter Konfigurationskontrolle gestellt und gepflegt.

Aktivität (2): Der Prozeß für ein Software-Projekt kann nur nach einem dokumentierten Verfahren revidiert werden. Dazu gehören:

◆ Die bei anderen Projekten gemachten Erfahrungen werden dokumentiert und fließen in geordneter Form in Änderungen ein.

◆ Von den Mitarbeitern im Projekt und ihren Managern gemachte Verbesserungsvorschläge werden berücksichtigt.

◆ Messungen aus dem Prozeß werden analysiert und interpretiert.

Aktivität (3): Das Management des Software-Projekts basiert auf dem definierten Prozeß. Dazu gehören:

◆ Der definierte Prozeß enthält Vorkehrungen, um Daten zu sammeln und analysieren zu können. Die Ergebnisse dienen dazu, die Software-Tätigkeiten zu steuern.

◆ Die Tätigkeiten der Aufwandsschätzung, des Planens und Verfolgens der Aktivitäten sind mit den Hauptbereichen des definierten Prozesses verbunden.

◆ Zu Beginn und zum Ende jeder Phase des Software-Lebenszyklus werden Reviews veranstaltet.

◆ Für jede größere Tätigkeit werden Kriterien festgelegt, nach denen eine Aufgabe als beendet betrachtet werden kann. Dies gilt analog auch für den Beginn der Aufgabe.

◆ Der Software Development Plan wird angepaßt, nachdem die aktuelle Lage und der Status mit den laut Plan gestellten Forderungen verglichen wurden. Im besonderen wird darauf geachtet, daß Abweichungen gegenüber dem SDP nicht zu einer Änderung der Verpflichtungen führen.

◆ Es gibt klare Kriterien dafür, wann die Pläne für das Software-Projekt vollkommen überarbeitet werden müssen.

◆ Gemachte Erfahrungen fließen in systematischer und dokumentierter Form in neue Pläne ein.

◆ Der neue Plan für das Projekt wird nach einem dokumentierten Verfahren erstellt.

◆ Änderungen zu Verpflichtungen der Organisation werden einem Review unterzogen und erst danach genehmigt.

Tätigkeit (4): Dem einzelnen Software-Projekt werden Mitarbeiter zugeteilt. Sie werden geschult, und das Projekt wird nach seinen Notwendigkeiten und in Übereinstimmung mit dem definierten Prozeß geleitet. Dazu gehören:

- Dem Projekt werden Mitarbeiter zugeordnet, die fachspezifische Kenntnisse in einem speziellen Bereich der Technik haben, und zwar in der zu erstellenden Applikation.

- Schulungsmaßnahmen werden durchgeführt, falls das als notwendig erkannt wird.

- Die Planung und Steuerung des Projektes sowie die Verfolgung des Projektfortschritts wird vom Management durchgeführt, wobei die Inputs von den Mitarbeitern stammen.

- Die Pläne, Prozesse und Verfahren werden angepaßt, wenn Probleme an den Schnittstellen mit anderen Gruppen auftauchen.

Tätigkeit (5): Die Datenbasis des Prozesses wird in Übereinstimmung mit einem dokumentierten Verfahren benutzt, um den Prozeß zu planen und Schätzungen erstellen zu können. Dazu gehören:

- Die Datenbasis enthält Messungen zu abgeschlossenen, laufenden und zukünftigen Projekten.

- Erfahrungen aus dem technischen Bereich und solche mit dem Management von Projekten werden aufgezeichnet und gespeichert.

- Die in die Datenbasis eingeflossenen Daten werden vor ihrer Abspeicherung überprüft.

- Die Datenbasis bildet die hauptsächliche Informationsquelle für das Planen, Verfolgen und Steuern von Software-Projekten.

- Zugriffsrechte auf die Datenbasis werden so eingerichtet, daß nur autorisierte Benutzer Daten lesen und verändern können.

- Parameter, die zur Abschätzung des Codeumfangs, der Kosten und des Zeitplans dienen, werden zum Vergleich verschiedener Projekte benutzt, um ihre Gültigkeit und Genauigkeit beurteilen zu können.

Tätigkeit (6): Das Management des Codeumfangs des Projektes findet nach einem dokumentierten Verfahren statt. Dazu gehören:

- Der Codeumfang wird zunächst geschätzt und später verfolgt.

- Eine von der Prozeßgruppe unabhängige Gruppe überprüft das Verfahren zur Schätzung des Codeumfangs, prüft die Einhaltung und sorgt dafür, daß Vergleichsdaten aus abgeschlossenen Projekten zu Schätzungen herangezogen werden.

♦ Bei erkannten Risiken werden in den Planungen zusätzliche Risikofaktoren berücksichtigt.

♦ Wiederverwendbare und am Markt verfügbare Software wird identifiziert. Es wird auch der Aufwand für notwendige Anpassungen bei zugekaufter Software berücksichtigt.

♦ Faktoren, die den Codeumfang der Software stark beeinflussen können, werden identifiziert und später verfolgt. Dies könnten zum Beispiel unverhältnismäßig viele Änderungen des Lastenheftes der Software in der Implementierungsphase sein.

♦ Der Codeumfang wird revidiert, wenn zusätzliche Daten verfügbar sind.

♦ Für jedes Subsystem der Software wird ein Schwellenwert (treshold) festgelegt, bei dessen Überschreitung das Management tätig werden muß.

♦ Die ersten Schätzungen des Codeumfangs werden von sachkundigen Kollegen des Schätzers überprüft.

Tätigkeit (7): Das Management der Kosten des Projektes wird für die Hauptbereiche des Prozesses nach einem dokumentierten Verfahren durchgeführt. Dazu gehören:

♦ Die Kosten für die Software werden geschätzt und später verfolgt.

♦ Die Kostenmodelle und die Plandaten für den Einsatz der Mitarbeiter werden für das Projekt angepaßt. Wenn möglich, sollen Daten aus abgeschlossenen Projekten verwendet werden.

♦ Daten in bezug auf die Kosten und die Produktivität werden angepaßt, um die Bedingungen des Projektes zu berücksichtigen. Hierzu können gehören: Geographische Lage des Entwicklungszentrums und der beteiligten Gruppen und Organisationen, Größe und Komplexität des Systems, die Stabilität der Anforderungen an die Software, die verwendete Entwicklungsumgebung, der Zielrechner, die Vertrautheit der Entwickler mit der Applikation und die Verfügbarkeit von Ressourcen.

♦ Der Gesamtaufwand der Software-Entwicklung wird in individuell zu verfolgende Teilaufgaben gesplittet.

♦ Wenn die Kosten der Software-Entwicklung überprüft werden, geschieht dies durch Vergleich der tatsächlichen Kosten für Teilaufgaben mit den geplanten

Ausgaben laut Software Development Plan. Hierzu gehört es auch, die Kosten neu zu berechnen, wenn neue Anforderungen an die Software gestellt werden.

♦ Für jede Teilaufgabe der Software wird ein Grenzwert festgelegt, bei dessen Überschreitung das Management tätig werden muß.

♦ Die ersten Schätzungen für die Kosten der Software-Erstellung und größere Revisionen dieser Schätzungen werden von erfahrenen Kollegen des Schätzers überprüft.

Tätigkeit (8): Die kritischen Komponenten des Zielrechners (target computers) werden nach einem dokumentierten Verfahren ermittelt, und Änderungen werden verfolgt. Dazu gehört im einzelnen:

♦ Für jedes Projekt legt man die kritischen Komponenten fest.

♦ Die als kritisch erkannten Ressourcen werden verfolgt.

♦ Schätzungen für die kritischen Komponenten des Computers stammen aus den Erfahrungen abgeschlossener Projekte, Simulationen, Rapid Prototyping oder einer dokumentierten Analyse. Solche Schätzungen müssen bezüglich ihrer Quellen dokumentiert sein, Ähnlichkeiten und Unterschiede zu früheren Projekten müssen herausgearbeitet werden, und die Vertrauenswürdigkeit herangezogener Daten ist zu beurteilen.

♦ Die zur Verfügung stehende Entwicklungsumgebung, die Anforderungen an das System in bezug auf die Software und der Entwurf werden nötigenfalls angepaßt, um die Software auf dem Zielrechner unterbringen zu können.

♦ Die kritischen Komponenten des Zielrechners werden Subsystemen der Software zugeordnet.

♦ Kritischen Komponenten des Zielrechners wird bei der ersten Schätzung der Auslastung eine ausreichende Kapazitätsreserve zugeteilt.

♦ Die geschätzte und tatsächliche Auslastung kritischer Komponenten wird regelmäßig überprüft.

♦ Für jede kritische Komponente wird ein Schwellenwert festgelegt, bei dessen Überschreitung das Management tätig werden muß.

♦ Änderungen zu Schätzungen kritischer Komponenten des Zielrechners werden nach einem dokumentierten Verfahren gelöst.

Tätigkeit (9): Kritische Abhängigkeiten und kritische Pfade des Zeitplans werden nach einem dokumentierten Verfahren verfolgt. Dazu gehören:

- Der Zeitplan für die Software-Erstellung wird geplant und anschließend verfolgt.

- Meilensteine der Software-Erstellung, Aufgaben, Verpflichtungen, kritische Abhängigkeiten, der Einsatz von Mitarbeitern, Kosten und die Durchführung von Reviews geschieht in Übereinstimmung mit dem definierten Prozeß.

- Kritische Abhängigkeiten, sowohl interner wie externer Art, werden beim Zeitplan berücksichtigt.

- Der kritische Pfad der Software-Erstellung ergibt sich aus dem Zeitplan.

- Die kritischen Abhängigkeiten und die kritischen Pfade werden regelmäßig überprüft.

- Es werden für jeden kritischen Pfad Kriterien erarbeitet, bei deren Erreichen Aktionen des Managements notwendig werden.

Tätigkeit (10): Die Risiken des Projektes werden nach einem dokumentierten Verfahren identifiziert, beurteilt und dokumentiert. Dazu gehören auch die Management-Tätigkeiten. Im einzelnen gehört zu diesem Verfahren:

- das Einstufen von Risiken,

- das Ausarbeiten von Ausweichplänen für alle Phasen des Software-Lebenszyklus,

- für jedes Risiko werden Alternativen aufgezeigt,

- Pläne zur Milderung der Folgen beim Eintreten des Risikos werden erarbeitet,

- die ursprüngliche Abschätzung von Risiken und größere Überarbeitungen dieser Pläne werden von sachverständigen Kollegen des Schätzers überprüft,

- der Risk Management Plan wird unter Konfigurationskontrolle gestellt,

- die Risiken und ihre Einschätzung werden regelmäßig überprüft, etwa an Meilensteinen des Projektes oder an definierten Punkten im Projektablauf.

Tätigkeit (11): Für das Projekt werden regelmäßig Reviews durchgeführt, um die Ergebnisse des Projektes in Übereinstimmung mit den Zielen und Plänen der Organisation und des Kunden und Endbenutzers zu halten.

Nun zu den Überwachungsschritten:

Überwachungsschritt (1): Es werden Messungen durchgeführt, um die Übereinstimmung mit dem definierten Software-Prozeß zu bestimmen und um die Pläne für den Rest der durchzuführenden Arbeiten anzupassen. Dazu gehören:

♦ Der Umfang des Codes wird mit den ursprünglichen Schätzungen verglichen, um möglicherweise notwendige Anpassungen der Kosten und des Zeitplans identifizieren zu können.

♦ Die Schätzungen des Passierens von Meilensteinen werden regelmäßig überprüft und mit den Daten im Software Development Plan verglichen. Der Status sowie Abweichungen, die eine Aktion des Managements erfordern, werden diesem bewußt gemacht.

♦ Projektionen zu den Kosten werden regelmäßig überprüft und mit den Daten im Software Development Plan verglichen.

♦ Die Anzahl der in der Software gefundenen Fehler wird getrennt nach Phasen erfaßt, und die Resultate werden auch dazu benutzt, um in Zukunft die Zahl der Mitarbeiter für Aufgaben der Verifikation und Validation festzulegen.

Überwachungsschritt (2): Es werden Messungen durchgeführt, um die Qualität des Management-Prozesses beurteilen zu können. Die Frequenz, die Ursachen und der Umfang neuer Planungen werden für diesen Zweck genutzt.

Überwachungsschritt (3): Es werden Messungen durchgeführt, um den Prozeß zum Management von Risiken beurteilen zu können.

Verifikationsschritt (1): Die Tätigkeiten zum Management von Software-Projekten werden vom Top Management regelmäßig überprüft.

Verifikationsschritt (2): Die Tätigkeiten zum Management des Software-Projekts werden mit dem Projektmanager regelmäßig überprüft.

Verifikationsschritt (3): Die Software-Qualitätssicherung führt Reviews und Audits durch, um die Tätigkeiten und Produkte des Projektes zu überprüfen, und berichtet über die Ergebnisse. Dazu gehören mindestens:

♦ die Tätigkeiten und Aktivitäten, die zur Überarbeitung des definierten Prozesses für das Projekt führen,

♦ die Prozesse zum Management der Kosten, des Zeitplans, der Risiken und der technischen Aktivitäten,

♦ der Prozeß in Verbindung mit der Datenbasis für das Projekt.

Doch nun zu unserem nächsten Hauptbereich des Prozesses auf Stufe 3 des *Capability Maturity Models*, dem technischen Projektmanagement.

3.2.1.5 Technisches Produktmanagement

Zum Management des Produkts Software gehört das Bauen und Unterhalten aller Teile der Software mit Methoden und Werkzeugen, die den Stand der Technik repräsentieren. Hierzu zählen die Architektur der Software und deren Entwurf als erster Schritt in der Implementierung der Anforderungen an die Software. Als zweiter Schritt folgt dann die Umsetzung in Programmcode. Die Aktivitäten zur Überprüfung der Software verlaufen parallel und zeitlich versetzt zu den Tätigkeiten der Software-Erstellung. Um den Prozeß aufrecht zu erhalten, sind sowohl Flexibilität als auch eine Balance zwischen den kreativen und kontrollierenden Tätigkeiten notwendig.

Unter den Zielen wären zu nennen:

Ziel (1): Die Anliegen der Software-Entwicklung in bezug auf das Produkt werden sowohl in den Anforderungen an das System als auch den Anforderungen an die Software angemessen berücksichtigt.

Ziel (2): Die Tätigkeiten der Software-Entwicklung sind ausreichend definiert, integriert und in sich konsistent.

Ziel (3): Methoden und Werkzeuge, die den Stand der Praxis darstellen, werden eingesetzt, um die Software zu bauen und zu unterhalten.

Nun zu den Verpflichtungen der Organisation und seines Managements, die als Voraussetzungen für einen Erfolg gelten müssen:

Verpflichtung (1): Die Organisation folgt einem dokumentierten Verfahren, das die Tätigkeiten und Verfahren der Entwicklung vorschreibt. Dazu gehört im einzelnen:

- Für ein Projekt werden die am besten geeigneten Methoden und Werkzeuge eingesetzt.

- Die Mitarbeiter der Entwicklung sind mit den eingesetzten Methoden und Werkzeugen vertraut.

- Die Pläne zur Software-Entwicklung sowie die Tätigkeiten und Produkte befinden sich in Übereinstimmung mit den Anforderungen des Systems, die der Software zugeordnet wurden.

Zu den Voraussetzungen oder Fähigkeiten für diesen Hauptbereich des Prozesses:

Voraussetzung (1): Für die Aktivitäten der Entwicklung werden ausreichende Ressourcen, darunter finanzielle Mittel, bereitgestellt. Dazu gehören:

- die Bereitstellung von Mitarbeitern für die Erarbeitung der Anforderungen an die Software, für den Entwurf, das Kodieren und die Durchführung von Tests,

- moderne Werkzeuge werden für die Programmierer bereitgestellt, einschließlich der Unterstützung zum effizienten und sinnvollen Gebrauch dieser Tools.

Voraussetzung (2): Der Projektleiter, alle Manager und Gruppenleiter der Software-Entwicklung werden mit dem vorgeschriebenen System sowie den Methoden und Werkzeugen vertraut gemacht. Dazu zählen:

- die geplante Applikation,

- auszuliefernde und nicht auszuliefernde Software,

- Richtlinien zum Management des Projektes unter Einsatz der vorgeschriebenen Methoden und Werkzeuge.

Voraussetzung (3): Die Mitglieder des Entwicklungsteams werden für die Durchführung der ihnen übertragenen Aufgaben geschult.

Jetzt zu den einzelnen Aufgaben, Tätigkeiten oder Aktivitäten des Prozesses.

Tätigkeit (1): Geeignete Methoden und Werkzeuge, die den Stand der Praxis darstellen, werden mit dem definierten Software-Prozeß unter Berücksichtigung des Lebenszyklus integriert. Dazu gehören:

- Die Tätigkeiten der Software-Entwicklung werden mit dem definierten Prozeß zur Erstellung der Software integriert.

- Für das Projekt werden geeignete Methoden und Werkzeuge ausgewählt.

- Potentielle Werkzeuge werden nach den folgenden Kriterien ausgesucht:

  - ihre Eignung für den definierten Prozeß,

  - die Akzeptanz bei den Mitarbeitern,

  - die Verfügbarkeit von Schulungen,

  - der Unterstützung bei der Erfüllung des Vertrages.

- Es wird ein Modell zur Konfigurationskontrolle gewählt, das zum Projekt paßt.

Tätigkeit (2): Das Entwicklungsteam nimmt aktiv an der Erstellung der Anforderungen teil, die im Rahmen des Systems der Software zugeordnet werden. Dazu gehört im einzelnen:

♦ Das Entwicklungsteam besitzt Kopien der Anforderungen an die Software und kann auf solche Dokumente in der Datenbasis jederzeit zugreifen.

♦ Das Entwicklungsteam versteht, wie die Anforderungen an das System in Anforderungen an die Software umgemünzt wurden, und kann derartige Dokumente einsehen.

♦ Das Software-Team kann vorgeschlagene Änderungen vor der Realisierung einsehen und Kommentare dazu abgeben.

♦ Das Entwicklungsteam prüft vorgeschlagene Änderungen zum Software-Lastenheft und liefert Kommentare ab, die zu den Auswirkungen Stellung nehmen.

Tätigkeit (3): Die Anforderungen an die Software werden entwickelt, dokumentiert und verifiziert, indem diese Anforderungen in Übereinstimmung mit dem definierten Prozeß zur Software-Erstellung analysiert werden. Dazu gehören:

♦ Die Mitarbeiter des Entwicklungsteams überprüfen die der Software zugeordneten Anforderungen aus der Ebene des Systementwurfs, um unerfüllbare oder technisch nicht sinnvolle Forderungen zu eliminieren, bevor größere Schwierigkeiten entstehen.

♦ Es werden effektive Methoden eingesetzt, um die Anforderungen an die Software festzulegen.

♦ Es werden Untersuchungen durchgeführt, Trade-off Studies eingeleitet, Simulationen in Auftrag gegeben und eine Rapid-Prototyping-Schleife durchfahren, um die Anforderungen an die Software im Detail zu spezifizieren.

♦ Die Anforderungen an die Software werden Funktion für Funktion geprüft, um sicherzustellen, daß sie verwirklicht werden können, sich nicht widersprechen und testbar sind.

♦ Die Anforderungen an die Software werden in einem Lastenheft dokumentiert.

♦ Die für den Test zuständige Gruppe überprüft das Lastenheft daraufhin, ob jede einzelne Funktion der Software verifizierbar ist.

♦ Die Methoden zur Verifizierung der Software werden identifiziert.

♦ Das Lastenheft der Software wird von den folgenden Personen oder Gruppen überprüft und genehmigt:

  - dem Projektmanager,

  - dem für Systems Engineering verantwortlichen Manager,

  - dem Software Manager für das Projekt,

  - dem Manager, der für den Test der Software verantwortlich zeichnet.

♦ Das Lastenheft der Software wird vom Kunden und den Endbenutzern überprüft.

♦ Das Lastenheft der Software wird von sachverständigen Kollegen des Erstellers überprüft.

♦ Das Lastenheft der Software wird geändert, wenn die der Software zugeordneten Anforderungen an das System geändert werden.

Tätigkeit (4): Der Entwurf der Software findet in Übereinstimmung mit dem definierten Prozeß zur Software-Erstellung statt. Er berücksichtigt die Anforderungen an die Software, wird dokumentiert und bildet seinerseits die Voraussetzung für das anschließende Kodieren. Dazu gehören im Detail:

♦ Die Mitarbeiter des Entwicklungsteams überprüfen das Lastenheft der Software, um sicherzustellen, daß Probleme gelöst werden, bevor es zu negativen Auswirkungen kommen kann.

♦ Standards in bezug auf Schnittstellen werden, wenn notwendig, eingesetzt, zum Beispiel mit dem verwendeten Betriebssystem, zum menschlichen Benutzer oder zu Netzwerken.

♦ Es werden effektive Methoden beim Entwurf eingesetzt.

♦ Die Architektur des Software-Systems wird relativ früh im Software-Lebenszyklus erarbeitet.

♦ Die Architektur der Software wird frühzeitig überprüft, um herauszufinden, ob sich beim Entwurf Schwierigkeiten ergeben könnten.

♦ Der Entwurf der Software wird dokumentiert.

♦ Die Design-Dokumente der Software werden von sachverständigen Kollegen des Entwicklers überprüft.

♦ Die Design-Dokumente der Software werden geändert, wenn sich die Anforderungen an die Software ändern.

Tätigkeit (5): Der Programmcode wird in Übereinstimmung mit dem definierten Prozeß geschrieben und verifiziert, um das Design und die Anforderungen an die Software zu implementieren. Dazu gehören:

♦ Die Mitarbeiter, die den Entwurf implementieren, überprüfen die Anforderungen an die Software und den Entwurf, um Probleme zu identifizieren, bevor größere Schwierigkeiten auftreten.

♦ Vom Programmierteam werden effektive Methoden eingesetzt. Hier wären zu nennen:

  – Verwendung von Programmierrichtlinien und eines Style Guide,

  – Einschränkungen bei der Größe von Modulen,

  – Einschränkungen bei der Komplexität von Modulen oder Strukturen.

♦ Kritische oder gemeinsam benutzte Module der Software werden zunächst kodiert.

♦ Module der Software werden von sachverständigen Kollegen des Programmierers geprüft.

♦ Die Module der Software werden in planmäßiger Weise zu größeren Einheiten integriert.

♦ Der Programmcode wird geändert, wenn sich Änderungen in den Anforderungen an die Software oder in dem Entwurf ergeben.

Tätigkeit (6): Es werden effektive Techniken eingesetzt, um die Software auf allen Ebenen der Integration zu testen.

♦ Die Wirksamkeit des Tests wird nach den folgenden Kriterien beurteilt:

  – Umfang der Tests an der Software,

  – gewählte Teststrategie,

  – Testabdeckung des Code.

♦ Für jede Art des Tests muß die Software vor dem Beginn des Tests die Kriterien für ihre Fertigstellung erfüllt haben.

♦ Wenn sich die Software ändert, wird ein Regression Test im erforderlichen Umfang durchgeführt.

♦ Testpläne, -prozeduren und -fälle werden vor ihrem Einsatz von den Kollegen des Erstellers überprüft.

♦ Testpläne, -prozeduren und -fälle werden unmittelbar dann geändert, wenn sich Änderungen in den Anforderungen an die Software ergeben oder sich der Entwurf oder der Programmcode ändert.

Tätigkeit (7): Das System, in dem die Software eine Teilfunktion bildet, wird in Übereinstimmung mit dem definierten Prozeß getestet, um zu verifizieren, daß die Anforderungen an die Software erfüllt werden. Dazu gehören:

♦ Der System-Test wird in Übereinstimmung mit einem dokumentierten Plan zum Test der Software durchgeführt, der mit dem Kunden und den Endbenutzern des Systems abgestimmt wurde.

♦ Der Testplan für die Software und die Testfälle werden von einer Gruppe vorbereitet, bei der es sich nicht um das Entwicklungsteam handelt.

♦ Die Testfälle für den Systemtest der Software werden dokumentiert und vom Kunden und den Endbenutzern überprüft.

♦ Ressourcen zur Vorbereitung des Systemtests werden früh genug bereitgestellt, um den Test detailliert vorbereiten zu können.

♦ Der Systemtest der Software basiert auf einer Baseline, die durch das Lastenheft der Software gebildet wird.

Tätigkeit (8): Der Akzeptanztest der Software wird in Übereinstimmung mit dem definierten Prozeß nach einem genehmigten Testplan durchgeführt, um gegenüber dem Kunden und Endbenutzer zu demonstrieren, daß die Anforderungen an die Software erfüllt worden sind. Dazu gehört im einzelnen:

♦ Es wird ein Testplan zum Akzeptanztest der Software erstellt. Dieser Plan wird mit dem Kunden und Endbenutzer abgestimmt und vom Auftraggeber genehmigt. Der Testplan enthält:

  - die Gesamtstrategie zum Testen der Software,

  - die Verantwortung einzelner Gruppen und Organisationen für den Test,

  - die Testumgebung, benötigte Geräte und Testprogramme sowie

  - Kriterien für die Akzeptanz der Software.

♦ Die Vorbereitungen zum Test und die Testpläne werden von einer Gruppe erstellt, die organisatorisch vom Entwicklungsteam unabhängig ist.

♦ Die Testfälle für den Akzeptanztest werden in Zusammenarbeit mit den Kunden und Endbenutzern erstellt.

♦ Der Akzeptanztest der Software basiert auf dem Lastenheft der Software und des Systems, wobei die Komponenten unter Konfigurationskontrolle stehen.

Tätigkeit (9): Dokumente, die der Wartung und Pflege des Systems dienen sollen, werden vom Kunden, dem Endbenutzer und den für die Wartung Verantwortlichen in der eigenen Organisation überprüft und genehmigt.

Tätigkeit (10): Fehlerdaten, die beim Akzeptanztest und in Reviews auftauchen, werden nach einem vorgeschriebenen Verfahren gesammelt und analysiert. Dazu ist der Fehler ausreichend zu dokumentieren.

Tätigkeit (11): Die verschiedenen Ausprägungsformen der Software, also Anforderungen, der Entwurf, der Code, Pläne und Prozeduren müssen miteinander konsistent sein. Dazu gehörten:

♦ Software-Produkte werden dokumentiert. Die Mitglieder des Software-Teams und der beteiligten Gruppen können auf alle Dokumente zugreifen, die sie benötigen.

♦ Anforderungen an die Software müssen zurückverfolgbar sein.

♦ Software-Produkte werden nach der Fertigstellung und Verifizierung unter Konfigurationskontrolle gestellt.

♦ Im Laufe des Projekts werden Verbesserungen vorgeschlagen, die in geordneter Weise in die Software-Produkte einfließen.

Nun zu den Überwachungsschritten:

Überwachungsschritt (1): Es werden Messungen durchgeführt, um die Funktionalität und Qualität der Software-Produkte zu beurteilen. Dazu gehören:

♦ Anzahl, Art und Schwere der entdeckten Fehler in der Software werden aufgezeichnet. Der Status der Fehlerbeseitigung und Abweichungen, die eine Aktion des Managements notwendig machen, werden verfolgt. Über den Status wird berichtet.

♦ Es wird ein Zusammenhang zwischen den zugeordneten Anforderungen (allocated requirements) an die Software und deren Abdeckung durch Testfälle auf Systemebene hergestellt.

Überwachungsschritt (2): Es werden Messungen durchgeführt, um die Tätigkeiten im Bereich der Software-Entwicklung zu stabilisieren. Dazu gehört im einzelnen:

♦ Der Status individueller funktioneller Anforderungen wird über den gesamten Lebenszyklus der Software-Entwicklung hinweg verfolgt.

♦ Fehlerberichte (Software Trouble Reports) werden nach der Zeitdauer, für die sie offen waren, tabuliert und ausgewertet.

♦ Änderungen zu den Anforderungen an die Software werden aufgezeichnet und verfolgt. Dazu können die Änderungen einer Baseline gehören.

Verifikationsschritt (1): Die Aktivitäten der Software-Entwicklungsgruppe werden vom Top Management regelmäßig überprüft.

Verifikationsschritt (2): Die Aktivitäten der Software-Entwicklungsgruppe werden mit dem Projektmanager regelmäßig überprüft.

Verifikationsschritt (3): Die Software-Qualitätssicherung führt Reviews und Audits durch, um die Aktivitäten und Produkte der Entwicklung zu beurteilen und berichtet darüber. Im einzelnen sind mindestens diese Dinge notwendig:

♦ Das Lastenheft der Software wird auf die folgenden Eigenschaften hin überprüft:

   – Vollständigkeit,

   – Korrektheit,

   – Freiheit von Widersprüchen,

   – Durchführbarkeit und

   – Testbarkeit.

♦ Die Beendigung einer Tätigkeit wird anhand vorgegebener Kriterien überprüft.

♦ Die Software-Produkte werden auf die Einhaltung vorgegebener Standards hin überprüft.

♦ Das Testen wird wie vorgeschrieben durchgeführt.

♦ Die Software wird einem formellen Abnahmetest unterzogen.

♦ Der Abnahmetest wird nach einem genehmigten Plan durchgeführt.

♦ Die im Testplan genannten Kriterien zur Abnahme der Software werden erfüllt.

♦ Der Test wird vollständig durchgeführt, und es existiert ein Bericht darüber.

♦ Aufgetretene Fehler und Probleme werden dokumentiert.

♦ Die der Software zugeordneten Anforderungen sind durch alle Phasen des Lebenszyklus verfolgbar.

Doch nun zur vorletzten Haupttätigkeit auf Ebene 3 des *Capability Maturity Models*, der Koordination der beteiligten Gruppen. Dies ist bei den manchmal unterschiedlichen Zielsetzungen gewiß keine leichte Aufgabe.

3.2.1.6 Koordination der beteiligten Gruppen

Die Koordination der am Bau des Systems beteiligten Gruppen und Disziplinen ist deshalb besonders wichtig, weil Fehler an den Schnittstellen sich leicht in nur schwer korrigierbare Mängel verwandeln. Lassen Sie uns zuerst einen Blick auf die Ziele dieses Gebiets unseres Prozesses werfen:

Ziel (1): Die Ziele des Projektes werden von allen Mitarbeitern und ihren Managern verstanden.

Ziel (2): Die Verantwortlichkeiten jeder am Projekt beteiligten Gruppe wird von allen verstanden, und dies gilt in gleicher Weise für die Schnittstellen dieser Gruppen.

Ziel (3): Die am Prozeß Beteiligten sind an allen Aktivitäten, die Schnittstellen betreffen, beteiligt und identifizieren, bearbeiten und verfolgen Vorgänge, die Schnittstellen betreffen.

Ziel (4): Die Projektgruppen arbeiten als ein Team.

Jetzt erneut zu den Verpflichtungen der Organisation:

Verpflichtung (1): Die Organisation befolgt ein dokumentiertes Verfahren, in dem Personen und Gruppen verschiedener Disziplinen in geordneter Weise zusammenarbeiten können. Dazu gehören:

- Die Ziele des Projektes finden die Zustimmung aller am Projekt beteiligten Gruppen und Personen.

- Die beteiligten Disziplinen koordinieren ihre Pläne und Tätigkeiten.

- Das Management ist dafür verantwortlich, ein Klima und eine Entwicklungsumgebung zu schaffen, das die gegenseitige Gesprächsbereitschaft, Unterstützung, Teamarbeit und Koordination von Themenbereichen und Problemen innerhalb der Organisation fördert und aufrechterhält. Dies gilt in gleicher Weise im Verhältnis zum Kunden.

Nun zu den Fähigkeiten der Organisation oder deren Voraussetzungen zum Erfolg:

Voraussetzung (1): Es werden ausreichende Ressourcen, darunter finanzielle Mittel, bereitgestellt, um die Koordination zwischen der Software-Entwicklung und den anderen Disziplinen durchführen zu können.

Voraussetzung (2): Die von den beteiligten Gruppen eingesetzten Werkzeuge sind kompatibel, um eine effiziente Kommunikation und Koordination zu unterstützen.

Voraussetzung (3): Alle Manager der Organisation werden in *Teamwork* geschult. Dazu gehören:

- das Aufbauen von Teams,

- das Management von Teams und

- das Fördern der Arbeit im Team.

Voraussetzung (4): Alle Manager und Gruppenleiter in der Software-Entwicklung werden über die Arbeit der anderen Disziplinen unterrichtet.

Voraussetzung (5): Die Mitarbeiter der Organisation werden über die Arbeitsweise von Teams unterrichtet.

Jetzt zu den Tätigkeiten:

Tätigkeit (1): Die Software-Entwicklung sowie die anderen Disziplinen arbeiten aktiv daran mit, die Bedürfnisse des Kunden und Benutzers herauszufinden und zu dokumentieren. Im Detail:

- Sie definieren die für den Benutzer und Kunden kritischen Eckwerte des Systems.

- Sie dokumentieren die Kriterien, die für die Akzeptanz der Software durch den Kunden gelten sollen.

Tätigkeit (2): Der Manager der Software-Entwicklung oder seine Gruppenleiter arbeiten mit den Vertretern anderer Disziplinen zusammen, um die technischen Aktivitäten zu koordinieren und dabei auftauchende Probleme zu lösen. Dazu gehören im einzelnen:

- Die beteiligten Disziplinen folgen einem dokumentierten Verfahren, um die Anforderungen an das System zu überprüfen und zu verabschieden.

- Die beteiligten Disziplinen lösen Konflikte und Unklarheiten auf Systemebene, zum Beispiel bei der Systemspezifikation und Probleme beim Entwurf.

- Sie analysieren und überprüfen alle Baselines des Systems sowie alle Änderungen dazu.

♦ Sie erarbeiten gemeinsam getragene Vorschläge, um die Projektarbeit zu verbessern.

♦ Sie bewerten technische Risiken, die mehr als eine Gruppe betreffen, und erarbeiten gegebenenfalls gemeinsame Lösungsansätze.

♦ Sie bilden den Ansprechpartner für alle Probleme, die das gesamte Software-Projekt betreffen.

Tätigkeit (3): Es wird ein dokumentierter Plan benutzt, um die Verpflichtungen der einzelnen Gruppen aufzuzeichnen und die Planerfüllung verfolgen zu können. Im einzelnen:

♦ Dieser Plan bildet die Baseline für den Zeitplan des Projekts, für die vertraglichen, technischen und organisatorischen Aspekte sowie die Verantwortlichkeiten der einzelnen Disziplinen.

♦ Der Plan dient dazu, die Aktivitäten der einzelnen Gruppen zu koordinieren.

♦ Der Plan ist für alle Beteiligten einsehbar.

♦ Dieser Plan wird während der Abwicklung des Projektes gepflegt.

♦ Dieser Plan wird von allen am Projekt beteiligten Gruppen und dem Projektmanager geprüft und genehmigt.

Tätigkeit (4): Kritische Abhängigkeiten werden identifiziert und nach einem dokumentierten Verfahren gelöst. Zu diesem Verfahren gehören:

♦ Eine explizite Beschreibung für jede Abhängigkeit, einschließlich der beteiligten Gruppen, des Datums für die Lieferung und Akzeptanzkriterien.

♦ Kritische Abhängigkeiten werden zusätzlich zwischen den folgenden Gruppen diskutiert:

   – den für einzelne Subsysteme zuständigen Teams der Software-Entwicklung,

   – der Entwicklung und den anderen Disziplinen,

   – der Software-Entwicklung und dem Kunden oder Benutzer.

♦ Der Termin der Auslieferung für Produkte kritischer Abhängigkeiten wird fest im Zeitplan der Software und des Projektes verankert.

♦ Das Übereinkommen zu kritischen Abhängigkeiten wird von beiden Parteien überprüft.

♦ Kritische Abhängigkeiten werden auf periodischer Basis überprüft, und bei Bedarf werden Korrekturmaßnahmen eingeleitet.

Tätigkeit (5): Produkte, die andere Gruppen als Eingangsprodukt für ihre Arbeit benötigen, werden von Mitarbeitern dieser Gruppe daraufhin überprüft, ob sie ihren Anforderungen genügen.

Tätigkeit (6): Alle Produkte oder Probleme, die mehr als eine Gruppe betreffen, werden diskutiert und dokumentiert. Läßt sich auf der Arbeitsebene keine Lösung finden, wird über das Problem an das Management berichtet.

Tätigkeit (7): Mit den Leitern der verschiedenen Projektgruppen werden regelmäßig Treffen abgehalten. Zu den Themen dieser Zusammenkünfte gehören:

♦ eine Darstellung der Bedürfnisse des Benutzers und Kunden,

♦ ein Statusbericht zu den technischen Aktivitäten,

♦ ein Abstimmen des Verständnisses der technischen Anforderungen auf die Forderungen des Projektes,

♦ das Sicherstellen, daß Verpflichtungen eingehalten werden,

♦ das Sicherstellen, daß Risiken und technische Probleme im richtigen zeitlichen Rahmen gelöst werden.

Zu den Überwachungsschritten, diesmal sind es nur wenige:

Überwachungsschritt (1): Es werden Messungen durchgeführt, und die gewonnenen Daten werden dazu benutzt, um den Status und die Kosten der Tätigkeiten beurteilen zu können, die mit der Koordination der beteiligten Disziplinen zusammenhängen. Dazu gehören:

♦ der Aufwand der Entwicklungsgruppe für die Zusammenarbeit mit den anderen Gruppen,

♦ der Aufwand der anderen beteiligten Gruppen für die Zusammenarbeit mit der Entwicklung,

♦ die tatsächliche Beendigung von Aufgaben der Entwicklung, auf denen die Arbeit der anderen Gruppen aufbaut,

♦ die tatsächliche Beendigung von Aufgaben der anderen Gruppen, auf die die Arbeit der Entwicklung aufbaut.

Verifikationsschritt (1): Die Aktivitäten im Zusammenhang mit der Koordination der beteiligten Gruppen werden vom Top Management regelmäßig überprüft.

Verifikationsschritt (2): Die Aktivitäten im Zusammenhang mit der Koordination der beteiligten Gruppen werden mit dem Projektmanager regelmäßig überprüft.

Verifikationsschritt (3): Die Software-Qualitätssicherung führt Audits durch, um die Aktivitäten und Produkte, die aus der Zusammenarbeit der beteiligten Gruppen entstehen, zu überprüfen und berichtet darüber an das Management.

3.2.1.7 Peer Reviews

Bei Peer Reviews handelt es sich um eine methodische Prüfung eines Software-Produktes durch die Kollegen des Erstellers, um Fehler und Unklarheiten zu beseitigen. Die spezifischen Produkte, die solch einem Review unterzogen werden müssen, werden im Verlauf der Planungsaktivitäten für das Software-Projekt identifiziert. Zu den Zielen dieses Gebietes zählen:

Ziel (1): Fehler und Defekte in Produkten der Software werden frühzeitig identifiziert.

Ziel (2): Verbesserungen werden frühzeitig im Lebenszyklus der Software eingearbeitet.

Ziel (3): Die Mitglieder des Software Teams arbeiten effektiver, da sie ihre Arbeit besser verstehen lernen, einschließlich der Mechanismen zur Verhinderung von Fehlern.

Ziel (4): Der Gruppeneffekt trägt dazu bei, die Qualität der Produkte zu steigern.

Die Verpflichtungen der Organisation:

Verpflichtung (1): Die Organisation folgt bei der Durchführung von Peer Reviews einem dokumentierten Verfahren.

Als Fähigkeiten zur Durchführung solcher Aktivitäten oder Voraussetzungen wären zu nennen:

Voraussetzung (1): Die für Peer Reviews verantwortlichen Personen werden in der Methode geschult. Dazu gehören:

- die Ziele, Prinzipien und Methoden bei Peer Reviews,

- die Planung und Organisation solcher Reviews,

- der richtige Zeitpunkt für Peer Reviews und die Kriterien für den erfolgreichen Abschluß,

- die Durchführung solcher Reviews,

- das Berichten über Peer Reviews,

- das Verfolgen von Fehlern und Unklarheiten, die in Peer Reviews aufgedeckt werden.

Voraussetzung (2): Für Peer Reviews werden ausreichende Ressourcen zur Verfügung gestellt.

Zu den Tätigkeiten:

Tätigkeit (1): Peer Reviews werden geplant, und die Pläne werden dokumentiert. Dazu gehören:

♦ Die einem Peer Review zu unterziehenden Produkte der Software werden genannt.

♦ Der Zeitpunkt für das Review wird festgelegt.

♦ Der Moderator des für jedes identifizierte Produkt stattfindenden Reviews wird festgelegt.

♦ Die übrigen Teilnehmer am Peer Review werden benannt.

♦ Der Plan für die Reviews wird selbst einem Peer Review unterzogen.

Tätigkeit (2): Peer Reviews werden nach einem dokumentierten Verfahren durchgeführt.

Tätigkeit (3): Informationen aus der Durchführung von Peer Reviews fließen in die Datenbasis der Organisation ein. Zu den erhobenen Daten gehört:

♦ die Identifikation des Produktes,

♦ der Umfang des Produktes in Seiten oder Lines of Code,

♦ die Vorbereitungszeit für jeden der Teilnehmer,

♦ die Zeit für die Durchführung des Reviews,

♦ die Zahl der gefundenen Fehler,

♦ die Zeit für die Beseitigung der Fehler,

♦ die Zahl der Action Items, einschließlich der bereits geschlossenen Action Items,

♦ der Aufwand, um die Action Items schließen zu können.

Die Überwachungsschritte:

Überwachungsschritt (1): Es werden Messungen durchgeführt, um den Peer Review Prozeß bewerten und quantifizieren zu können. Hierzu erfaßt man:

♦ die Zeit für die Vorbereitung,

♦ die Größe des untersuchten Produktes,

♦ den Umfang und die Struktur des Review Teams,

♦   die Erfahrung des Review Teams,

♦   die Zeit für die Durchführung des Reviews,

♦   die Anzahl der vergebenen Action Items,

♦   den Aufwand für die Fehlerbeseitigung.

Verifikationsschritt (1): Die Software-Qualitätssicherung führt Reviews und Audits durch, um die Tätigkeiten und Produkte im Zusammenhang mit Peer Reviews zu beurteilen und berichtet darüber. Dazu gehören mindestens:

♦   eine Bestätigung darüber, daß geplante Peer Reviews abgehalten wurden, die Teilnehmer an solchen Reviews für ihre Aufgabe geschult wurden und die Peer Reviews nach vorgeschriebenen Methoden durchgeführt wurden,

♦   die bei Peer Reviews gesammelten Daten sind vollständig, genau und werden rechtzeitig abgeliefert.

Daß Peer Reviews ein gutes Instrument darstellen, um Fehler früh und mit sehr bescheidenem finanziellen Einsatz zu finden und zu beseitigen, wissen wir bereits. Mit diesem letzten Hauptbereich unseres Prozesses sind wir damit am Ende der Bereiche, die die Ebene 3 des *Capability Maturity Models* ausmachen. Lassen Sie uns zum Abschluß dieses umfangreichen Kapitels noch einen kurzen Blick auf die Maßnahmen werfen, die zum weiteren Wachstum der Organisation, hin zu weniger Fehlern und einer höheren Qualität des Produkts, notwendig sind.

3.2.2   Schritte auf dem Weg zur nächsten Ebene

Die im folgenden kurz skizzierten Schritte können einer Organisation dazu verhelfen, die nächste Ebene im *Capability Maturity Model* zu "erklimmen":

♦   Es wird eine Reihe von Meßgrößen für jede Phase des Prozesses definiert. Dabei ist es das Ziel, die Aktivitäten in bezug auf ihre Kosten und den Erfolg einordnen zu können.

♦   Es wird eine zentrale Datenbasis eingerichtet, in die solche Meßgrößen einfließen. Die zentrale Stelle sollte für alle Projekte zur Verfügung stehen.

♦   Es müssen ausreichend Ressourcen vorhanden sein, um die Mitarbeiter von Projekten in der Erfassung von Daten, der Einspeisung in die zentrale Datenbasis und bei der Auswertung der Ergebnisse unterstützen zu können.

♦   Die Qualität der Produkte im Vergleich der verschiedenen Projekte kann ausgewertet werden.

Abschnitt

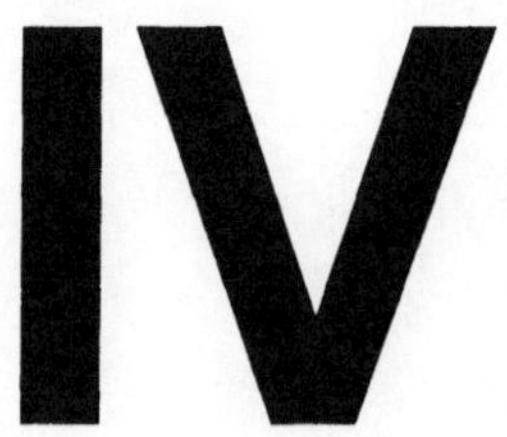

Ein Blick in die Zukunft:

Ebene 4 und 5 des Capability Maturity Models

4.1   Ebene 4: MANAGED

Grafisch befinden wir uns auf dem Plateau 4 unserer Pyramide:

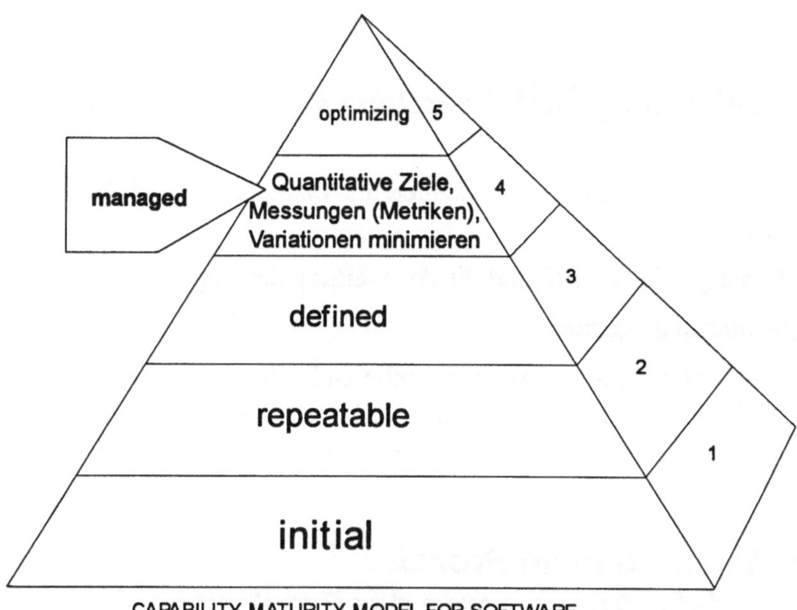

Abb. 4.1   Die Ebene 4 des Capability Maturity Models.

Auf dieser Stufe des *Capability Maturity Models* werden Messungen vorgenommen und Metriken erstellt, um den Prozeß der Software-Erstellung und seine Produkte *quantitativ* beurteilen zu können. Sobald die Ergebnisse der Messungen vorliegen, kann gezielt eingegriffen werden, um den Prozeß zu verbessern, auch im Sinne der Optimierung des wirtschaftlichen Ergebnisses.

Wir haben bereits erfahren, daß sich in den USA derzeit keine Organisationen auf den Stufen 4 und 5 des Capability Maturity Models befinden. In dieser Situation könnten Sie natürlich fragen, wie Watts Humphrey trotzdem zu seinem Modell gekommen ist?

Er hat einfach die Forderungen aus der von Philip B. Crosby entwickelten Matrix analog auf die Verhältnisse bei der Entwicklung von Software übertragen. Crosby hatte bereits vor zwei Jahrzehnten ein fünfstufiges Modell zur Verbesserung der Qualität vorgestellt, das von der Stufe 1 (Ungewißheit) bis zur Stufe 5

(Gewißheit) reichte. Humphreys *Capability Maturity Model* folgt seinem Vorbild. Im kommenden Jahrzehnt werden sich mit Sicherheit einige der amerikanischen Unternehmen, die sich jetzt auf Stufe 3 des Modells befinden, auf das nächsthöhere Plateau vorarbeiten können. Damit ergibt sich die Gelegenheit, Humphreys Modell anzupassen und zu verfeinern. Doch sehen wir uns jetzt das Modell genauer an.

4.1.1 Die Haupttätigkeiten des Prozesses

Auf Ebene 4 stellt das Software Engineering Institute zwei Hauptbereiche des Prozesses vor:

♦ das Messungen im Prozeß und die Auswertung der Ergebnisse

♦ das Qualitätsmanagement.

Obwohl es sich bisher nur um zwei Hauptbereiche des Prozesses handelt, sollten wir eines nicht vergessen: Die auf den vorherigen Stufen eingeführten Maßnahmen müssen weiter eingehalten werden, und allein dies wird einen Großteil der Kapazitäten der Prozeßgruppe beanspruchen.

4.1.1.1 Messungen im Prozeß und die Auswertung der Ergebnisse

Messungen im Prozeß bedeutet konkret, den vorgeschriebenen Prozeß der Organisation durch Messungen quantitativ beurteilbar zu machen. Dazu gehört als zweiter Schritt, aus den Ergebnissen der Metriken Schlußfolgerungen zu ziehen und den Prozeß zu verbessern und zu stabilisieren. Die Ziele im einzelnen:

Ziel (1): Der standardisierte Prozeß der Organisation ist stabil und wird mit Mitteln der statistischen Prozeßkontrolle verfolgt.

Ziel (2): Das Verhältnis zwischen Produkt-Qualität, Produktivität und dem Lebenszyklus der Software wird auch quantitativ verstanden.

Ziel (3): Abweichungen vom vorgeschriebenen Prozeß werden identifiziert, und ihre Ursache wird ermittelt.

Zu den Verpflichtungen der Organisation und ihres Managements:

Verpflichtung (1): Die Organisation folgt bei den Messungen im Prozeß und seiner Stabilisierung einem dokumentierten Verfahren. Dazu gehören:

♦ Die funktionelle Organisation und die Projekte folgen einem dokumentierten Plan, nach dem der Prozeß mit den Methoden der statistischen Prozeßkontrolle verfolgt wird.

♦ Sensitive Daten in bezug auf einzelne Personen werden nicht erfaßt, oder der Zugriff auf derartige Daten wird verwehrt.

Die Voraussetzungen:

Voraussetzung (1): Die Organisation hat ein Team, das den Schwerpunkt seiner Tätigkeit darauf richtet, den Prozeß zur Erstellung von Software zu messen und zu analysieren. Dazu gehören im einzelnen:

♦ Dieses Team gehört entweder zur Prozeßgruppe oder arbeitet eng mit ihr zusammen.

♦ Die Qualitätssicherung, das Management der Software-Entwicklung und die Gruppenleiter der Entwicklung arbeiten mit, um die Messungen durchzuführen.

♦ Es stehen geeignete Werkzeuge zur Verfügung, um Daten zu sammeln, zu speichern, zu analysieren und Berichte zu erstellen. Zu den Werkzeugen können gehören: Source Code Analyser, Datenbanksysteme und Programme zur statistischen Analyse.

Voraussetzung (2): Wo es möglich und sinnvoll ist, wird die Entwicklungsumgebung instrumentiert, um spezifische Prozeß- und Produktdaten aufzeichnen zu können.

Voraussetzung (3): Die Mitglieder des Software-Teams, die mit Messungen im Prozeß oder an Produkten betraut werden sollen, werden für ihre Aufgaben geschult. Im einzelnen gehören dazu:

♦ Schulungen zum Prozeß-Modell und zur Analyse des Prozesses,

♦ Auswahl, Erfassung und Überprüfung von Meßdaten,

♦ Einsatz statistischer Methoden und Analysetechniken.

Voraussetzung (4): Die Mitarbeiter und ihre Manager, die mit derartigen Messungen befaßt sind, werden über die Ziele und den Wert solcher Maßnahmen unterrichtet.

Lassen Sie uns jetzt erneut zu den Tätigkeiten oder Aktivitäten kommen:

Tätigkeit (1): Die funktionelle Organisation und die Projekte benutzen einen genehmigten Plan, um Messungen im Prozeß zur Erstellung der Software durchzuführen und die Ergebnisse auszuwerten. In diesem Plan werden die folgenden Themen behandelt:

♦ die Ziele der Meßkampagne,

♦ die Ziele der Messungen werden mit den strategischen Zielen des Unternehmens verbunden, und zwar in bezug auf die Qualität, die Produktivität und den Zeitraum zur Abwicklung von Software-Projekten,

♦ die einzelnen Tätigkeiten und der Zeitplan für die Durchführung,

♦ Gruppen oder Personen, die für die Messungen verantwortlich sind, werden genannt,

♦ die anzuwendenden Verfahren werden beschrieben oder referenziert,

♦ der Plan wird unter Konfigurationskontrolle gestellt.

Tätigkeit (2): Der standardisierte Prozeß zur Erstellung von Software bildet die Basis zur Auswahl der zu erfassenden Daten und ihrer anschließenden Analyse.

Tätigkeit (3): Prozesse und Metriken werden in Hinblick auf ihre Nützlichkeit für die Organisation und die Projekte ausgewählt. Dazu gehören im einzelnen:

♦ Die Metriken passen zu den Zielen des Meßprogramms insgesamt.

♦ Die Metriken und die Erfassung der Daten erfolgen über alle Projekte hinweg nach dem gleichen Schema.

♦ Es werden über den gesamten Lebenszyklus der Software-Erstellung Metriken erstellt.

♦ Die Metriken werden auf die Hauptbereiche des Prozesses sowie die Hauptprodukte der Software hin abgestimmt.

♦ Es wird exakt definiert, was erfaßt werden soll.

♦ Die Metriken richten sich auf spezielle, definierte Bereiche oder bisher wenig erforschte Bereiche des Prozesses.

Tätigkeit (4): Prozesse und Produktdaten werden nach einem dokumentierten Verfahren erfaßt. Dazu gehört als Voraussetzung, daß

♦ die erfaßten Daten — wenn möglich — im Verlauf des Prozesses sowieso anfallen,

♦ die Daten in der Datenbasis der Organisation abgespeichert werden,

♦ derartige Daten überprüft werden, um Widersprüche vor der Abspeicherung zu finden und zu beseitigen,

♦ die Daten durch eine unabhängige Stelle überprüft werden.

Tätigkeit (5): Die Analyse der ausgewählten Prozeß-Daten erfolgt nach einem dokumentierten Verfahren. Dazu gehören:

♦ Die Daten sind für den Prozeß, aus dem sie stammen, charakteristisch.

♦ Die erwarteten Abweichungen für den Prozeß sind definiert worden.

♦ Die Meßwerte werden mit den erwarteten Werten verglichen.

♦ Die Analyse der Daten wird nach einem dokumentierten Verfahren durchgeführt.

♦ Basierend auf dem Ergebnis der Analyse werden in den folgenden Bereichen Anpassungen vorgenommen: Der Prozeß-Spezifikation, bei den Toleranzwerten, den Anforderungen zur Erfassung von Daten im Prozeß und der durchgeführten Analyse.

Tätigkeit (6): Die Ergebnisse der Analyse von Prozeßdaten werden dazu benutzt, den standardisierten Prozeß der Organisation und seine Hauptbereiche mit den Mitteln der statistischen Prozeßkontrolle zu verfolgen. Dazu gehören im Detail:

♦ Der Prozeß der Organisation wird kontrolliert und stabilisiert.

♦ Zu den hauptsächlichen Produkten und Aktivitäten des Prozesses werden Messungen durchgeführt.

♦ Es werden Verbesserungen eingeführt, um Abweichungen vom Sollwert zu verkleinern.

♦ Wenn der standardisierte Prozeß sich stabilisiert hat, werden der Prozeß sowie die durchgeführten Messungen eingefroren und die dazugehörigen Dokumente unter Konfigurationskontrolle gestellt. Das heißt es wird eine BASELINE gebildet.

♦ Zu Metriken werden Meßwert-Ober- und Untergrenzen definiert.

♦ Wenn die Organisation ein Projekt beginnt, das sich grundlegend von bisherigen Projekten unterscheidet, werden die Ergebnisse dieses Projektes benutzt, um Vergleichswerte zu den bisherigen Ergebnissen zu gewinnen. Bei den signifikant anderen Bedingungen solch eines Projektes kann es sich z.B. um eine neuartige Applikation, neue Technologien oder um einen weit größeren Codeumfang handeln.

Tätigkeit (7): Die Ergebnisse und Leistungen des standardisierten Prozesses werden regelmäßig verfolgt und aufgezeichnet. Dazu gehören im einzelnen:

♦ Die Änderungen im Software-Prozeß werden mit dem Ziel aufgezeichnet, eine Stabilisierung des Prozesses festzustellen.

♦ Unzulänglichkeiten im Prozeß werden ermittelt und behoben.

♦ Es wird versucht, Trends zu ermitteln und Möglichkeiten für Verbesserungen zu erkennen. Dies sind Bereiche, in denen mit hoher Wahrscheinlichkeit Probleme auftauchen werden:

  – Tätigkeiten, die früh im Lebenszyklus der Software ausgeführt werden, wie die Analyse der Anforderungen,

  – umfangreiche Dokumente der Software,

  – Teile der Software, die in der Vergangenheit fehlerträchtig waren,

  – arbeitsintensive Teile der Software-Entwicklung,

  – Änderungen und die Korrektur von Fehlern.

Tätigkeit (8): Die Resultate der Messungen und Analysen werden regelmäßig überprüft, um den Prozeß innerhalb vorgeschriebener Grenzwerte zu halten.

Tätigkeit (9): Berichte zur Analyse des Prozesses werden erstellt und verteilt. Dazu gehören:

♦ Die Ergebnisse der Analyse werden zunächst mit der Personengruppe diskutiert, die unmittelbar betroffen ist.

♦ Das Software-Management, die Gruppenleiter der Software-Entwicklung und das Management der Organisation erhalten regelmäßig Berichte.

♦ Die Software-Qualitätssicherung erhält diese Berichte, um ihre Tätigkeit nach Schwerpunkten ausrichten zu können.

♦ Die Projektleiter und andere Manager erhalten Berichte zu speziellen Bereichen, wenn sie solche Analysen anfordern.

Lassen Sie uns nach den einzelnen Aktivitäten wieder zu den Überwachungsschritten übergehen:

Überwachungsschritt (1): Es werden Messungen durchgeführt, um die Kosten und den zeitlichen Aufwand der Tätigkeiten für Messungen und Analysen zu erfassen.

Verifikationsschritt (1): Die Ergebnisse der Analysen werden mit den Mitarbeitern der Entwicklung, ihren Managern und den anderen Empfängern solcher Berichte überprüft, um die Richtigkeit und Nützlichkeit der Analysen beurteilen zu können.

Verifikationsschritt (2): Die Prozeßgruppe überprüft Metriken und Analysen der Ergebnisse regelmäßig, um gegebenenfalls Verbesserungen in folgender Hinsicht vorschlagen zu können, falls

- Daten zu einem Bereich nicht vorhanden sind oder nicht erfaßt werden,

- Daten erfaßt und ausgewertet werden, die nicht gebraucht werden,

- erfaßte Daten nicht mit den Zielen der Organisation im Einklang stehen,

- die Kosten für die Erfassung der Daten in auffallendem Mißverhältnis zu ihrem Nutzen stehen,

- die Daten nicht an der richtigen Stelle im Lebenszyklus der Software erfaßt werden,

- die Daten ungenau oder falsch sind,

- die Daten oder die daraus resultierenden Analysen nicht rechtzeitig zur Verfügung stehen,

- die Vertraulichkeit erhobener Daten nicht gewährleistet ist.

Verifikationsschritt (3): Die Aktivitäten zur Messung am Prozeß werden mit dem Top Management regelmäßig überprüft.

Verifikationsschritt (4): Die Aktivitäten zur Messung im Prozeß werden mit dem Projektmanager regelmäßig überprüft.

Verifikationsschritt (5): Die Software-Qualitätssicherung führt Reviews und Audits durch, um die Aktivitäten und Resultate im Rahmen der Messungen im Prozeß zu beurteilen, und sie berichtet darüber. Dazu gehören mindestens:

- Die Pläne, darunter auch Zeitpläne, zu Messungen im Prozeß und deren Analyse werden verfolgt.

- Die Verfahren zu Messungen am Prozeß und deren Analyse werden überprüft.

Damit haben wir den ersten Hauptbereich auf dieser Ebene abgeschlossen. Lassen Sie uns nun den Begriff Messungen, der insbesondere bei Software etwas verschwommen erscheint, anhand konkreter Beispiele "mit Leben füllen".

4.1.1.2 Der Weg zu Metriken

Ich muß an dieser Stelle betonen, daß weder Watts Humphrey noch das *Software Engineering Institute* bestimmte Metriken vorschreibt. Das kann bei einem Modell, das auf die gesamte Software-Industrie anwendbar sein soll, angesichts der

Bandbreite der Applikationen auch gar nicht anders sein. Ich will hier jedoch konkret einige Metriken besprechen, um dem Leser eine Hilfe für den Einstieg zu geben. Einige Grundsätze sollten bei Metriken zur Software jedoch unbedingt beachtet werden:

♦ Metriken sind nur dann sinnvoll, wenn ein Prozeß zur Software-Entwicklung bereits definiert und festgeschrieben wurde.

♦ Metriken über ganze Industriezweige oder Branchen sind wenig aussagekräftig. Ganz im Gegenteil müssen Metriken in bezug auf eine Organisation, deren Prozeß und ihre Projekte spezifisch geschaffen und definiert werden.

♦ Der Zweck von Metriken liegt nicht im blindwütigen Erfassen von Daten, sondern im Nutzen für die Organisation, ihre Projekte und den Folgerungen, die man aus den Analysen zieht.

Zum ersten Punkt wäre hinzuzufügen, daß Watts Humphrey Metriken nicht ohne Grund erst auf Stufe 4 seines Modells einführt. Erst auf dieser Ebene sind nämlich die Voraussetzungen dafür gegeben, um mit den Ergebnissen von Messungen sinnvolle Verbesserungen einführen zu können. Wenn ein Manager oder eine Organisation, die sich auf Stufe eins, zwei oder drei des Modells befindet, glaubt, mittels Metriken von heute auf morgen einen großen Sprung nach vorn zu erreichen, wird dieses Vorhaben zum Scheitern verurteilt sein.

Zur zweiten These ist zu erwähnen, daß Metriken eigentlich immer in einer spezifischen Branche und einem bestimmten Anwendungsbereich definiert werden. Sie lassen sich dabei nicht ohne weiteres in andere Bereiche transferieren. Es ist sogar gefährlich, Zahlen zu nennen, ohne deren Zusammenhang aufzuzeigen. Die Metriken, die am *Goddard Space Flight Center* nützlich und sinnvoll sind, sagen in einer Umgebung, die Werkzeuge für den kommerziellen PC Markt herstellt, wenig aus. Sicherlich sind in dieser Branche große Verbesserungen in der Qualität der Produkte möglich und notwendig, doch muß der Weg dazu von jeder Organisation individuell gefunden und definiert werden.

Schließlich sind Metriken der Software ein Instrument, und ihr Nutzen ohne eine klare Zweckbestimmung ist fragwürdig. Es werden Werkzeuge angeboten, die zweihundert und mehr einzelne Metriken erstellen können. Wer nicht "im Zahlenmeer ertrinken" will, weil er die Bedeutung solcher Metriken nicht versteht, muß sich beschränken. Es ist besser, mit wenigen Metriken anzufangen, die in der verwendeten Umgebung definiert wurden und in ihrer Aussage verstanden werden, als sich teure Werkzeuge zu kaufen, die letztlich wenig zur Verbesserung beitragen.

Mit diesen Einschränkungen wollen wir uns nun einige bekannte oder weniger bekannte Metriken zur Software ansehen.

4.1.1.3 Einige ausgewählte Metriken

Statistics don't lie, but liars use statistics.
Darell Huff

Die besprochenen Metriken sind zum überwiegenden Teil dem IEEE Standard 982.1-1988, Dictionary of Measures to Produce Reliable Software, entnommen. In einigen Fällen wurden die dort vorgegebenen Statistiken jedoch angepaßt, um sie in der Praxis leichter einsetzen zu können.

Weitere Ideen zu Metriken findet man in den im Anhang angeführten Büchern, die überwiegend aus dem amerikanischen Sprachraum stammen. Im Grunde kann sich jedoch jeder selbst sinnvolle Statistiken einfallen lassen, denn jede Organisation und jeder Prozeß ist anders.

4.1.1.3.1 Die Fehlerdichte

Bei dieser Metrik werden die Fehler erfaßt und durch die Programmlänge (in Lines of Code, kurz LOC) dividiert. Die Gleichung in ihrer allgemeinen Form läßt sich so darstellen:

I $\quad F_D = F_{kum} / U_{GES}$

wobei

F_D Fehlerdichte in Fehler pro 1000 Programmzeilen.

F_{kum} kumulierte Zahl der Fehler.

U_{GES} Programmlänge in KLOC (1000 Programmzeilen).

Bei dieser Statistik ist eine Reihe von Varianten denkbar. Man kann die Fehlerdichte für jede Phase der Software-Entwicklung gesondert erfassen: Analyse der Anforderungen, Entwurf, Implementierung und Integration. Die Fehlerdichte kann auch getrennt für katastrophale und weniger schwerwiegende Fehler berechnet werden.

4.1.1.3.2 Die Fehlertage

Dieser Indikator ähnelt einer in der Fliegerei weit verbreiteten Statistik. Die Fluggesellschaften sind bekanntlich vor allem daran interessiert, zahlende Passagiere zu befördern. Deshalb werden die geflogenen Meilen mit der Zahl der Passagiere multipliziert.

Analog wird in der Software für jeden erkannten Fehler die Anzahl der Tage erfaßt, während der sich der Fehler unerkannt in der Software befand. Diese Zahlen werden dann pro System addiert. Da man meist nicht genau weiß, wann ein Fehler sich in die Software eingeschlichen hat, wird in einem solchen Fall als Entstehungsdatum einfach die Mitte der entsprechenden Phase angenommen. Bei einem Fehler im Lastenheft wäre dies konsequenterweise in der Mitte der Phase Requirements Analysis.

Da wir wissen, daß erkannte Fehler in ihrer Beseitigung um so teurer werden, je später im Lebenszyklus sie gefunden werden, kann diese Statistik ein wertvolles Mittel zur Beurteilung des Entwicklungsprozesses sein.

4.1.1.3.3 Fehler in der Dokumentation

Bevor Software in der Form eines Dokumentes unter Konfigurationskontrolle gestellt wird, ist natürlich eine Überprüfung durch die Qualitätssicherung notwendig. Je nach Güte der ursprünglichen Vorlage können dabei schon zwei oder drei Durchläufe notwendig sein, bevor das Dokument akzeptiert werden kann. Die Qualitätssicherung ihrerseits wird das Dokument Punkt für Punkt kommentieren und zweckmäßigerweise auch einen Fragebogen (wie im Anhang aufgeführt) benutzen. Man sollte die Nützlichkeit solch einfacher und billiger Hilfsmittel nicht unterschätzen. Eine Checkliste nützt dem Anfänger, indem sie ihn auf die kritischen Punkte hinführt. Der Routinier wird zwar aus langjähriger Erfahrung wissen, wo Fehler zu erwarten sind, doch wirkt ein Fragebogen der menschlichen Vergeßlichkeit entgegen. Den einen oder anderen Punkt hätte man vielleicht doch übersehen.

Man kann die detaillierten Kommentare der Qualitätssicherung auch dazu benutzen, sich ein Bild über die Reife der Dokumentation zu machen. Zu diesem Zweck teilt man einfach die Anzahl der Kommentare durch die Seiten des Dokuments. Natürlich wären Zeilen genauer als Seiten, und wer ein Werkzeug zur Zählung der Zeilen hat, kann anstatt der Seiten auch Zeilen benutzen. Letztlich kommt es jedoch darauf an, wie sich dieser Index entwickelt. Anwendbar ist eine solche Metrik für alle Dokumente der Software, somit für:

♦ das Lastenheft der Software,

♦ den Software Development Plan,

♦ den Software Testplan,

- die Entwurfsdokumentation und

- den User's Guide.

Sehen wir uns ein Beispiel an:

Dokument	Version und/oder Datum	Kommentare	Seiten	Kommentare pro Seite
Spezifikation, Flugsoftware für DND	03-JAN-92	212	478	0,44
Spezifikation, Flugsoftware für DND	05-FEB-92	170	542	0,31
Spezifikation, Flugsoftware für DND	28-FEB-92	80	800	0,1
Spezifikation, Test Software für die Elektronik	08-FEB-92	35	82	0,43
Spezifikation, Test Software für die Elektronik	28-FEB-92	31	89	0,35
Spezifikation, Test Software für die Elektronik	3-MAR-92	7	89	0,08
Software Development Plan	02-JAN-92	41	43	0,95
Software Development Plan	23-JAN-92	40	61	0,66
Software Development Plan	5-MAR-92	12	77	0,16
Software Development Plan	9-MAR-92	3	77	0,04
User's Guide für Test Software	1-APR-92	12	15	0,80
User's Guide für Test Software	6-APR-92	7	19	0,37
User's Guide für Test Software	15-APR-92	3	21	0,14
User's Guide für Test Software	5-MAI-92	1	22	0,05

Tab. 4.1   Verbesserung der Software-Dokumente.

Diese kleine Statistik zeigt eindeutig, daß sich die Dokumente von Ausgabe zu Ausgabe verbessert haben, obwohl der Umfang teilweise beträchtlich zugenommen hat. Und das ist schließlich der Zweck der Übung: Durch einen Index festzuhalten, ob sich eine Verbesserung einstellt.

4.1.1.3.4   Ein Fehlerprofil

Diese Methode benutzt die kumulierten Fehler eines Projektes und trägt sie über dem Projektzeitraum auf. Sie ist daher grafisch orientiert.

Diese Metrik ist relativ einfach zu erstellen und kann auch ohne große maschinelle Hilfsmittel angefertigt werden. Wenn man weiß, wie der Industrie-Durchschnitt bei den zu erwartenden Fehlerzahlen liegt, erlaubt die Statistik auch ein Urteil über die Güte des Tests der Software.

Eine derartige Metrik haben wir im Kapitel zur Qualitätssicherung von Software bereits gezeigt (siehe Abbildung 2.5: Kumulierte Fehler über der Zeit, Seite 162)

4.1.1.3.5   Testabdeckung durch Funktionstest

Bei dieser Statistik werden die mittels Tests geprüften Funktionen der Software durch die Zahl der gesamten Funktionen der Software dividiert:

II $I_F = F_t / F_g$

wobei

I_F Index für Testabdeckung.

F_t getestete Funktionen.

F_g Gesamtzahl der Funktionen.

In der Praxis stellt die Ermittlung der Funktionen der Software ein Problem dar. Verschiedentlich wird vorgeschlagen, einfach die Zahl der "shall's" in der Spezifikation zu zählen. Das ist zwar mit Hilfe eines Werkzeugs relativ leicht möglich, befriedigt allerdings kaum. Zwar muß jede verbindliche Forderung in englischsprachigen Spezifikationen so formuliert werden, denn die Worte "should" oder "may" sind nicht ausreichend, wenn man etwas verbindlich vorschreiben will. Aber Papier ist geduldig: Ob jemand eine Funktion durch einmalige oder fünfmalige Benutzung des Wortes "shall" spezifiziert, bleibt dem Autor des Dokumentes überlassen.

Erst recht bei Lastenheften in der deutschen Sprache sehe ich Schwierigkeiten. Hier sind die Regeln für das Schreiben der Dokumente lange nicht so streng. Was eine Funktion der Software darstellt, kann im Einzelfall zu langen Diskussionen führen.

Ohne Frage kann man für den Indikator die Anzahl der getesteten Module im Verhältnis zur Zahl der gesamten Module eines Software-Pakets heranziehen, wie das der IEEE ebenfalls vorschlägt.

Nun sollte man aber immer alle Module testen. Daher ist der Indikator in der vorgeschlagenen Form wenig hilfreich. Besser ist es, wenn die Qualitätssicherung eines Unternehmens ein Maß der Testabdeckung für den Modultest vorgibt und die Einhaltung dieser Vorgabe überwacht. Eine zunächst analytische Maßnahme wird zu einer konstruktiven Maßnahme im Sinne der Verhinderung von Fehlern.

Als eine Mindestforderung sollte hier gelten, daß jeder Pfad in einem Modul des Programmcodes beim Test mindestens einmal durchlaufen werden muß.

4.1.1.3.6 Der gewichtete Fehlerindex

Diese Metrik verwendet die Zahl der gefundenen Fehler über den Software-Lebenszyklus. Dabei werden die Fehler nach ihrem Schadenspotential gewichtet. In einer mathematischen Formel kann man das so darstellen:

III $\quad I_{fw} = W_1 (S / F_g) + W_2 * (M / F_g) + W_3 * (L / F_g)$

wobei

I_{fw} gewichteter Fehlerindex.

F_g kumulierte Zahl der Gesamtfehler.

S   katastrophale Fehler.

M   mittelschwere Fehler.

L   leichte Fehler.

W_1 bis W_3 Wichtungsfaktor, wobei $W_1 + W_2 + W_3 = 1$.

Um den unterschiedlichen Fehlern Rechnung zu tragen, könnte man zum Beispiel W_1 auf 0,7, W_2 auf 0,2 und W_3 auf 0,1 setzen.

Diese Metrik ist sehr gut geeignet, den Prozeß der Software-Entwicklung über die gesamte Projektlaufzeit hinweg verfolgen zu können, und der Indikator liefert ein objektives Bild. Allerdings setzt diese Statistik voraus, daß innerhalb einer Organisation ein System zur Fehlererfassung existiert und diese Vorschriften auch angewandt werden.

Da die Fehler bei der Entwicklung der Software "peu à peu" anfallen, wird die Kalkulation des Indikators nur in rechnergestützter Form sinnvoll sein. Somit erfordert diese Metrik einen vergleichsweise hohen Aufwand.

4.1.1.3.7 Fehlerverteilung und Ursachenforschung

Bei dieser Art von Software-Statistik sind der Phantasie keine Grenzen gesetzt. Man kann die Fehlerberichte einer Organisation in vielerlei Form auswerten, etwa um Trends identifizieren zu können. Dabei ist immer darauf zu achten, daß die

Fehlerberichte auch ausreichende Informationen in genügender Tiefe enthalten. Ist dies nicht der Fall, macht eine Auswertung wenig Sinn.

In der folgenden Tabelle aus einem Projekt der US AIR FORCE [121] wurden die Fehler zunächst nach ihren Ursachen sortiert:

Fehlerursache	Anteil in Prozent
Umsetzung der Anforderungen an die Software	36
Logik des Entwurfs	28
Sonstige	7
Daten	6
Schnittstellen	6
Umgebung	5
Menschliches Versagen	5
Unvollständige Anforderungen	5
Dokumentation	2

Tab. 4.2   Fehlerverteilung nach den Ursachen [121].

In einem zweiten Schritt wurde für dasselbe Projekt untersucht, in welcher Phase der Software-Erstellung die Fehler beseitigt wurden. Dabei zeigte sich das folgende Ergebnis:

Korrektur des Fehlers	Anteil in Prozent
Systemintegration	48
Software-Integration	15
Flugerprobung	13
Analyse der Anforderungen	9
Kodierung	7
Sonstige	6
Entwurfsphase	2

Tab. 4.3   Fehlerverteilung nach der Korrektur [121].

Ferner kann man daran denken, einzelne Phasen des Software-Entwicklungsprozesses anhand der Fehlerberichte näher zu untersuchen. Man könnte zum Beispiel eruieren, welche Fehler bei Lastenheften häufiger als andere gemacht werden.

4.1.1.3.8 Der Reife- oder Stabilitätsindex

Bei diesem Indikator geht es darum, die Reife oder Stabilität eines Software-Paketes beurteilen zu können. In mathematischer Notation läßt sich diese Metrik wie folgt darstellen:

$$V \quad M_i = (\ N_{Mod} - (\ N_{nm} + N_g + N_o\ )\ )\ /\ N_{Mod}$$

wobei

M_i Reifeindex

N_{Mod} Gesamtzahl der Module oder Funktionen im gegenwärtigen (neuen) Software-Release

N_{nm} Anzahl der neuen (zusätzlichen) Module oder Funktionen gegenüber dem letzten Release

N_g Anzahl der geänderten Module oder Funktionen gegenüber dem vorhergehenden Release

N_o Anzahl der gelöschten und nicht mehr vorhandenen Module oder Funktionen

Diese Metrik, obwohl mit einiger Rechenarbeit verbunden, erlaubt es, sich relativ schnell ein Urteil über die Stabilität eines Software-Produkts zu bilden. Es wäre interessant zu wissen, welchen Index einige am Markt verfügbaren Produkte zur Textverarbeitung oder Datenbanksysteme wohl aufzuweisen haben.

4.1.1.3.9 Halstead's Software Science Measures

Diese aus der Literatur bereits seit längerer Zeit bekannte Metrik beruht auf der Zahl der Operatoren und Operanden eines Programms. Die Zahl kann ermittelt werden, nachdem das entsprechende Programm erstellt wurde. Sie ist letztlich ein Maß für die Komplexität eines Computerprogramms.

So nützlich das Maß sein mag, es wird immer erst ermittelt, nachdem das Programm bereits vorliegt. Insofern wird es oft zu spät sein, um noch korrigierend einzugreifen. Die Ermittlung der Kennzahl erfordert einen gewissen Aufwand für die Zählung der Parameter und die Kalkulation des Ergebnisses.

Auswüchse bei der Programmierung können in der Praxis auch durch vorbeugende Maßnahmen, z.B. durch Programmierrichtlinien oder einen Style Guide, verhindert werden. Zwar erfordert die Erstellung eines Style Guide einen gewissen Aufwand, jedoch ist diese Vereinbarung durch die gemeinsame Erarbeitung des Materials für die Programmierer vielleicht eher akzeptabel als eine maschinell ermittelte Kennzahl, die nicht auf unterschiedliche Schwierigkeitsgrade der Module eingeht.

4.1.1.3.10 McCabe's Komplexitätsmaß

Diese Metrik beruht auf den Verzweigungen im Ablauf eines Programms oder Moduls. McCabe's Argument dabei ist, daß sehr komplexe und schwer durchschaubare Programme nur unter Schwierigkeiten testbar sind, und daher die Fehlerhäufigkeit überproportional zunimmt. Als Grenzwert wird dabei zehn genannt.

In der Regel wird McCabe's Komplexitätsmaß dadurch ermittelt, daß man die Verzweigungen eines Programms durch gerichtete Graphen verbindet. Anschließend zählt man die eingeschlossenen Flächen und addiert eins für die nicht umschlossene Fläche. Dieses Verfahren ist natürlich umständlich. Zum Glück läßt sich das Ergebnis auch anders ermitteln. Betrachten wir dazu wieder unser kleines Programm, das das Datum des Osterfestes berechnet. Wir fügen vor Blöcken von Anweisungen Marken ein, um die Vorgehensweise zu verdeutlichen.

```
/* easter.c
   input: year
   output: day,month   >> all integers     */


     easter(year,day,month)
     int year,*day,*month;
     {
     int d,m,gn,c,gc,cc,ed,e;
     gn=year%19+1;
M_1: if (year <= 1582)
     {
        ed=(5*year)/4;
        e=(11*gn-4)%30+1;
     }
M_2: else
     {
        c=year/100+1;
        gc=(3*c)/4-12;
        cc=(c-16-(c-18)/25)/3;
        ed=(5*year)/4-gc-10;
```

```
                e=(11*gn+19+cc-gc)%30+1;
M_3:      if (((e == 25) && (gn > 11)) || (e == 24)) e++;
          }
          d=44-e;
M_4: if (d < 21 ) d=d+30;
          d=d+7-(ed+d)%7;
M_5: if ( d <= 31 ) m=3;
M_6: else
          {
             m=4;
             d=d-31;
          }
          *day=d; *month=m;
          return;
    }
```

Nun machen wir das Programm noch etwas stromlinienförmiger, indem wir einzelne Anweisungen entfernen:

```
      easter(year,day,month)
      Vereinbarungen, Anweisungen
      M_1: if ...
      Block von Anweisungen
      M_2: else
      Block von Anweisungen
      M_3: if ...
             Anweisung
          M_4: if ...
                 Anweisung
          M_5: if ...
                 Anweisung
          M_6: else
             Block von Anweisungen
      Anweisungen
```

Wenn wir nun die Anzahl der `if`- und `else`-Statements zählen und noch eins addieren, ergibt sich die Kennzahl nach McCabe. In unserem Beispiel beträgt die Kennzahl sieben, somit liegt eine noch erträgliche Komplexität vor.

Die Argumentation von McCabe ist ernst zu nehmen. Die Ermittlung dieser Kennzahl erfordert allerdings immer ein Werkzeug, will man sie für ein Projekt erfolgreich anwenden.

4.1.1.3.11 Fehlerbilanz der Softwarephasen

Es ist seit längerem bekannt, daß die Beseitigung von Fehlern in der Software umso teurer wird, je später man einen Fehler erkennt. Man kann etwa mit den folgenden Werten rechnen:

Phase der Software-Entwicklung	relative Kosten
Lastenhefterstellung	0,3
Entwurf	1,0 - 1,5
Kodierung	1,5 - 2,5
Integration und Test	2,0 - 5,0
Inbetriebnahme und Einsatz	5,0 - 20,0

Tab. 4.4   Relative Kosten zur Beseitigung von Fehlern in der Software.

Angesichts solcher Zahlen ergibt sich offensichtlich ein bedeutendes Potential zur Einsparung von Kosten. Dazu muß man wissen, wann ein Fehler in den Software-Entwicklungsprozeß eingeführt und wann der Fehler endlich beseitigt wurde. Zu diesem Zweck wird man für jede Phase der Entwicklung eine Bilanz aufstellen. Darin müssen auftauchen:

♦	die in dieser Phase neu eingeführten Fehler,

♦	die eventuell aus einer früheren Phase übernommenen Fehler,

♦	die in der Phase entdeckten und beseitigten Fehler sowie

♦	die noch nicht entdeckten und weiter in dem Produkt vorhandenen (schlummernden) Fehler.

Wer sich einmal die Mühe macht, solch eine Bilanz zu erstellen und konsequent durchzurechnen, wird über das Potential zur Kosteneinsparung überrascht sein. Selbst bei relativ bescheidenen Software-Projekten kommen schnell ein paar hunderttausend Mark zusammen.

Ein vollständig durchgerechnetes Beispiel findet sich in meinem Buch zur Software-Qualitätssicherung [93].

4.1.1.3.12 Turn-around Time

Eine sehr aussagekräftige Metrik ist die Zeit zur Beseitigung eines Fehlers. Man stellt dazu fest, wann der Fehler entdeckt und gemeldet wurde. Als zweite Eingangsgröße benötigt man das Datum des Tages, an dem der Fehler in der Software bereinigt war. Aus einer Reihe solcher Datenpaare bildet man den Durchschnitt in Kalendertagen. Hat man ein System installiert, mit dem die Fehler systematisch erfaßt werden, ist es relativ leicht, solch eine Metrik zu erstellen.

Nummer des Software Trouble Reports	geöffnet am	geschlossen am	Differenz in Tagen	durchschnittliche Bearbeitungszeit in Tagen
STR 331	11-MAR-92	03-MAI-92	53	
STR 334	17-MAR-92	27-MAI-92	71	
STR 337	15-APR-92	13-MAI-92	28	
STR 340	29-APR-92	27-MAI-92	28	
STR 343	06-MAI-92	03-JUN-92	28	
STR 346	13-MAI-92	03-JUN-92	21	
STR 349	13-MAI-92	11-JUN-92	29	
STR 352	20-MAI-92	03-JUN-92	14	
STR 355	27-MAI-92	11-JUN-92	15	
STR 358	27-MAI-92	24-JUN-92	28	31,5

Tab. 4.5   Zeit für die Beseitigung von Fehlern.

Im obigen Beispiel haben wir nur jeden dritten Software Trouble Report herausgegriffen und berechnet, wie lange die Beseitigung eines Fehlers dauerte.

Die ermittelte Zahl an sich ist immer im Zusammenhang mit der Organisation zu sehen. So kann es sich bei einer kleinen und schlagkräftigen Truppe um Tage oder Wochen handeln, und bei einem internationalen Projekt mit mehreren Entwicklungsteams kann sich der Zeitraum für die Beseitigung eines Fehlers auf einige Monate belaufen. Interessant ist insbesondere der Trend. Man kann diese Statistik so auslegen, daß der Indikator immer die letzten zwanzig oder dreißig Software Trouble Reports erfaßt. Auf diese Weise merkt man bald, "wohin der Hase läuft".

Eine noch einfachere Statistik dieser Art besteht lediglich aus der Zahl der Software Trouble Reports, die zu jedem Zeitpunkt während der Durchführung des

Projekts geöffnet sind. Wenn man diese Zahl über den Projektzeitraum dauernd ermittelt, kann man sehr schön die Fähigkeit der Organisation zum schnellen Beseitigen von Fehlern beobachten.

Sehr interessant ist die Turn-around Time auch im Zusammenhang mit dem Kauf von Werkzeugen. Denken Sie zum Beispiel an den folgenden Fall: Sie müssen einen Compiler für die Sprache Ada beschaffen, sind allerdings der erste Kunde in Europa für einen speziellen Mikroprozessor. Obwohl der Verkäufer insgesamt gesehen einen guten Eindruck macht, ist Ihr Zeitplan eng. Mit Fehlern im Compiler ist nach Ihrer Erfahrung zu rechnen. Wenn der Hersteller des Werkzeugs Sie bei jedem gemeldeten Fehler warten läßt, bis das nächste Release in sechs bis neun Monaten zur Auslieferung fertig ist, könnten Sie in große Schwierigkeiten kommen. Eine Frage nach der Turn-around Time erscheint mir in so einem Fall angebracht zu sein.

4.1.1.3.13 Fehlerrate

Diese Metrik führt man erst dann durch, wenn das Projekt bereits abgeschlossen ist. Man teilt die kumulierte Anzahl der Fehler durch die benötigten Lines of Code für das Programm.

Die Fehlerrate, mag es sich um 2,5 oder 5 Prozent handeln, ist langfristig ein sehr guter Indikator, um Software-Projekte einordnen zu können. Da die Zahl zudem relativ leicht ermittelbar ist, sollte man auf diese Statistik keinesfalls verzichten.

Nachfolgend ein abschließender Kommentar zum Thema Metriken. Alle erwähnten Statistiken und Messungen zur Software können nur Beispiele sein, die immer auf die Verhältnisse ihrer eigenen Organisation hin angepaßt werden müssen. Wenden wir uns nun dem zweiten Hauptbereich des Prozesses auf dieser Ebene des Modells zu, dem Management der Qualität.

4.1.1.4 Qualitätsmanagement

Ein Management der Qualität der Software zu betreiben heißt, Ziele zu setzen, Pläne zur Erreichung dieser Ziele aufzustellen und den Prozeß zur Erstellung der Software kontinuierlich zu verbessern, um den Kunden und Benutzer zufriedenzustellen. Es werden erstmals quantitative Ziele für die Organisation definiert, die Erreichung der Ziele wird überprüft, und gegebenenfalls werden die Software-Produkte und der Prozeß angepaßt, um eine höhere Qualität der Software zu erreichen. Im einzelnen definieren wir die nachfolgenden Ziele:

Ziel (1): Es werden meßbare Ziele und Prioritäten für die Qualität des Produktes festgelegt. Dies gilt für jedes Projekt und wird in Zusammenarbeit mit dem Kunden und den Benutzern erreicht.

Ziel (2): Es werden meßbare Ziele für die Qualität des Prozesses und für alle Gruppen, die mit der Erstellung von Software befaßt sind, festgelegt.

Ziel (3): Die Pläne, der Entwurf und der gesamte Prozeß werden angepaßt, um den Prozeß und die Produktqualität mit den Zielen der Organisation in Einklang zu bringen.

Ziel (4): Es werden die im Prozeß gemachten Messungen und erstellten Metriken zum Management der Software-Projekte herangezogen, auch in quantitativer Hinsicht.

Zu den Verpflichtungen, ohne die ein Erfolg nur schwerlich zu erreichen ist:

Verpflichtung (1): Die Organisation befolgt beim Management der Produktqualität ein verbindlich vorgeschriebenes Verfahren. Dazu gehören:

- Die Organisation definiert ihre Unterstützung der Qualitätsziele.

- Die Projekte leiten daraus ihre Ziele in bezug auf die Qualität ab und führen im Prozeß Messungen durch.

- Die Projekte definieren und überwachen ihre Qualitätsziele.

- Die Verantwortlichkeiten jeder Gruppe, die an der Erstellung von Software beteiligt ist, wird in bezug auf Qualitätsziele definiert. Es werden außerdem Kriterien festgelegt, nach denen das Erreichen der Ziele geprüft werden kann.

- Das Management wird tätig, um das erneute Auftreten von Fehlern und Abweichungen zu verhindern.

Die Voraussetzungen sind folgende:

Voraussetzung (1): Es werden ausreichende Ressourcen, darunter finanzielle Mittel, für das Management der Qualität bereitgestellt. Dazu gehören:

- In Bereichen wie Zuverlässigkeit und Sicherheit werden spezialisierte Ingenieure tätig, um die Qualitätsziele zu etablieren und den gemachten Fortschritt zu verfolgen.

- Geeignete Werkzeuge zur Messung, zur Verfolgung und zum Analysieren der Qualität werden zur Verfügung gestellt.

Voraussetzung (2): Die Mitarbeiter in der Qualitätssicherung werden für ihre spezialisierten Tätigkeiten geschult. Dazu gehören:

♦ das Planen und Festsetzen von Qualitätszielen in bezug auf das Produkt,

♦ das Messen der Qualität, sowohl im Prozeß als auch am Produkt,

♦ das Überwachen der Produktqualität des standardisierten Prozesses.

Voraussetzung (3): Alle Mitarbeiter und Manager, die mit der Erstellung von Software befaßt sind, werden im Gebiet Qualitätsmanagement geschult. Dazu gehören im Detail:

♦ Ziele und Vorteile durch das Management der Produktqualität,

♦ Software-Metriken und ihr Einsatz,

♦ Planen und Überwachen der Qualität.

Zu den Tätigkeiten:

Tätigkeit (1): Jedes einzelne Projekt entwickelt eine Strategie, um die Bedürfnisse der eigenen Organisation, des Kunden und Endbenutzers erfüllen zu können. Dazu gehören:

♦ Das Projekt bemüht sich, die Bedürfnisse der Organisation, des Kunden und Benutzers in bezug auf die Qualität zu verstehen.

♦ Die Bedürfnisse der Organisation und des Kunden können auf die funktionellen Anforderungen an die Software, die Qualitätsziele und den definierten Prozeß zur Erstellung der Software zurückverfolgt werden.

♦ Die Fähigkeit des Prozesses zur Erfüllung der Qualitätsziele wird beurteilt und dokumentiert.

Tätigkeit (2): Ein dokumentierter und genehmigter Software Quality Program Plan bildet die Grundlage der Tätigkeiten im Projekt. Der Plan:

♦ befindet sich im Einklang mit den Qualitätszielen der Organisation.

♦ wird durch das Top Management unterstützt.

♦ definiert die Punkte im Prozeß, an denen die Qualität des Prozesses und der Produkte überprüft wird.

♦ beschreibt, wie sich die Produktqualität gegenüber früheren Projekten verbessern wird.

♦ spezifiziert, wie die Qualität der Produkte überprüft wird.

♦ beschreibt Qualitätsziele für Teilprodukte der Software, etwa den Entwurf.

♦ beschreibt, was zu geschehen hat, wenn die gesetzten Ziele in bezug auf die Qualität nicht erreicht werden.

♦ wird von den Kollegen des Erstellers überprüft.

♦ wird von allen beteiligten Gruppen geprüft, bevor er genehmigt wird.

♦ wird vom Kunden überprüft.

♦ wird unter Konfigurationskontrolle gestellt.

Tätigkeit (3): Während des gesamten Lebenszyklus der Software werden quantitative Qualitätsziele definiert und revidiert. Dazu gehören:

♦ Attribute der Produktqualität in bezug auf Produkteigenschaften oder die Leistung der Software werden definiert und verbessert.

♦ Es werden Metriken entwickelt, um derartige Attribute feststellen und verfolgen zu können.

♦ Für jedes Attribut der Produktqualität werden numerische Werte festgelegt und als Qualitätsziele definiert.

♦ Qualitätsziele werden in den Software Quality Program Plan aufgenommen.

Tätigkeit (4): Für den Prozeß jedes Projekts werden quantitative Qualitätsziele festgelegt. Dazu gehören im Detail:

♦ Der Prozeß für jedes Projekt wird so definiert, daß er die Qualitätsziele mit einbezieht.

♦ Die Metriken und die geforderten Zielgrößen werden definiert.

♦ Die Zielgrößen werden in den Software Quality Program Plan für das Projekt übernommen.

♦ Jede beteiligte Gruppe prüft die Metriken in bezug auf ihre Zielgrößen und stimmt ihnen zu.

Tätigkeit (5): Qualitätsziele für Software gelten in gleicher Weise für Unterauftragnehmer.

Tätigkeit (6): Quantitative Qualitätsziele für die Anforderungen an die Software werden etabliert und verfolgt.

Tätigkeit (7): Quantitative Qualitätsziele für den Entwurf der Software werden etabliert und verfolgt.

Tätigkeit (8): Es werden alternative Möglichkeiten des Entwurfes untersucht, um die Anforderungen an die Software und die Qualitätsziele zu erreichen.

Tätigkeit (9): Quantitative Qualitätsziele für die Implementierung der Software werden etabliert und verfolgt.

Tätigkeit (10): Es werden quantitative Ziele für den Test der Software festgelegt.

Tätigkeit (11): Falls festgestellt wird, daß sich Qualitätsziele gegenseitig widersprechen, werden die Pläne und Dokumente der Software geändert, um den erzielten Kompromiß bei den Zielen zu dokumentieren. Zu diesem Prozeß gehören im einzelnen:

♦ Die Kosten zur Erreichung der Qualitätsziele werden im Rahmen der Kostenplanung ermittelt.

♦ Die Kosten zur Erreichung der Qualitätsziele bei einem gegebenen Entwurf werden ermittelt.

♦ Alternativen werden danach beurteilt, wie sie kurzfristige Prioritäten und langfristige Ziele des Unternehmens erfüllen.

♦ Der Kunde wird in den Entscheidungsprozeß einbezogen.

Tätigkeit (12): Die am Prozeß der Software-Erstellung beteiligten Gruppen prüfen die Qualitätsziele und unterstützen sie.

Tätigkeit (13): Die Daten aus Messungen im Prozeß werden dazu benutzt, um notwendige Maßnahmen zum Erreichen der Qualitätsziele zu unterstützen.

Tätigkeit (14): Die Qualität der Software-Produkte wird regelmäßig mit den Qualitätszielen verglichen.

Tätigkeit (15): Es werden Maßnahmen zur Abhilfe eingeleitet, wenn Messungen zur Qualität Probleme mit Produkten der Software oder dem Prozeß aufdecken. Dazu gehören:

♦ Die Umstände oder Faktoren, die zu dem Problem geführt haben, werden identifiziert, korrigiert oder beseitigt.

♦ Der Status und die Ergebnisse zur Korrektur von Fehlern werden aufgezeichnet und regelmäßig mit dem Manager der Software-Entwicklung und dem Projektmanager diskutiert.

Zum Schluß die Überwachungsschritte:

Überwachungsschritt (1): Es werden Messungen durchgeführt, um die Tätigkeiten zum Management der Qualität zu verfolgen. Dazu gehören:

♦ Die Kosten ungenügender Qualität der Software werden erfaßt.

♦ Die Kosten zur Erreichung der Qualitätsziele werden erfaßt.

Verifikationsschritt (1): Das Top Management des Unternehmens überprüft die Qualitätsziele.

Verifikationsschritt (2): Die Tätigkeiten zur Qualitätssicherung werden vom Top Management regelmäßig überprüft.

Verifikationsschritt (3): Die Tätigkeiten zur Qualitätssicherung werden mit dem Projektmanager regelmäßig überprüft.

Verifikationsschritt (4): Die Software-Qualitätssicherung führt Reviews und Audits durch, um die Tätigkeiten und Produkte zum Management der Qualität zu überprüfen und berichtet darüber.

Damit haben wir uns auch den zweiten Hauptbereich auf dieser Ebene des *Capability Maturity Models* erfolgreich erarbeitet. Sehen wir uns kurz an, was auf dem Weg zum Gipfel noch notwendig ist.

4.1.2 Schritte auf dem Weg zur nächsten Ebene

Obwohl eine Organisation auf Ebene 4 des *Capability Maturity Models* bereits viel erreicht hat, gibt es dennoch ein paar Dinge, die zu verbessern es sich lohnt. Die zwei wesentlichen Schritte auf dem Weg zur nächsten Ebene kann man wie folgt beschreiben:

♦ Die Datenerfassung im Prozeß der Software-Erstellung wird automatisiert.

♦ Die erhobenen Daten werden sowohl dazu benutzt, um den Prozeß zu analysieren als auch Fehler zu verhindern und Verbesserungen einzuführen.

Zum ersten Punkt ist zu ergänzen, daß manuelle Datenerfassung aufwendig ist und oft durch subjektive Einflußnahme verfälscht wird. Dadurch muß die Güte solcher Daten manchmal angezweifelt werden. Automatische Datenerfassung im Prozeß mit der Hilfe von Werkzeugen spart nicht nur Ressourcen, sondern ist wahrscheinlich auch genauer und kostengünstiger. Natürlich müssen alle solche Messungen definiert werden, um Meßfehler und Mißinterpretationen zu vermeiden.

Die gewonnenen Daten dienen drei Zwecken:

♦ der Analyse des Prozesses,

♦ der Verhinderung von Fehlern in der Software und

♦ der Einführung von Verbesserungen im Prozeß und in Software-Produkten.

Wenn wir diese Schritte einleiten, befindet sich unsere Organisation auf dem Weg zum Gipfel.

4.2   Ebene 5: OPTIMIZING

Auf dieser Ebene des *Capability Maturity Models* haben wir den Gipfel der Pyramide erreicht. Dieser Zustand heißt OPTIMIZING, verlangt also nach ständiger Optimierung des Prozesses und der damit verbundenen Produkte. Grafisch läßt sich unsere Pyramide so darstellen:

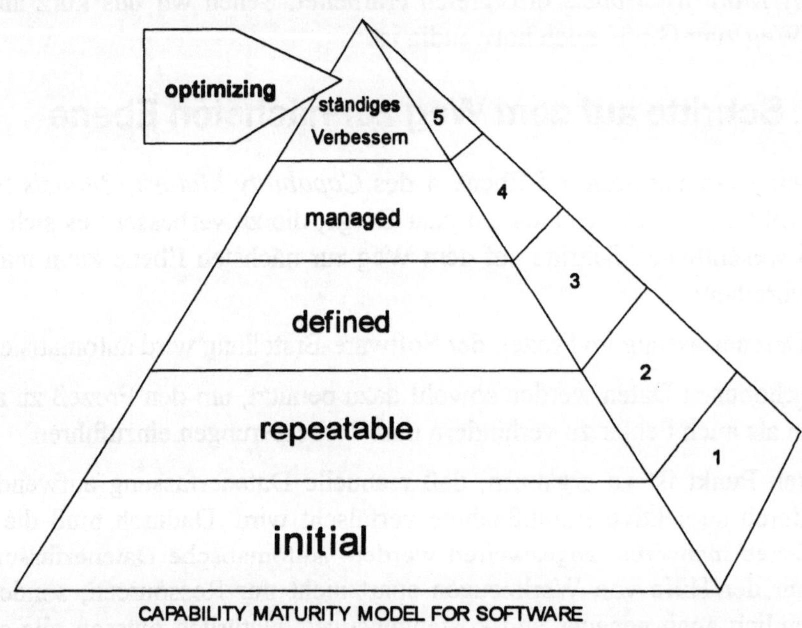

Abb. 4.2   Die Ebene 5 des Capability Maturity Models.

4.2.1   Die Haupttätigkeiten des Prozesses

Wir betrachten drei Hauptbereiche: Die Verhinderung von Fehlern, die Einführung und Erprobung neuer Technologien und das Management von Änderungen in unserem Prozeß.

4.2.1.1 Fehlerverhinderung

Defect Prevention verlangt nach einer gründlichen Analyse von Fehlern, die aufgetreten sind, sowie Maßnahmen zur Verhinderung solcher Fehler in der Zukunft. Die Tätigkeiten bei der Erstellung von Software werden von allen Beteiligten daraufhin untersucht, wie Fehler entstehen konnten, was die eigentliche Ursache (root cause) des Fehlers war und wie sich der Fehler auf zukünftige Aktivitäten der Organisation auswirken könnte. Es wird eine Trendanalyse zu gemachten Fehlern erstellt, und für Fehler, die vermutlich wieder auftreten könnten, werden Maßnahmen zur Verhinderung eingeleitet. Sehen wir uns die Ziele genauer an:

Ziel (1): Fehler, die im System begründet liegen oder wiederholt auftreten, werden identifiziert und eliminiert.

Zu den Verpflichtungen der Organisation:

Verpflichtung (1): Die Organisation folgt einem dokumentierten Verfahren zur Verhinderung von Fehlern. Dazu gehören:

- Maßnahmen zur Fehlerverhinderung werden für alle Projekte eingeführt.

- Solche Maßnahmen erscheinen im Software Development Plan jedes Projektes.

Verpflichtung (2): Das Management unterstützt die Maßnahmen zur Fehlerverhinderung und nimmt daran aktiv teil. Dazu gehört im einzelnen:

- Das Management etabliert langfristige Pläne zur Fehlerverhinderung und stellt dafür finanzielle Mittel und Mitarbeiter bereit.

- Das Management unterstützt alle Maßnahmen, die zur Fehlerverhinderung notwendig werden.

- Das Management überprüft die Aktivitäten zur Verhinderung von Fehlern, um Probleme auszuräumen, die im Bereich des Managements liegen.

Zu den Voraussetzungen oder notwendigen Fähigkeiten:

Voraussetzung (1): Die Organisation besitzt eine Gruppe, die Tätigkeiten zur Verhinderung von Fehlern koordiniert.

Voraussetzung (2): Jedes Projekt hat ein Team, das sich mit der Verhinderung von Fehlern befaßt.

Voraussetzung (3): Es werden ausreichende Ressourcen, darunter finanzielle Mittel, bereitgestellt, um Fehler in der Software zu verhindern, bevor sie auftreten. Dazu gehören:

♦ Tätigkeiten zur Fehlerverhinderung werden bei den Aktivitäten der Mitarbeiter eingeplant.

♦ Das Management nimmt an solchen Aktivitäten teil.

♦ Jedes Projekt beteiligt sich an den Aktivitäten der funktionellen Organisation zur Verhinderung von Fehlern.

♦ Die Mitarbeiter besitzen die Fähigkeiten, Maßnahmen zur Verhinderung von Fehlern durchzuführen, oder haben Zugriff auf Informationen, die zu diesem Zweck bereitgestellt werden.

♦ Es werden Werkzeuge zur Fehlerverhinderung bereitgestellt.

Voraussetzung (4): Die Mitarbeiter der Entwicklung und deren Manager werden in den Techniken zur Verhinderung von Fehlern geschult.

Voraussetzung (5): Treffen zur Verhinderung von Fehlern werden in den Software Development Plan für jedes Projekt aufgenommen.

Zu den Tätigkeiten:

Tätigkeit (1): Bei Beginn einer größeren Tätigkeit oder Teilaufgabe treffen sich die Beteiligten, um die Arbeit vorzubereiten. Dabei wird auch das Thema Fehlerverhinderung diskutiert. Zu den Punkten auf der Agenda solcher Treffen gehören:

♦ die Standards für den Prozeß zur Erstellung der Software, Methoden und Werkzeuge,

♦ die für die Aufgabe zur Verfügung stehenden Produkte oder Inputs,

♦ die zu erstellenden Produkte der Software oder Outputs,

♦ die Methoden zur Bewertung und Validierung der Outputs,

♦ die Methoden, um die Einhaltung der Richtlinien für den Prozeß zu überprüfen,

♦ eine Liste von Fehlern, die in der Regel während der gegenwärtigen Phase der Software-Entwicklung zu erwarten sind, und Maßnahmen zu ihrer Vermeidung,

♦ die spezifischen Aufgaben des Software Teams,

♦ der zeitliche Rahmen für die Aufgaben,

♦ die Ziele und Erwartungen in bezug auf die Qualität.

Tätigkeit (2): Nach dem Abschluß jeder Aufgabe trifft sich das Team erneut, um die gemachten Fehler zu diskutieren und die Ursache für Fehler herauszufinden. Dazu gehören im Detail:

♦ Das Treffen wird von jemandem geleitet, der für das Auffinden von Fehlern und ihrer Ursachen geschult wurde.

♦ Fehler werden identifiziert, und ihre Ursache (root cause) wird ermittelt.

♦ Die Fehler werden in Klassen oder Kategorien eingeteilt.

♦ Es werden Maßnahmen diskutiert, um derartige Fehler in der Software in Zukunft zu verhindern.

♦ Trends, die auf größere Probleme hindeuten, werden identifiziert.

♦ Die Resultate des Treffens werden dokumentiert und in der Datenbasis der Organisation abgespeichert.

Tätigkeit (3): Es werden in periodischen Abständen nach der Auslieferung von Software an den Kunden Treffen einberufen, um im Feld gefundene Fehler zu diskutieren.

Tätigkeit (4): Wenn die Entwicklung der Software sehr lange dauert, werden gelegentlich Treffen organisiert, in denen die Techniken zur Fehleranalyse vorgestellt und diskutiert werden.

Tätigkeit (5): Jede Gruppe, die mit der Verhinderung von Fehlern beauftragt worden ist, trifft sich regelmäßig, um die Einführung von Maßnahmen zu besprechen, die sich aus der Analyse früher gemachter Fehler ergeben.

Tätigkeit (6): Falls es sich herausstellt, daß zur Verhinderung von Fehlern der Prozeß zur Erstellung der Software geändert werden muß, werden derartige Maßnahmen nach einem dokumentierten Verfahren durchgeführt.

Tätigkeit (7): Alle Maßnahmen zur Verhinderung von Fehlern werden in der Datenbasis der Organisation dokumentiert.

Tätigkeit (8): Die Mitarbeiter und ihre Manager werden regelmäßig über die Wirksamkeit der Maßnahmen zur Verhinderung von Fehlern informiert.

Zu den Kontrollschritten dieses Hauptbereichs:

Überwachungsschritt (1): Es werden Messungen durchgeführt, um die Kosten und den zeitlichen Aufwand für die Maßnahmen zur Fehlerverhinderung zu erfassen.

Überwachungsschritt (2): Es werden Messungen durchgeführt, um die Qualität der Maßnahmen zur Verhinderung von Fehlern zu ermitteln.

Verifikationsschritt (1): Die Aktionen zur Verhinderung von Fehlern werden mit den Projektmanagern und dem Top Management regelmäßig überprüft.

Verifikationsschritt (2): Die Software-Qualitätssicherung führt Reviews und Audits durch, um die Tätigkeiten und Produkte zur Verhinderung von Fehlern zu überprüfen und berichtet darüber.

Das war der erste Baustein auf der Ebene 5 unseres Modells. Wenden wir uns der nächsten Gruppe zu, den neuen Technologien.

4.2.1.2 Die Einführung neuer Technologien

Die Einführung neuer Technologien in die Organisation bedeutet, solche Technologien zu finden, sie zu bewerten und auszuwählen und schließlich in den definierten Prozeß zur Software-Erstellung zu integrieren. Ziel des Unternehmens ist es dabei, durch die Anwendung neuer Technik die Produktivität und Produktqualität zu steigern. Zu den Zielen im einzelnen:

Ziel (1): Die Organisation hat einen standardisierten Prozeß und technologische Fähigkeiten, die es ihr erlauben, aus den besten verfügbaren Technologien der Industrie Kapital zu schlagen.

Ziel (2): Die Auswahl neuer Technologien und ihr Einsatz im Unternehmen erfolgt in geordneter Weise.

Ziel (3): Die neuen Technologien werden eingeführt, um die Produktivität des definierten Prozesses zu steigern und die Qualität der Software zu erhöhen.

Die Verpflichtungen:

Verpflichtung (1): Die Organisation folgt bei der Verbesserung ihrer technologischen Basis einem dokumentierten Verfahren. Dazu gehören:

- die Erarbeitung strategischer Ziele und ihre Umsetzung ins operationelle Geschäft,

- die Verfolgung eines dokumentierten Plans zur Einführung neuer Technologien.

Verpflichtung (2): Das Top Management unterstützt die Aktivitäten zur Einführung neuer Technologien. Dazu gehören:

- das Definieren einer Strategie, um die industrielle Führung bei der Erstellung von Software zu erreichen,

- das Umsetzen dieser Strategie in spezifische Ziele für die Gliederungen der Organisation,

- eine sichtbare Verpflichtung des Top Managements zur Einführung neuer Technologien,

- das Ausarbeiten einer langfristigen Planung in bezug auf die Finanzierung, die Mitarbeiter und andere Ressourcen.

Verpflichtung (3): Das Top Management überwacht die Aktivitäten der Organisation zur Einführung neuer Technologien.

Zu den Voraussetzungen:

Voraussetzung (1): Die Organisation stellt eine Gruppe von Mitarbeitern bereit, zum Beispiel die Prozeßgruppe, um die Einführung neuer Technologien voranzutreiben. Zu den Aufgaben dieser Gruppe gehören:

- das Finden geeigneter Bereiche in der Organisation, in denen neue Technologien bevorzugt eingesetzt werden können,

- die Auswahl solcher Technik und die Planung für die Einführung,

- die Auswahl, der Einkauf, die Installation und die Anpassung der neuen Technologie,

- das Kontakthalten mit Gruppen innerhalb und außerhalb der Organisation, die sich mit neuen Technologien beschäftigen, zum Beispiel im akademischen Bereich,

- die Kommunikation mit den Anbietern oder Verkäufern dieser Technologie und deren Support Team.

Voraussetzung (2): Die Entwicklungsumgebung der Software wird so ausgelegt, daß bezüglich der neuen Technologie Daten gewonnen und analysiert werden können.

Voraussetzung (3): Die Daten und Analysen zu neuer Technologie werden auch quantitativ bewertet.

Voraussetzung (4): Die Mitarbeiter der Organisation, die mit den neuen Technologien umgehen sollen, werden für ihre Aufgabe geschult.

Die Tätigkeiten:

Tätigkeit (1): Die Organisation entwickelt und pflegt einen Plan zur Einführung neuer Technologien. Dieser Plan behandelt die folgenden Themen:

- die notwendigen Ressourcen, Verantwortlichkeiten sowie die Mitarbeiter und Werkzeuge,

- die langfristige Strategie, um den Prozeß zur Erstellung der Software zu automatisieren und zu verbessern,

- neue Technologien und spezifische Anwendungsbereiche in den Projekten.

Tätigkeit (2): Die Mitarbeiter der Organisation und deren Manager werden über neue Technologien auf dem laufenden gehalten.

Tätigkeit (3): Die Prozeßgruppe wird von den Mitarbeitern der Organisation und deren Managern auf Bereiche aufmerksam gemacht, die sich für den Einsatz neuer Technologien eignen könnten.

Tätigkeit (4): Die Organisation analysiert den standardisierten Prozeß zur Erstellung von Software, um Bereiche zu finden, die neue Technologie benötigen oder davon profitieren könnten.

Tätigkeit (5): Die Organisation folgt bei der Einführung neuer Technologie einem dokumentierten Verfahren.

Tätigkeit (6): Falls es zweckmäßig erscheint, wird neue Technologie in der Form eines Pilotversuchs eingeführt. Dazu gehören im einzelnen:

- Der Pilotversuch dient dazu, die Eignung und den wirtschaftlich sinnvollen Einsatz nicht erprobter und sehr fortschrittlicher Technologie festzustellen.

- Die Pläne für den Pilotversuch werden von den beteiligten Mitarbeitern in der Organisation geprüft, bevor der Versuch beginnt.

- Die Prozeßgruppe unterstützt den Pilotversuch durch Beratung und Hilfestellung.

- Der Pilotversuch beschränkt sich auf eine bestimmte Entwicklungsumgebung.

- Die Ergebnisse des Pilotversuchs werden gesammelt, dokumentiert und ausgewertet.

Tätigkeit (7): Geeignete neue Technologien werden nach einem dokumentierten Verfahren in den standardisierten Prozeß zur Software-Erstellung übernommen.

Zu den Überwachungsschritten:

Überwachungsschritt (1): Die Kosten und der Zeitbedarf für Aktionen zur Einführung neuer Technologien werden aufgezeichnet und mit den veranschlagten

Kosten und dem geschätzten Zeitaufwand verglichen. Status und Abweichungen werden an das Management berichtet.

Überwachungsschritt (2): Die Aktivitäten zur Einführung neuer Technologien werden daraufhin untersucht, wie die Produktivität im Prozeß und die Qualität beeinflußt werden.

Verifikationsschritt (1): Die Aktivitäten zur Einführung neuer Technologien werden vom Management regelmäßig überprüft.

Verifikationsschritt (2): Die Software-Qualitätssicherung führt Reviews und Audits durch, um die Aktivitäten und Produkte in Verbindung mit der Einführung neuer Technologien zu beurteilen und berichtet darüber.

Das war der vorletzte Hauptbereich auf der fünften Ebene des *Capability Maturity Models*. Es bleibt uns nur noch der letzte Schritt, das Management des Prozesses hin zu ständigen und weiteren Verbesserungen.

4.2.1.3 Process Change Management

Das Management der Veränderungen bedeutet, Bereiche für Verbesserungen im Prozeß der Software-Erstellung zu identifizieren, Ziele zu setzen und die Verbesserungen planmäßig und stetig einzuführen. Es werden Schulungen eingeleitet und Anreize für die Mitarbeiter und Manager geschaffen, um sich aktiv an Verbesserungen zu beteiligen. Pilotversuche dienen dazu, noch nicht erprobte neue Technologien in einem begrenzten und kontrollierten Umfeld auszuprobieren. Lassen Sie uns auch diesmal mit den Zielen beginnen:

Ziel (1): Die Mitarbeiter der Organisation und ihre Manager beteiligen sich aktiv daran, quantitative und meßbare Ziele zu setzen.

Ziel (2): Der standardisierte Prozeß der Organisation und die abgeleiteten Prozesse in den Projekten werden kontinuierlich verbessert.

Ziel (3): Die Mitarbeiter der Organisation sind in der Lage und ausreichend kompetent, den Prozeß und die dazugehörigen Methoden und Werkzeuge wirkungsvoll einzusetzen.

Zu den Verpflichtungen der Organisation und ihres Managements:

Verpflichtung (1): Die Organisation folgt bei den Verbesserungen im Prozeß einem dokumentierten Verfahren. Dazu gehört:

♦ Die Organisation setzt quantifizierbare und meßbare Ziele für die Veränderungen im Prozeß.

- Die Veränderungen im Prozeß haben zwei Ziele: Erhöhung der Produktivität und der Qualität.

- Es wird erwartet, daß alle Mitarbeiter aktiv daran mitarbeiten, den Prozeß zu verbessern.

- Es werden in den folgenden Bereichen Maßnahmen eingeleitet:

  - neue Fähigkeiten und Fertigkeiten der Mitarbeiter,

  - erhöhte Zufriedenheit mit der Arbeit sowie

  - geeignete Tätigkeiten für die Mitarbeiter.

Verpflichtung (2): Das Top Management überprüft die Aktivitäten in bezug auf die Verbesserung des Prozesses zur Erstellung der Software. Dazu gehören im einzelnen:

- Das Top Management etabliert die langfristigen Pläne der Organisation zur Verbesserung des Prozesses.

- Das Top Management stellt Ressourcen bereit, um den Prozeß zu verbessern.

- Das Top Management bespricht mit den Software Managern deren Pläne, um sicherzustellen, daß aggressive Ziele zur Erreichung von Verbesserungen gesetzt werden.

- Das Top Management verfolgt die Erreichung der gesteckten Ziele.

- Das Top Management hält auch dann an einmal gesteckten Zielen fest, wenn Probleme auftreten.

- Das Top Management sorgt dafür, daß Schwierigkeiten bei der Verbesserung des Prozesses angegangen und gelöst werden.

Erneut zu den Voraussetzungen, die zur Erreichung der gesteckten Ziele notwendig sind:

Voraussetzung (1): Es wird für die gesamte Firma ein Programm organisiert, das die Mitarbeiter und ihre Manager in die Lage versetzt, ihre eigene Arbeit zu verbessern und zur Verbesserung der Arbeit anderer beizutragen. Zu diesem Programm gehören:

- die Einsetzung einer Gruppe von Mitarbeitern, die sich dem Ziel der Verbesserung des Prozesses widmen,

- Aktionen, die die Mitarbeiter dazu veranlassen, Vorschläge zur Verbesserung des Prozesses zu machen,

- ein Verfahren, nach dem Vorschläge zur Verbesserung des Prozesses einge-
reicht werden können, sowie zu deren Überprüfung und Einführung,

- Preise und Anerkennungen für Mitarbeiter, die gute Vorschläge zur Verbesserung des Prozesses einreichen.

Voraussetzung (2): Es werden ausreichend Ressourcen, darunter finanzielle Mittel, bereitgestellt, um den Prozeß der Software-Erstellung verbessern zu können. Dazu gehören im einzelnen:

- Es werden Ressourcen zur Verfügung gestellt, um die folgenden Tätigkeiten durchführen zu können:

  - den Prozeß durch Führung und Rat zu verbessern,

  - die Aufzeichnungen in der Datenbasis der Organisation zu pflegen und zu erweitern,

  - Änderungen im Prozeß zu entwickeln, zu kontrollieren und für weitere Projekte verfügbar zu machen,

  - die notwendigen unterstützenden Maßnahmen im Bereich der Kommunikation und der Verwaltung bereitzustellen, um die Mitarbeiter "bei der Stange zu halten".

- Es werden Mitarbeiter zur Verfügung gestellt, die Erfahrung und die notwendigen Fähigkeiten zur Verbesserung des Software-Prozesses besitzen.

- Die verantwortliche Gruppe zur Verbesserung des Prozesses besitzt die notwendigen Werkzeuge zur Durchführung ihrer Arbeit.

Voraussetzung (3): Alle Manager und ihre Vorgesetzten sind dafür verantwortlich, daß die Teilprozesse in ihrem Aufgabenbereich effektiv durchgeführt werden und zu Produkten hoher Qualität führen.

Voraussetzung (4): Die Mitarbeiter der Organisation und deren Manager werden geschult, um ihre Aufgaben bei der Verbesserung des Prozesses durchführen zu können.

Die Tätigkeiten:

Tätigkeit (1): Die mit der Aufgabe zur Verbesserung des Prozesses betraute Gruppe von Mitarbeitern, also die Prozeßgruppe, koordiniert alle derartigen Aufgaben. Dazu gehören:

- Definieren der Ziele in dokumentierter Form und ihre Speicherung in der Datenbasis der Organisation,

◆ Definieren und Pflegen der Spezifikationen, Standards und Verfahren,

◆ Definieren von Zielen und Pläne für Messungen,

◆ Prüfen der Ziele zur Verbesserung des Prozesses mit dem Management,

◆ Erarbeiten des Bedarfs an zusätzlichen Schulungsmaßnahmen und das Ausarbeiten von Unterlagen dazu,

◆ Überprüfen von Vorschlägen zur Verbesserung des Prozesses,

◆ Verfolgen der Einführung von Änderungen im Prozeß der Software-Erstellung,

◆ Koordinieren und Verfolgen von Änderungen in den Spezifikationen der Prozesse.

Tätigkeit (2): Die Organisation erstellt und pflegt einen Plan zur Einführung von Verbesserungen im Prozeß der Software-Erstellung.

Tätigkeit (3): Die Ziele und Verbesserungen im Prozeß befinden sich in Einklang mit den Zielen des Unternehmens.

Tätigkeit (4): Das Top Management überprüft regelmäßig die Programme zur Schulung der Mitarbeiter und stellt sicher, daß alle motiviert sind, Verbesserungen vorzuschlagen und einzuführen.

Tätigkeit (5): Vorschläge zu Verbesserungen im Prozeß können von Mitarbeitern oder Gruppen nach einem dokumentierten Verfahren eingebracht werden.

Tätigkeit (6): Es gibt ein dokumentiertes Verfahren zur Überprüfung, zur Genehmigung und Einführung von Vorschlägen zur Verbesserung im Prozeß.

Tätigkeit (7): Wenn es zweckmäßig erscheint, werden Vorschläge zunächst als Pilotprojekte realisiert, bevor sie auf breiter Front verwirklicht werden.

Tätigkeit (8): Nach der Erprobungsphase werden Verbesserungen im Prozeß in den standardisierten Prozeß der Organisation übernommen.

Tätigkeit (9): Die Datenbasis der Organisation enthält die Vorschläge zu Verbesserungen im Prozeß sowie alle dazugehörigen Dokumente.

Tätigkeit (10): Die Mitarbeiter der Organisation und ihre Manager werden regelmäßig über den Status und die Resultate von Verbesserungen im Prozeß unterrichtet.

Zu den Kontrollschritten:

Überwachungsschritt (1): Es werden Messungen durchgeführt, um festzustellen, wie weit die Organisation und ihre Mitarbeiter den Prozeß zur ständigen Verbesserung unterstützen.

Überwachungsschritt (2): Es werden Messungen durchgeführt, um herauszufinden, ob die Verbesserungen im Prozeß der Software-Erstellung sich in zufriedeneren Kunden widerspiegeln.

Überwachungsschritt (3): Es werden Messungen durchgeführt, um festzustellen, ob die Verbesserungen sich für das Unternehmen auszahlen.

Überwachungsschritt (4): Es werden Messungen durchgeführt, um Dokumente zu identifizieren, die lange Zeit nicht überarbeitet wurden.

Verifikationsschritt (1): Die Aktivitäten zu Verbesserungen im Prozeß werden regelmäßig von den Projektmanagern und dem funktionellen Management überprüft.

Verifikationsschritt (2): Die Software-Qualitätssicherung führt Reviews und Audits durch, um die Tätigkeiten und Produkte zu Verbesserungen im Prozeß der Software-Erstellung zu überprüfen und berichtet darüber.

Wir haben es geschafft: Das war der letzte Hauptbereich auf Ebene 5 des *Capability Maturity Models*. Gewiß wird es nicht leicht sein, alle diese Forderungen zu erfüllen. Ich befürchte nur, es gibt keinen anderen Weg, wenn wir die aufgezeigten Probleme meistern wollen. Im letzten Kapitel werden wir noch einmal kurz rekapitulieren, wie das CMM einzuführen ist und wie einige vorherrschende technische Trends in bezug auf Software zu beurteilen sind.

Abschnitt V

Ausblick

5.1 Trends und Herausforderungen

If you can look into the seeds of time,
and say which grain will grow and which not ...
William Shakespeare, Hamlet

Wir haben bereits erkannt, daß Software im Gefolge des Mikroprozessors in fast alle Lebensbereiche eingedrungen ist. Vom modernen Verkehrsflugzeug bis zur Maschine für die Krebstherapie: Computerprogramme sind überall in unserer Umgebung zu finden. Dieser Trend wird sich fortsetzen. Die Bausteine der Hardware werden immer billiger, und zur Differenzierung der Angebote und zur Herstellung verschiedenster Produkte wird Software eingesetzt. Das ist einerseits für den Verbraucher zwar vorteilhaft, da sich die Preise senken lassen, andererseits bleibt die Software fehleranfällig. Nur gezielte Maßnahmen zur Verbesserung der Qualität, wie die Einführung des *Capability Maturity Models*, können da langfristig für Abhilfe sorgen. Doch sehen wir uns die Trends bei der Hardware etwas genauer an.

Zunächst fällt auf, daß auch bei den integrierten Schaltungen der Elektronik zunehmend ein weites Feld verschiedenster Bauteile angeboten wird. Während noch vor einem Jahrzehnt die Architektur eines Rechners aus kaum mehr als der Central Processing Unit (CPU), dem Hauptspeicher und ein paar Bauteilen (glue logic) bestand, die das ganze zusammenfügten, wird heute eine Vielzahl verschiedenartigster Chips abgeboten. Digital Signal Processors, ASICs (Application Specific Integrated Circuits) und Field Programmable Gate Arrays (FPGA) drängen auf den Markt. ASICs bieten die Möglichkeit, projektspezifische Lösungen bei geringen Stückzahlen zu verwirklichen. Bei Field Programmable Gate Arrays wird sich dieser Trend fortsetzen, weiter zu kleineren Serien und sehr spezifischen Lösungen im Rahmen einer Applikation. Gemeinsam ist solchen neuen Technologien, daß die Software einen immer breiteren Raum bei der Herstellung der Bauteile einnimmt.

Die Vielfalt der integrierten Schaltungen.

Der Entwurf von ASICs geschieht mittels Rechner und Programm, wobei umfangreiche Bibliotheken von Teilfunktionen der geplanten Schaltungen angeboten werden. Eine Simulation, bevor die Schaltung das erste Mal in Silikon gegossen wird, ist unbedingt notwendig. Jedoch leiden Simulationen oft unter der ungenügenden Genauigkeit, und detaillierte Simulationen dauern sehr lange. Ist allerdings erst Software ein Teil des Entwicklungsprozesses von Hardware, leiden wir bald unter den Problemen, die uns aus der Entwicklung von Software nur allzu gut bekannt sind.

Bei Field Programmable Gate Arrays ist sogar eine gewisse Rekonfiguration des Bauteils vor dem Start eines Programms möglich, wodurch eine größere Flexibilität erreicht wird, die sich jedoch auch in zusätzlichen Fehlermöglichkeiten niederschlägt. Die zunehmende Mächtigkeit der Hardware-Bauteile zeigt sich nicht nur in erhöhten Taktfrequenzen und höherem Durchsatz, auch die Zahl der Pins nimmt erheblich zu. Während früher zwanzig oder dreißig Pins die Regel waren, findet man heute bereits Chips mit mehreren hundert Anschlüssen. Digital Equipments neuer Alpha Chip hat 431 Pins und verbraucht 30 Watt. Der scherzhafte Ausdruck "Maikäfer" ist bald nicht mehr angebracht, es handelt sich eher um Tausendfüßler. Doch mehr Anschlüsse pro Bauteil führen auch zu einem größeren Aufwand bei der Leiterplattenentflechtung, eine Aufgabe, die von einem Programm durchgeführt wird. Doch werfen wir noch einen kurzen Blick auf die großen Trends zum Ende dieses Jahrtausends:

Trend	Auswirkung
Die Internationalisierung der Märkte, "global village".	Globaler Wettbewerb über den Preis und die Produktqualität, die Abschottung nationaler Märkte ist nur schwer möglich und für den Verbraucher nicht wünschenswert.
Das Telefonnetz wird international, Satelliten werden als Relaisstationen verwendet.	Wichtige Persönlichkeiten sind praktisch überall erreichbar.
Das Global Positioning System (GPS) wird für die zivile Nutzung geöffnet.	Die Positionsbestimmung wird durch Satellitennavigation ermöglicht. Nutzung im Schiffsverkehr, in Flugzeugen und Autos.
Information wird allgemein verfügbar: Das zeigt sich in Programmen wie CNN und der Nachrichtensatelliten, die auf Europa gerichtet sind. Datenbanken können weltweit über Netzwerke genutzt werden.	Der Bürger wird zunehmend schneller und aktueller unterrichtet, aber die Güte der Information kann darunter leiden (Infoglut). Die Auswahl benötigter und erwünschter Informationen wird schwieriger.

Fortsetzung auf der nächsten Seite

Trend	Auswirkung
Netzwerke wachsen vom lokalen Netzwerk zum globalen Netz (Wide Area Network).	Globale Konzerne operieren weltweit und bauen dazu vernetzte Informationssysteme auf. Echte Multinationals sind national nicht mehr zu kontrollieren. Netzwerke sind durch Würmer und Virenprogramme verwundbar.
Neue Konkurrenten betreten den Markt.	Unternehmen aus Indien, Singaphur und Taiwan treten als Konkurrenten zu etablierten Anbietern auf. Mit Rußland ist mittelfristig ebenfalls zu rechnen. Der Schutz geistigen Eigentums wird zunehmend wichtiger. Nationale Grenzen verlieren für High Tech weitgehend ihre Bedeutung.

Tab. 5.1   Globale Trends zum Ende des Jahrtausends.

Die Globalisierung der Märkte bedeutet für ein Land wie Deutschland, das beim Export noch immer eine führende Position einnimmt, eine zunehmende Abhängigkeit von Wettbewerbern aus anderen Regionen der Welt. Da Länder wie Indien und Rußland, mit ihren gut ausgebildeten und erfolgshungrigen Ingenieuren, nicht an der Teilnahme am internationalen Wettbewerb gehindert werden können, kann die Bundesrepublik nur versuchen, ihrerseits Vorteile zu nutzen. Wie heute schon *Siemens* Aufträge für Ingenieurleistungen in die Tschechei vergibt, werden in Zukunft Programme einfacherer Art in Rußland oder Indien im Lohnauftrag erstellt werden. Wie kann sich ein Unternehmen in Deutschland in einem solchen Umfeld behaupten?

Eigentlich nur, indem es Preiswürdigkeit und Qualität betont. Beides sind Ziele, die durch das *Capability Maturity Model* in hervorragender Weise unterstützt werden. Die Wettbewerber im Ausland werden eine gewisse Lernphase durchmachen müssen. Einfaches Schreiben von Programmen ist nicht Software Engineering, und komplexe Software erfordert einen Prozeß, der auf die Anforderungen dieser High Tech Ware abgestimmt ist. Wenn die Unternehmen in Deutschland und Europa die Lernphase der ausländischen Konkurrenten dazu benutzen, ihrerseits weiter zu wachsen, können sie im Wettbewerb bestehen. Tun sie es nicht, wird der internationale Markt eine Korrektur erzwingen.

Eine Art von Software wird sicherlich an Bedeutung gewinnen, nämlich sicherheitskritische Software [116]. Das britische Verteidigungsministerium definiert sicherheitskritische Software als Software, bei deren Versagen Menschenleben in

Gefahr geraten können oder die menschliche Gesundheit bedroht sein kann. Das ist eine Definition, die gewiß auf viele Arten von Software angewandt werden kann: Denken wir nur an Flugzeuge, Kernkraftwerke und medizinische Geräte. Der zweite wichtige Gesichtspunkt bei der Norm "DEF STAN 00-55, Requirements for the Procurement of Safety Critical Software in Defence Equipment" ist die Umkehr der Beweislast. Dieser auch unter rechtlichen Gesichtspunkten wichtige Aspekt bedeutet konkret, daß ein Auftragnehmer des britischen Verteidigungsministeriums beweisen muß, daß die erstellte Software im oben genannten Sinne nicht gefährlich ist. Dazu dient eine zweite Norm, der "DEF STAN 00-56, Requirements for the Analysis of Safety Critical Hazards".

Bei der Anwendung von DEF STANDARD 00-55 ist immer die Richtigkeit der Software im mathematischen Sinne zu beweisen, durch formelle mathematische Methoden. Das beginnt bereits beim Lastenheft der Software, das jetzt zusätzlich zu einer Spezifikation in Englisch auch noch in einer Notation erstellt werden muß, die einer Beweisführung im mathematischen Sinne zugänglich ist.

Es sind sicherlich bei Software dieser Art noch nicht alle Probleme gelöst, und die britische Norm stellt nur den ersten Versuch dar, die Probleme mit sicherheitskritischer Software auf diese Art zu lösen. Auch im internationalen Bereich gibt es jedoch Bestrebungen, das Problem durch Normung besser in den Griff zu bekommen.

Neue Technologien wie das mobile Telefon und das Global Positioning System basieren zum großen Teil auf Software, ebenso die weltweiten Kommunikationsnetze zur Datenübertragung. Solche Netzwerke sind zwar erst im Aufbau, der Sicherheitsaspekt ist dabei aber in vieler Hinsicht vernachlässigt worden.

Viren und Würmer stellen eine Gefahr für derartige vernetzte Systeme dar. Eine andere Gefahr für den Bürger und Manager im Informationszeitalter stellt *Infoglut*, die ungeordnete Informationsflut, dar. Es wird in Zukunft auch darauf ankommen, aus der Fülle der Informationen die wichtigen und richtigen Daten herauszufiltern. Auch dazu werden wir Software einsetzen müssen.

Doch lassen Sie mich konkret auf das *Capability Maturity Model* zurückkommen.

5.2 Die Vorteile für das Unternehmen

Die Vorteile der Einführung eines geordneten und überprüfbaren Prozesses zur Erstellung der Software sind vielfältig, doch eine Antwort taucht bei Unternehmen, die das *Capability Maturity Model* bereits einsetzen, immer wieder auf. Sehen wir uns dazu zunächst die folgende Tabelle an:

Projekt	Schätzung des Codeumfangs	Tatsächlicher Codeumfang	Abweichung von der Schätzung	Abweichung in Prozent
A	34 705	70 919	+36 214	+104
B	32 100	128 837	+96 737	+301
C	22 000	23 015	+1 015	+4,6
D	9 100	34 560	+25 460	+280
E	12 000	23 000	+11 000	+91,7
F	7 300	25 000	+17 700	+242
G	28 500	52 080	+23 580	+82,7
H	8 000	7 650	-350	-4,4
I	30 600	25 860	-4 740	-15,5
J	2 720	16 300	+13 580	+499
K	15 300	17 410	+2 110	+13,8
L	105 300	33 900	-71 400	-75,2
M	18 500	57 194	+38 694	+209
N	35 400	21 020	+14 380	+40,6
O	3 650	8 642	+4 992	+137
P	2 950	17 480	+14 530	+493

Tab. 5.2   Einhaltung des Codeumfangs bei Projekten.

Das ist in der Tat erschreckend: Nur bei ganzen zwei Projekten unter sechzehn liegt die Abweichung vom geplanten Umfang des Codes unter zehn Prozent, und Abweichungen von einhundert Prozent und mehr sind eher die Regel als die Ausnahme. Natürlich wurde bei den oben genannten Projekten das *Capability Maturity Model* **nicht** eingesetzt.

Und das ist zugleich die oben erwähnte Antwort, die von den meisten Managern in bezug auf die Vorteile des *Capability Maturity Models* genannt wird: *Pre-*

dictability, die Projekte werden immer öfter im geplanten Zeitrahmen abgeschlossen und die Kosten werden nicht überschritten!

Das ist ein Vorteil, der gar nicht hoch genug eingeschätzt werden kann, denn ohne verläßliche Voraussagen ist Management wenig mehr als das "Herumstochern im Nebel". Wer wirklich planen und die Einhaltung der Pläne überwachen will, braucht verläßliche Voraussagen.

Ein weiterer Vorteil ist gleich wichtig, und unter dem Gesichtspunkt der Erhöhung der Qualität sogar höher zu bewerten: Die Senkung der Zahl der Fehler in der Software. Auch hier wird eine deutliche Verbesserung vorausgesagt. Sehen wir uns das in einer Grafik an:

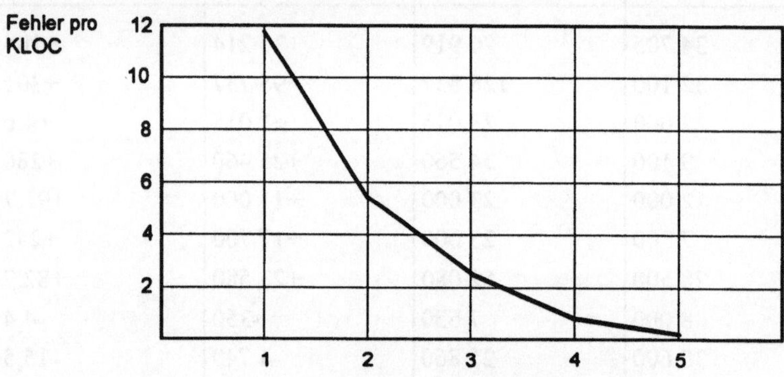

Abb. 5.1   Die Verminderung der Zahl der Fehler.

Wenn wir die Vorhersage dieser Grafik im nächsten Jahrzehnt erfüllen können, ist bereits viel gewonnen. Das gilt nicht nur für die in der Software-Industrie tätigen Unternehmen, sondern darüber hinaus auch für die Gesellschaft.

Doch nicht nur das funktionelle Management der Software-Entwicklung kann vom *Capability Maturity Model* profitieren, auch die Projekte können Vorteile aus seiner Einführung ziehen.

5.3 Wie die Projekte vom *Capability Maturity Model* profitieren

Eines der größten Probleme bei neuen Applikationen, besonders bei unerprobter Technologie und technischem Neuland, ist die Vorhersage zu Kenngrößen der Software. Es fällt zum Beispiel schwer, in der Literatur Angaben zu Fehlerraten in den ersten Jahren nach der Einführung einer neuartigen Programmiersprache zu finden. Das liegt einfach daran, daß erst Erfahrungen mit der höheren Programmiersprache gewonnen werden müssen.

Da das *Capability Maturity Model* jedoch unternehmensweit eingeführt wird, und über alle Projekte hinweg Daten erfaßt und gespeichert werden, können wir von dieser breiten Datenbasis profitieren, selbst wenn wir in einem spezifischen Bereich zunächst noch wenig wissen.

Nehmen wir einmal an, uns liegen Daten zu drei vergleichbaren Applikationen vor. Die ersten zwei Projekte sind abgeschlossen, das dritte Vorhaben befindet sich noch in der Entwicklung. Obwohl unterschiedliche Programmiersprachen verwendet werden, sind die Funktionen der Applikation doch vergleichbar. Zunächst erscheint uns die ursprünglich errechnete Fehlerrate bei Ada relativ hoch. Wir hatten mit weniger gerechnet. Auf den zweiten Blick jedoch wird klar, daß der Einsatz einer höheren Programmiersprache Vorteile bringt. Lines of Code ist eben nicht gleich Lines of Code, sondern man muß auch die dahinterstehende Mächtigkeit der Sprache einbeziehen. Doch sehen Sie sich die Tabelle selbst an:

Projekt	A	B	C
Umfang [LOC]	35 000	20 000	24 000
Programmiersprache	Assembler	FORTRAN	Ada
Mächtigkeit der Sprache, verglichen mit Assembler	1	3	4,5
Äquivalente Zahl von Anweisungen in Assembler	35 000	60 000	108 000
Fehlerrate pro 1000 LOC	35	49	55
Äquivalente Fehlerrate, bezogen auf Assembler	35	16	12

Tab. 5.3   Vergleich dreier Projekte.

Mit einer Datenbasis, die sich bei zunehmendem Einsatz der Methoden des *Capability Maturity Models* rasch mit Daten füllen wird, sind Vergleiche über verschiedene Projekte hinweg relativ leicht möglich. Solche kleinen Statistiken können helfen, den richtigen Weg zu finden, oder auch nur zur eigenen Beruhigung beitragen. Nützlich sind sie in jedem Fall. Lassen Sie uns im letzten Kapitel noch einmal kurz zusammenfassen, was zur Einführung des CMM notwendig ist.

5.4   Der erste Schritt

Die Einführung des *Capability Maturity Models* ist gewiß kein Unterfangen, das auf die leichte Schulter genommen werden kann. Es führt zu großen Veränderungen im Unternehmen, und Menschen wehren sich nun einmal dagegen, liebgewonnene alte Gewohnheiten zu ändern. Wer das Unternehmen und seine Arbeitsweise jedoch nicht anpaßt, wird früher oder später im Wettbewerb nicht mehr mithalten können. Das ist eine revolutionäre Veränderung, die weder die Unternehmensleitung noch die Mitarbeiter für wünschenswert halten werden. Im Gegensatz zu anderen Methoden zielt das CMM auch auf evolutionäre Veränderungen in vielen kleinen Schritten und über einen langen Zeitraum. Was ist notwendig, wenn wir uns zur Einführung entschlossen haben?

♦   Zuerst muß das Top Management davon überzeugt werden, daß die Einführung notwendig und sinnvoll ist. Wenn sich die Firmenleitung für das CMM entschlossen hat, ist das Setzen neuer Prioritäten, die Zuweisung von Ressourcen und die Unterstützung bei der Einführung notwendig. Die Leitung eines Unternehmens wird erst dann eine Verpflichtung eingehen, wenn sich dieses Gremium davon überzeugt hat, daß derartige Maßnahmen und Verbesserungen sinnvoll und erstrebenswert sind.

♦   Es bedarf über die Unternehmensspitze hinaus der Überzeugung weiterer Menschen im Unternehmen, wenn die Einführung gelingen soll. Zwar ist die Zustimmung der Unternehmensleitung eine unabdingbare Voraussetzung, jedoch wird das Unternehmen oft weit mehr von Personen geprägt, die man als informelle Führer bezeichnen könnte. Das sind Menschen, die hohe fachliche und menschliche Achtung unter ihren Kollegen und Mitarbeitern genießen, auf deren Rat man somit hört. Kann man diese Fachleute davon überzeugen, daß das *Capability Maturity Model* eingeführt werden muß, hat man schon halb gewonnen, denn sie werden die "Zauderer" und Unentschlossenen auf ihre Seite ziehen. Ignoriert oder übergeht man diese Gruppe von Personen hingegen, schafft man ein Potential, das die Einführung zum Scheitern bringen kann.

- Es müssen alle Ebenen des Managements einbezogen werden. Während die Unternehmensspitze die ursprüngliche Entscheidung trifft und die Fachleute aus der Technik viele Unentschlossene überzeugen können, sind es doch die Manager der mittleren Führungsschicht, die die Entscheidungen bei der täglichen Arbeit treffen. Wenn diese Gruppe die Einführung des *Capability Maturity Models* nicht tatkräftig unterstützt, kann der Fortschritt bei der Einführung sehr langsam sein.

- Es muß eine Planung geschaffen werden, die auf der einen Seite sehr aggressiv und auf der anderen Seite sehr konservativ ist. Diese scheinbaren Gegensätze sind dadurch bedingt, weil das Top Management wahrscheinlich auf eine schnelle Einführung und einen aggressiven Zeitplan drängen wird, während die mittlere Führungsschicht auf konkrete Vorgaben pochen wird, die in der täglichen Arbeit durchführbar sind. Beide Ziele sind aus der Sicht der jeweiligen Manager verständlich und sinnvoll. Die Planung muß insgesamt so gestaltet werden, daß für die Einführung des *Capability Maturity Models* zwar ein aggressiver Zeitplan vorgelegt wird, die tatsächliche Durchführung der Maßnahmen jedoch an vielen kleinen Meilensteinen konkret überprüft werden kann.

- Die gegenwärtige Situation des Unternehmens darf nicht außer acht gelassen werden. Es macht wenig Sinn, die Lösung zu Problemen des vergangenen Jahres nachzuliefern. Obwohl wichtige Veränderungen durchgeführt werden, muß sich der Plan immer an den Notwendigkeiten der Firma und des operativen Geschäfts orientieren.

- Die gemachten Fortschritte bei der Einführung des *Capability Maturity Models* müssen sichtbar gemacht werden. Die Mitarbeiter verlieren leicht den Mut, wenn sie keinen sichtbaren Fortschritt erkennen können. Daher müssen Erfolge in einzelnen Projekten, zum Beispiel bei der Einführung von Methoden und Werkzeugen, herausgestellt, und mit ihnen muß geworben werden.

Es wird nicht ausbleiben, daß sich in vielen Organisationen Widerstand gegen die Einführung des *Capability Maturity Models* aufbauen wird. Wir wollen deshalb in den folgenden Zeilen die häufigsten Argumente gegen die Einführung des Modells kurz behandeln. Es ist immer gut, auf Fragen dieser Art vorbereitet zu sein. Das sind die am meisten geäußerten Einwände:

- Warum ist gerade das *Capability Maturity Model* das richtige Modell?

- Weshalb brauchen wir eine Prozeßgruppe?

- Warum kann die Qualitätssicherung die Arbeit der Prozeßgruppe nicht mit übernehmen?

- Wenn sich der Prozeß verbessert, brauchen wir dann weiterhin eine Qualitätssicherung?

- Warum ist die Verhinderung von Fehlern so wichtig?

- Wie rechnet sich die Einführung des *Capability Maturity Models*, wenn überhaupt?

- Warum gerade jetzt?

Die Frage, ob das *Capability Maturity Model* das richtige Modell ist, verdient eine sorgfältige Antwort. Es ist etwa so wie beim COCOMO-Modell zur Ermittlung der Kosten, das in Barry Boehms Buch Software Engineering Economics ausführlich beschrieben ist [72]. Natürlich gibt es andere Modelle zur Preisermittlung, und sie mögen Vorteile haben. Barry Boehm hat jedoch umfangreiches Zahlenmaterial vorgelegt, um sein Modell zu unterlegen, und er war nun einmal als einer der ersten damit am Markt. Insofern handelt es sich um ein weitgehend verwendetes und eingeführtes Modell zur Preisermittlung.

Ähnlich liegen die Verhältnisse beim *Capability Maturity Model*. Es ist nach der Veröffentlichung von Humphreys Buch über Jahre gewachsen und am *Software Engineering Institute* der Carnegie Mellon University verfeinert worden. Das Modell präsentiert die Schwierigkeiten, denen viele Firmen der Software-Industrie in den Jahren ihres Wachstums begegnen, in durchaus praxisgerechter Art und Weise. Natürlich ist das Modell nicht perfekt, und es wird weiterhin angepaßt werden, so wie sich die Verhältnisse in der Industrie verändern und sich unsere Methoden und Werkzeuge weiterentwickeln. Es ist daher zweckmäßig, sich die Unterlagen [46] des *Software Engineering Institutes* zu besorgen, um immer auf dem aktuellen Stand zu bleiben.

Die zweite Frage zielt auf die Notwendigkeit einer Prozeßgruppe. Gleichgültig, ob die Gruppe nun Software Engineering Process Group, Process Enhancement Group oder einfach kurz Prozeßgruppe genannt wird, sie hat eine spezifische Aufgabe, nämlich für Verbesserungen im Prozeß der Software-Erstellung und bei den erstellten Produkten zu sorgen.

Diese Aufgabe ist keine Nebentätigkeit, sondern erfordert das Engagement von Fachleuten, die sich ständig um Verbesserungen bemühen. Einige Skeptiker werden trotzdem nicht überzeugt sein, sondern fragen, ob nicht jeder einzelne einfach jeden Tag ein bißchen mehr tun könnte. Das ist etwa so, als würde man bei einer Fußballmannschaft auf den Trainer verzichten wollen. Dies ist schon bei der höchsten Liga, angesichts der Einsätze, eine absurde Vorstellung. Bei Software geht es um weit mehr Geld, und da sollten wir auf professionellen Rat und gezieltes Vorgehen keinesfalls verzichten.

Andere Zweifler mögen fragen, ob sich nicht durch den gezielten Einsatz von Methoden und den Kauf von Werkzeugen alle Probleme lösen lassen. Nun will ich dem Methodeneinsatz und dem Kauf von Werkzeugen keinesfalls widersprechen. Aber reicht das aus? — Die Überschrift von Brooks Aufsatz *There is no silver bullet* [118] sagt es überdeutlich: Es gibt keine geheime Formel und kein Zauberwort, bei dessen Anwendung schon alles ins Lot kommt. Methoden und Werkzeuge sind nützlich und notwendig, doch erst im Rahmen eines definierten Prozesses können sie dem Unternehmen wirklich dienen. Der Vergleich zwischen einem Handwerksbetrieb und einer durchorganisierten Fabrikation drängt sich auf: In beiden Produktionsprozessen finden wir wahrscheinlich Bohrmaschinen, doch ist ihr Einsatz in der Produktion einer Fabrik sehr viel besser geplant als im Handwerksbetrieb. Die Produkte der Fabrikation, denken Sie nur an Automobile, bewegen sich auch innerhalb sehr viel engerer Toleranzen, und da bietet sich der Vergleich zur Software geradezu an: Die Anzahl der tolerierten Fehler in der Software muß erheblich gesenkt werden.

Nun zur dritten Frage: Warum kann die Software-Qualitätssicherung das nicht mitmachen? — Die Frage offenbart zum einen, daß der Mitarbeiter oder Manager die Rolle der Qualitätssicherung im Unternehmen nicht richtig verstanden hat. Die Qualitätssicherung ist die letzte Sicherung der eigenen Organisation vor dem Kunden. Die Aufgabe der Prozeßgruppe ist es aber vor allem, die Veränderungen und Verbesserungen in die Entwicklung zu tragen. Letztlich muß es das Anliegen der Entwicklung und der beteiligten Gruppen sein, für eine hohe Qualität zu sorgen. Die Software-Qualitätssicherung ist sicherlich im Sinne konstruktiver Maßnahmen immer bereit, neue Technologien, Methoden und Werkzeuge auf ihr Potential hin "abzuklopfen", doch das ist nicht ihre alleinige und schon gar nicht ihre Hauptaufgabe. Da die Qualitätssicherung eine Kontrollfunktion hat, wäre es wenig sinnvoll, ihr auch noch die Aufgaben der Prozeßgruppe zu übertragen. Macht die Qualitätssicherung beides, wird immer eine der beiden Funktionen leiden.

Die vierte Frage zielt auf die Notwendigkeit der Qualitätssicherung. Crosby hat dazu gesagt, daß sich der Aufwand zur Qualitätssicherung auf ein paar Prozent des Umsatzes reduzieren läßt. Dabei sprach er allerdings von Organisationen auf der Ebene 5 seines Modells, und die gibt es bei Software zur Zeit noch gar nicht. Es bleibt deshalb viel zu tun, und die Qualitätssicherung hat dabei eine legitime

Aufgabe. Das ergibt sich bereits aus den Argumenten zur Gewaltenteilung. Es spricht andererseits nichts dagegen, Kontrollfunktionen mehr und mehr in die Prozesse zu verlagern und von den Mitarbeitern dort durchführen zu lassen. Solange die Prüfungen dokumentiert werden und nachvollziehbar sind, ist das ein guter Ansatz. Ich fürchte nur, viele Organisationen im Bereich der Software sind noch lange nicht soweit.

Wenden wir uns den Maßnahmen zur Verhinderung von Fehlern zu: Fehler bei der Software hat es doch immer gegeben, wird so mancher argumentieren. Das ist wahr, und diese niedlichen kleinen *bugs* sind doch gar nicht so schlimm. Selbst die Sprache, die oft verräterisch ist, gibt uns einen Hinweis: Die Tätigkeit zum Entfernen von Fehlern heißt konsequenterweise *debugging*. Aber liegt da nicht ein großer Denkfehler? — Welcher intelligente Mensch würde denn einen einmal gemachten Fehler wissentlich noch einmal machen? Aber ist das bei Software nicht genau unsere Situation? Jede neue Generation von Programmierern macht die alten Fehler noch einmal, und selbst gestandene Entwickler tappen immer wieder in dieselben Fallen. Ist das ein Zeichen von wahrer Intelligenz?

Zum vorletzten Fragenkomplex: Selbstverständlich ist die Frage nach den Kosten immer legitim, und ich wäre sogar überrascht, wenn sie nicht käme. Gewiß wird die Einführung des *Capability Maturity Models* etwas kosten, in diesem Punkt wollen wir uns keinen Illusionen hingeben. Andererseits kosten der gegenwärtige Zustand und die damit verbundene fehlerbehaftete Software auch etwas. Von erhöhten Wartungskosten und unzufriedenen Kunden bis hin zu Mitarbeitern, die aufgrund dauernder Überstunden kündigen, wäre da zu reden. Vielleicht ist eine Gegenfrage in so einem Fall die beste Taktik. Die Qualitätskosten sind die Kosten zur Fehlerbeseitigung, einschließlich verlorener Aufträge und Kunden, die nicht mehr wiederkommen. Wie hoch sind denn diese Kosten?

Wenn die Organisation nicht mehr zur Verbesserung und Veränderung fähig ist, verschwindet sie eines Tages vom Markt, einfach weil sich die Wettbewerber alle Aufträge "wegschnappen". Auch das sind letztlich Kosten, die man gegen die Kosten für die Einführung des *Capability Maturity Models* gegenrechnen muß.

Das letzte Argument gegen die Einführung wird in vielen Fällen einfach sein: "Wir haben im Augenblick keine Zeit dafür. Können wir es nicht verschieben?" — Es werden Projekte und die Projektarbeit vorgeschoben, und das ist in vielen Fällen gar nicht von der Hand zu weisen.

Trotzdem läßt sich das Argument relativ leicht widerlegen, wenn der Auftraggeber die Einführung des *Capability Maturity Models* oder eines ähnlichen Verfahrens verlangt [117]. Das sind Tatsachen, gegen die sich nur schwer argumentieren läßt.

Das waren einige der am häufigsten gehörten Einwände. Wie die Einführung zu bewerkstelligen ist, haben wir bereits ausführlich behandelt. Am Anfang muß immer eine Bewertung der gegenwärtigen Praktiken der Organisation stehen, ein Assessment muß stattfinden. Überzeugen Sie somit Ihr Management, daß ein Handlungsbedarf besteht, bilden Sie eine Gruppe aus externen und internen Experten, und fangen Sie mit der Bewertung der Praktiken der eigenen Organisation an. Der Gewinn für das Unternehmen kann groß sein, und das in vielerlei Hinsicht. Dem Mutigen gehört die Zukunft.

Abschnitt VI

Anhänge

Anhang A - Literaturverzeichnis

[01]   Harenberg-Lexikon-Redaktion, Aktuell '90, Das Lexikon der Gegenwart, Harenberg Lexikon-Verlag, Dortmund, 1989, ISBN 3-611-00085-X

[02]   Harenberg-Lexikon-Redaktion, Aktuell '91, Das Lexikon der Gegenwart, Harenberg Lexikon-Verlag, Dortmund, 1990, ISBN 3-611-00130-9

[03]   Harenberg-Lexikon-Redaktion, Aktuell '92, Das Lexikon der Gegenwart, Harenberg Lexikon-Verlag, Dortmund, 1991, ISBN 3-611-00222-4

[04]   o. V., Webster's New World Dictionary of Computer Terms, 3rd edition, Simon & Schuster, New York, 1988, ISBN 0-13-949231-3

[05]   o. V., The Concise Oxford Dictionary of Quotations, Oxford University Press, Oxford, 1981, ISBN 0-19-281324-2

[06]   Fred Warshofsky, The Chip War: The Battle for the World of Tomorrow, Charles Scribner & Sons, New York, 1989, ISBN 0-684-18927-5

[07]   Jeremy Tennenbaum, The Military's Computing Crisis: The Search for a Solution, Solomon Brothers Inc., Stock Research Aerospace/Defense, September 1987

[08]   Alwin Diemer, Hans Ulrich Schilbach, Norbert Henrichs, COMPUTER, Medium der Informationsverarbeitung, Carl Habel Verlagsbuchhandlung, Darmstadt, 1972

[09]   MVV-Automaten als Melkkühe, in Süddeutsche Zeitung vom 12. August 1991

[10]   o. V., Post-Computer verschlampt tausende Überweisungen, in Süddeutsche Zeitung, Ausgabe vom 28. März 1991

[11]   Peter G. Neumann, Inside Risks: Some reflections on a Telephone Switching Problem, in Communications of the ACM, Vol. 33, No. 7, July 1990

[12]   Aviation Week & Space Technology, March 26, 1990, page 22

[13]   o. V., NASA, Intelsat Discuss Shuttle Rescue of Satellite Stranded in Useless Orbit, in Aviation Week & Space Technology, March 26, 1990

[14]   Donald A. Norman, Commentary: Human Error and the Design of Computer Systems, in Communications of the ACM, January 1990, Volume 33, Number 1

[15]   Communications of the ACM, Januar 1990, Seite 4

[16]   Thomas Whiteside, Computer Capers, New American Library, New York, 1978

[17]   Werner Heine, Die Hacker, Von der Lust, in fremden Netzen zu wildern, Rowohlt, Reinbek bei Hamburg, 1985, ISBN 3 499 181193

[18]   Clifford Stoll, The Cuckoo's Egg, Doubleday, New York, 1989, ISBN 0-385-24946-2

[19]   Katie Hafner and John Markoff, Cyberpunk, Fourth Estate Limited, London, 1991, ISBN 1-872180-94-9

[20]   Clifford Stoll, Stalking the Wily Hacker, in Communications of the ACM (CACM), May 1988, Seite 484

[21]   C. Perrow, Normale Katastrophen — Die unvermeidbaren Risiken der Großtechnik, Campus Verlag, Frankfurt, 1987, ISBN 3-593-34125-5

[22]   The clock grows at midnight, in Communications of the ACM, January 1991

[23]   US House of Representatives, Staff Study by the Subcommittee on Investigations and Oversight, Bugs in the Program: Problems in Federal Government Computer Software Development and Regulation, Washington, DC, 1990, US Government Printing Office

[24]   o. V., Congress finds Bug in the Software, in News & Comment, 10 November 1989

[25]   John McAfee, Computer Viruses, Worms, Data Diddlers, Killer Programs, and other threats to your system, St. Martin's Press, New York, 1989, ISBN 0-312-02889-X

[26]   ACM/SIGAda and Baltimore SIGAda, Tri-Ada '90, Proceedings, December 3-7, 1990, Baltimore Convention Center, Baltimore, MD

[27]   Ada Information Clearinghouse Newsletter, Vol. VI, No. 4, December 1988

[28]   Jack Shandle, It's Time to grow up, in Electronics, June 1989

[29] W. Edwards Deming, Quality, Productivity and Competitive Position, Massachusetts Institute of Technology, Center for Advanced Studies, Cambridge, MA, 1982

[30] Andrea Gabor, The Man who discovered Quality, Random House, New York, 1990, ISBN 0-8129-1774-X

[31] Mary Walton, The Deming Management Method, Perigee Books, New York, 1986, ISBN 0-399-55001-1

[32] J. M. Juran, Juran on Planning for Quality, The Free Press, New York, 1988, ISBN 0-02-916681-0

[33] J. M. Juran, Juran on Leadership for Quality, The Free Press, New York, 1989, ISBN 0-02-916682-9

[34] IEEE AES Magazine, September 1990

[35] Masaaki Imai, KAIZEN — The Key to Japan's Competitive Success, McGraw-Hill Publishing Company, New York, 1986, ISBN 0-07-554332-X

[36] Peter Tasker, Inside Japan — Wealth, Work and Power in the New Japanese Empire, Penguin Books, London, 1987, ISBN 9 780140 117967

[37] Hans-Ulrich Kempski, Was Japan stark macht (I): "Meine Lieblingsfarbe ist Blau", in Süddeutsche Zeitung, DIE SEITE DREI, 27. April 1992

[38] Hans-Ulrich Kempski, Was Japan stark macht (II): Auf Harmonie gestylt, aber kampfbereit, in Süddeutsche Zeitung, DIE SEITE DREI, 2./3. März 1992

[39] Ex-Time Chief's Pay: $15.7 Million, in International Herald Tribune, May 2-3, 1992

[40] Philip B. Crosby, Quality is free, New American Library, New York, N.Y., 1979, ISBN 0-451-62247-2

[41] Philip B. Crosby, Quality without Tears, McGraw-Hill, New York, 1984, ISBN 0-452-25658-5

[42] Steven Schlossstein, The End of the American Century, Congdon & Weed, New York, 1989, ISBN 0-86553-201-0

[43] Robert W. Lucky, Silicon Dreams: Information, Man and Machine, St. Martin's Press, New York, N.Y., 1989, ISBN 0-312-02960-8

[44]   Wolfgang Junghans, Qualität und Zuverlässigkeit, Mai 1991, Hanser Verlag, München

[45]   Watts S. Humphrey, Managing the Software Process, Addison-Wesley Publishing Company, 1989, ISBN 0-201-18095-2

[46]   Mark C. Paulk, Bill Curtis, Mary Beth Chrissis, Capability Maturity Model for Software, Software Engineering Institute, Carnegie Mellon University, Pittsburgh, Pennsylvania, August 1991

[47]   Georg Erwin Thaller, US-Uni Carnegie Mellon stellt die Entwicklung auf den Prüfstand, in Computerwoche, Heft 11[1992, Seite 22, IDG Communications Verlag, München, ISSN 0170-5121

[48]   Tom DeMarco, Controlling Software Projects, Yourdon Press, Englewood Cliffs, NJ, 1982, ISBN 0-13-171711-1

[49]   Emil Brauchlin, H. P. Wehrli, Strategisches Management, R. Oldenbourg Verlag, München, 1991, ISBN 3-486-21185-4

[50]   Michael E. Porter (Herausgeber), Globaler Wettbewerb — Strategien der neuen Internationalisierung, Gabler Verlag, 1986, ISBN 3-409-13332-1

[51]   James Martin, Joe Leben, Strategic Information Planning Methodologies, Prentice Hall, Englewood Cliffs, New Jersey, 1989, ISBN 0-13-850538-1

[52]   Peters/Waterman, In Search of Excellence, Harper & Row, New York, 1982, ISBN 0-06-015042-4

[53]   F. L. Bauer, Software Engineering, Springer Verlag, Berlin, 1973, ISBN 3-540-08364-2

[54]   Roger S. Pressmann, Software Engineering, A Practitioner's Approach, McGraw-Hill, New York, 1987, ISBN 0-07-050783-X

[55]   Barry W. Boehm, Software Risk Management, IEEE Computer Society Press, Los Alamitos, CA, 1989, ISBN 0-8186-8906-4

[56]   Frederick P. Brooks, The Mythical Man-Month, Addison-Wesley Publishing Company, 1975, ISBN 0-201-00650-2

[57]   Tom Gilb, Principles of Software Engineering Management, Addison-Wesley, 1988, ISBN 0-201-19246-2

[58]   Dieter Rombach, Quantitative Software-Qualitätssicherung und Wiederverwendbarkeit, Seminarunterlagen, CASE-Forum, 24. bis 25. September 1991, Frankfurt

[59] H. D. Rombach und V. R. Basili, Quantitative Software-Qualitätssicherung, in Informatik-Spektrum, 1987, S. 145 - 158

[60] H. Dieter Rombach, Practical Benefits of Goal-Oriented Measurement, Proceedings of the Annual Workshop of the Centre for Software Reliability, Elsevier, 1990

[61] Larry E. Towner, CASE: Concepts and Implementation, McGraw-Hill Book Company, New York, 1989, ISBN 0-07-065086-1

[62] Peter Hruschka (Herausgeber), CASE in der Anwendung — Erfahrungen bei der Einführung von CASE, Carl Hanser Verlag, München, 1991

[63] Capers Jones, Programming Productivity, McGraw-Hill, New York, 1986, ISBN 0-07-032811-0

[64] Tom DeMarco and Timothy Lister, Peopleware, Dorset House Publishing Company, New York, N.Y., 1987, ISBN 0-932633-05-6

[65] Gerald M. Weinberg, Understanding the Professional Programmer, Dorset House Publishing, New York, 1988, ISBN 0-932633-09-9

[66] Gerald M. Weinberg, The Psychology of Computer Programming, Van Nostrand Reinhold Company, New York, N.Y., 1971, ISBN 0-442-29264-3

[67] Elliot Chikofsky, Looking for the best software engineers, in IEEE Software, Juli 1989

[68] Tom DeMarco, Tim Lister, Programmer Performance and the effects of the workplace, reprint from the IEEE Proceedings of the 8th International Conference on Software Engineering, August 28-30, 1985, London, UK

[69] Meilir Page-Jones, Practical Project Management — Restoring Quality to DP Projects and Systems, Dorset House Publishing, New York, 1985, ISBN 0-932633-00-5

[70] C-17 Program Faces Problems in Manufactoring, Software, in Aviation Week & Space Technology, May 18, 1992, page 31

[71] Walter R. Beam, Systems Engineering: Architecture and Design, McGraw-Hill Publishing Company, New York, 1990, ISBN 0-07-004259-4

[72] Barry Boehm, Software Engineering Economics, Prentice Hall, Englewood Cliffs, New Jersey, 1981, ISBN 0-13-822122-7

[73] Ware Myers, Allow Plenty of Times for Large-Scale Software, in IEEE Software, July 1989

[74] Robert B. Rowen, Software Project Management Under Incomplete and Ambigious Specifications, IEEE Transactions on Engineering Management, Vol. 17, No. 1, February 1990

[75] Lewis Gray (editor), Implementing the DOD-STD-2167 and DOD 2167A Software Organizational Structure in Ada, Association of Computing Machinery (ACM) Special Interest Group (SIGAda) Software Development Standards and Ada Working Group (SDSAWG), August 1990

[76] Georg Erwin Thaller, Bei komplexen Projekten eine zweigeteilte Spezifikation, in Computerwoche 19/92, 8. Mai 1992

[77] Bruce Brocka, Brainstorming, in IEEE Professional Communications Society Newsletter, Volume 36, Number 2, March 1992

[78] Barbara M. Bouldin, Agents of Change, Yourdon Press, Englewood Cliffs, New Jersey, 1989, ISBN 0-13-018508-6

[79] Kernighan/Plauger, The Elements of Programming Style, Mc-Graw-Hill Book Company, New York, 1978, ISBN 0-07-034207-5

[80] Kernighan/Plauger, Software Tools, Addison-Wesley Publishing Company, Reading, MA, 1976

[81] Kernighan/Ritchie, The C Programming Language, Prentice-Hall, Englewood Cliffs, NJ, 1978, ISBN 0-13-110163-3

[82] Herbert Schildt, C — The Complete Reference, Osborne McGraw-Hill, Berkeley, CA, 1987, ISBN 0-07-881263-1

[83] Susan Fife Dorchak, Patricia Brisotti Rice, Writing Readable Ada: A Case Study Approach, D. C. Heath and Company, Lexington, Massachusetts, 1989, ISBN 0-669-12616-0

[84] Ware Myers, Build defect-free software, Fagan urges, in IEEE Computer, August 1990

[85] Glenford J. Myers, Reliable Software Through Composite Design, Van Nostrand Reinhold Company, New York, 1975, ISBN 0-442-25620-5

[86] Glenford J. Myers, The Art of Software Testing, John Wiley & Sons, New York, 1979, ISBN 0-471-04328-1

[87] Glenford J. Myers, Software Reliability, Principles & Practices, John Wiley & Sons, New York, 1976, ISBN 0-471-62765-8

[88]   Georg Erwin Thaller, Wie testet man ein Betriebssystem?, in Markt & Technik, Nr. 15 vom 15. April 1983

[89]   Richard A. DeMillo, W. Michael McCracken, R. J. Martin, John F. Passafiume, Software Test and Evaluation, The Benjamin/Cummings Publishing Company, Menlo Park, California, 1987, ISBN 0-8053-2535-2

[90]   William Bryan, Tutorial, Software Configuration Management, IEEE Computer Society, Washington, DC, 1980

[91]   Wayne A. Babich, Software Configuration Management, Addison-Wesley Publishing Company, Reading, MA, 1986, ISBN 0-201-10161-0

[92]   William L. Bryan and Stanley G. Siegel, Software Product Assurance, Elsevier, New York, 1988, ISBN 0-444-01120-X

[93]   Georg Erwin Thaller, Software-Qualität: Entwicklung, Test, Sicherung, SYBEX Verlag, Düsseldorf, 2. Auflage 1991, ISBN 3-88745-765-X

[94]   Muneo Takahashi and Yuji Kamayachi, An Empirical Study of a Model for Program Error Prediction, in IEEE Transactions on Software Engineering, Vol. 15, No. 1, January 1989

[95]   Georg Erwin Thaller, Das Ende der Fehlersuche ist keine Frage der Willkür, in Computerwoche 15/91, 12. April 1991

[96]   Georg Erwin Thaller, Qualitätskontrolle ist ohne einen Maßstab nicht möglich, in Computerwoche 36/91, Seite 14

[97]   David N. Card, Robert L. Glass, Measuring Software Design Quality, Prentice Hall, Englewood Cliffs, New Jersey, 1990, ISBN 0-13-568593-1

[98]   Harry M. Sneed, Software Qualitätssicherung, Rudolf Müller Verlag, Köln, 1988, ISBN 3-481-36521-7

[99]   Software-Qualitätssicherung, DGQ-NTG-Schrift Nr. 12-51, Deutsche Gesellschaft für Qualität, Berlin, 1986

[100]   Robert Dunn, Quality Assurance for Computer Software, McGraw-Hill, New York, 1982, ISBN 0-07-018312-0

[101]   Richard A. Foster, Introduction to Software Quality Assurance, San Jose, CA, 1975

[102]   David J. Smith and Kenneth B. Wood, Engineering Quality Software, Elsevier Applied Science, New York 1987, ISBN 1-85166-074-7

[103] Chin-Kuei Cho, An Introduction to Software Quality Control, John Wiley & Sons, New York, 1980, ISBN 0-471-04704-X

[104] John D. Cooper and Mathew J. Fisher, Software Quality Management, Petrocelli Books, New York, 1979

[105] The Letter T, Vol. 4, Number 1, March 1990

[106] Ware Myers, Transfering Technology is tough, in IEEE Computer, June 1990

[107] IBM seeks to produce better code, in Computer Fraud and Security Bulletin, Junuary 1992

[108] James M. Haugh, IBM Federal Sector Division, Never make the same mistake twice — Using Configuration Control and Error Analysis to Improve Software Quality, in IEEE AES Systems Magazine, January 1992

[109] Qualität und Recht, DGQ-Schrift Nr. 19-30, Deutsche Gesellschaft für Qualität, 1988

[110] Karla Jenning, The Devouring Fungus — Tales of the Computer Age, W. W. Norton & Company, London 1990, ISBN 0-393-30732-8

[111] Robert B. Grady, Deborah L. Caswell, Software Metrics: Establishing a company wide program, Prentice Hall, Englewood Cliffs, New Jersey, 1987, ISBN 0-13-821844-7

[112] S. D. Conte, H. E. Dunsmore, V. Y. Shen, Software Engineering Metrics and Models, The Benjamin Cummings Publishing Company, 1986, ISBN 0-8053-2162-4

[113] Reiner Dumke, Softwareentwicklung nach Maß: Schätzen, Messen, Bewerten, Vieweg Verlag, Wiesbaden, 1992, ISBN 3-528-05232-5

[113] Terence W. Brotherton, Capability Evaluation Adapted to Procurement, in IEEE Software, May 1992

[114] Ada Quality and Style: Guidelines for Professional Programmers, Software Productivity Consortium, SPC-91061-N, Version 02.00.02, 1991

[115] Software Process Maturity, Ada Software Engineering, and AdaMAT, Dynamics Research Corporation, Andover, MA

[116] Georg Erwin Thaller, Britische Norm: Für Europa zu weitgehend?, in KES 91/5, SecuMedia Verlags-GmbH, Ingelheim, ISSN 0177-4565

[117] Angela Burgess, DoD Budget embodies New Acquisition Plan, in IEEE Software, May 1992

[118] F. P. Brooks, No silver bullet, essence and accidents of software engineering, in IEEE Computer, April 1987

[119] Michael E. Evans, John J. Marciniak, Software Quality Assurance & Management, John Wiley & Sons, New York, 1987, ISBN 0 471-80930-6

[120] Robert X. Cringely, Unternehmen Zufall, Addison-Wesley, Bonn, 1992, ISBN 3-89319-437-1

[121] Frederick T. Sheldon, Krishnam M. Kavi, Robert C. Tausworthe, James T. Yu, Ralph Brettschneider, William W. Everett, Reliability Measurement: From Theory to Practice, in IEEE Software, July 1992

[122] Bruce D. Nordwall, Defense Department Expects New Strategy For Improving Software to Save Billions, in Aviation Week & Space Technology, June 22, 1992

[123] Digital, Other Firms Focus on Aerospace CASE needs, in Aviation Week & Space Technology, June 22, 1992

[124] Aviation Week&Space Technology, September 18, 1989

[125] W.L. Bryan, S.G. Siegel, Software Product Assurance, Elsevier, New York, 1988

Anhang B - Glossar

Ada

Ada, Countess of Lovelace, war die Tochter Lord Byrons. Sie unterstützte Charles Babbage bei der Konstruktion seiner Difference Engine. Zu ihren Ehren wurde die neue Programmiersprache des amerikanischen Department of Defense Ada getauft.

Akzeptanztest

Der formelle Test im Beisein des Kunden oder Endbenutzers. Dabei muß die Software die im Lastenheft dokumentierten Anforderungen erfüllen.

Algorithmus

Eine Rechenanweisung in einer für einen Computer aufbereiteten Form, also eine Folge sequentieller Schritte.

Allocated Baseline

Die Anforderungen an die Software, einschließlich der Definition der externen Schnittstellen.

Applikation

Software für den Endbenutzer in der Form einer spezifischen Anwendung, zum Beispiel als Programm für die Lohn- und Gehaltsabrechnung.

Assessment

Bewertung oder Beurteilung eines Systems oder eines Produktes. Synonyme im Englischen sind: Appraisal, Evaluation und Estimation.

Audit

Die Überprüfung der Einhaltung und Wirksamkeit eines vorgeschriebenen Qualitätssicherungssystems.

Baseline

Eine Spezifikation, Lastenheft oder ein anderes Software-Teilprodukt, das überprüft und genehmigt wurde, in der Regel unter Konfigurationskontrolle steht und nur durch einen formalen Änderungsprozeß verändert werden kann.

Beancounters

Bürokraten.

Betriebssystem
Software, die die Ausführung von Anwenderprogrammen auf einem Computer kontrolliert und die Ressourcen des Systems verwaltet.

Bit
Die kleinste für einen Computer darstellbare Informationseinheit. Sie repräsentiert eine Null oder Eins im binären Zahlensystem.

Bottom-up
Eine Vorgehensweise, bei der mit einer Tätigkeit an der niedersten Ebene einer hierarchischen Struktur begonnen wird, z.B. Bottom-Up Design oder Bottom-Up Testing.

Break Even Point
Die Gewinnschwelle, d.h. der Zeitpunkt oder die Menge, ab dem ein Gewinn erzielt wird.

Bubble Charts
Eine grafische Darstellung des Designs, bei der die Objekte durch Kreise (bubbles) dargestellt werden.

Bug
Ein Fehler in einem Computerprogramm, besser sind die Synonyme defect und fault.

Build
Ein ausführbares Computerprogramm, das aus mehreren Software-Komponenten und/oder Modulen erstellt wurde.

Byte
Acht Bits. Ein Byte ist oft die kleinste von einer Programmiersprache aus ansprechbare Einheit von Daten im Speicher eines Computers.

CAM
Computer Aided Manufacturing.

CASE
Computer Aided Software Engineering.

CDR
Critical Design Review.

Certification
Die formelle Bestätigung, in der Regel durch die Qualitätssicherung eines Unternehmens, daß ein Software-Produkt bestimmte geforderte Eigenschaften besitzt oder einen vorgeschriebenen Test bestanden hat.

Change Agent
Eine Person, die eine neue Methode einführt oder ganz allgemein die eingefahrenen Gleise der Organisation verläßt.

Change Control
Der formelle Prozeß, durch den Software nach der Etablierung einer Baseline geändert wird.

Change Control Board
Ein Gremium, das Änderungen zu Software kontrolliert (genehmigt oder verwirft), die unter Konfigurationskontrolle steht.

Cleanroom
Eine Methode zur Erstellung von Software, bei der hochwertige und weitgehend fehlerfreie Software entstehen kann.

Code
Die Ausprägung von Software, die von einem Assembler oder Compiler verarbeitet und umgesetzt werden kann, d.h. eine von einer Maschine oder einem Werkzeug lesbare Form von Software.

Computer Software Component (CSC)
Eine Komponente der Software, die wiederum aus einigen Computer Software Units (CSUs) bestehen kann.

Configuration
Eine Sammlung identifizierbarer Teile eines Systems.

Configuration Control
siehe Konfigurationskontrolle.

Configuration Control Board
siehe Change Control Board.

Configuration Item
Ein Teil oder eine Kollektion von identifizierbaren Teilen, die für das Konfigurationsmanagement als Einheit betrachtet werden. Ein Configuration Item muß identifizierbar sein.

Configuration Management
siehe Konfigurationskontrolle.

Corporate Identity
Die Darstellung eines Unternehmens nach außen, zum Beispiel durch ein unverwechselbares Logo.

Critical Design Review (CDR)
Das formelle Review am Ende der Entwurfsphase.

Data Dictionary
Eine meist mit Hilfe eines Werkzeugs erstellte Liste aller Variablen und Konstanten im Entwurf oder im Code.

Data Item Description
Eine Produktspezifikation für Software.

Deadline
Ein einzuhaltender Termin.

Deadlock
Eine Verklemmung, d.h. das Programm läuft zum Beispiel in eine Endlosschleife.

Deming Cycle
Der von Deming beschriebene Zyklus, mit den vier Phasen *plan, do, check and act.*

Design
Entwurf.

Deviation
Eine schriftliche Erlaubnis, von dokumentierten Anforderungen abzuweichen. Meist werden Ausnahmegenehmigungen nur für ein bestimmtes Produkt (ein Einzelstück) erteilt.

Dry Run
Die Abhaltung eines Reviews im kleinen Kreis der eigenen Mitarbeiter und des Managements, somit ohne die Vertreter des Auftraggebers.

Dummy
Ein Modul der Software, das für ein noch nicht kodiertes Modul steht und unter Umständen nur sehr rudimentäre Funktionen bietet.

Echtzeitsystem
Ein Computersystem, bei dem die Nichterfüllung einer bestimmten Anforderung innerhalb eines vorgegebenen Zeitintervalls zum vollständigen Abbruch der Mission führt.

Embedded Computer
Ein Computerprogramm, das einen integrierten Teil eines größeren Systems bildet, dessen Hauptzweck nicht Datenverarbeitung ist. Z.B. die elektronische Benzineinspritzung eines Autos, die programmgesteuert erfolgt.

Error
(1) Ein Fehler in der Software.
(2) Ein menschlicher Irrtum, der sich in einem Fehler in der Software niederschlägt.

Fail Safe
Eine Methode, um trotz eines aufgetretenen Fehlers mit eingeschränkten Funktionen weiterarbeiten zu können.

Feedback
Rückmeldung.

Feasability Study (Machbarkeitsstudie)
Die Untersuchung der Machbarkeit eines Software-Projekts unter Berücksichtigung der technischen und finanziellen Bedingungen.

Fehlerklasse
Die Einteilung von Software-Fehlern nach ihrer Schwere, d.h. dem potentiellen Schaden beim Eintritt des Fehlerfalls, oder einem anderen sinnvollen Kriterium.

Finite-State Machine
Ein zunächst gedankliches Modell, das aus einer endlichen Anzahl von Zuständen und den Zustandsübergängen zwischen diesen definierten Zuständen besteht.

Firmware
(1) Software in Medien, die relativ leicht veränderbar sind, z.B. EPROMs.
(2) microcode, microprogram

Flag
Ein Semaphor, d.h. eine Anzeige, ein Signal oder eine Bedingung in einer für einen Computer darstellbaren Form.

FORTRAN
Die erste der technisch orientierten höheren Programmiersprachen.

Fremdsoftware
Nicht im eigenen Hause erstellte Software.

Gedankenexperiment
Eine von Albert Einstein beschriebene Methode, bei der ein Experiment — von meist physikalischer Natur — nach streng logischen Grundsätzen lediglich gedanklich durchgeführt wird.

Glue Logic
Bauteile, um die Hauptkomponenten von Elektronik miteinander zum Arbeiten zu bringen.

Hacker
(1) Jemand, der viel über Computer weiß.
(2) Jemand, der den überwiegenden Teil seiner Zeit mit Computern verbringt.
(3) Jemand, der über Netzwerke in fremde Computer einbricht.
(4) Jemand, der in fremde Computer einbricht und dort Zerstörungen anrichtet.
Die letzte Definition ist zeitlich die jüngste und bezieht sich auf kriminelle Hacker. Viele Hacker benutzen für diese Kategorie von Zeitgenossen inzwischen den Ausdruck *cracker*.

Hazard Analysis
Die Untersuchung möglicher Unfälle, die durch das Versagen von Software eintreten können.

Headhunter
Ein spezialisierter Vermittler für Personal, oft für Führungsaufgaben.

High Level Language oder High Order Language
Höhere Programmiersprache.

Host
Gastrechner, d.h. ein Computer, der ein Programm beherbergt und ausführt, das für eine andere Maschine entwickelt wird. Gegensatz: Target.

Incremental Delivery
Die Auslieferung und Inbetriebnahme von Software in der Weise, daß Teilfunktionen Schritt für Schritt hinzugefügt werden.

Infoglut
Informationsflut, der spöttische Ausdruck für die Überforderung des Menschen durch die Vielzahl der auf ihn hereinbrechenden Informationen.

Information Hiding
Das Verbergen der Implementation einer Funktion: die äußere Sicht einer Black Box.

In-Process Review
Ein zwischen die regulären Reviews zusätzlich eingeschobenes Review.

Inspection

(1) Die traditionelle Methode der Qualitätssicherung zur Überprüfung eines Produktes nach der Fertigung.

(2) Die Überprüfung eines Software-Produktes, zum Beispiel des Lastenhefts oder des Entwurfs.

Instrumentierung
Die Veränderung eines Programms zu Testzwecken, um spezifische Werte oder
Zustände beobachten zu können.

Integrationstest
Ein Test, bei dem Teile der Software miteinander integriert werden, oder auch ein
komplettes Programm mit der Hardware.

interactive
Dialogorientiert.

Interface
Schnittstelle.

Interrupt
Die Unterbrechung eines Prozesses durch ein externes Ereignis in der Art und
Weise, daß der Prozeß nach der Abarbeitung des Interrupts fortgesetzt werden
kann.

Joint Venture
Gemeinschaftsunternehmen.

KAIZEN
Die japanische Methode der Verbesserung in vielen kleinen Schritten.

KH-11 (keyhole-11)
Amerikanischer Spionagesatellit.

Konfigurationskontrolle
Die Aufgaben der Identifizierung, Zuordnung von Teilen, Dokumentation und
Verfolgung von Änderungen sowie objektives Berichten über den Status von
Produkten an das Management. Synonym zu Configuration Management.

Kritikalität
Eine Bewertung und Einstufung der Software im Versagensfall des operationellen
Einsatzes unter Berücksichtigung des Schadenpotentials.

Kritischer Pfad
Der Pfad in einem Zeitplan, dessen Tätigkeiten addiert den größten Zeitbedarf
ausmachen. Der kritische Pfad kann sich im Laufe eines Projektes ändern, wenn
der Zeitbedarf für bestimmte Tätigkeiten steigt.

Lessons learned
Die Bewertung der Erfahrungen eines Projektes oder einer Projektphase nach
deren Abschluß.

Librarian
Bibliothekar, in der Regel der Verwalter einer Programmbibliothek.

Life Cycle
Der Lebenszyklus der Software, der in der Regel mit der Phase Requirements Analysis beginnt und mit dem Akzeptanztest endet. Im weiteren Sinne wird am Anfang noch eine Konzeptphase und am Ende die Phasen Wartung und Betrieb ergänzt.

Low Tech (low technology)
Der Gegensatz zum oft gebrauchten High Tech.

Machbarkeitsstudie
Die Untersuchung der Machbarkeit eines Software-Projektes unter Berücksichtigung der technischen und finanziellen Bedingungen.

Metrik
Eine Messung zu Kenngrößen der Software oder deren Entwicklung, die in der statistischen Auswertung eine quantitative Aussage erlaubt.

Milestone
Meilenstein: Ein festgesetzter und einzuhaltender Termin in einem Software-Projekt, z.B. CDR oder Programmauslieferung.

Module
Synonym mit Software Unit: Die kleinste Einheit in einer Hierarchie von Programmteilen.

Nesting
Die Verschachtelung von Programmblöcken ineinander, zum Beispiel eine Programmschleife innerhalb einer Schleife.

Netzplan
Graphische oder tabellarische Darstellung von Aufgaben innerhalb eines Projektes und deren zeitlicher Ablauf einschließlich sequentieller Abhängigkeiten.

Object Code
Das Ergebnis einer Übersetzung durch einen Compiler oder Assembler.

Objekt-orientiertes Design
Eine Entwurfsmethode, bei der man versucht, Objekte der realen Welt möglichst genau auf die Objekte bei der Programmierung abzubilden.

Operating System
siehe Betriebssystem.

Peer
Jemand, der auf der gleichen Stufe einer Hierarchie steht.

Peer Review
Die Überprüfung eines Software-Produkts durch die Kollegen des Entwicklers.

Peopleware
Der analog zu Hardware und Software scherzhaft eingeführte Ausdruck für die
Menschen im Software-Entwicklungsprozeß. Manchmal kommt auch der Begriff
humanware vor.

Phasenmodell
Ein Modell der Software-Entwicklung, das den gesamten Entwicklungszeitraum
(software life cycle) in überschaubare und abgrenzbare Phasen oder Teilschritte
untergliedert.

Pointer
Zeiger.

Portability
Übertragbarkeit in andere Software-/Hardware-Umgebungen, ein besonders bei
Applikationen und zunehmend bei Betriebssystemen gefragtes Qualitätsattribut.

Preliminary Design
Grobentwurf.

Process Enhancement Group
Die von Watts Humphrey und dem Software Engineering Institute vorgeschlage-
ne Gruppe zur Einführung des *Capability Maturity Models* für Software in einer
Organisation.

Product Assurance
Ein anderer Ausdruck für Qualitätssicherung, meistens als Synonym benutzt.

Program Design Language (PDL)
Eine für den Entwurf eingesetzte Sprache, die aus den wesentlichen Elementen
einer Programmiersprache besteht.

Pseudocode
Eine für den Entwurf eingesetzte Sprache, die aus den wesentlichen Elementen
gebräuchlicher Programmiersprachen besteht.

Qualitätsindikatoren
Ein Synonym für Metriken.

Qualitätslenkung
Maßnahmen und Korrektur von Abweichungen durch das Management der Qualitätssicherung eines Unternehmens mit dem Ziel, die vorgegebenen Qualitätsmerkmale zu erreichen.

Qualitätssicherung

(1) Die geplanten und notwendigen Maßnahmen und Tätigkeiten, um sicherzustellen, daß ein Produkt oder eine Dienstleistung vorgegebene und dokumentierte Produktanforderungen einhalten wird.

(2) Die Erfüllung der dokumentierten Wünsche und Forderungen des Kunden.

Quellcode
Eine Form von Programmcode, die für Menschen verständlich ist.

Rapid Prototyping
Eine Methode, um relativ schnell einen Teil der Software (einen Prototypen) dem Kunden vorführen zu können.

Rapid Prototyping Loop
Eine nach der Phase Requirements Analysis und vor dem eigentlichen Entwurf eingeschobene Schleife, um durch Prototyping bestimmte Konzepte zu erproben.

Real Time System
Echtzeitsystem.

Record
(1) Datensatz einer Datei.
(2) Eine Aufzeichnung.

REFA
Reichsausschuß für Arbeitszeitermittlung, 1924 gegründeter Verband zum Zweck des Studiums von Arbeitsvorgängen und der Zeitermittlung in der industriellen Produktion. Die grundlegenden Arbeiten auf dem Gebiet stammen von Taylor.

Regression Testing
Selektives Wiederholen von Tests nach der Beseitigung eines Fehlers in der Software.

Reliability
Zuverlässigkeit.

Rendezvous
Die Verständigung und der Austausch von Nachrichten oder Daten zwischen Prozessen.

Requirement
Eine Forderung oder Anforderung an Software, z.B. eine geforderte Funktion oder ein Leistungsmerkmal.

Reusability
Wiederverwendbarkeit.

Review
Die Überprüfung von Software oder eines Software-Teilprodukts.

Review Team
Eine Gruppe von Sachverständigen, die mit der Beurteilung eines Software-Produkts beauftragt ist.

Root Cause
Die eigentliche Ursache eines Fehlers.

Sicherheitskritische Software
Software, durch deren Versagen menschliches Leben in Gefahr geraten kann.

Side-Effect
Eine unbeabsichtigte Nebenwirkung eines Programms, oft in der Form eines Fehlers.

Simulation
Die Darstellung oder Nachstellung ausgewählter Eigenschaften und das Verhalten unter bestimmten Bedingungen eines (ggf. noch nicht existierenden) Systems durch ein zweites System.

Sizing
Der Grad der Ausnutzung des physikalischen Speichers eines Computers durch ein Programm.

Skunk Works
Der Name für ein unkonventionelles Entwicklungsteam aus Kalifornien, das ein modernes Hochleistungsflugzeug in kurzer Zeit und mit geringen Kosten zur Serienreife brachte.

Software
Computerprogramme, Dokumente und dazugehörige Daten.

Software Change Control Board (SCCB)
Die Gruppe auf Management-Ebene, die über Änderungen an der Software entscheidet.

Software Development Folder (SDF)
Die Dokumentation auf der Ebene der Software-Module.

Software Engineering

(1) Software-Entwicklung als Ingenieurdisziplin.

(2) Eine systematische und geplante Vorgehensweise bei der Erstellung von Software.

(3) Die Tätigkeit der Software-Entwicklung.

(4) Die Abteilung Software-Entwicklung.

Software Engineering Process Group (SEPG)
Die Gruppe innerhalb einer Organisation, die für die Einführung des CMM primär verantwortlich ist.

Software Life Cycle
Der gesamte Lebenszyklus von Software. Er beginnt mit der Analyse der Anforderungen und endet mit der Wartungsphase.

Software Problem Report
siehe Software Trouble Report.

Software Quality Program Plan
Der projektspezifische Plan der Qualitätssicherung in bezug auf Software.

Software Trouble Report
Ein Fehlerbericht zur Software.

Software-Zuverlässigkeit

(1) Die Wahrscheinlichkeit, daß die Software unter festgelegten Bedingungen nicht das Versagen des Systems verursachen wird.

(2) Die Fähigkeit eines Computer-Programms, eine geforderte Funktion unter definierten Bedingungen für einen bestimmten Zeitraum zu erbringen.

Statement of Work (SOW)
Eine detaillierte Beschreibung der durchzuführenden Arbeiten.

State-of-the-art
Der gegenwärtige Stand der Technik.

Static Analyzer
Ein Werkzeug zur Analyse des Quellcodes eines Programms, ohne daß es ausgeführt wird.

Statistical Process Control
Die von Deming begründete Methode zur Verfolgung des Produktionsprozesses mittels statistischer Methoden. Die Japaner haben damit große Erfolge erzielt.

Style Guide
Eine Vereinbarung innerhalb eines Entwicklungsteams, um bestimmte Richtlinien bei der Programmierung einzuhalten oder bestimmte Sprachkonstrukte auszuschließen. Programmierrichtlinien zielen in die gleiche Richtung.

Stub
Ein Modul der Software, das für ein (noch) nicht kodiertes Modul steht und meist nur sehr rudimentäre Funktionen enthält. Oft gibt ein *stub* lediglich die Kontrolle an das aufrufende Hauptprogramm zurück.

Source Code
Quellcode.

Specification
(1) Ein Lastenheft.
(2) Eine Aufzählung von Anforderungen an Software (requirements).

Superuser
Der Systemadministrator unter dem Betriebssystem UNIX.

Systems Engineering
Die Gruppe, die sich mit dem Entwurf des Gesamtsystems befaßt.

Target Machine
Die Zielmaschine, für die Software erstellt wird. Gegensatz: Host.

Tailoring
Die Anpassung einer vorgegebenen Norm für eine bestimmte Art von Software durch Ausschließen gewisser Teile der Norm im Rahmen eines Vertrages.

Taylorismus
Das von Frederick W. Taylor begründete System der industriellen Arbeitsteilung, das die Zerlegung der Produktion in kleine und kleinste Produktionsschritte vorsieht. Zur Durchführung empfahl Taylor unter anderem Zeit- und Bewegungsstudien, die in Deutschland unter dem Begriff REFA-Studien bekannt wurden.

Testabdeckung
Ausmaß des Tests eines Moduls der Software beim White Box Test.

Test Bed
Testumgebung.

Test Case
Ein einzelner Testfall, in der Regel mit einer Reihe von Testdaten und einer Auf-
rufprozedur verknüpft. Testfälle sind besonders auf niederer Ebene eines Software-Systems effektiv.

Test Coverage
Die Abdeckung der Überprüfung des Programmcodes beim White Box Test.

Test Log
Eine Datei oder ein Dokument zur Aufzeichnung der bei einem Test anfallenden
relevanten Daten.

Test Procedure
Eine detaillierte Beschreibung der bei einem einzelnen Test durchzuführenden
Testschritte in nachprüfbarer Form. Es kann sich um ein computergestütztes
Dokument handeln.

Testability
Testbarkeit.

Throughput
Der Durchsatz eines Computersystems.

Timing
Der Grad der Ausnutzung der CPU oder des Mikroprozessors durch die Ausführungszeit für den Code.

Tool
Werkzeug.

Top-down
Eine Methode, bei der in einem hierarchischen System mit einer Tätigkeit an der
Spitze der Hierarchie begonnen wird, z.B. Top-down Design. Gegensatz: Bot-
tom-up.

Trade Study
Die Untersuchung eines Werkzeugs oder einer anderen Investition mit dem Ziel,
durch einen nachvollziehbaren Prozeß unter mehreren Optionen die günstigste
Wahl zu treffen.

Unit Test
Der Test auf der Ebene der Software-Module.

UNIX
Ein multi-user, multi-tasking Betriebssystem.

Utility
Ein Computerprogramm zur Unterstützung des Betriebs eines Rechners, z.B. zum
Kopieren des Platteninhalts.

Validation
Die Überprüfung der Software gegen vorgegebene Anforderungen, zum Beispiel
beim Akzeptanztest.

Variante
Eine Ausprägung von Software, die sich von einer anderen Version nur durch
wenige andersartige Eigenschaften oder Funktionen unterscheidet.

Variation
Die Abweichung von einem vorgegebenen Sollwert.

Verifikation

(1) Die Überprüfung eines Teilprodukts der Software-Entwicklung, d.h. des am
    Ende der Phase vorliegenden Produkts.

(2) Der formelle Beweis der Richtigkeit eines Programms im mathematischen
    Sinne.

(3) Die Bewertung und Überprüfung von Software-Produkten oder des Erstel-
    lungsprozesses.

Version
Die Ausprägung eines Programms, die sich durch einen Vorgänger nur in wenigen Funktionen unterscheidet. Die Bezeichnung Version kann sich dabei auf die
zeitliche Abfolge beziehen, zum Beispiel eine verbesserte Version, oder es kann
sich um eine parallele Entwicklung handeln (eine Variante).

Waiver
Eine Ausnahmegenehmigung, beispielsweise zum Gebrauch von Hardware oder
Software trotz bekannter Mängel. Ein Waiver bezieht sich immer nur auf ein Einzelstück und befreit die herstellende Organisation nicht davon, in der Folgezeit
einwandfreie Produkte zu liefern.

Walkthrough
Eine Technik zur Überprüfung des Entwurfs ohne Einsatz des Computers.

White Box Test
Eine Testmethode, bei der die Programmlogik überprüft wird.

Wiederverwendbarkeit
Ein Konzept zum erneuten Verwenden von Komponenten der Software.

Anhang C - Acronyms und Abkürzungen

AAES   Aerospace And Electronic Systems
ABS   Anti-Blockiersystem
ACL   Access Control List
AECL   Atomic Energy of Canada Limited
ASIC   Application Specific Integrated Circuit
AT&T   American Telephone & Telegraph

CAD   Computer Aided Design
CAM   Computer Aided Manufactoring
CASE   Computer Aided Software Engineering
CDR   Critical Design Review
CERN   Conseil Europeen pour la Recherche Nucleaire
CMM   Capability Maturity Model
COBOL   COmmercial Business Oriented Language
COCOMO   COnstructive COst MOdel

DCL   Digital Command Language
DDR   Deutsche Demokratische Republik
DID   Data Item Description
DND   Der neugierige Drache
DoD   Department of Defense
DRAM   Dynamic Random Access Memory

EDV   Elektronische DatenVerarbeitung
EEPROM   Electricel Erasable Programmable Read-only Memory
ENIAC   Electronic Numerical Integrator and Calculator
ETH   Eidgenössische Technische Hochschule

FPGA   Field Programmable Gate Array
FBI   Federal Bureau of Investigation
FORTRAN   FORmal TRANslator

GAO   General Accounting Office
GKS   Graphical Kernel System
GM   General Motors

GSFC   Goddard Space Flight Center

IBM   International Business Machines
ICBM   Intercontinental Ballistic Missile
IPR   In-Process Review
IRS   Interface Requirements Specification

JUSE   Japanese Union of Scientists and Engineers

KGB   Komitet Gosudarstwennoj Besopasnostji
KH   Keyhole
KLOC   1000 Lines of Code

LBL   Lawrence Berkeley Laboratory
LOC   Lines of Code

MH   Man Hours (Mannstunden)
MM   Man Month (Mannmonate)

NASA   North American Space Agency
NIH   Not invented here
NORAD   North American Aerospace Defense Command
NUI   Network User ID

PC   Personal Computer
PDL   Program Design Language
PDCA   plan - do - check - action, dies ist der Deming Cycle
PDR   Preliminary Design Review
PROM   Programmable Read-only Memory

REFA   Reichsausschuß für Arbeitszeitermittlung
RTCA   Radio Technical Commission for Aeronautics

SAC   Strategic Air Command
SEI   Software Engineering Institute
SEL   Software Engineering Laboratory
SEPC   Software Engineering Process Group
SCCB   Software Change Control Board
SCMP   Software Configuration Management Plan

SDI	Strategic Defense Initiative
SOW	Statement of Work
SPC	Statistical Process Control
SQPP	Software Quality Program Plan
SRI	Software Research Inc.
STR	Software Trouble Report
TRW	Thompson, Ramo, Wooldridge
USA	United States of America
VAX	Virtual Address EXtension
VMS	Virtual Memory System

Anhang D -
Normen und Standards für Software

Standards des Institute of Electrical and Electronic Engineers (IEEE) und des American National Standards Institute (ANSI)

Number	Title
100-1984	American National Standards Institute, ANSI-IEEE-STD-100-1984, IEEE Standard Dictionary of Electrical and Electronical Terms, 3rd edition, 1984, ISBN 471-80787-7
610.2-1987	IEEE Standard Glossary of Computer Applications Terminology
610.3-1989	IEEE Standard Glossary of Modeling and Simulation Terminology
610.12-1990	IEEE Standard Interface Devices
660-1986	IEEE Standard Standard for Semiconductor Memory Test Pattern Language
695-1985	IEEE TRIAL Use Standard for Microprocessor Universal Format for Object Modules
696-1983	IEEE Standard Interface Devices
728-1982	IEEE Recommended Practice for Code and Format Convention
730-1984	IEEE Software Quality Assurance Plans
730.1-1989	IEEE Standard for Software Quality Assurance Plans
754-1985	IEEE Standard for Binary Floating-Point Arithmetic
796-1983	IEEE Standard Microcomputer System Bus
828-1990	IEEE Standard for Software Configuration Management Plans
829-1983	IEEE Standard for Software Test Documentation
830-1984	IEEE Software Requirements Specification
854-1987	IEEE Standard for Radix-Independant Floating-Point Arithmetic
982.1-1988	IEEE Standard Dictionary of Measures to Produce Reliable Software

982.2-1988	IEEE Guide for the Use of IEEE Standard Dictionary of Measures to Produce Reliable Software
983-1986	IEEE Guide for Software Quality Assurance Planning
990-1987	IEEE Recommended Practice for Ada as a Program Design Language
1002-1987	IEEE Standard Taxonomy for Software Engineering Standards
1008-1987	IEEE Standard for Software Unit Testing
1012-1986	IEEE Standard for Software Verification and Validation Plans
1016-1987	IEEE Recommended Practice for Software Design Descriptions
1028-1988	IEEE Standards for Software Reviews and Audits
1042-1987	IEEE Guide to Software Configuration Management
1058.1-1987	IEEE Standard for Software Project Management Plans
1063-1987	IEEE Standard for Software User Documentation
1084-1986	IEEE Standard Glossary of Mathematics of Computing Technology
1003.1-1988	IEEE Standard Portable Operating System Interface for Computer Environments

Liste einschlägiger deutscher Normen

DIN ISO 9000	Qualitätsmanagement- und Qualitätssicherungsnormen, Leitfaden für Teil 3, die Anwendung von ISO 9001 auf die Entwicklung, Lieferung und Wartung von Software.
DIN 44300	Informationsverarbeitung; Begriffe
DIN 44302	Informationsverarbeitung; Datenübertragung/Datenübermittlung, Begriffe
DIN 55350	Begriffe der Qualitätssicherung und Statistik
DIN 66001	Informationsverarbeitung; Sinnbilder für Datenfluß- und Programmablaufpläne
DIN 66010	Magnetbandtechnik für Informationsverarbeitung; Begriffe
DIN 66026	Informationsverarbeitung; Programmiersprache ALGOL
DIN 66027	Informationsverarbeitung; Programmiersprache FORTRAN
DIN 66028	Informationsverarbeitung; Programmiersprache COBOL

DIN 66029	Kennsätze und Dateianordnung auf Magnetbändern für den Datenaustausch
DIN 66200	Betrieb von Rechensystemen; Begriffe, Teil 1, Auftragsabwicklung
DIN 66201	Prozeßrechensysteme; Begriffe
DIN 66205	Sechsplattenstapel für magnetische Datenspeicherung; Spurformat
DIN 66211	Magnetbandkasette 3,8 für Informationsverarbeitung; Teil 1, Mechanische Eigenschaften und Bezeichnung
DIN 66220	Informationsverarbeitung; Programmablauf für die Verarbeitung von Dateien nach Satzgruppen
DIN 66229	Kennsätze und Dateianordnung auf Magnetbandkasetten für den Datenaustausch
DIN 66230	Informationsverarbeitung; Programmdokumentation
DIN 66233	Bildschirmarbeitsplätze; Begriffe (Entwurf)
DIN 66239	Kennsätze und Dateianordnung auf flexiblen Magnetplatten für den Dateiaustausch (Entwurf)
DIN 66241	Informationsverarbeitung, Entscheidungstabelle; Beschreibungsmittel, Beiblatt zur Informationsverarbeitung; Sinnbilder für Datenfluß- und Programmablaufpläne, Zeichenschablone
DIN 66268	Programmiersprache Ada
DIN 66285	Anwendungssoftware; Prüfgrundsätze

Liste von Normen und Standards im militärischen Bereich

DoD und MIL-Standards

DOD-STD-2167A	Defense System Software Development
DOD-STD-2168	Defense System Software Quality Program
DOD-STD-480B	Configuration Control - Engineering Changes, Deviations and Waivers
DOD-STD-1838	Military Standard Common Ada Programming Support Environment (APSE) Interface Set (CAIS)
DOD-STD-1467	Software Support Environment
DOD-STD-7935	Automated Data Processing Systems Documentation
MIL-STD-1815A	Ada Programming Language

MIL-S-52779A	Software Quality Assurance Program Requirements
MIL-STD-1679	Weapon System Software Development
MIL-Q-9858A	Quality Program Requirements
MIL-STD-109B	Quality Assurance Terms and Definitions
MIL-STD-499A	Engineering Management
MIL-STD-1456	Contractor Configuration Management Plans
MIL-STD-490A	Specification Practices
MIL-STD-1521B	Technical Reviews and Audits for System Equipment and Computer Programs
MIL-STD-847B	Format Requirements for Scientific and Technical Reports
MIL-STD-483A	Configuration Management Practices for Systems, Equipment, Munitions, and Computer Programs
MIL-HDBK-334	Evaluation of a Contractor's Software Quality Assurance Program
DARKOM-HDBK 702	PART II, Section G, Quality Assurance Provisions on Computer Software

Deutsche Normen

Vorgehensmodell	Software-Entwicklungsstandard der Bundeswehr, Version 2.0, April 1990, Bundesamt für Wehrtechnik und Beschaffung, Koblenz

UK Defence Standards

DEF-STAN 00-13	Achievement of Testability in Electronic and Allied Equipment, Part 1, Guide Part 2, Production and Acceptance Testing
DEF-STAN 00-14	Guide to the Defense Industry in the Use of ATLAS
DEF-STAN 00-16/1	Guide to the Achievement of Quality in Software
DEF-STAN 00-17	Modular Approach to Software Construction Operation and Test (MASCOT)
DEF-STAN 00-18	Avionic Data Transmission Interface System (5 parts)
DEF-STAN 00-19	The ASWE Serial Highway
DEF-STAN 00-21	M700 Computers
DEF-STAN 05-47	Computer On-Line Real-Time Application Language - CORAL 66 - Specification for Compilers

DEF-STAN 05-57	Configuration Management - Requirements for Defense Equipment
DEF-STAN 05-67	Guide to Quality Assurance in Design
DEF STAN 05-21/1	Quality Control System Requirements for Industry
DEF STAN 00-55	Requirements for the Procurement of Safety Critical Software in Defence Equipment (DRAFT)
DEF STAN 00-56	Requirements for the Analysis of Safety Critical Hazards (DRAFT)
JSP 343	MOD Standard for Automated Data Processing
JSP 188	Specifications and Requirements for the Documentation of Software in Operational Real-Time Computer Systems
INT DEF STAN 00-55	(Part 1) Issue 1, 5 April 1991, The Procurement of Safety Critical Software in Defense Equipment
INT DEF STAN 00-55	(Part 2) Issue 1, 5 April 1991, The Procurement of Safety Critical Software in Defense Equipment, Part 2: Guidance
INT DEF STAN 00-56	Issue 1, 5 April 1991, Hazard Analysis and Safety Classification of Programmable Electronic System Elements of Defense Equipment

Allied Quality Assurance Publications (NATO-Normen)

AQAP-1	NATO-Forderungen an ein industrielles Qualitätssicherungssystem
AQAP-2	Leitfaden für die Beurteilung der Übereinstimmung des Qualitätskontrollsystems eines Auftragnehmers mit AQAP-1
AQAP-13	Allied Quality Assurance Publication for Software Quality Assurance of NATO Procurements
AQAP-14	Guide for the Evaluation of a Contractor's Software Control System for Compliance with AQAP-13
AQAP-15	Begriffe der Qualitätssicherung verwendet in QS-STANAG und AQAP
AQAP-110	NATO Quality Control Requirements for Design/Development and Production
AQAP-150	Allied Quality Assurance Publication 150, Requirements for Quality Management of Software Development, draft, April 1992

Sonstige Normen

RTCA DO-178A   Software Considerations in Airborne Systems and Equipment Certification

NASA-STD-2100-91   NASA Software Documentation Standard Software Engineering Program

Anhang E - Produktspezifikationen

SC	Produktspezifikationen	Seite 1 von 8

Produktspezifikation für den Software Development Plan (SDP)

01 Das Dokument ist wie folgt zu strukturieren:

(01) Titelseite
(02) Inhaltsverzeichnis
(03) Einleitung
(04) Referenzierte Dokumente
(05) Management der Software Entwicklung
(06) Entwicklung der Software
(07) Formeller Test
(08) Überprüfung der Software
(09) Software Configuration Management
(10) Weitere beteiligte Gruppen
(11) Sonstiges
(12) Anhang

02 Die Titelseite muß die folgenden Informationen enthalten:

- die Nummer des Dokumentes in der vom Konfigurationsmanagement vorgeschriebenen Form,
- den Titel des SDP und die Bezeichnung des Systems, zu dem die Software gehört,
- den Namen und die Anschrift des Kunden, für den der SDP erstellt wird,
- die Firma des Auftragnehmers und die Abteilung oder Gruppe, die den SDP geschrieben hat,
- den Namen des Verfassers (des Software Managers) sowie seine Unterschrift,
- auf dem Titelblatt sollen weiterhin der Vorgesetzte des Software Managers, der Projektleiter und die Qualitätssicherung unterschreiben.

03 Inhaltsverzeichnis

Der Software Development Plan muß ein Inhaltsverzeichnis enthalten, in dem alle Kapitelüberschriften und die zugehörigen Seitennummern aufgeführt sind.

Ferner müssen im Inhaltsverzeichnis alle Grafiken, die Tabellen und der Anhang mit den zugehörigen Seitenzahlen aufgeführt werden.

SOFTCRAFT REGELWERK
Software Standards & Procedures, Version 1.05 vom 18. November 1992

SC	**Produktspezifikationen**	**Seite 2 von 8**

04	**Einleitung**
	Dieses Kapitel soll mit 1 beginnen und wie folgt untergliedert werden:
	1.1 Identifikation
	1.2 Überblick über das System
	1.3 Überblick über das Dokument
	1.4 Zusammenhang mit anderen Plänen
	In Kapitel 1.1 soll die Dokumentennummer des SDP angegeben werden, der Name der Software, für den er gilt, und eventuell die gebräuchliche Abkürzung für die Software.
	In Kapitel 1.2 soll kurz der Zweck des Systems, zu dem die Software gehört, erläutert werden. Außerdem soll die Rolle der Software im Rahmen dieses Systems beschrieben werden.
	In Kapitel 1.3 soll der Inhalt des Software Development Plans kurz zusammengefaßt werden.
	In Kapitel 1.4 soll der SDP mit anderen Plänen verknüpft werden, zum Beispiel mit dem Software Quality Program Plan oder dem Software Configuration Management Plan.
05	**Referenzierte Dokumente**
	Im zweiten Kapitel sollen alle referenzierten Dokumente aufgeführt werden. Die Angaben müssen so detailliert sein, daß sich der Leser des SDPs notwendige Dokumente besorgen kann. Bei Bedarf kann Kapitel 2 weiter untergliedert werden.
06	**Management der Software-Entwicklung**
	In Kapitel 3 soll das Management der Software-Entwicklung beschrieben werden. Es wird weiter untergliedert.
07	**Organisation der Ressourcen des Projektes**
	In Kapitel 3.1 und seinen Untergliederungen sollen die Organisation und die Ressourcen des Projektes beschrieben werden.

SOFTCRAFT REGELWERK
Software Standards & Procedures, Version 1.05 vom 18. November 1992

SC	Produktspezifikationen	Seite 3 von 8

08 Ausrüstung des Auftragnehmers

In Kapitel 3.1.1 sollen die Räumlichkeiten, die Computer, die Peripherie einschließlich Terminals und Workstations beschrieben werden, die der Auftragnehmer zur Durchführung des Projektes einzusetzen beabsichtigt. Neben der Software-Entwicklungsumgebung ist auch zu erklären, wie die Software im Rahmen dieser Umgebung getestet werden kann.

09 Vom Kunden beigestellte Mittel

In Kapitel 3.1.2 ist zu beschreiben, wie der Auftraggeber eventuell bei der Entwicklung mitwirkt und welche Ausrüstung, Software oder Testmöglichkeiten er zur Verfügung stellen will.

10 Organisation

In Kapitel 3.1.3 ist darzustellen, zweckmäßigerweise in grafischer Form, wie die Software-Entwicklung für das Projekt organisiert ist.

11 Mitarbeiter

In Kapitel 3.1.4 ist zu beschreiben, wieviele Mitarbeiter bzw. Manager für die Entwicklung der Software zur Verfügung stehen. Dabei soll nach fachspezifischen Kriterien untergliedert werden.

12 Zeitplan und Meilensteine der Entwicklung

In Kapitel 3.2 soll der Zeitplan für die Entwicklung der Software enthalten sein. Dieses Kapitel wird weiter untergliedert.

13 Tätigkeiten

In Kapitel 3.2.1 sollen alle Tätigkeiten zur Entwicklung der Software beschrieben werden, einschließlich des Zeitbedarfs für diese Tätigkeiten. Die Aktivitäten sollen mit Ereignissen wie Meilensteinen, Reviews und Ereignissen verknüpft werden.

SC	Produktspezifikationen	Seite 4 von 8

Zu jeder Tätigkeit sollen die folgenden Einzelheiten angegeben werden:

- Beginn der Arbeit
- Verfügbarkeit erstellter Dokumente
- Abschluß der Arbeiten
- Bereiche hohen Risikos

14   Organisation der Tätigkeiten

In Kapitel 3.2.2 soll dargestellt werden, zweckmäßigerweise in grafischer Form, wie die verschiedenen Tätigkeiten sequentiell oder parallel abgearbeitet werden.

15   Identifikation der benötigten Ressourcen

In Kapitel 3.2.3 soll erklärt werden, wie benötigte Ressourcen in bezug auf Hardware und Software beschafft werden sollen und wann diese spätestens zur Verfügung stehen müssen.

16   Management der Risiken

In Kapitel 3.3 sollen die mit dem Projekt verbundenen Risiken diskutiert werden. Dazu gehören:

- eine Identifizierung der Risiken und das Ordnen nach Prioritäten,
- eine Identifizierung der Faktoren, die das Risiko ausmachen,
- Verfahren zum Verfolgen der Risiken und deren Reduzierung,
- Ausweichpläne beim Eintreten eines Risikos.

17   Datensicherheit

In Kapitel 3.4 soll beschrieben werden, wie Programme und Daten gegen unberechtigten Zugriff und Zerstörung geschützt werden können.

18   Schnittstellen mit Partnern

In Kapitel 3.5 soll erklärt werden, wie bei JOINT VENTURES die Schnittstelle und die Abgrenzung der Leistungen gegenüber Partnerfirmen konzipiert ist. Schnittstelle zur IV&V-Gruppe.

SC	**Produktspezifikationen**	**Seite 5 von 8**

Falls bei dem Projekt eine separate Gruppe für Independant Verification and Validation (IV&V) der Software besteht, soll diese Schnittstelle im Kapitel 3.6 beschrieben werden.

19 Unterauftragnehmer

In Kapitel 3.7 soll die Behandlung von Unteraufträgen erklärt werden.

20 Formelle Reviews

In Kapitel 3.8 sollen die formellen Reviews behandelt werden.

21 Software Development Library

In Kapitel 3.9 sollen die Bibliothek der Software und ihre Verwaltung beschrieben werden. Dazu gehören auch Zugriffsverfahren.

22 Berichtigung von Fehlern in der Software

In Kapitel 3.10 soll beschrieben werden, wie Fehler in der Software in geordneter Weise beseitigt werden.

23 Fehlerberichte

In Kapitel 3.11 sollen das Format und der Inhalt von Software Trouble Reports (STRs) beschrieben werden.

24 Entwicklung der Software

In Kapitel 4 und seinen Untergliederungen soll erklärt werden, wer für die Entwicklung der Software verantwortlich ist und wie diese Tätigkeiten ausgeführt werden.

25 Organisation und Ressourcen der Entwicklung

In Kapitel 4.1 sollen die Organisation und die Ressourcen der Entwicklung für das Projekt beschrieben werden.

26 Organisation der Entwicklung

In Kapitel 4.1.1 soll die Organisation der Software-Entwicklung beschrieben werden.

SC	**Produktspezifikationen**	**Seite 6 von 8**

27   Mitarbeiter

In Kapitel 4.1.2 soll dargestellt werden, welche Mitarbeiter für die Entwicklungs-
tätigkeiten der Software zur Verfügung stehen und wie diese Mitarbeiter qualifiziert
sind.

28   Entwicklungsumgebung

In Kapitel 4.1.3 soll der Plan zum Aufbau der Entwicklungsumgebung erläutert
werden.

29   Zur Entwicklung eingesetzte Software und Werkzeuge

In Kapitel 4.1.3.1 soll erklärt werden, welche Hilfsmittel in bezug auf Software gebraucht werden, zum Beispiel Betriebssysteme, Editoren, Compiler, Static Analyser
und sonstige Werkzeuge.

30   Hardware und Firmware

In Kapitel 4.1.3.2 soll aufgezählt werden, welche Computer, Hardware und Firmware
zur Erstellung der Software benötigt werden.

31   Rechte des Kunden

Im Kapitel 4.1.3.3 ist (falls das zutrifft) auszuführen, welche Rechte der Kunde an
Software in der Entwicklungsumgebung hat.

32   Installation, Betrieb und Wartung

In Kapitel 4.1.3.4 ist zu beschreiben, wie die Software in der Entwicklungsumgebung
installiert, verifiziert und gewartet wird.

33   Software-Entwicklungsmethoden

In Kapitel 4.2 und seinen Untergliederungen sollen die verwendeten
Entwicklungsmethoden vorgestellt werden.

34   Organisation der Entwicklungsaktivitäten

In Kapitel 4.2.1 soll beschrieben werden, wie der Auftragnehmer die Tätigkeiten der
Entwicklung in allen Phasen eines Phasenmodells ausführen will.

SC	Produktspezifikationen	Seite 7 von 8

35 Software Development Files

In Kapitel 4.2.2 soll beschrieben werden, wie SDFs aufgebaut sind, welchen Inhalt ein SDF hat und wie SDFs gewartet werden sollen.

36 Design Standards

In Kapitel 4.2.3 soll beschrieben werden, welche Design Standards beim Entwurf der Software eingesetzt werden sollen.

37 Coding Standards

In Kapitel 4.2.4 soll der Coding Standard - oder ein Style Guide - diskutiert werden.

38 Fremdsoftware

In Kapitel 4.3 soll Software aufgelistet werden, die im Rahmen der Entwicklung eingesetzt wird, aber nicht im Hause entwickelt wurde. Dies gilt ganz besonders für Software, die in an den Kunden auszuliefernde Software einfließt.

39 Formeller Test

In Kapitel 5 und seinen Untergliederungen soll beschrieben werden, wer für den formellen Test der Software zuständig ist.

40 Organisation

In Kapitel 5.1 soll die Organisation für den formellen Test der Software erklärt werden.

41 Mitarbeiter

In diesem Kapitel (5.2) soll die Zahl und die Qualifikation der Mitarbeiter für den formellen Test der Software erklärt werden.

42 Testphilosophie

In Kapitel 5.3 soll die hinter dem formellen Test stehende Philosophie erklärt werden.

43 Annahmen und Einschränkungen

In Kapitel 5.4 sollen etwaige Einschränkungen und Annahmen, die beim formellen Test zu berücksichtigen sind, erklärt werden.

SC	**Produktspezifikationen**	**Seite 8 von 8**
44	Überprüfungen der Software In Kapitel 6 sollen die Überprüfungen der Software beschrieben werden. Es kann ausgegliedert werden, wenn ein Software Quality Program Plan vorliegt.
45	Software Configuration Management In Kapitel 7 sollen die Tätigkeiten der Konfigurationskontrolle erläutert werden. Dieses Material kann ausgegliedert werden, falls ein Software Configuration Management Plan vorliegt.
46	Weitere beteiligte Gruppen In Kapitel 8 sollen sonstige Gruppen erwähnt werden, die eventuell an der Erstellung der Software beteiligt sind.
47	Sonstiges Kapitel 9 kann eine Liste der Acronyms und Abkürzungen enthalten, die im SDP verwendet werden. Auch ein Glossar fügt man hier ein.
48	Anhang Der Anhang kann Material enthalten, das im Rahmen des Textes nicht ohne weiteres einzuordnen war. Es muß gesagt werden, ob der Anhang ein Teil des Plans ist. Anhänge sind mit A, B, C und so weiter zu bezeichnen.

SC	Produktspezifikationen	Seite 1 von 4

Produktspezifikation für den Software Quality Program Plan (SQPP)

01   Das Dokument ist wie folgt zu strukturieren:

(1) Titelseite
(2) Inhaltsverzeichnis
(3) Einleitung
(4) Referenzierte Dokumente
(5) Organisation und Ressourcen
(6) Verfahren, Werkzeuge und Aufzeichnungen
(7) Sonstiges
(8) Anhang

02   Die Titelseite muß die folgenden Informationen enthalten:

- die Nummer des Dokuments in der vom Konfigurationsmanagement vorgeschriebenen Form,
- den Titel des SQPP und die Bezeichnung des Systems, zu dem die Software gehört,
- den Namen und die Anschrift des Kunden, für den der SQPP erstellt wird,
- die Firma des Auftragnehmers und die Abteilung oder Gruppe, die den SQPP geschrieben hat,
- den Namen des Verfassers und seine Unterschrift, sowie
- auf dem Titelblatt die Unterschriften der Software-Entwicklung, der Projektleitung und des Konfigurationsmanagements.

03   Inhaltsverzeichnis

Der Software Quality Program Plan muß ein Inhaltsverzeichnis enthalten, in dem alle Kapitelüberschriften und die zugehörigen Seitennummern aufgeführt sind.

Ferner müssen im Inhaltsverzeichnis alle Grafiken, die Tabellen und der Anhang mit den zugehörigen Seitenzahlen aufgeführt werden.

04   Einleitung

Dieses Kapitel soll mit 1 beginnen und wie folgt untergliedert werden:

1.1 Identifikation
1.2 Überblick über das System

SC	Produktspezifikationen	Seite 2 von 4

1.3 Überblick über das Dokument

1.4 Zusammenhang mit anderen Plänen

In Kapitel 1.1 soll die Dokumentennummer des SQPP angegeben werden, der Name der Software, für den er gilt, und eventuell die gebräuchliche Abkürzung für die Software.

In Kapitel 1.2 soll kurz der Zweck des Systems, zu dem die Software gehört, erläutert werden. Außerdem soll die Rolle der Software im Rahmen dieses Systems beschrieben werden.

In Kapitel 1.3 soll der Inhalt des Software Quality Program Plans kurz zusammengefaßt werden.

In Kapitel 1.4 soll der Zusammenhang mit anderen Planungsdokumenten des Projektes hergestellt werden, dem Software Development Plan und dem Software Configuration Management Plan.

05   Referenzierte Dokumente

Im zweiten Kapitel sollen alle referenzierten Dokumente aufgeführt werden. Die Angaben müssen so detailliert sein, daß sich der Leser des Lastenheftes die für ihn notwendigen Dokumente besorgen kann. Bei Bedarf kann Kapitel 2 weiter untergliedert werden.

06   Organisation und Ressourcen

In Kapitel 3 sollen die Organisation und ihre Ressourcen beschrieben werden. Es wird weiter untergliedert.

07   Organisation

Kapitel 3.1 soll ein oder mehrere Organigramme enthalten. Daraus soll die organisatorische Zuordnung der Software-Qualitätssicherung eindeutig hervorgehen.

08   Ressourcen

In Kapitel 3.2 soll beschrieben werden, welche Ressourcen der Auftragnehmer für die Durchführung des Programms bereithält.

SC	Produktspezifikationen	Seite 3 von 4

09 Ausrüstung

In Kapitel 3.2.1 soll beschrieben werden, welche Räume und welche Ausrüstung zur Durchführung des Projektes für die Qualitätssicherung bereitgestellt werden.

10 Mitwirkung des Kunden

In Kapitel 3.2.2 soll beschrieben werden, in welcher Form der Kunde eventuell mitwirken will.

11 Mitarbeiter

Unter dem Kapitel 3.2.3 soll beschrieben werden, wieviele Mitarbeiter für die Qualitätssicherung der Software im Rahmen des Projektes tätig werden sollen und wie diese Mitarbeiter qualifiziert sind.

12 Sonstige Ressourcen

Unter dieser Überschrift sollen im Kapitel 3.2.4 alle weiteren Ressourcen beschrieben werden.

13 Zeitplan

In Kapitel 3.3 soll der Zeitplan für die Durchführung des Programms zur Software-Qualitätssicherung enthalten sein. Dazu gehören auch die Abhängigkeiten von der Lieferung bestimmter Teile der Software durch andere Organisationen. Der Zeitplan soll sich an Meilensteinen orientieren.

14 Verfahren, Werkzeuge und Aufzeichnungen

Das Kapitel 4 befaßt sich mit Verfahren, Werkzeugen und Aufzeichnungen der Qualitätssicherung und wird weiter untergliedert.

15 Verfahren

In Kapitel 4.1 sollen die Verfahren zur Durchführung des Programms genannt werden. Gegebenenfalls kann an dieser Stelle das Handbuch zur Qualitätssicherung referenziert werden.

16 Werkzeuge

In Kapitel 4.2 sollen die für das Programm eingesetzten Werkzeuge aufgeführt werden.

SC	Produktspezifikationen	Seite 4 von 4

17   Aufzeichnungen

In Kapitel 4.3 sollen die Aufzeichnungen der Qualitätssicherung bei der Überprüfung von Software-Produkten genannt werden sowie die Möglichkeiten zur Einsichtnahme durch den Kunden.

18   Sonstiges

Kapitel 5 kann eine Liste der Acronyms und Abkürzungen umfassen, die im SQPP verwendet werden. Auch ein Glossar kann hier eingefügt werden.

19   Anhang

Der Anhang kann Material enthalten, das im Rahmen des Textes nicht ohne weiteres einzuordnen war. Es muß gesagt werden, ob der Anhang ein Teil des Plans ist.

Anhänge sind mit A, B, C und so weiter zu bezeichnen.

SC	**Produktspezifikationen**	**Seite 1 von 4**

Produktspezifikation für den Software Configuration Management Plan (SCMP)

01   Das Dokument ist wie folgt zu strukturieren:

(1) Titelseite
(2) Inhaltsverzeichnis
(3) Einleitung
(4) Referenzierte Dokumente
(5) Organisation und Ressourcen
(6) Tätigkeiten des Konfigurationsmanagements
(7) Sonstiges
(8) Anhang

02   Die Titelseite muß die folgenden Informationen enthalten:

- die Nummer des Dokumentes,
- Titel des SCMPs und die Bezeichnung des Systems, zu dem die Software gehört,
- den Namen und die Anschrift des Kunden, für den der SCMP erstellt wird,
- die Firma des Auftragnehmers und die Abteilung oder Gruppe, die den SCMP geschrieben hat,
- den Namen des Verfassers und seine Unterschrift, sowie
- auf dem Titelblatt die Unterschriften der Software-Entwicklung, des Projektleiters und der Qualitätssicherung.

03   Inhaltsverzeichnis

Der Software Configuration Management Plan muß ein Inhaltsverzeichnis enthalten, in dem alle Kapitelüberschriften und die zugehörigen Seitennummern aufgeführt sind.

Ferner müssen im Inhaltsverzeichnis alle Grafiken, die Tabellen und der Anhang mit den zugehörigen Seitenzahlen aufgeführt werden.

04   Einleitung

Dieses Kapitel soll mit 1 beginnen und wie folgt untergliedert werden:
1.1 Identifikation
1.2 Überblick über das System
1.3 Überblick über das Dokument
1.4 Zusammenhang mit anderen Plänen

<table>
<tr><td>SC</td><td>Produktspezifikationen</td><td>Seite 2 von 4</td></tr>
</table>

In Kapitel 1.1 soll die Dokumentennummer des SCMP angegeben werden, der Name der Software, für den er gilt, und eventuell die gebräuchliche Abkürzung für die Software.

In Kapitel 1.2 soll kurz der Zweck des Systems, zu dem die Software gehört, erläutert werden. Außerdem soll die Rolle der Software im Rahmen dieses Systems beschrieben werden.

In Kapitel 1.3 soll der Inhalt des Software Configuration Management Plan kurz zusammengefaßt werden.

In Kapitel 1.4 soll der SCMP mit anderen Plänen verknüpft werden, zum Beispiel mit dem Software Quality Program Plan oder dem Software Development Plan.

05   **Referenzierte Dokumente**

Im zweiten Kapitel sollen alle referenzierten Dokumente aufgeführt werden. Die Angaben müssen so detailliert sein, daß sich der Leser des SCMPs die für ihn notwendigen Dokumente besorgen kann. Bei Bedarf kann Kapitel 2 weiter untergliedert werden.

06   **Organisation und Ressourcen**

In Kapitel 3 sollen die Organisation und deren Ressourcen beschrieben werden.

07   **Organisation**

In Kapitel 3.1 soll ein Organigramm enthalten sein, aus der die Einbindung der Disziplin Konfigurationsmanagement in die Organisation hervorgeht. Es soll auch beschrieben werden, mit welchen anderen Abteilungen der Firma das Konfigurationsmanagement hauptsächlich zusammenarbeitet.

08   **Mitarbeiter**

In Kapitel 3.2 soll beschrieben werden, wieviele Mitarbeiter im Konfigurationsmanagement für das Projekt tätig sein werden und wie diese Mitarbeiter qualifiziert sind.

SC	Produktspezifikationen	Seite 3 von 4

09 Ressourcen

In Kapitel 3.3 soll beschrieben werden, welche Ressourcen zur Durchführung der Tätigkeiten des Konfigurationsmanagements zur Verfügung stehen.

10 Tätigkeiten des Konfigurationsmanagements

In Kapitel 4 sollen alle Tätigkeiten des Konfigurationsmanagements aufgeführt werden.

11 Identifikation der Software-Konfiguration

In Kapitel 4.1 soll die Konfiguration der Software beschrieben werden.

Konfiguration in der Entwicklung

Außerdem soll erklärt werden, wie Configuration Items das erste Mal unter Konfigurationskontrolle gebracht werden.

12 Identifikation der Configuration Items

In Kapitel 4.1.1 soll beschrieben werden, wie die Teile der Software durch Namen, Beschriftung oder Markierung identifiziert werden. Es soll auch auf Revisionen der Software eingegangen werden.

13 Konfigurationskontrolle

In Kapitel 4.2 sollen die Maßnahmen zur Konfigurationskontrolle beschrieben werden.

14 Behandlung von Änderungen

In Kapitel 4.2.1 soll erklärt werden, wie Änderungen an der Software behandelt werden. Die Arbeit des SCCB läßt sich gut durch ein Flußdiagramm darstellen.

15 Dokumentation von Änderungen

In Kapitel 4.2.2 soll beschrieben werden, wie Änderungen in der Software dokumentiert werden, etwa durch Software Trouble Reports (STRs).

SC	Produktspezifikationen	Seite 4 von 4
16	**Inhalt der Änderungsmitteilungen** Im Kapitel 4.2.2.1 soll genau erklärt werden, welche einzelnen Datenfelder ein STR enthalten muß.	
17	**Behandlung von Änderungen** In Kapitel 4.2.3 soll erklärt werden, wie das SCCB arbeitet.	
18	**Aufbewahrung und Freigabe von Medien** In Kapitel 4.2.4 soll erklärt werden, wie Medien kontrolliert, aufbewahrt und weitergegeben werden.	
19	**Status Accounting** In Kapitel 4.3 soll beschrieben werden, wie das Konfigurationsmanagement über den aktuellen Status der Software berichtet und welche Mittel dazu eingesetzt werden.	
20	**Meilensteine der Software-Entwicklung** In Kapitel 4.4 sollen die hauptsächlichen Meilensteine der Software-Entwicklung und ihr Bezug zu Tätigkeiten des Konfigurationsmanagements erklärt werden.	
21	**Sonstiges** Kapitel 5 kann eine Liste der Acronyms und Abkürzungen umfassen, die im SCMP verwendet werden.	
22	**Anhang** Der Anhang kann Material enthalten, das im Rahmen des Textes nicht ohne weiteres einzuordnen war. Es muß gesagt werden, ob der Anhang ein Teil des Plans ist. Anhänge sind mit A, B, C und so weiter zu bezeichnen.	

SC	**Produktspezifikationen**	**Seite 1 von 5**

Produktspezifikation für das Lastenheft der Software

01   Das Dokument ist wie folgt zu strukturieren:

(1) Titelseite
(2) Inhaltsverzeichnis
(3) Einleitung
(4) Referenzierte Dokumente
(5) Anforderungen an die Software
(6) Forderungen in bezug auf die Qualifikation
(7) Auslieferung
(8) Sonstiges
(9) Anhang

02   Die Titelseite muß die folgenden Informationen enthalten:

- die Nummer des Dokumentes in der vom Konfigurationsmanagement vorgeschriebenen Form,
- den Titel des Lastenhefts und die Bezeichnung des Systems, zu dem die Software gehört,
- den Namen und die Anschrift des Kunden, für den das Lastenheft erstellt wird,
- die Firma des Auftragnehmers und die Abteilung oder Gruppe, die das Lastenheft der Software geschrieben hat,
- den Namen des Verfassers und seine Unterschrift, sowie
- die Unterschriften des Software Managers, des Projektleiters und der Qualitätssicherung.

03   Inhaltsverzeichnis

Das Lastenheft der Software muß ein Inhaltsverzeichnis enthalten, in dem alle Kapitelüberschriften und die zugehörigen Seitennummern aufgeführt sind.

Ferner müssen im Inhaltsverzeichnis alle Grafiken, die Tabellen und der Anhang mit den zugehörigen Seitenzahlen aufgeführt werden.

04   Einleitung

Dieses Kapitel soll mit 1 beginnen und wie folgt untergliedert werden:

SC	**Produktspezifikationen**	**Seite 2 von 5**

	1.1 Identifikation
	1.2 Überblick über das System
	1.3 Überblick über das Dokument

In Kapitel 1.1 soll die Dokumentennummer des Lastenheftes angegeben werden, der Name der Software, für den er gilt, und eventuell die gebräuchliche Abkürzung für die Software.

In Kapitel 1.2 soll kurz der Zweck des Systems, zu dem die Software gehört, erläutert werden. Außerdem soll die Rolle der Software im Rahmen dieses Systems beschrieben werden.

In Kapitel 1.3 soll der Inhalt des Lastenheftes der Software kurz zusammengefaßt werden.

05 Referenzierte Dokumente

Im zweiten Kapitel sollen alle referenzierten Dokumente aufgeführt werden. Die Angaben müssen so detailliert sein, daß sich der Leser des Lastenhefts die für ihn notwendigen Dokumente besorgen kann. Bei Bedarf kann Kapitel 2 weiter untergliedert werden.

06 Anforderungen an die Software

Kapitel 3 muß alle Anforderungen an die Software enthalten. Die spezifizierten Anforderungen sollen auf ein Lastenheft des Systems zurückverfolgbar sein. Das Kapitel wird weiter untergliedert.

07 Externe Schnittstellen

In Kapitel 3.1 sollen die externen Schnittstellen der Software beschrieben werden. Bei entsprechendem Umfang kann dieser Text ausgegliedert werden und in der Interface Requirements Speccification (IRS) enthalten sein.

08 Funktionelle Anforderungen

Im Kapitel 3.2 und seinen Untergliederungen müssen alle funktionellen Anforderungen an die Software spezifiziert werden. Falls die Software in verschiedenen Modi operieren kann, sollen die Anforderungen für jeden Operationsmodus beschrieben werden. Diese Zustände können auch in tabellarischer Form aufgelistet werden.

SC	Produktspezifikationen	Seite 3 von 5

09 Interne Schnittstellen

Im Kapitel 3.3 und seinen Untergliederungen sollen die internen Schnittstellen der Software, d.h. zwischen den vorher spezifizierten Funktionen, beschrieben werden. Der Daten- und Kontrollfluß soll Teil der Beschreibung sein.

10 Anforderungen an die Datenelemente

Im Kapitel 3.4 sollen die Datenelemente der Software spezifiziert werden. Dazu gehören:

- eine kurze Beschreibung des Datenelementes,
- Maßeinheiten wie Meter, Hertz oder Sekunden,
- Einschränkungen des Geltungsbereiches,
- die tatsächlichen Werte der Konstanten,
- die geforderte Genauigkeit der Berechnung.

11 Anpassungen bei Installationen

Im Kapitel 3.5 und seinen Untergliederungen muß beschrieben werden, wie die Software bei der Installation auf verschiedenen Computern anzupassen ist. Diese Information kann sich auf eine bestimmte Variante der Software, installationsspezifische Daten oder auf spezifische Prozeduren bei der Installation an einem bestimmten Ort beziehen.

12 Forderungen zur Auslastung des Prozessors und der Belegung des Hauptspeichers

In Kapitel 3.6 sollen die Leistung des Prozessors und die maximale Auslastung dieser Ressource genannt werden. Außerdem soll die Größe des Hauptspeichers genannt werden und der Grad, bis zu dem der Speicher ausgelastet werden darf.

13 Forderungen bezüglich der Sicherheit

In Kapitel 3.7 soll spezifiziert werden, welche Forderungen die Software in bezug auf die Sicherheit von Menschen zu erfüllen hat.

<table>
<tr><td>SC</td><td>Produktspezifikationen</td><td>Seite 4 von 5</td></tr>
</table>

14	Forderungen bezüglich der Datensicherheit

In Kapitel 3.8 soll spezifiziert werden, welche Anforderungen in bezug auf die Sicherheit des Programmes und seiner Daten gegenüber unberechtigten Zugriff bestehen.

15 Einschränkungen für das Design

In Kapitel 3.9 sollen alle Einschränkungen für den Entwurf der Software aufgelistet werden.

16 Qualitätsattribute

In Kapitel 3.10 sollen Qualitätsattribute im Rahmen der spezifischen Applikation diskutiert werden. Solche Attribute sind zum Beispiel Zuverlässigkeit, Robustheit, Portierbarkeit und Wartbarkeit.

17 Schnittstelle zum Benutzer

In Kapitel 3.11 soll beschrieben werden, wie der Endbenutzer mit dem System und der Software kommunizieren soll. Gegebenenfalls kann auf die Notwendigkeit von Schulungsmaßnahmen vor der Benutzung des Systems hingewiesen werden.

18 Forderungen in bezug auf die Qualifikation

In Kapitel 4 und seinen Untergliederungen müssen die Forderungen zur Qualifikation der Software spezifiziert werden. Es muß erklärt werden, wie Verifikation, Validation, Test und Demonstration eingesetzt werden, um die Software zu qualifizieren. Diese Forderungen müssen für alle Funktionen der Software einzeln aufgelistet werden.

19 Auslieferung

Im Kapitel 5 soll spezifiziert werden, auf welchem Medium und in welchem Format der Programmcode an den Kunden ausgeliefert werden soll.

SC	**Produktspezifikationen**	**Seite 5 von 5**

20	**Sonstiges**
	Kapitel 6 kann eine Liste der Acronyms und Abkürzungen enthalten, die im Lastenheft der Software verwendet werden. Dies ist auch die richtige Stelle für ein Glossar.
21	**Anhang**
	Der Anhang kann Material enthalten, das im Rahmen des Textes nicht ohne weiteres einzuordnen war. Es muß gesagt werden, ob der Anhang ein Teil des Lastenhefts ist.
	Anhänge sind mit A, B, C und so weiter zu bezeichnen.

SC	Produktspezifikationen	Seite 1 von 4

Produktspezifikation für den Software-Testplan

01 Das Dokument ist wie folgt zu strukturieren:

(1) Titelseite
(2) Inhaltsverzeichnis
(3) Einleitung
(4) Referenzierte Dokumente
(5) Testumgebung
(6) Beschreibung des formellen Tests
(7) Aufzeichnung von Testdaten
(8) Sonstiges
(9) Anhang

02 Die Titelseite muß die folgenden Informationen enthalten:

- die Nummer des Dokuments in der vom Konfigurationsmanagement vorgeschriebenen Form,
- den Titel des Testplans und die Bezeichnung des Systems, zu dem die Software gehört,
- den Namen und die Anschrift des Kunden, für den der Testplan erstellt wird,
- die Firma des Auftragnehmers und die Abteilung oder Gruppe, die den Testplan geschrieben hat,
- den Namen des Verfassers und seine Unterschrift, sowie
- die Unterschriften des Software Managers, des Projektleiters und der Qualitätssicherung.

03 Inhaltsverzeichnis

Der Software-Testplan muß ein Inhaltsverzeichnis enthalten, in dem alle Kapitelüberschriften und die zugehörigen Seitennummern aufgeführt sind.

Ferner müssen im Inhaltsverzeichnis alle Grafiken, die Tabellen und der Anhang mit den zugehörigen Seitenzahlen aufgeführt werden.

04 Einleitung

Dieses Kapitel soll mit 1 beginnen und wie folgt untergliedert werden:

SC	**Produktspezifikationen**	**Seite 2 von 4**

1.1 Identifikation

1.2 Überblick über das System

1.3 Überblick über das Dokument

1.4 Zusammenhang mit anderen Plänen

In Kapitel 1.1 soll die Dokumentennummer des Testplanes angegeben werden, der Name der Software, für den er gilt, und eventuell die gebräuchliche Abkürzung für die Software.

In Kapitel 1.2 soll kurz der Zweck des Systems, zu dem die Software gehört, erläutert werden. Außerdem soll die Rolle der Software im Rahmen dieses Systems beschrieben werden.

In Kapitel 1.3 soll der Inhalt des Testplans kurz zusammengefaßt werden.

In Kapitel 1.4 soll der Testplan mit anderen Plänen verknüpft werden, zum Beispiel dem Software Quality Program Plan, dem Software Development Plan und dem Software Configuration Management Plan.

05 Referenzierte Dokumente

Im zweiten Kapitel sollen alle referenzierten Dokumente aufgeführt werden. Die Angaben müssen so detailliert sein, daß sich der Leser des Testplans die für ihn notwendige Dokumente besorgen kann. Bei Bedarf kann Kapitel 2 weiter unter-gliedert werden.

06 Testumgebung

In Kapitel 3 soll die Testumgebung für den formellen Qualifikationstest mit dem Kunden beschrieben werden. Gegebenenfalls kann der Software Development Plan referenziert werden, falls dort die Testumgebung bereits beschrieben wurde.

07 Software der Testumgebung

In Kapitel 3.1 soll die Support Software beschrieben werden, die im Rahmen der Testumgebung zum Test der auszuliefernden Software notwendig ist. Dabei kann es sich um das Betriebssystem, Compiler, Testtreiber und andere Werkzeuge handeln.

SC	Produktspezifikationen	Seite 3 von 4
08	**Hardware der Testumgebung** In Kapitel 3.2 soll spezifiziert werden, welche Hardware zum Test der Software notwendig ist. Dazu gehören der Computer, Terminals, Workstations und spezielle Ausrüstung wie zum Beispiel Logic Analyser oder Datengeneratoren.	
09	**Installation, Verifikation und Kontrolle** In Kapitel 3.3 soll erklärt werden, wie jedes Teil der Testumgebung installiert wird, wie sichergestellt werden kann, daß alle Teile der Testumgebung vor ihrem Einsatz verifiziert wurden und wie Änderungen in der Testumgebung kontrolliert werden.	
10	**Beschreibung des formellen Tests** In Kapitel 4 und seinen Untergliederungen soll für jedes Software-Paket beschrieben werden, wie der Test durchzuführen ist.	
11	**Identifizierung der Software** In Kapitel 4.1 soll die zu testende Software eindeutig identifiziert werden.	
12	**Anforderungen an den Test** In Kapitel 4.1.1 sollen die Anforderungen an den Test der Software spezifiziert werden. Zum Beispiel kann verlangt werden, daß sowohl mit richtigen als auch mit falschen Eingabewerten getestet wird.	
13	**Testkategorien** In Kapitel 4.1.2 sollen die Testkategorien für den formellen Test aufgeführt werden, etwa Funktionstest, Stress Test oder Volume Test.	
14	**Testebene** In Kapitel 4.1.3 soll spezifiziert werden, auf welcher Ebene der Software mit dem formellen Test begonnen werden soll, zum Beispiel auf der niederen Ebene der Module oder auf der höheren Ebene des integrierten Software-Pakets.	

SC	Produktspezifikationen	Seite 4 von 4

15 Testschritte

In Kapitel 4.1.4 und seinen Untergliederungen soll der Test Schritt für Schritt beschrieben werden. Für jeden Abschnitt des Tests sind dabei die folgenden Angaben zu machen:

a) Ziel des Tests
b) Spezielle Forderungen
c) Ebene des Tests
d) Testkategorie
e) Qualifikationsmethode wie im Lastenheft spezifiziert
f) Aufzuzeichnende Daten während des Tests
g) Annahmen und Einschränkungen

16 Zeitplan für den Test

Kapitel 4.1.5 soll den Zeitplan für den Test enthalten. Der Zeitplan kann auch referenziert werden.

17 Aufzeichnungen von Daten

In Kapitel 5 soll spezifiziert werden, welche Daten aufgezeichnet werden müssen und welche Testdaten unter Umständen komprimiert oder analysiert werden sollen.

18 Sonstiges

Kapitel 6 kann eine Liste der Acronyms und Abkürzungen enthalten, die im Testplan verwendet werden.

Anhang

Der Anhang kann Material enthalten, das im Rahmen des Textes nicht ohne weiteres einzuordnen war. Es muß gesagt werden, ob der Anhang ein Teil des Planes ist.

Anhänge sind mit A, B, C und so weiter zu bezeichnen.

Anhang F - Fragebögen

SC	**Fragebögen**	**Seite 1 von 7**

	Fragebogen zur Überprüfung des Qualitätssicherungssystems für Software	ja/nein
	Allgemein	
1.	Gibt es ein effektives und wirtschaftliches System zur Sicherung der Qualität von Software?	
2.	Wird dieses System bei allen Projekten mit Software eingesetzt, wo es vertraglich vorgeschrieben ist?	
3.	Wird dieses System bei Verträgen angewandt, bei denen sich die Anforderungen an die Software aus den Anforderungen an das System ergeben?	
4.	Ist es das erklärte Ziel dieses Systems, Fehler zu verhindern, Fehler in der Software aufzuspüren und gefundene Fehler zu beseitigen?	
5.	Enthält dieses System zur Qualitätssicherung von Software ein Modell, das den Entstehungsprozeß der Software beschreibt?	
6.	Werden in diesem System die Organisation und ihre Gliederungen beschrieben?	
7.	Sind die notwendigen Verfahren zur Qualitätssicherung in dem System enthalten?	
8.	Sind die Ressourcen zum Management der Software-Qualitätssicherung in dem System beschrieben?	
9.	Enthält dieses System Informationen zu Abweichungen bei der Einhaltung des Zeitplans und des Budgets?	
10.	Enthält das System als Werkzeug ein Modell der Software-Entwicklung?	
11.	Ist dieses Modell ein Prozeßmodell?	

SC	**Fragebögen zum Qualitätssicherungssystem**	**Seite 2 von 7**

12. Enthält das Prozeßmodell mindestens die nachstehenden Phasen?   ja/nein

    a) Analyse der Anforderungen an das System

    b) Analyse der Anforderungen an die Software

    c) die Entwurfsphase

    d) die Kodierphase

    e) die Phase Test und Integration

    f) die Phase Wartung

13. Spricht das Modell zur Software-Entwicklung die folgenden Punkte an?

    a) Tätigkeiten

    b) Meilensteine

    c) Baselines

    d) Reviews

    e) Dokumente der Software

    f) Auszuliefernde Software

14. Geht das Modell zur Software-Entwicklung darauf ein, wie Tätigkeiten technischer Natur und das Management integriert worden sind?

15. Zeigt das Modell zur Software-Entwicklung auf, wie Daten und Informationen fließen, einschließlich Feedback?

16. Ist die Beziehung zwischen internen technischen Funktionen und dem Management dargestellt?

Organisation

17. Definiert und beschreibt das Modell zur Software-Entwicklung die Verantwortlichkeiten und Rechte innerhalb der Organisation, einschließlich der Verbindungen zwischen Abteilungen und Gruppen, die die Qualität der Software planen, sie integrieren und kontrollieren?

SOFTCRAFT REGELWERK
Software Standards & Procedures, Version 1.05 vom 21. November 1992

SC	**Fragebögen zum Qualitätssicherungssystem**	**Seite 3 von 7**

		ja/nein

Ressourcen

18. Geht das Modell zur Software-Entwicklung auf Werkzeuge ein, und zwar sowohl bei der Software als auch bei der Hardware, um den Entwicklungsprozeß zu unterstützen?

19. Fordert das Modell zur Software-Entwicklung eine Überprüfung dieser Werkzeuge in ihrer Umgebung vor dem Einsatz?

Verfahren

20. Gibt es für jede Phase der Entwicklung individuelle Verfahren?

21. Gibt es für jedes Verfahren detaillierte Informationen darüber, wann es anzuwenden ist?

22. Gibt es ein Verfahren, das sicherstellt, daß jedes Mitglied des Entwicklungsteams versteht, was in einer bestimmten Phase der Entwicklung zu tun ist?

23. Enthalten die Verfahren Kriterien, bei deren Nicht-Erfüllung ein Produkt zurückgewiesen werden kann?

Enthalten solche Verfahren die folgenden Punkte?
a) Zweck und Umfang
b) verantwortliche Abteilung oder Gruppe
c) wann und wie das Verfahren einzusetzen ist
d) die Inputs
e) die Outputs
f) die Kontrollschritte
g) Kriterien zur Beurteilung der Abnahme
h) Revisionsstand
i) die verbindliche Zustimmung des Managements
j) die herausgebende und verantwortliche Abteilung

24. Sind die Verfahren zur Entwicklung der Software vor ihrer Anwendung überprüft worden?

25. Besitzt das System zur Qualitätssicherung der Software einen Mechanismus, mit dem fehlerhafte Verfahren geändert werden können?

SC	**Fragebögen zum Qualitätssicherungssystem**	**Seite 4 von 7**

26.	Besitzt das System zur Qualitätssicherung von Software einen eingebauten Mechanismus, um ungeeignete oder fehlerhafte Verfahren ändern zu können?	ja/nein

27. Gibt es Verfahren zu den folgenden Themenbereichen?

    a) Planung der Software-Entwicklung.

    b) Analyse von Risiken und deren Management.

    c) Methoden zur Schätzung des Aufwands.

    d) Management von Unterauftragnehmern.

    e) Konfigurationsmanagement.

    f) Anfertigen und Pflegen von Aufzeichnungen.

    g) Berichtigen von Fehlern.

    h) Schulung der Mitarbeiter.

    i) Bibliothek der Software.

    j) Dokumentation.

    k) Aufbewahren, Verwalten und Ausliefern von Software, Firmware, Medien und Dokumentation.

    l) Methoden bei der Software-Entwicklung.

    m) Analyse der Ressourcen wie Prozessorleistung und Verbrauch an Speicher.

    n) Reviews.

    o) Überprüfung der Software und deren Teilprodukte.

    p) Audits.

    q) Überprüfung der Software.

Dokumentation

28. Ist der Auftragnehmer bereit, vor dem Beginn der Software-Entwicklung die Dokumentation seines Systems zur Sicherung der Qualität von Software an den Auftraggeber auszuliefern?

29. Trägt die Dokumentation zur Software-Qualitätssicherung die Unterschrift eines Mitglieds der Geschäftsleitung?

SC	Fragebögen zum Qualitätssicherungssystem	Seite 5 von 7

Überprüfung des Qualitätssicherungssystems	ja/nein

30. Gibt es Reviews des Qualitätssicherungssystems?

31. Werden solche Reviews in regelmäßigen Abständen durchgeführt?

32. Gibt es spezielle Reviews in bestimmten Bereichen, falls wiederkehrende Probleme nicht durch das System automatisch korrigiert werden?

33. Wird das System zur Qualitätssicherung von Software angepaßt und verändert, falls Probleme gefunden werden, und wird die Einführung und Wirksamkeit solcher Änderungen überprüft?

34. Sind die Mitarbeiter der Software-Qualitätssicherung kompetent?

35. Ist die Unabhängigkeit der Mitarbeiter der Software-Qualitätssicherung gewährleistet?

36. Werden die Feststellungen bei Reviews aufgezeichnet?

37. Erstellt die Qualitätssicherung Aufzeichnungen über Reviews und Audits, um den Vertretern des Auftraggebers zeigen zu können, daß das Qualitätssicherungssystem in der Praxis angewandt wird?

Verfolgbarkeit und Überprüfung des Lastenheftes

38. Wird nach Erteilung des Auftrags und vor Beginn der Software-Entwicklung ein Review des Vertragsinhalts durchgeführt?

39. Ist es der Zweck dieses Reviews, Anforderungen an die Software zu identifizieren oder aus den Anforderungen an das System die Anforderungen an die Software abzuleiten?

40. Wird sichergestellt, daß die Anforderungen an die Software frei von Widersprüchen sind, miteinander in Einklang stehen und in einen Entwurf umgesetzt werden können?

41. Ist der Prozeß von den Anforderungen an die Software zum Entwurf und später zu Modulen und Einheiten der Software verfolgbar und nachvollziehbar?

SOFTCRAFT REGELWERK
Software Standards & Procedures, Version 1.05 vom 21. November 1992

SC	**Fragebögen zum Qualitätssicherungssystem**	**Seite 6 von 7**

42. Werden etwaige Unklarheiten oder interpretierbare Anforderungen aus dem Vertrag dem Auftraggeber so schnell wie möglich mitgeteilt? — ja/nein

Planung und Kontrolle

43. Gibt es für jedes Software-Projekt ein eigenes Programm zur Sicherung der Qualität der Software?

44. Behandelt der Software Quality Assurance Plan die folgenden Themen?

    a) das Definieren und Verfeinern der Anforderungen an die Qualität der Software.

    b) das Definieren und Verfeinern der Verfahren zur Entwicklung der Software.

    c) das Definieren und Anwenden von Verfahren zur Bewertung der Qualität der Software.

    d) Beziehen sich solche Verfahren auch auf die zugehörige Dokumentation?

Software Quality Program Plan

45. Wird der Ansatz zur Sicherung der Qualität der Software für jedes Projekt in einem Software Quality Program Plan (SQPP) dokumentiert?

46. Wird der SQPP aus dem System zur Sicherung der Software-Qualität abgeleitet, und befindet er sich im Einklang mit diesem Regelwerk?

47. Geht der SQPP auf die folgenden Punkte ein?

    a) Ein Überblick über das Projekt.

    b) Die hauptsächlichen Tätigkeiten.

    c) Die Produkte der Software und die Meilensteine.

    d) Die Struktur der Organisation und die Verantwortlichkeiten für Produkte der Software.

    e) Eine Aufspaltung der Software-Aktivitäten in kleinere und überschaubare Einheiten.

    f) Eine Identifikation der Phasen der Software-Entwicklung sowie der dazugehörigen Inputs und Outputs.

SOFTCRAFT REGELWERK
Software Standards & Procedures, Version 1.05 vom 21. November 1992

SC	Fragebögen zum Qualitätssicherungssystem	Seite 7 von 7

47. g) Werden Methoden und Standards, getrennt nach den einzelnen Phasen der Software-Entwicklung, genannt?   ja/nein

    h) Werden die ungefähren Kosten für die hauptsächlichen Tätigkeiten genannt?

    i) Werden Aufgaben, die an Unterauftragnehmer vergeben werden, identifiziert, einschließlich der damit zusammenhängenden Aufgaben der Qualitätssicherung?

    j) Werden Bereiche hohen Risikos identifiziert, einschließlich der Verfahren zur Verfolgung der Risiken?

    k) Werden Verfahren zur Kontrolle der Produkte an Meilensteinen der Software-Entwicklung angesprochen?

Kontrolle

48. Kann der vom Auftragnehmer erstellte Software Quality Program Plan dazu benutzt werden, den Fortschritt des Projekts zu verfolgen?

Pflege des Software Quality Program Plan

49. Wird der Software Quality Program Plan an definierten Meilensteinen im Lebenszyklus der Software überprüft und gegebenenfalls überarbeitet?

Beteiligung des Auftraggebers

50. Ist sichergestellt, daß die Vertreter des Auftraggebers zu den Räumlichkeiten des Auftragnehmers Zugang haben werden?

51. Gilt dies in gleicher Weise auch für Unterauftragnehmer?

52. Ist sichergestellt, daß Vertreter des Kunden die Software-Dokumentation einsehen können, während der Durchführung von Tests Zugang zu Labors haben und auch die Aufzeichnungen der Qualitätssicherung einsehen können?

SC	**Fragebögen**	**Seite 1 von 3**
	Fragebogen zur Überprüfung des Software Development Plan	ja/nein
1.	Sind die Ziele der Software-Entwicklung im Rahmen der Projektziele genannt worden?	
2.	Ist der Umfang der Software, getrennt nach den Typen der Software, angesprochen worden?	
3.	Ist die zur Auslieferung an den Kunden bestimmte Software angesprochen worden?	
4.	Ist exakt spezifiziert worden, was zur Auslieferung bestimmt ist?	
5.	Ist bei Joint Ventures die Leistung des eigenen Unternehmens abgegrenzt worden?	
6.	Ist definiert worden, welche Teile der Software von Joint Venture Partnern zugeliefert werden?	
7.	Ist bestimmt worden, welche Teile der Software an Joint Venture Partner ausgeliefert werden?	
8.	Ist der Zweck des Systems im SDP diskutiert worden?	
9.	Ist Fremdsoftware behandelt worden?	
10.	Sind Unteraufträge und das Verfahren zur Vergabe von Unteraufträgen angesprochen worden?	
11.	Sind Lizenzen der Software genannt worden?	
12.	Sind Ressourcen besprochen worden?	
13.	Sind die Zahl und die Qualifikation der Mitarbeiter der Software-Entwicklung genannt worden?	
14.	Sind Rechner, Terminals und Workstations angesprochen worden?	
15.	Ist der Speicherbedarf des Rechners diskutiert worden, sowohl hinsichtlich des Hauptspeichers als auch des Massenspeichers?	
16.	Ist das Netzwerk zur Verbindung zwischen dem Rechner und den peripheren Einheiten diskutiert worden?	

SC	Fragebögen	Seite 2 von 3

17.	Ist im SDP ein Zeitplan zur Abwicklung des Projektes enthalten, oder ist er referenziert worden?	ja/nein
18.	Basiert der SDP auf dem vorgeschriebenen Standard der Organisation zur Erstellung des Software Development Plans?	
19.	Sind andere Pläne im SDP referenziert worden?	
20.	Der Software Quality Program Plan?	
21.	Der Software Configuration Management Plan?	
22.	Bestehen Ungereimtheiten oder Widersprüche zwischen diesen Plänen?	
23.	Ist aus dem SDP erkennbar, daß er dem vorgeschriebenen Prozeß zur Erstellung von Software folgt?	
24.	Sind die Meilensteine der Software-Entwicklung aus dem Plan ersichtlich?	
25.	Sind die vorgeschriebenen Reviews im Plan genannt worden?	
26.	Sind Baselines und die dazugehörigen Produkte der Software genannt worden?	
27.	Ist die Verifikation und Validation der Software diskutiert worden?	
28.	Sind Walkthroughs und Fagan Inspections im SDP erwähnt worden?	
29.	Ist das Testen der Software angesprochen worden?	
30.	Ist das Thema Integration der Software diskutiert worden?	
31.	Ist das Thema Hardware-Software-Integration angesprochen worden?	
32.	Sieht der Zeitplan ausreichend Zeit für die Integrationsschritte vor?	
33.	Ist der Testplan der Software referenziert worden?	
34.	Ist die Behandlung von Fehlern angesprochen worden?	
35.	Ist die Kontrolle durch das Management diskutiert worden?	
36.	Sind die Dokumente der Software angesprochen worden?	

SOFTCRAFT REGELWERK
Software Standards & Procedures, Version 1.05 vom 21. November 1992

SC	Fragebögen	Seite 3 von 3
37.	Sind die Formvorschriften für die Dokumente der Software im SDP genannt worden?	ja/nein
38.	Sind Produktspezifikationen angesprochen worden?	
39.	Ist die Kritikalität für alle Arten von Software diskutiert worden?	
40.	Sind Risiken genannt worden?	
41.	Ist die Sprache zur Software-Entwicklung festgelegt worden?	
42.	Sind Compiler diskutiert worden?	
43.	Befindet sich der SDP im Einklang mit dem Vertrag?	
44.	Ist der SDP insgesamt geeignet, dem Kunden den Ansatz zur Entwicklung der Software darzulegen?	
45.	Ist der SDP so rechtzeitig erstellt worden, daß die Qualitätssicherung und das Konfigurationsmanagement ihre jeweiligen Pläne darauf abstimmen konnten?	

SC	Fragebögen	Seite 1 von 2

	Fragebogen zur Überprüfung des Lastenheftes der Software	ja/nein
1.	Ist jede Funktion der Software klar spezifiziert worden?	
2.	Ist jede Leistungsanforderung an die Software spezifiziert worden?	
3.	Ist im Lastenheft beschrieben worden, wie die verschiedenen Funktionen der Software zusammenarbeiten sollen?	
4.	Ist die Funktion der Software im Rahmen des Systems beschrieben worden?	
5.	Sind die notwendigen Ressourcen, zum Beispiel Prozessorleistung und Größe des Hauptspeichers, ausreichend in bezug auf die verlangte Leistung der Software?	
6.	Werden Reserven vorgehalten?	
7.	Sind die Schnittstellen der Software zum System beschrieben worden?	
8.	Sind die Schnittstellen, zum Beispiel I/O-Ports, ausreichend dimensioniert in bezug auf die geforderte Leistung der Software?	
9.	Sind die internen Schnittstellen der Software beschrieben worden?	
10.	Ist die Schnittstelle zum Benutzer des Systems beschrieben worden?	
11.	Sind alle Systemzustände in bezug auf die Software sowie ihr verlangtes Verhalten beschrieben worden?	
12.	Sind Bereiche hohen Risikos identifiziert worden?	
13.	Sind Techniken beschrieben worden, um die Software beim Versagen von Teilsystemen mit verminderter Leistung (Fail Safe) weiter betreiben zu können?	
14.	Ist die maximale Last des Systems diskutiert worden?	
15.	Ist jede einzelne Anforderung an die Software testbar?	
16.	Gibt es Vorkehrungen bei nicht testbaren Forderungen?	
17.	Sind die Anforderungen an die Software in bezug auf die Leistung testbar?	

SOFTCRAFT REGELWERK
Software Standards & Procedures, Version 1.05 vom 21. November 1992

SC	Fragebögen	Seite 2 von 2
18.	Sind einzelne Anforderungen vage, und können sie zu Fehlinterpretationen führen?	ja/nein
19.	Sind einzelne Forderungen im Lastenheft in zweideutiger Sprache formuliert?	
20.	Sind einzelne Punkte des Lastenheftes unnötigerweise so restriktiv formuliert, daß der Entwickler beim Design zu sehr eingeschränkt ist?	
21.	Sind die Eingaben für jede Funktion der Software genannt worden?	
22.	Sind die Ausgaben für jede Funktion genannt worden?	
23.	Sind Formate spezifiziert worden?	
24.	Sind alle im Lastenheft genannten Funktionen wirklich notwendig?	
25.	Sind Testmethoden beschrieben worden?	
26.	Besteht eine Notwendigkeit zur Simulation?	
27.	Ist die Schnittstelle zu anderen Arten der Software beschrieben worden, etwa der Software zum Test der Hardware?	
28.	Ist die Spezifikation in sich frei von Widersprüchen?	
29.	Ist die Spezifikation vollständig?	

SC	Fragebögen	Seite 1 von 2

	ja/nein
Fragebogen zu Code Inspections	

1. Gibt es zum Quellcode eines der unten aufgelisteten Dokumente?

   a) Pseudocode
   b) Buhr-Diagramm
   c) Datenflußdiagramm
   d) Flußdiagramm

   Gehören folgende Elemente zum Entwurf:

   a) der Informationsfluß
   b) eine Hierarchie der Module
   c) ein Data Dictionary
   d) eine Beschreibung der Prozesse oder Tasks

2. Gibt es für Module der Software nur einen Ein- und einen Ausgang?

3. Zeigt der Entwurf eine hohe innere Bindung der Module?

4. Wird beim Auftreten von Fehlern eine angemessene Verarbeitung eingeleitet?

5. Ist der Speicher so organisiert, daß Variablen nach Möglichkeit lokale Variablen sind?

6. Wird der Code angemessen kommentiert?

7. Beginnt jede Anweisung auf einer neuen Zeile?

8. Ist die Software so ausgelegt, daß eine Hierarchie der Module erkennbar ist?

9. Werden Anweisungen und Daten strikt voneinander getrennt?

10. Ist der Code so geschrieben, daß Daten nicht ausführbar sind?

11. Ist der Code so geschrieben, daß Sprünge nicht über Modul-, Prozeß- oder Unterprogrammgrenzen hinausführen können?

12. Sind Änderungen im Quellcode verfolgbar, nachdem der Code unter Konfigurationskontrolle gestellt wurde?

SOFTCRAFT REGELWERK
Software Standards & Procedures, Version 1.05 vom 21. November 1992

SC	Fragebögen	Seite 2 von 2
13.	Beginnt der Quellcode mit einem Header, der Kommentar enthält?	ja/nein
14.	Wird der Code in Blöcken organisiert, um die Übersicht zu erleichtern?	
15.	Existiert ein 1:1-Verhältnis zwischen Anweisungen und Kommentarzeilen?	
16.	Sind die Kommentare in der vorgeschriebenen Sprache?	
17.	Werden Kommentare bei Änderungen im Code ebenfalls auf den neuesten Stand gebracht?	
18.	Sind im Programm Daten und ausführbarer Programmcode getrennt?	
19.	Sind gewählte Abkürzungen für Variablen, Konstanten und Marken sinnvoll?	

SOFTCRAFT REGELWERK
Software Standards & Procedures, Version 1.05 vom 21. November 1992

Anhang G -
Fragebögen zum Capability Maturity Model

Zu den nachfolgend abgedruckten Fragebögen sind ein paar Vorbemerkungen notwendig. Das *Capability Maturity Model* wird vom *Software Engineering Institute* an der Carnegie Mellon University überarbeitet und gepflegt. Aus diesem Grund werden sich im Laufe der Jahre auch die für ein Assessment verwendeten Fragebögen ändern.

Trotzdem werden die nachfolgenden Checklisten dem Leser nützlich sein, denn diese oder ähnliche Fragen müssen eigentlich bei jedem Assessment gestellt werden.

<table>
<tr><td>SOFTCRAFT AG</td><td>Fragebögen zum Capability Maturity Model</td><td>Seite 1 von 3</td></tr>
</table>

	Ebene 2 des Capability Maturity Model's: REPEATABLE	ja/nein

1. Gibt es für jedes Software-Projekt einen Manager, der ausschließlich für das Management der Software-Entwicklung zuständig ist?

2. Berichtet der Software-Manager direkt an den Projektleiter?

3. Ist das Projekt so organisiert, daß die Qualitätssicherung nicht an das Projektmanagement berichtet?

4. Gibt es bei jedem Projekt ein Software-Konfigurationsmanagement?

5. Existiert für alle neu eingestellten Manager und Gruppenleiter der Entwicklung ein Schulungsprogramm, um sie mit dem Management von Software-Projekten vertraut zu machen?

6. Ist durch betriebliche Maßnahmen sichergestellt, daß die Organisation und ihre Mitarbeiter das praktizieren, was man im Bereich des Software Engineerings als state-of-the-art betrachtet?

7. Gibt es für jedes Software-Projekt einen Mechanismus, durch den sichergestellt wird, daß jeder Vertrag für die Erstellung von Software vor der Unterzeichnung durch das Management überprüft wird?

8. Existiert ein formelles Verfahren, um das periodische Review jedes Software-Projektes durch das Management zu ermöglichen?

9. Ist sichergestellt, daß Unterauftragnehmer bei Software einem disziplinierten Prozeß zur Erstellung der Software folgen?

10. Gibt es zu jeder Phase des Prozesses der Software-Entwicklung Audits?

11. Existieren für jedes Projekt Coding Standards?

12. Gibt es ein vorgeschriebenes Verfahren zum Erstellen von Abschätzungen des Umfangs der Software?

13. Gibt es ein vorgeschriebenes Verfahren zum Erstellen von Abschätzungen über den Zeitplan zur Software-Erstellung?

14. Gibt es ein vorgeschriebenes Verfahren, um die Kosten der Software-Erstellung zu ermitteln?

SOFTCRAFT REGELWERK
Software Standards & Procedures, Version 1.05 vom 21. November 1992

SOFTCRAFT AG	**Fragebögen zum Capability Maturity Model**	Seite 2 von 3

15.	Ist sichergestellt, daß das Design Team jede Anforderung an die Software richtig versteht?	ja/nein
16.	Wird die tatsächliche Zahl der Mitarbeiter im Projekt gegen die Planzahlen verglichen?	
17.	Wird jeder Software Configuration Item über den Projektzeitraum hinweg in seiner tatsächlichen Größe gegen die geplante Größe verglichen?	
18.	Werden Fehler in der Software statistisch ausgewertet?	
19.	Wird für jede Software Unit der geplante Umfang mit dem tatsächlichen Umfang verglichen?	
20.	Werden diese Vergleiche periodisch wiederholt?	
21.	Wird der tatsächliche Verbrauch des Speichers des Host Computers verfolgt?	
22.	Wird die tatsächliche Auslastung des Prozessors verfolgt?	
23.	Wird die Auslastung der peripheren Einheiten verfolgt?	
24.	Werden Software Trouble Reports, die während des Tests geschrieben werden, bis zu ihrer Einarbeitung verfolgt?	
25.	Wird der Testfortschritt mit den Plandaten verglichen?	
26.	Wird verfolgt, wie die Software zu Strings und/oder Builds zusammengestellt wird, und werden derartige Daten mit den Planzahlen verglichen?	
27.	Existiert ein Verfahren, nach dem das Management regelmäßig Reviews der Software-Projekte durchführt?	
28.	Finden mit dem Kunden regelmäßig Treffen auf technischer Ebene statt?	
29.	Sind die Gruppenleiter der Software für ihren Teil der Software bezüglich der Einhaltung des Zeitplans und der Kosten direkt verantwortlich?	

SOFTCRAFT REGELWERK
Software Standards & Procedures, Version 1.05 vom 21. November 1992

SOFTCRAFT AG	Fragebögen zum Capability Maturity Model	Seite 3 von 3
30. Gibt es einen Mechanismus, mit dem Änderungen im Lastenheft der Software kontrolliert werden?		ja/nein
31. Existiert ein Mechanismus, durch den Änderungen im Programmcode kontrolliert werden?		
32. Sind Vorkehrungen getroffen worden, daß nach Änderungen an der Software ein Regression Testing durchgeführt wird?		

SOFTCRAFT AG	**Fragebögen zum Capability Maturity Model**	Seite 1 von 3

Ebene 3 des Capability Maturity Models: DEFINED	ja/nein
1. Gibt es eine Person oder eine Gruppe, die sich hauptberuflich um die Kontrolle der Schnittstellen der Software kümmert?	
2. Existiert die Gruppe Systems Engineering?	
3. Existiert eine Software Engineering Process Group?	
4. Hat jeder Entwickler eine Workstation oder ein Terminal, das ihm persönlich jederzeit zur Verfügung steht?	
5. Werden die Software-Entwickler regelmäßig in den Methoden des Software Engineering geschult?	
6. Werden die Gruppenleiter der Software-Entwicklung in den Methoden des Software Engineering geschult?	
7. Gibt es ein Trainingsprogramm für Mitarbeiter, die Code Walkthroughs oder Fagan Inspections leiten?	
8. Existiert ein Mechanismus, um die in der Entwicklung angewandten Methoden mit denen außerhalb der Organisation zu vergleichen?	
9. Gibt es für jedes Software-Projekt einen standardisierten und dokumentierten Prozeß?	
10. Schreibt der standardisierte Prozeß den Gebrauch von Methoden und Werkzeugen vor?	
11. Gibt es eine Norm für die Software Development Folders?	
12. Existiert ein Mechanismus, nach dem existierende Entwürfe und Code auf ihr Potential zur Wiederverwendung "abgeklopft" werden?	
13. Existiert ein Standard zur Vorbereitung von Testfällen für den Unit Test?	
14. Gibt es einen Standard zur Wartung von Code, und wird dieser angewandt?	

SOFTCRAFT REGELWERK
Software Standards & Procedures, Version 1.05 vom 21. November 1992

SOFTCRAFT AG	**Fragebögen zum Capability Maturity Model**	**Seite 2 von 3**
15.	Gibt es eine Norm zur Mensch-Maschine-Schnittstelle, und wird diese Norm bei allen derartigen Projekten angewandt?	ja/nein
16.	Gibt es eine Statistik zu Fehlern im Entwurf der Software?	
17.	Werden aus Design Reviews resultierende Fehlermeldungen solange verfolgt, bis der Fehler beseitigt ist?	
18.	Werden aus Code Reviews resultierende Fehlermeldungen solange verfolgt, bis der Fehler beseitigt ist?	
19.	Existiert ein Mechanismus, mit dem Fehler im Gebiet Systems Engineering, die sich in der Software negativ auswirken, beseitigt werden können?	
20.	Gibt es einen Mechanismus, durch den Probleme im Bereich der Integration und des Testens dem Projektleiter mitgeteilt werden?	
21.	Existiert ein Mechanismus, um die Durchsetzung der Standards im Bereich der Entwicklung sicherzustellen?	
22.	Existiert ein Mechanismus, um Anforderungen an die Software zum Top Level Design verfolgen zu können?	
23.	Gibt es einen Mechanismus, um die Verfolgbarkeit vom Grobentwurf der Software bis zum detaillierten Entwurf gewährleisten zu können?	
24.	Werden interne Software Design Reviews durchgeführt?	
25.	Gibt es einem Mechanismus, um Änderungen im Entwurf der Software verfolgen zu können?	
26.	Gibt es einen Mechanismus, um die Verfolgbarkeit zwischen detailliertem Entwurf und der Kodierung zu sichern?	
27.	Gibt es formelle Aufzeichnungen über den Arbeitsfortschritt beim Kodieren der Software Units?	
28.	Werden Software Code Reviews durchgeführt?	

SOFTCRAFT REGELWERK
Software Standards & Procedures, Version 1.05 vom 21. November 1992

SOFTCRAFT AG	**Fragebögen zum Capability Maturity Model**	Seite 3 von 3
29.	Existiert ein Mechanismus, um die Werkzeuge der Software-Entwicklung unter Konfigurationskontrolle zu stellen?	ja/nein
30.	Gibt es einen Mechanismus, durch den sichergestellt wird, daß die von der Qualitätssicherung überprüften Teile der Software repräsentativ für die Arbeit der Entwicklung sind?	
31.	Existiert ein Mechanismus, durch den sichergestellt wird, daß Regression Testing im notwendigen Umfang durchgeführt wird?	
32.	Werden Test Cases durch formelle Reviews überprüft?	

SOFTCRAFT REGELWERK
Software Standards & Procedures, Version 1.05 vom 21. November 1992

<table>
<tr><td>SOFTCRAFT AG</td><td>Fragebögen zum Capability Maturity Model</td><td>Seite 1 von 1</td></tr>
</table>

Ebene 4 des Capability Maturity Models: MANAGED	ja/nein

1. Existiert in der Organisation ein Mechanismus, durch den neue Technologie in den Entwicklungsprozeß eingeschleust wird?

2. Existiert ein Mechanismus, durch den die Einführung neuer Technologie unterstützt wird?

3. Wird die Norm für interne Design Reviews in der Praxis angewandt?

4. Werden Fehler im Entwurf aufgezeichnet und mit den Vorhersagen verglichen?

5. Werden Fehler in den Phasen Kodierung und Test aufgezeichnet und mit den vorhergesagten Werten verglichen?

6. Wird beim Funktionstest aufgezeichnet, welche Test Coverage erreicht wird?

7. Ist eine Datenbasis eingerichtet worden, die Daten aus allen Projekten enthält?

8. Werden bei Design Reviews Daten aufgezeichnet und anschließend analysiert?

9. Werden bei Code Reviews und Tests Daten aufgezeichnet und dafür verwandt, um die Wahrscheinlichkeit für weitere Fehler im Produkt zu ermitteln?

10. Werden Fehler in der Software daraufhin analysiert, ob ihre Ursache im Prozeß der Software-Erstellung liegt?

11. Wird die Effizienz von Reviews untersucht?

12. Wird die Produktivität für die Phasen der Software-Entwicklung ermittelt?

13. Gibt es einen Mechanismus, um den Prozeß zur Erstellung der Software in regelmäßigen Abständen zu untersuchen und um Verbesserungen einzuführen?

SOFTCRAFT AG	Fragebögen zum Capability Maturity Model	Seite 1 von 1

Ebene 5 des Capability Maturity Models: OPTIMIZING	ja/nein
1. Existiert ein Mechanismus, um veraltete Technologie identifizieren und ersetzen zu können?	
2. Gibt es ein Verfahren, um die Ursachen von Fehlern in der Software ermitteln zu können?	
3. Werden die Fehlerursachen dahingehend untersucht, um herauszufinden, ob Änderungen im Prozeß der Software-Entwicklung notwendig sind?	
4. Gibt es einen Mechanismus, um Fehler von vornherein zu verhindern?	

SOFTCRAFT REGELWERK
Software Standards & Procedures, Version 1.05 vom 21. November 1992

<table>
<tr><td>SOFTCRAFT AG</td><td colspan="2">Fragebögen zum Capability Maturity Model</td><td colspan="2">Seite 1 von 2</td></tr>
<tr><td colspan="4">Die technologische Basis der Organisation</td><td>ja/nein</td></tr>
<tr><td>1.</td><td colspan="4">Gibt es ein automatisiertes System zur Konfigurationskontrolle, das für den gesamten Prozeß der Software-Entwicklung angewandt wird, um Änderungen zu verfolgen?</td></tr>
<tr><td>2.</td><td colspan="4">Werden Werkzeuge eingesetzt, um die Umsetzung der Anforderungen an die Software bis in den Entwurf zu verfolgen?</td></tr>
<tr><td>3.</td><td colspan="4">Wird für den Entwurf eine Program Design Language (PDL) eingesetzt?</td></tr>
<tr><td>4.</td><td colspan="4">Wird ein Werkzeug verwendet, um die Umsetzung des Entwurfes in die Kodierung verfolgen zu können?</td></tr>
<tr><td>5.</td><td colspan="4">Wird der Code hauptsächlich in einer höheren Programmiersprache geschrieben?</td></tr>
<tr><td>6.</td><td colspan="4">Wird ein Testdatengenerator eingesetzt?</td></tr>
<tr><td>7.</td><td colspan="4">Gibt es ein Werkzeug, das zur Messung der Test Coverage eingesetzt wird?</td></tr>
<tr><td>8.</td><td colspan="4">Werden Werkzeuge eingesetzt, um jede Funktion der Software zu verfolgen und sicherzustellen, daß sie getestet wird?</td></tr>
<tr><td>9.</td><td colspan="4">Werden Werkzeuge eingesetzt, um Änderungen im Umfang der Komponenten der Software zu erfassen und zu analysieren?</td></tr>
<tr><td>10.</td><td colspan="4">Werden automatisierte Werkzeuge zur Berechnung der Komplexität des Code verwendet?</td></tr>
<tr><td>11.</td><td colspan="4">Werden automatisierte Werkzeuge eingesetzt, um die Verbindungen zwischen den Modulen der Software zu analysieren?</td></tr>
<tr><td>12.</td><td colspan="4">Gibt es interaktive Source-Level-Debugger?</td></tr>
<tr><td>13.</td><td colspan="4">Stehen den Mitarbeitern in der Entwicklung interaktive Werkzeuge zur Erstellung der Dokumentation zur Verfügung?</td></tr>
<tr><td colspan="5">SOFTCRAFT REGELWERK
Software Standards & Procedures, Version 1.05 vom 21. November 1992</td></tr>
</table>

SOFTCRAFT AG	Fragebögen zum Capability Maturity Model	Seite 2 von 2

14.	Wird ein Werkzeug eingesetzt, um den Status der Software in der kontrollierten Bibliothek der Software zu verfolgen und darüber zu berichten?	ja/nein
15.	Werden zur Entwicklung der kritischen Teile der Software Methoden des Rapid Prototyping eingesetzt?	
16.	Wird für die Mensch-Maschine-Schnittstelle Rapid Prototyping eingesetzt?	

SOFTCRAFT AG	**Fragebögen zum Capability Maturity Model**	Seite 1 von 2

Organisation und das Management von Ressourcen   ja/nein

1. Organisation

1.1   Gibt es für jedes Projekt, in dem Software eine Rolle spielt, einen Software Manager?

1.2   Berichtet der Software Manager direkt an den Projektleiter?

1.3   Ist die Software-Qualitätssicherung so organisiert, daß sie nicht der Projektleitung unterstellt ist?

1.4   Gibt es einen Mitarbeiter oder ein Team, das speziell für die Schnittstellen der Software zuständig ist?

1.5   Existiert eine Gruppe Systems Engineering?

1.6   Existiert bei jedem Projekt mit Software eine Gruppe oder Person, die für Konfigurationskontrolle zuständig ist?

1.7   Existiert eine Prozeßgruppe?

2. Ressourcen, Mitarbeiter und Schulung

2.1   Hat jeder Mitarbeiter der Entwicklung ein Terminal oder eine Workstation, die nur für ihn bestimmt ist?

2.2   Gibt es für alle neu eingestellten Manager in der Entwicklung Schulungsmaßnahmen, um sie mit dem Projektmanagement von Software vertraut zu machen?

2.3   Wird für die Programmierer in der Entwicklung eine Schulung in den Methoden des Software Engineering verlangt?

2.4   Wird verlangt, daß die Gruppenleiter der Entwicklung Schulungsmaßnahmen in Software Engineering besuchen müssen?

2.5   Gibt es ein Schulungsprogramm für die Leiter von Design und Code Reviews?

SOFTCRAFT REGELWERK
Software Standards & Procedures, Version 1.05 vom 21. November 1992

SOFTCRAFT AG	**Fragebögen zum Capability Maturity Model**	**Seite 2 von 2**

3. Technologieeinführung	ja/nein

3.1 Existiert ein Mechanismus, um die Manager und Mitarbeiter der Software-Entwicklung in bezug auf den state-of-the-art in Software Engineering ständig auf dem laufenden zu halten?

3.2 Gibt es einen Mechanismus, um die in der Organisation angewandten Methoden und Werkzeuge ständig mit den extern eingesetzten Methoden und Werkzeugen zu vergleichen?

3.3 Existiert ein Mechanismus, durch den entschieden werden kann, wann neue Technologie in das Unternehmen eingeführt werden muß?

3.4 Gibt es einen Mechanismus, um die Einführung neuer Technologien zu organisieren und zu unterstützen?

3.5 Existiert ein Mechanismus, um überholte und veraltete Technologien zu identifizieren und ersetzen zu können?

SOFTCRAFT AG	Fragebögen zum Capability Maturity Model	Seite 1 von 2

Metriken des Software-Prozesses   ja/nein

1. Gibt es eine Statistik, bei der die geplante Anzahl der Mitarbeiter während der Projektlaufzeit mit der effektiven Zahl der Mitarbeiter verglichen wird?

2. Wird jeder Software Configuration Item während des Entwicklungszeitraums in bezug auf seine Größe verfolgt?

3. Gibt es eine Metrik zu Fehlern im Entwurf der Software?

4. Gibt es eine Statistik zu Fehlern während der Kodierungsphase und im Test?

5. Werden Fehler zur Entwurfsphase zunächst geschätzt, und wird diese Schätzung später mit der Zahl der tatsächlichen Fehler verglichen?

6. Werden die Fehler in den Phasen Kodierung und Test zunächst geschätzt und später mit den tatsächlichen Zahlen verglichen?

7. Wird die Zahl der Software Units zunächst geschätzt und diese Schätzung später mit der tatsächlichen Zahl verglichen?

8. Wird die Zeit für den Unit Test zunächst geschätzt und später mit dem tatsächlichen Zeitverbrauch verglichen?

9. Wird die Zeit für die Integration der Software Units zunächst geschätzt und später mit der tatsächlich benötigten Zeit verglichen?.

10. Wird die Auslastung des Speichers des Zielrechners zunächst geschätzt und später mit der tatsächlichen Auslastung verglichen?

11. Wird die Auslastung des Prozessors des Zielrechners zunächst geschätzt und später mit der tatsächlichen Auslastung verglichen?

12. Wird die Auslastung der peripheren Einheiten des Zielrechners zunächst geschätzt und später mit Meßwerten verglichen?

13. Wird ermittelt, welches Maß des Test Coverage beim White Box Test erreicht wird?

SOFTCRAFT REGELWERK
Software Standards & Procedures, Version 1.05 vom 21. November 1992

SOFTCRAFT AG	**Fragebögen zum Capability Maturity Model**	**Seite 2 von 2**
14. Werden Action Items, die bei Design Reviews erteilt werden, so lange verfolgt, bis sie geschlossen werden können?		ja/nein
15. Werden Software Trouble Reports über Fehler, die beim Testen gefunden wurden, so lange verfolgt, bis sie geschlossen werden können?		
16. Werden Action Items, die während Code Reviews erteilt wurden, so lange verfolgt, bis sie geschlossen werden können?		
17. Wird der Fortschritt beim Testen der Software für Komponenten des Programms verfolgt und mit dem geplanten Arbeitsfortschritt verglichen?		
18. Wird aufgezeichnet, welche Software freigegeben wird und wie der Inhalt dieser Software über den Projektzeitraum hinweg zunimmt?		

SOFTCRAFT REGELWERK
Software Standards & Procedures, Version 1.05 vom 21. November 1992

SOFTCRAFT AG	Fragebögen zum Capability Maturity Model	Seite 1 von 1

Management von Daten und deren Analyse   ja/nein

1. Ist eine Datenbasis für alle Software-Projekte etabliert worden?

2. Werden Daten, die während Design Reviews gewonnen werden, anschließend analysiert?

3. Werden Fehlerdaten aus Code Reviews und Tests dahingehend ausgewertet, die Zahl der in der Software verbleibenden Fehler abzuschätzen?

4. Werden die Fehler in der Software untersucht, um herauszufinden, ob ihre Ursache im Prozeß der Software-Entwicklung begründet liegt?

5. Gibt es ein Verfahren zur Fehleranalyse?

6. Werden Fehler daraufhin untersucht, Änderungen im Prozeß der Software-Entwicklung ableiten zu können?

7. Existiert ein Mechanismus, um Aktionen zur Fehlerverhinderung einleiten zu können?

8. Wird in jedem Projekt untersucht, ob Reviews effektiv sind?

9. Wird für größere Phasen der Software-Entwicklung die Produktivität ermittelt?

SOFTCRAFT AG	Fragebögen zum Capability Maturity Model	Seite 1 von 2

Kontrolle des Entwicklungsprozesses — ja/nein

1. Gibt es einen Mechanismus, durch den das Management den Status von Software-Projekten in regelmäßigen Abständen überprüft?

2. Existiert ein Mechanismus, um den Prozeß zur Entwicklung der Software regelmäßig zu bewerten und Verbesserungen einzuführen?

3. Existiert ein Mechanismus, um Probleme im Bereich Systems Engineering zu identifizieren, die sich in der Software negativ auswirken?

4. Existiert ein Mechanismus, um Probleme im Bereich Test und Integration dem Projektmanager zur Kenntnis zu bringen?

5. Existiert ein Mechanismus, um sich mit Vertretern des Kunden regelmäßig über technische Probleme auszutauschen?

6. Existiert ein Mechanismus, um die Einhaltung der Normen zur Entwicklung der Software sicherzustellen?

7. Unterzeichnen die Gruppenleiter der Software ihre Abschätzungen des Zeitplans und der Kosten?

8. Gibt es einen Mechanismus, um die Verfolgbarkeit der Anforderungen an die Software zum Top Level Design zu sichern?

9. Existiert ein Mechanismus, um Änderungen in den Anforderungen der Software kontrollieren zu können?

10. Gibt es ein formelles Verfahren im Management, um zu überprüfen, ob Prototyping eingesetzt werden soll?

11. Existiert ein Mechanismus, um die Verfolgbarkeit vom Top Level Design zum detaillierten Entwurf zu sichern?

12. Gibt es interne Software Design Reviews?

13. Existiert ein Mechanismus, um Änderungen im Entwurf der Software zu kontrollieren?

SOFTCRAFT REGELWERK
Software Standards & Procedures, Version 1.05 vom 21. November 1992

SOFTCRAFT AG	**Fragebögen zum Capability Maturity Model**	Seite 2 von 2

14. Gibt es einen Mechanismus, um die Verfolgbarkeit zwischen dem detaillierten Design und dem Programmcode zu sichern?   **ja/nein**

15. Gibt es Aufzeichnungen zum Arbeitsfortschritt auf der Ebene der Software Units?

16. Werden Software Code Reviews durchgeführt?

17. Gibt es einen Mechanismus, um Änderungen im Programmcode zu kontrollieren?

18. Existiert ein Mechanismus zur Konfigurationskontrolle der im Prozeß der Software-Entwicklung eingesetzten Werkzeuge?

19. Gibt es einen Mechanismus, um sicherzustellen, daß die von der Qualitätssicherung überprüften Teile der Software repräsentativ sind?

20. Ist sichergestellt, daß bei jeder Änderung der Software ein Regression Testing durchgeführt wird?

21. Gibt es einen Mechanismus, um sicherzustellen, daß das Regression Testing im notwendigen Ausmaß durchgeführt wird?

22. Werden formelle Reviews der Testfälle für die Software durchgeführt?

SOFTCRAFT AG	**Fragebögen zum Capability Maturity Model**	Seite 1 von 2

Technologie und Werkzeuge — ja/nein

1. Existiert ein automatisiertes Werkzeug, um während des gesamten Lebenszyklus der Software Änderungen kontrollieren und verfolgen zu können?

2. Wird ein Werkzeug eingesetzt, um die Umsetzung der Forderungen aus dem Lastenheft der Software in den Entwurf verfolgen zu können?

3. Wird beim Entwurf der Software eine Program Design Language (PDL) eingesetzt?

4. Wird ein Werkzeug eingesetzt, um die Umsetzung des Entwurfs in den Code verfolgen zu können?

5. Wird überwiegend in einer höheren Programmiersprache programmiert?

6. Wird zum Test der Software ein Testdatengenerator eingesetzt?

7. Existiert ein Werkzeug zur Messung der Test Coverage beim White Box Test?

8. Wird ein Werkzeug eingesetzt, um jede geforderte Funktion der Software zu verfolgen und sicherzustellen, daß diese Funktion auch getestet wird?

9. Wird ein Werkzeug eingesetzt, um die Änderungen in den Komponenten der Software in bezug auf die Codelänge zu verfolgen und zu analysieren?

10. Gibt es ein Werkzeug zur Ermittlung der Komplexität des Codes?

11. Gibt es ein Werkzeug zur Ermittlung der Verbindungen zwischen den Modulen der Software?

12. Werden interaktive Source Level Debugger eingesetzt?

13. Stehen für die Software-Entwickler Workstations zur Verfügung, damit sie die Dokumentation interaktiv erstellen können?

SOFTCRAFT REGELWERK
Software Standards & Procedures, Version 1.05 vom 21. November 1992

SOFTCRAFT AG	**Fragebögen zum Capability Maturity Model**	Seite 2 von 2
14.	Wird ein Werkzeug eingesetzt, um den Status der Software in der kontrollierten Bibliothek zu verfolgen?	ja/nein
15.	Wird für kritische Teile der Software das Rapid Prototyping eingesetzt?	
16.	Wird für die Mensch-Maschine-Schnittstelle Rapid Prototyping eingesetzt?	

SOFTCRAFT REGELWERK
Software Standards & Procedures, Version 1.05 vom 21. November 1992

SOFTCRAFT AG	Fragebögen zum Capability Maturity Model	Seite 1 von 1

Folgefragen ja/nein

1. Wenn die Verantwortlichkeit für eine bestimmte Aufgabe oder Tätigkeit innerhalb der untersuchten Organisation nicht klar ist, bitten Sie um den Namen des Verantwortlichen, die Zeit seiner Tätigkeit in dieser Position, die Arbeitsplatzbeschreibung sowie um Arbeitsproben.

2. Wenn die Existenz einer bestimmten Gruppe nicht zweifelsfrei feststeht, bitten Sie um die Namen der Mitglieder, die vertretenen Abteilungen und um die Protokolle von Sitzungen.

3. Falls die Existenz von Schulungsprogrammen nicht zweifelsfrei feststeht, bitten Sie um Kursprogramme und -inhalte, die Namen von Mitarbeitern, die kürzlich einen Kurs besucht haben und um die Qualifikation von Instruktoren und Kursteilnehmern.

4. Falls die Existenz eines Mechanismus, Verfahrens, Standards oder von Kriterien und Richtlinien nicht zweifelsfrei feststeht, bitten Sie einfach um eine Kopie des Dokumentes, in der der Mechanismus oder das Verfahren beschrieben ist. Untersuchen Sie auch, ob das Dokument regelmäßig überarbeitet wird.

5. Falls die Existenz von Berichten oder Messungen in Frage gestellt werden kann, bitten Sie um die drei neuesten Berichte.

6. Falls Berechnungen oder Analysen in Frage gestellt werden, bitten Sie um die drei letzten Berichte zu Berechnungen oder Analysen.

7. Falls die Durchführung bestimmter Tätigkeiten oder die Benutzung bestimmter Einrichtungen nicht etabliert werden kann, bitten Sie um Beweise in der Form von Verfahren oder Verantwortlichkeiten.

8. Falls die Existenz eines Werkzeuges in Frage gestellt werden muß, bitten Sie Sie um eine Demonstration des Werkzeuges.

SOFTCRAFT REGELWERK
Software Standards & Procedures, Version 1.05 vom 21. November 1992

Anhang H - Nützliche Adressen

Material zum Capability Maturity Model bekommt man von der mit dem Vertrieb beauftragten Firma oder direkt vom Software Engineering Institute:
Research Access
3400 Forbes Avenue
Suite 302
Pittsburgh PA 15213
USA

Carnegie Mellon University
Software Engineering Institute
Pittsburgh, Pennsylvania 15213-3890
USA

Zur Durchführung eines Assessments kann man sich an die folgende Firma wenden:
The Process Enhancement Partnership
c/o Judah Mogilensky
1902 Rookwood Road
Silver Spring MD 20910
USA

Standards und Veröffentlichungen des Institute of Electrical and Electronic Engineers (IEEE):
IEEE Customer Service
445 Hoes Lane
P.O. Box 1331
Piscataway NJ
USA

Veröffentlichungen der IEEE Computer Society:
IEEE Computer Society
10662 Los Vaqueros Circle
P. O. Box 3014
Los Alamitos CA 90720-1264
USA

In vielen Fällen wird es für in Europa lebende Fachleute bequemer sein, sich an das europäische Büro der Computer Society zu wenden:
IEEE Computer Society
13, Avenue de l'Aquilon
B-1200 Brussels
Belgium

Neben der IEEE Computer Society ist in den USA vor allem die Association of Computer Machinery (ACM) aktiv:
ACM Order Department
P.O. Box 64145
Baltimore MD 21264
USA

Standards des American National Standards Institute (ANSI):
American National Standards Institute
Sales Department
1430 Broadway
New York NY 10018
USA

Wer sich besonders für Computersimulationen interessiert, kann sich der Society for Computer Simulation in Kalifornien anschließen:
The Society for Computer Simulation
P. O. Box 17900
San Diego
California 92117
USA

Bei deutschen Normen wendet man sich an den Beuth Verlag in Berlin:
Beuth Verlag GmbH
Burggrafenstraße 6
1000 Berlin 30

Manchmal sind auch die Standards der NASA nützlich. Sie sind über COSMIC erhältlich:
COSMIC
The University of Georgia
382 East Broad Street
Athena GA 30602
USA

Register

A

Abnahmetest, 60
Abschätzung des Aufwands, 96
Abschottung nationaler Märkte, 52
Ada, 20, 82, 83
AECL, 21
Airbus, 21
Akzeptanztest, 104, 135, 136
Alternativpläne, 103
Analyse
  der Anforderungen, 104, 105
  von Fehlern, 281
Analytiker, 60, 61
Anbieter, 84
Änderungen
  in der Organisation, 49
  in der Software, 33
Anforderungen, 65
  an das System, 54, 188
  an die Software, 104
Anwender, 58, 59
Applikation, 83
AQAP-13, 153, 155
Arbeitsbedingungen, 67
Arbeitsteilung, 60
Arbeitsumgebung, 69
ASICs, 295
Assembler, 98
Assessment, 169, 170, 171, 175, 177, 307
  Team, 171-175, 177
AT&T, 13
Atomic Energy of Canada Limited, 21
Aufklärungsflugzeug, 83
Aufträge an Unterauftragnehmer, 185

Auftraggeber, 55, 79, 83, 84, 93, 105, 106,
  107, 109, 142
Auftragnehmer, 85, 105, 107, 109, 188,
  206
Aufwand, 89, 100
  für Entwurf, 61
  für Dokumentation, 100
  in Mannmonaten, 89
  Schätzung, 88
Ausbeute, 42

B

Babbage, Charles, 9
Backus, 64
Balkenpläne, 87
Balogh, Laszlo J., 18
Baseline, 108, 140, 141
Basisinnovation, 9
Bell Laboratories, 9, 10
Benchmarks, 103
Benutzer, 54, 57, 106, 107, 136
Betriebssystem, 18
Betrug, 16
Bibliothek, 142
  wiederverwendbarer Komponenten, 57
Binäres Zahlensystem, 9
Black Box Testing, 130, 132-135
Boehm, Barry, 88, 89, 102
Boeing, 83
Boole, George, 9
Boolesche Algebra, 9
Brainstorming, 112
break even point, 41
Brooks, Frederick P., 58
Bürokratie, 73

C

C-17, 82, 83
Capability Maturity Model, 10, 21, 22, 25,
    26
Carnegie Mellon University, 169, 304
CASE Tool, 64, 87, 112
CDR, 56, 86
Challenger, 25
Change Control Board, 122
Chaos, 29, 48
checks and balances, 81
Chip, 10, 20
Cleanroom-Methode, 60, 61, 62, 63
Code, 54, 61
    Inspection, 62, 128, 129, 181
    Reader, 127
cohesion, 114
Compiler, 274
Computer Aided Software Engineering, 64
Computerprogramm, 54
Corporate Identity, 52
coupling, 114
CPU, 10
Crosby, Philip, 45, 46, 156, 157, 305, 255

D

Data Item Descriptions, 155
Datenbank, 80
deadlock, 23
Defect Prevention, 281
Defekte pro Wagen, 37
Defensive Programmierung, 158
Defensives Management, 73
DEFINED, 50, 217
Definierter Prozeß, 50
Definition des Entwicklungsprozesses, 33
Delegation, 63
DeMarco, Tom, 50, 67, 68, 70, 71, 125

Deming Cycle, 36
Deming, W. Edwards, 34, 36-38, 46
Department of Defense, 30
Design, 54
    objekt-orientiertes, 77
    -phase, 62, 106
Desk Checking, 129
Detailed Design, 54
Developer, 61
Difference Engine, 9
Digital Signal Processors, 295
DIN ISO 9000, Teil 3, 153, 154
Disney, Walt, 112
DOD-STD-2167A, 153, 155
Dokumentation, 54, 60, 64, 78, 86, 84, 85,
    93, 100, 110, 121, 151, 264
Douglas Aircraft Company, 82
DRAM, 10, 42
Dynamic Random Access Memories, 42

E

Echtzeit, 85, 98
Editor, 64
Einführung neuer Werkzeuge, 49
Eingabewerte
    gültige und ungültige, 133
Elektronik, 15, 41, 44, 295
Elite, 72
Embedded Software, 85, 88, 120, 135, 136
Embedded System, 120
Endbenutzer, 166, 188
    der Software, 57
Entwicklungsleiter, 79, 135
Entwicklungsprozeß, 26, 29
Entwicklungsumgebung, 49, 64, 65
    Investitionen, 66
Entwurf, 54, 60
    Methoden, 181

Y

Yates, 37

Z

Modernes Projektmanagement

Eine Anleitung zur effektiven Unterstützung der Planung, Durchführung und Steuerung von Projekten

von Erik Wischnewski

3., verbesserte Auflage 1992. X, 275 Seiten. Gebunden.
ISBN 3-528-25148-4

Dieses Buch, bereits in der dritten verbesserten Auflage vorliegend, hilft Termin- und Kostenüberschreitungen bei Projekten zukünftig in Grenzen zu halten, wenn nicht gar zu vermeiden. Der Ansatz ist dabei ein umfassender – auch die Projektkontrolle ist Bestandteil eines erfolgreichen Projektmanagements. Die auf dem Markt erhältlichen Programme zum Projektmanagement unterstützen in der Regel lediglich die Erstellung von Struktur- und Netzplänen, zum Teil wird auch die Kostenplanung mit berücksichtigt. Das vorliegende Buch zeigt, wie über die oben genannten Planungsaufgaben hinaus auch die Projektverfolgung und Projektsteuerung effektiv unterstützt werden kann. Es werden die theoretischen Grundlagen für eine solche Unterstützung praxisnah vorgestellt. Eingegangen wird insbesondere auch auf die Möglichkeiten des Programmpaketes PROAB, um die Umsetzung der vorgestellten Konzepte am Beispiel aufzeigen zu können.

Wegen der übersichtlichen Darstellung und den Aufgaben mitsamt Lösungen ist das Buch für Seminare geeignet. Darüber hinaus erhält jeder Leser, für den Zeit Geld bedeutet, eine zielgerechte Präsentation dessen, was heute „modernes Projektmanagement" genannt werden kann.

Dipl.-Phys. *Erik Wischnewski* sammelte in seiner 10jährigen Tätigkeit als Projektmanager und Abteilungsleiter in der Industrie die notwendigen Erfahrungen, um über das Thema „Projektmanagement" ein, dem Praktiker nützliches Buch, vorlegen zu können.

Neue Postleitzahlen ab 01.07.1993:
Postfach 58 29, D-65 048 Wiesbaden
Für Direktzustellung:
Faulbrunnenstr. 13, D-65 183 Wiesbaden

Verlag Vieweg · Postfach 58 29 · D-6200 Wiesbaden 1

Software-Engineering für Programmierer

Eine praxisgerechte Anleitung

von Heinz Knoth

1992. X, 297 Seiten. Gebunden.
ISBN 3-528-05103-5

Dieses Buch ist eine aus der Praxis entstandene Anleitung für Praktiker mit dem Ziel, die Realisierung eines Softwareprojektes möglichst vollständig darzustellen. Hierbei wird jedem Softwareentwickler grundlegendes Informationswissen praxisgerecht vermittelt. Ausgangspunkt ist eine Situation, wie sie in einem Unternehmen realistisch ist: Ein bestehendes Warenwirtschaftssystem soll durch eine verbesserte Version ersetzt werden. Auf der Grundlage dieser Aufgabenstellung werden die leitenden Prinzipien und Methoden des Software-Engineering dargestellt.

Das Buch ist ein unentbehrliches Nachschlagewerk für Ausbildung und Programmierpraxis.

Heinz Knoth ist als Softwareentwickler in der Industrie tätig.

Neue Postleitzahlen ab 01.07.1993:
Postfach 58 29, D-65 048 Wiesbaden
Für Direktzustellung:
Faulbrunnenstr. 13, D-65 183 Wiesbaden

Verlag Vieweg · Postfach 58 29 · D-6200 Wiesbaden 1